Schlüssel zur Mathematik

6

Sachsen

Unter Beratung von
Cornelia Arnold
Ute Eckhardt
Uwe Eckhardt
Christine Schneider

Teile dieses Unterrichtswerkes basieren auf Inhalten bereits erschienener Lehrwerke.
Diese wurden herausgegeben von Reinhold Koullen † und Udo Wennekers
sowie erarbeitet von:
Helga Berkemeier, Ilona Gabriel, Wolfgang Hecht, Barbara Hoppert, Reinhold Koullen †,
Jeannine Kreuz, Doris Ostrow, Hans-Helmut Paffen, Günther Reufsteck, Jutta Schaefer, Gabriele Schenk,
Hermann Schneider, Willi Schmitz, Ingeborg Schönthaler, Christine Sprehe, Wolfgang Stindl,
Herbert Strohmayer, Diana Tibo, Martina Verhoeven, Udo Wennekers, Ralf Wimmers, Rainer Zillgens

Unter Beratung von: Cornelia Arnold, Ute Eckhardt, Uwe Eckhardt, Christine Schneider

Redaktion: Stefan Giertzsch, Michael Unger

Illustration: Roland Beier

Grafik: Christian Böhning, Stefan Giertzsch, Reemers Publishing Services GmbH, Ulrich Sengebusch †

Lösungen: Stefan Giertzsch

Umschlaggestaltung und Layoutkonzept: Syberg | Kirstin Eichenberg und Torsten Symank

Layout und technische Umsetzung: Reemers Publishing Services GmbH

Begleitmaterialien zum Lehrwerk	
für Schülerinnen und Schüler	
Arbeitsheft	978-3-06-001965-6
Arbeitsheft Basis	978-3-06-001966-3
für Lehrerinnen und Lehrer	
Lehrerfassung	978-3-06-001916-8
Lösungsheft	978-3-06-001969-4
Handreichungen	978-3-06-001967-0
Unterrichtsmanager online	978-3-06-400027-8
Unterrichtsmanager auf USB-Stick	978-3-06-001968-7

www.cornelsen.de

Alle Drucke dieser Auflage sind inhaltlich unverändert
und können im Unterricht nebeneinander verwendet werden.

© 2020 Cornelsen Schulverlage GmbH, Berlin

Das Werk und seine Teile sind urheberrechtlich geschützt.
Jede Nutzung in anderen als den gesetzlich zugelassenen Fällen bedarf
der vorherigen schriftlichen Einwilligung des Verlages.
Hinweis zu den §§ 60a, 60b UrhG: Weder das Werk noch seine Teile dürfen
ohne eine solche Einwilligung an Schulen oder in Unterrichts- und Lehrmedien (§60b Abs. 3 UrhG) vervielfältigt,
insbesondere kopiert oder eingescannt, verbreitet oder in einem Netzwerk eingestellt oder sonst öffentlich
zugänglich gemacht oder wiedergegeben werden. Dies gilt auch für Intranets von Schulen.

Soweit in diesem Lehrwerk Personen fotografisch abgebildet sind und ihnen
von der Redaktion fiktive Namen, Berufe, Dialoge und Ähnliches zugeordnet oder
diese Personen in bestimmte Kontexte gesetzt werden, dienen diese Zuordnungen
und Darstellungen ausschließlich der Veranschaulichung und dem besseren
Verständnis des Inhalts.

Druck: Firmengruppe APPL, aprinta Druck, Wemding

1. Auflage, 1. Druck 2020
Schülerbuch
978-3-06-001353-1

PEFC zertifiziert
Dieses Produkt stammt aus nachhaltig
bewirtschafteten Wäldern und kontrollierten
Quellen.

www.pefc.de

Inhalt

7 Gebrochene Zahlen

Noch fit?	8
Gemeine Brüche und Dezimalzahlen	9
Gemeine Brüche erweitern und kürzen	13
Methode Den größten gemeinsamen Teiler (ggT) bestimmen	17
Methode Das kleinste gemeinsame Vielfache (kgV) bestimmen	18
Gemeine Brüche vergleichen und ordnen	19
Gemeine Brüche in Dezimalzahlen umwandeln und umgekehrt	23
Dezimalzahlen vergleichen und runden	27
Thema Endliche und unendliche Dezimalbrüche	30
Klar so weit?	32
Vermischte Übungen	34
Zusammenfassung	37
Teste dich!	38

39 Mit gebrochenen Zahlen rechnen

Noch fit?	40
Gemeine Brüche addieren und subtrahieren	41
Gemeine Brüche multiplizieren und dividieren	45
Dezimalzahlen addieren und subtrahieren	51
Dezimalzahlen multiplizieren und dividieren	55
Klar so weit?	60
Vermischte Übungen	62
Thema Mit dem Jumbo nach Miami	64
Thema Leben in Deutschland	66
Zusammenfassung	68
Teste dich!	70

71 Zuordnungen im Alltag

Noch fit?	72
Zuordnungen untersuchen	73
Zuordnungen darstellen	77
Direkt proportionale Zuordnungen	81
Indirekt proportionale Zuordnungen	85
Methode Zuordnungen am Computer	89
Methode Zuordnungen untersuchen	90
Direkt und indirekt proportionale Zuordnungen erkennen	91
Klar so weit?	94
Vermischte Übungen	96
Zusammenfassung	99
Teste dich!	100

101 Winkel und Dreiecke darstellen

Noch fit?	102
Winkelbeziehungen erkennen	103
Dreiecke untersuchen	107
Dreiecke konstruieren	113
Thema Dreiecke mit dem Computer konstruieren	120
Klar so weit?	122
Vermischte Übungen	124
Methode Mindmapping	128
Zusammenfassung	129
Teste dich!	130

👥 Partnerarbeit   👫 Gruppenarbeit   * fakultative Lerneinheit

131
Dreiecke und Vierecke berechnen

Noch fit?	130
Vierecke beschreiben und zeichnen	133
Umfang und Flächeninhalt vom Dreieck	137
Umfang und Flächeninhalt von Vierecken	141
Klar so weit?	147
Vermischte Übungen	149
Zusammenfassung	153
Teste dich!	154

179
Mathematik im Alltag

Noch fit?	180
Probleme mathematisch lösen	181
Thema Mathematische Spiele	184
Projekt Baukunst	187
Thema Digitale Präsentation – PowerPoint	190
Zufallsexperimente	191
Thema Wetterbeobachtung	195
Klar so weit?	198
Vermischte Übungen	199
Zusammenfassung	201
Teste dich!	202

155
Körper darstellen und berechnen

Noch fit?	156
Prismen erkennen und beschreiben	157
Methode Schrägbilder von Quadern zeichnen	161
Methode Schrägbilder von Prismen zeichnen	162
Oberflächeninhalt von Quadern berechnen	163
Volumen von Quadern berechnen	167
Klar so weit?	172
Vermischte Übungen	174
Zusammenfassung	177
Teste dich!	178

203
Anhang

Lösungen zu den Tests	204
Mathelexikon und Stichwortverzeichnis	222
Bildverzeichnis	230

Rallye durch mein Mathe-Buch

Auf diesen zwei Seiten findest du einige Hinweise zu deinem neuen Mathematikbuch.
Löse die Rätsel (ä, ö und ü sind erlaubt).
Das Lösungswort verrät dir, was das Bild auf dem Umschlag zeigt.

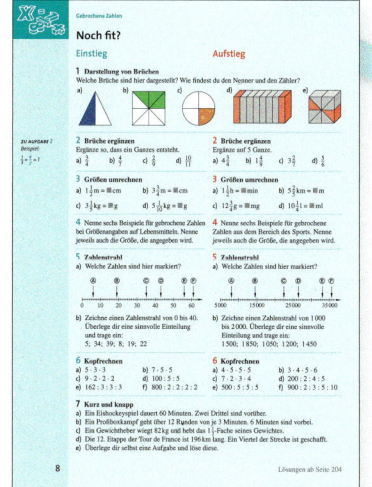

■ **Noch fit?**
Mit dem Einstiegstest kannst du dein bisher erworbenes Wissen testen. Deine Ergebnisse kannst du mit den Lösungen im Anhang vergleichen.
Rätsel zum Noch fit? im Kapitel Gebrochene Zahlen:
Wer wiegt 82 kg?
_ _ 7 _ _ _ _ _ 5 _

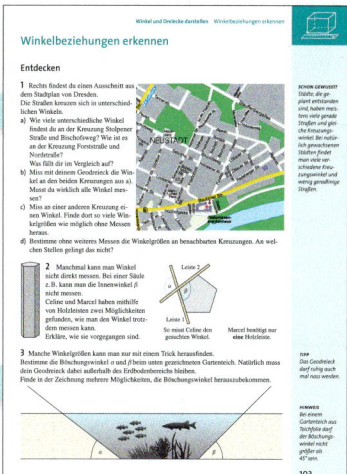

■ **Entdecken**
Jede Lerneinheit beginnt mit einführenden Aufgaben, die zum Ausprobieren und Entdecken anregen.
Rätsel zum Entdecken zum Thema Winkel und Dreiecke darstellen:
Von welcher Stadt ist der Stadtplan abgedruckt?
_ _ _ _ _ 5

■ **Verstehen**
Der neue Unterrichtsstoff wird anhand von Merksätzen und Beispielen erklärt.
Rätsel zum Verstehen zum Thema Gebrochene Zahlen: Was kann als Divisionszeichen verstanden werden?
_ 8 _ 6 _ _ _ _ _

■ **Üben und anwenden**
Die Aufgaben trainieren den neu gelernten Unterrichtsstoff.
Rätsel zum Üben und anwenden zum Thema Gebrochene Zahlen:
Woran soll in Aufgabe 2 markiert werden?
_ _ _ 2 _ _ _ _ _ _ _

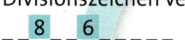
Beispiel

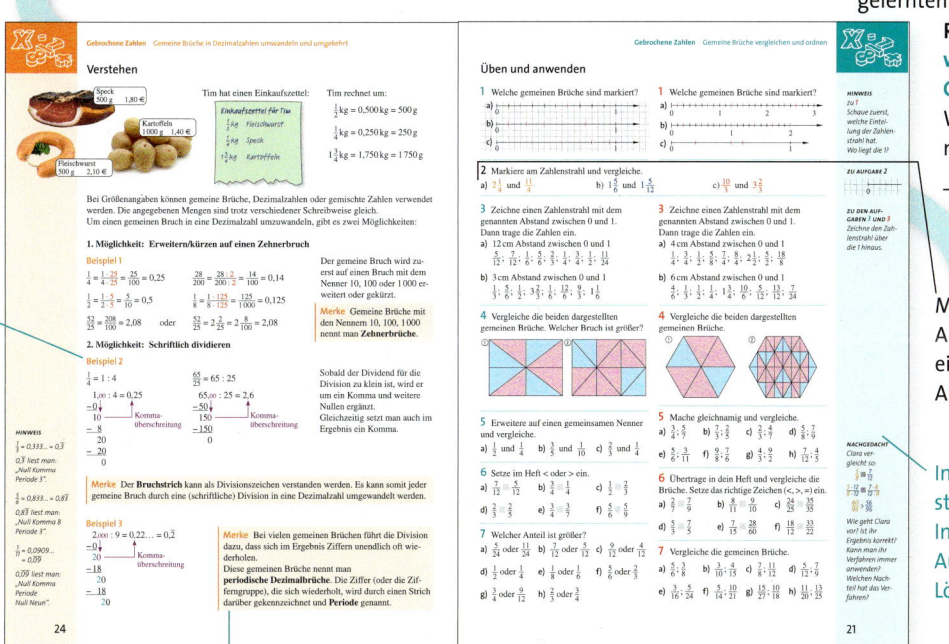

Wichtiger Merkstoff

Die linke Spalte enthält leichtere Aufgaben.

Die rechte Spalte enthält schwierigere Aufgaben.

Mittelschwere Aufgaben haben eine schwarze Aufgabennummer.

In der Randspalte stehen zusätzliche Informationen, Aufgaben und Lösungshinweise.

Die Symbole in den oberen Ecken stehen für bestimmte Bereiche in der Mathematik:

Zahlen und Variablen

Geometrie

Funktionen

Daten und Zufall

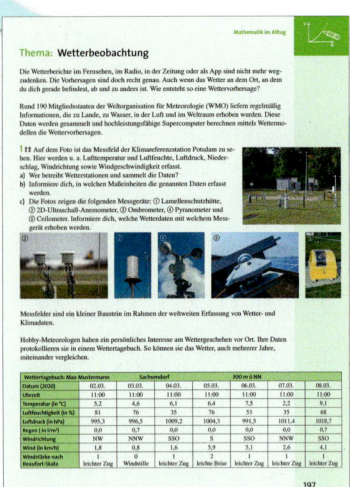

■ **Methode und Thema**
Auf den Methodenseiten werden die wichtigsten mathematischen Methoden vorgestellt und geübt. Die Themenseiten zeigen mathematische Inhalte aus verschiedenen Lebensbereichen.
Rätsel zum Thema: Wetterbeobachtung im Kapitel Mathematik im Alltag:
Wo befindet sich das Messfeld der Klimareferenzstation?
_ _ _ _ 10 _ _

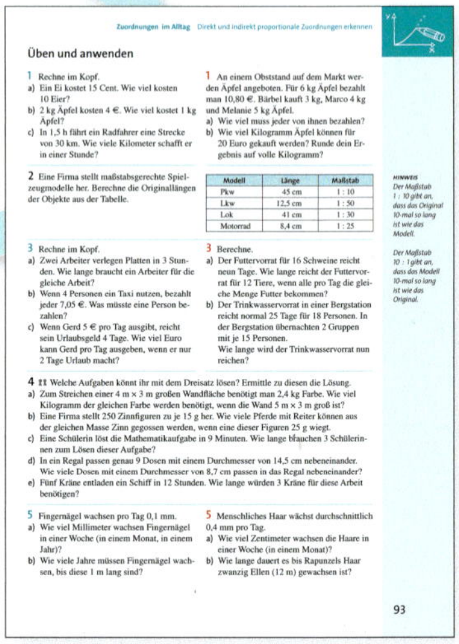

■ **Klar so weit?**
Mit dem Zwischentest kannst du überprüfen, ob du den neuen Unterrichtsstoff verstanden hast. Deine Ergebnisse kannst du mit den Lösungen im Anhang vergleichen.
Rätsel zum Klar so weit? im Kapitel Zuordnungen im Alltag:
Wohin kann man für 269 € fliegen?
_ 4 _ _ _ _

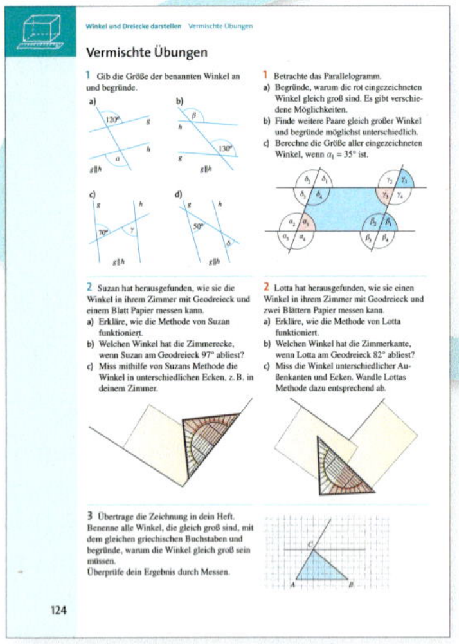

■ **Vermischte Übungen**
Die Seiten enthalten Aufgaben zu allen Lerneinheiten eines Kapitels.
Rätsel zu den Vermischten Übungen im Kapitel Winkel und Dreiecke darstellen:
Womit messen die Mädchen in Aufgabe 2?
_ 11 _ _ 12 _ _ _ _ _

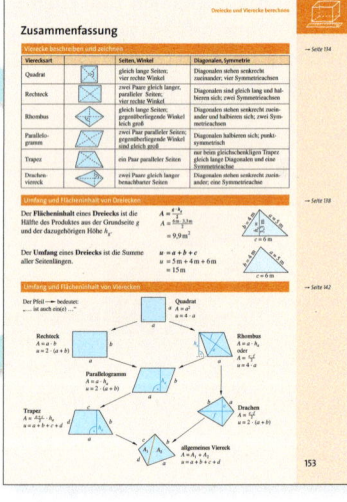

■ **Zusammenfassung**
Die Zusammenfassung am Ende eines Kapitels enthält die wichtigsten Merksätze zum Nachschlagen
Rätsel zu der Zusammenfassung im Kapitel Dreiecke und Vierecke berechnen:
Wie heißt die Viereckart mit vier Symmetrieachsen?
_ _ 3 _ _ _ _

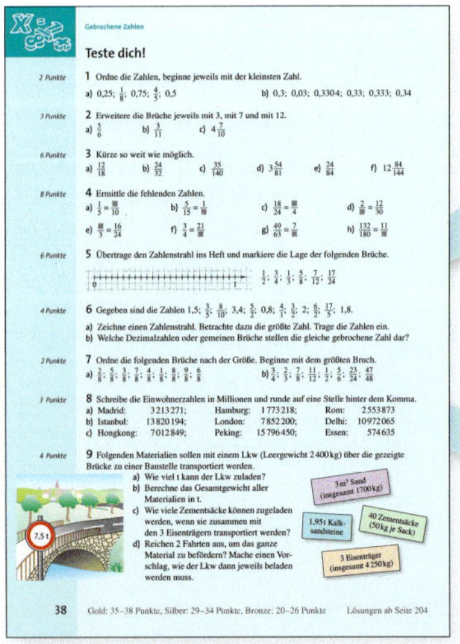

■ **Teste dich!**
Überprüfe zur Vorbereitung auf die Klassenarbeit dein Können. Die Lösungen zum Abschlusstest findest du im Anhang.
Rätsel zum Teste dich! im Kapitel Gebrochene Zahlen:
Welche Stadt in Aufgabe 8 hat fast 14 Millionen Einwohner?
_ _ _ _ _ 1 _ _

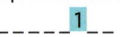

Wie lautet das Lösungswort?
■■■■■■ ■■■■■■

Gebrochene Zahlen

Wusstest du schon, dass …

… rund 7,8 Mrd. Menschen auf der Erde leben?

… mehr als $\frac{2}{3}$ der Erdoberfläche von Wasser bedeckt ist?

… Afrika etwa $\frac{1}{5}$ der Landfläche der Erde einnimmt?

… in Afrika über 1,2 Mrd. Menschen leben?

… Deutschland nur ca. $\frac{1}{400}$ der Landfläche ausmacht,

… hier aber immerhin $\frac{1}{90}$ aller Menschen wohnen,

… die sogar $\frac{1}{20}$ des weltweiten Reichtums besitzen?

Gebrochene Zahlen

Noch fit?

Einstieg   **Aufstieg**

1 Darstellung von Brüchen
Welche Brüche sind hier dargestellt? Wie findest du den Nenner und den Zähler?

a) 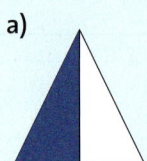   b) 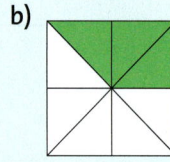   c) 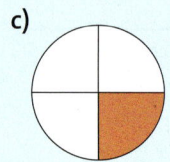   d) 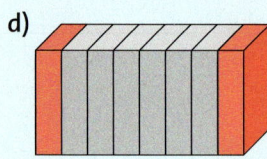   e)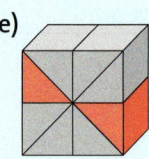

ZU AUFGABE 2
Beispiel:
$\frac{1}{5} + \frac{4}{5} = 1$

2 Brüche ergänzen
Ergänze so, dass ein Ganzes entsteht.
a) $\frac{3}{4}$ b) $\frac{4}{7}$ c) $\frac{2}{9}$ d) $\frac{10}{11}$

2 Brüche ergänzen
Ergänze auf 5 Ganze.
a) $4\frac{3}{4}$ b) $1\frac{4}{9}$ c) $3\frac{2}{7}$ d) $\frac{5}{6}$

3 Größen umrechnen
a) $1\frac{1}{2}$ m = ■ cm   b) $3\frac{3}{4}$ m = ■ cm
c) $3\frac{1}{5}$ kg = ■ g   d) $5\frac{1}{10}$ kg = ■ g

3 Größen umrechnen
a) $1\frac{1}{2}$ h = ■ min   b) $5\frac{2}{5}$ km = ■ m
c) $12\frac{3}{4}$ g = ■ mg   d) $10\frac{1}{4}$ l = ■ ml

4 Nenne sechs Beispiele für gebrochene Zahlen bei Größenangaben auf Lebensmitteln. Nenne jeweils auch die Größe, die angegeben wird.

4 Nenne sechs Beispiele für gebrochene Zahlen aus dem Bereich des Sports. Nenne jeweils auch die Größe, die angegeben wird.

5 Zahlenstrahl
a) Welche Zahlen sind hier markiert?

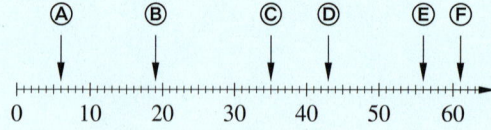

b) Zeichne einen Zahlenstrahl von 0 bis 40. Überlege dir eine sinnvolle Einteilung und trage ein:
5; 34; 39; 8; 19; 22

5 Zahlenstrahl
a) Welche Zahlen sind hier markiert?

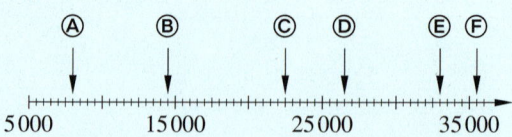

b) Zeichne einen Zahlenstrahl von 1 000 bis 2 000. Überlege dir eine sinnvolle Einteilung und trage ein:
1 500; 1 850; 1 050; 1 200; 1 450

6 Kopfrechnen
a) 5 · 3 · 3   b) 7 · 5 · 5
c) 9 · 2 · 2 · 2   d) 100 : 5 : 5
e) 162 : 3 : 3 : 3   f) 800 : 2 : 2 : 2 : 2

6 Kopfrechnen
a) 4 · 5 · 5 · 5   b) 3 · 4 · 5 · 6
c) 7 · 2 · 3 · 4   d) 200 : 2 : 4 : 5
e) 500 : 5 : 5 : 5   f) 900 : 2 : 3 : 5 : 10

7 Kurz und knapp
a) Ein Eishockeyspiel dauert 60 Minuten. Zwei Drittel sind vorüber.
b) Ein Profiboxkampf geht über 12 Runden von je 3 Minuten. 6 Minuten sind vorbei.
c) Ein Gewichtheber wiegt 82 kg und hebt das $1\frac{1}{2}$-Fache seines Gewichtes.
d) Die 12. Etappe der Tour de France ist 196 km lang. Ein Viertel der Strecke ist geschafft.
e) Überlege dir selbst eine Aufgabe und löse diese.

Gebrochene Zahlen Gemeine Brüche und Dezimalzahlen

Gemeine Brüche und Dezimalzahlen

Entdecken

1 👥 Betrachtet die abgebildeten Kreise sowie Bruchteile, beantwortet die Fragen oder löst die Aufgaben.
a) Ordnet die Bruchteile der Größe nach. Beginnt mit dem kleinsten Bruchteil.
b) Findet mindestens zwei Möglichkeiten, aus mehreren kleinen Bruchteilen einen größeren Bruchteil zu bauen. Schreibt auch die Aufgaben dazu auf.
c) Wie heißen die gleich großen Teile, wenn man Viertel nochmals teilt? Führt dies auch mit den anderen Bruchteilen durch. Was stellt ihr fest?
d) Ihr sollt nun die Bruchteile zu Ganzen zusammenfügen. Ihr könnt dazu auch unterschiedliche Bruchteile verwenden. Stellt euch eure Ergebnisse gegenseitig vor. Bei welchen Kombinationen war es einfach?
e) Zum Abschluss sollen die folgenden Brüche mit Zeichnungen dargestellt werden: $\frac{1}{5}$; $\frac{1}{10}$; $\frac{3}{5}$; $\frac{4}{10}$ und $\frac{7}{10}$. Da Kreise hier nicht so gut funktionieren, brauchen wir eine andere Zeichnung. Diskutiert, wie man die fünf Brüche anschaulich darstellen kann. Stellt die fünf Brüche als Anteile dar.

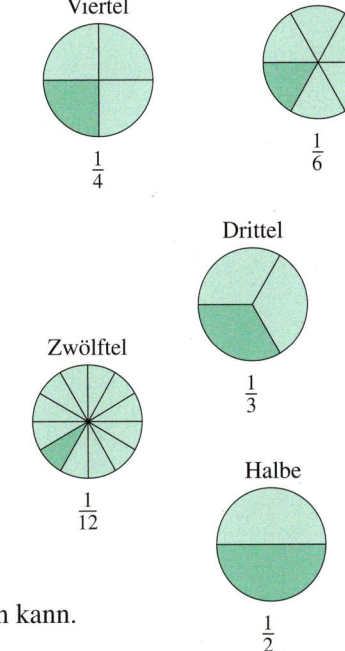

2 Bei den Olympischen Winterspielen in Sotschi kam es zu folgenden Ergebnissen.

	Langlauf 50 km Herren		Rodeln Einer Damen		Viererbob Herren	
	Name	Zeit (in h)	Name	Zeit (in min)	Team	Zeit (in min)
Gold	Legkow	1:46:55,2	Geisenberger	3:19,768	Russland	3:40,60
Silber	Wylegschanin	1:46:55,9	Hüfner	3:20,907	Lettland	3:40,69
Bronze	Tschernoussow	1:46:56,0	Hamlin	3:21,145	USA	3:40,99

a) Welche Bedeutung haben die jeweiligen Zahlen und Nachkommastellen bei einer Zeit von 1:46:55,2 h und bei einer Zeit von 3:19,768 min?
b) Warum wird beim Ergebnis des 50-km-Langlaufs nur eine Nachkommastelle angegeben, während die Ergebnisse beim Rodeln sogar auf drei Nachkommastellen genau angegeben werden? Informiere dich über die Genauigkeit der Zeitmessung bei anderen Sportarten.
c) 👥 Häufig werden Rennergebnisse auch in der folgenden Form angegeben:
    1. Legkow 1:46:55,2 h   2. Wylegschanin +0,7 s   3. Tschernoussow +0,8 s
Welche Bedeutung haben die Zeitangaben hinter dem Zweit- und Drittplatzierten? Gebt die Ergebnisse beim Rodeln und beim Viererbob in gleicher Form an.

3 Das Gewicht der Schultasche soll $\frac{1}{10}$ des Körpergewichts nicht überschreiten.
a) Wie schwer sollte die Tasche eines 40 kg schweren Schülers maximal sein?
b) Übertragt die Tabelle in euer Heft und ergänzt sie.
c) Untersucht, ob das Gewicht eurer Schultaschen der Regel entspricht.

Körpergewicht	Gewicht der Tasche
35 kg	3,5 kg
38 kg	
	4,2 kg
48 kg	
	3,9 kg

HINWEIS
„Gewicht" sagt man umgangssprachlich für die physikalische Größe „Masse".

Gebrochene Zahlen Gemeine Brüche und Dezimalzahlen

Verstehen

In deiner Umwelt findest du Zahlen in der Kommaschreibweise, sie werden **Dezimalzahlen** (oder **Dezimalbrüche**) genannt. Zum Beispiel werden Preise, Längen oder Gewichte häufig mit Dezimalzahlen angegeben. 2,75 liest man so: „Zwei Komma sieben fünf."

Beispiel 1
Dezimalzahlen lassen sich in einer Stellenwerttafel darstellen. Die Nachkommastellen bedeuten:
z = Zehntel; h = Hundertstel;
t = Tausendstel

H	Z	E	,	z	h	t	
		0	,	3			$\frac{3}{10}$
		2	,	7	5		$2\frac{75}{100}$
1	3	,	0	4	9		$13\frac{49}{1000}$

a) 0,3
b) 2,75
c) 13,049

HINWEIS
Nullen am Ende einer Kommazahl kannst du weglassen:
2,40 m = 2,4 m

Sonst darfst du sie nicht weglassen:
12,075 km = 12 075 m

a) $0{,}3 \text{ kg} = \frac{3}{10} \text{ kg}$, denn 0,3 bedeutet: 0 Einer und 3 Zehntel.
b) $2{,}75 \text{ €} = 2\frac{75}{100} \text{ €}$, denn 2,75 bedeutet: 2 Einer und 75 Hundertstel.
c) $13{,}049 \text{ l} = 13\frac{49}{1000} \text{ l}$, denn 13,049 bedeutet: 13 Einer und 49 Tausendstel.

Merke **Dezimalzahlen** sind Brüche in einer anderen Schreibweise.

Dezimalzahlen lassen sich auch am Zahlenstrahl darstellen.
Je weiter rechts die Dezimalzahl auf dem Zahlenstrahl steht, desto größer ist sie.

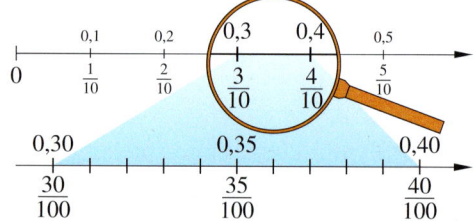

Merke Gemeine Brüche und Dezimalzahlen, die den gleichen Punkt auf einem Zahlenstrahl zugeordnet sind, nennt man **gebrochene Zahl**.
Für die Menge der gebrochenen Zahlen verwendet man das Zeichen $\mathbb{Q}_+$.

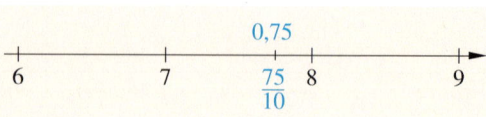

Beispiel 2
$\frac{4}{1} = 4 = 4{,}0$

Bei den natürlichen Zahlen gab es zu jeder Zahl (außer der Null) einen Vorgänger oder Nachfolger. Das ist bei den gebrochenen Zahlen nicht so. Zwischen zwei gebrochenen Zahlen kann man stets weitere Zahlen finden. Man sagt, dass die gebrochenen Zahlen überall **dicht** liegen.

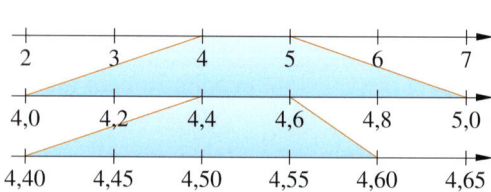

Die natürlichen Zahlen bilden einen Teil der gebrochenen Zahlen. Man sagt, dass die natürlichen Zahlen **eine Teilmenge** der gebrochenen Zahlen sind. Diese Beziehung wird in einem **Mengendiagramm** dargestellt.

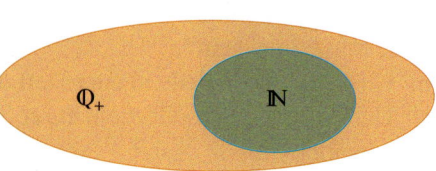

Gebrochene Zahlen Gemeine Brüche und Dezimalzahlen

Üben und anwenden

1 Gero hat Dezimalzahlen aus einer Stellenwerttafel abgelesen. Welche Fehler hat er gemacht?
Begründe und berichtige die falsch abgelesenen Dezimalzahlen in deinem Heft.

H	Z	E ‖	z	h	t	
		3	4	5	6	3,456
		9	2	7	8	92,78
		0	0	4	5	0,45
1	6	7	4			1,674

2 Trage in eine Stellenwerttafel ein und schreibe als gemeinen Bruch.
a) 0,9   b) 0,7   c) 0,19   d) 0,03
e) 0,101   f) 0,1   g) 0,003   h) 0,097

3 Trage in eine Stellenwerttafel ein und schreibe als Dezimalzahl.
a) $\frac{9}{10}$ b) $\frac{99}{100}$ c) $\frac{9}{100}$ d) $\frac{90}{100}$ e) $\frac{90}{10}$

4 Suche gleich lange Strecken.

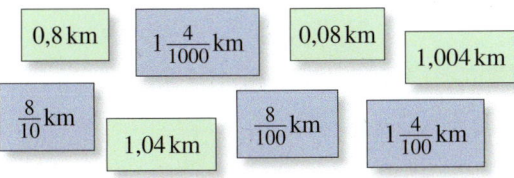

5 Schreibe als gemeinen Bruch.
a) 0,4   b) 0,5   c) 0,12   d) 0,08
e) 0,25   f) 0,84   g) 0,125   h) 0,005

6 Schreibe als Dezimalzahl.
a) $\frac{3}{10}$ b) $\frac{556}{1000}$ c) $3\frac{7}{10}$ d) $\frac{176}{1000}$

7 Lege dein Heft quer. Vervollständige und setze den Zahlenstrahl bis zur 3 fort.

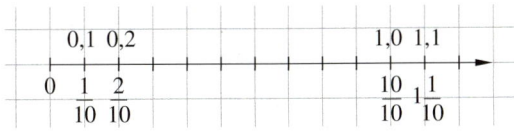

8 Jonas behauptet: „Zwischen 0,5 und 0,6 gibt es keine Zahlen mehr." Stimmt das? Begründe.

1 Ergänze die Stellenwerttafel im Heft.

H	Z	E ‖	z	h	t	
			1	4	5	1,45
	2	8	3	2	7	
2	5	0	8			
			4	2		
				3		
						27,51
						2,047
						0,008

2 Trage in eine Stellenwerttafel ein und schreibe als gemeinen Bruch.
a) 0,4   b) 0,44   c) 0,464   d) 40,04
e) 0,806   f) 68,08   g) 0,006   h) 0,600 8

3 Trage in eine Stellenwerttafel ein und schreibe als Dezimalzahl.
a) $\frac{7}{10}$ b) $\frac{3}{100}$ c) $\frac{19}{100}$ d) $\frac{247}{1000}$ e) $\frac{1}{1000}$

4 Setze im Heft das richtige Zeichen (>, <, =) ein.
a) $\frac{2}{100}$ ▢ 0,2   b) 0,2 ▢ $\frac{1}{5}$ c) 1,5 ▢ $1\frac{1}{5}$
d) $\frac{27}{100}$ ▢ 0,027   e) 0,03 ▢ $\frac{3}{100}$ f) $3\frac{2}{10}$ ▢ 3,25

5 Schreibe als gemeinen Bruch und kürze so weit wie möglich.
a) 0,3   b) 0,75   c) 0,06   d) 0,025
e) 1,5   f) 11,08   g) 0,004   h) 10,002

6 Schreibe als Dezimalzahl.
a) $\frac{7}{10}$ b) $\frac{33}{1000}$ c) $89\frac{21}{1000}$ d) $21\frac{5}{1000}$

7 Lies die markierten Zahlen ab.
a)
```
0,4        0,5        0,6
```
b)
```
0,02                  0,06
```

8 Gibt es Zahlen zwischen 0,11 und 0,12? Begründe mithilfe der Stellenwerttafel oder mithilfe des Zahlenstrahls.

HINWEIS
Der Doppelstrich in den Stellenwerttafeln steht für das Komma.

HINWEIS
Dezimal geteilte Skalen findet man an vielen Messgeräten.

HINWEIS
Oft zeichnet man nur einen Ausschnitt des Zahlenstrahls, der nicht mit 0 beginnt.

11

Gebrochene Zahlen Gemeine Brüche und Dezimalzahlen

9 Welche gebrochenen Zahlen sind auf dem Zahlenstrahl dargestellt.
Gib diese als gemeinen Bruch und als Dezimalzahl an.

10 Stelle die gebrochenen Zahlen auf einem Zahlenstrahl dar.
Betrachte zunächst die kleinste und die größte Zahl und zeichne und beschrifte deinen Zahlenstrahl.
0; $\frac{1}{2}$; 0,4; 1,6; 3; $\frac{1}{10}$; 2,5; $\frac{2}{1}$

10 Stelle die gebrochenen Zahlen auf einem Zahlenstrahl dar.
Betrachte zunächst die kleinste und die größte Zahl und zeichne und beschrifte deinen Zahlenstrahl.
0,25; 0,7; 1,6; 2; $\frac{2}{10}$; 2,5; $\frac{2}{1}$; $\frac{1}{4}$

11 Welche Brüche oder Dezimalzahlen stellen die gleiche gebrochene Zahl dar?
Überprüfe deine Aussage, indem du die Zahlen auf einem Zahlenstrahl einträgst.
$\frac{5}{2}$; 1,4; 7,00; $\frac{140}{100}$; 7; 2,50; $\frac{7}{1}$; $\frac{6}{3}$

11 Welche Brüche oder Dezimalzahlen stellen die gleiche gebrochene Zahl dar?
Überprüfe deine Aussage, indem du die Zahlen auf einem Zahlenstrahl einträgst.
$\frac{9}{2}$; 1,20; $\frac{9}{2}$; 6,5; $\frac{12}{10}$; 4,50; $\frac{6}{5}$; 2,50; 1,02

12 👥 Welche Angaben gehören zusammen? Erklärt eure Ergebnisse vor der Klasse.

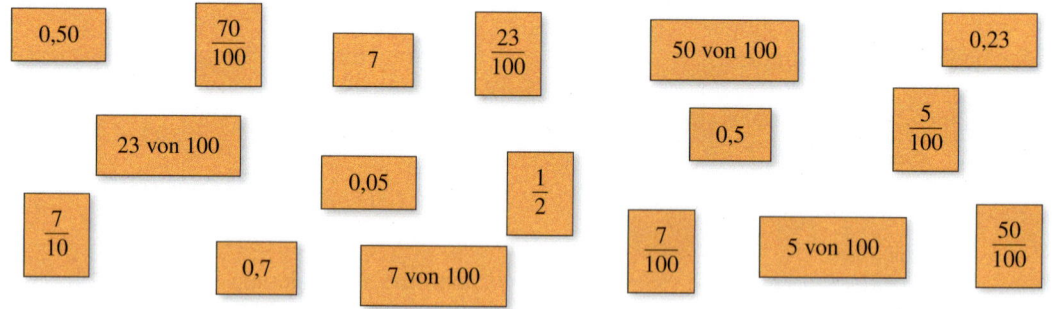

13 Welche der folgenden gebrochenen Zahlen gehören auch zur Teilmenge der natürlichen Zahlen?
5,5; $\frac{6}{1}$; 7,2; $\frac{1}{10}$; 1,01; $\frac{11}{1}$; $\frac{10}{10}$; 7,9; $\frac{4}{5}$; 0,001

13 Welche der folgenden gebrochenen Zahlen gehören auch zur Teilmenge der natürlichen Zahlen?
1,5; $\frac{11}{1}$; 7,02; $\frac{15}{5}$; 3,04; $\frac{10}{1}$; $\frac{20}{10}$; 9,9; $\frac{3}{5}$; 4,001

14 Zeichne zu den folgenden Mengen jeweils ein farbiges Mengendiagramm.
a) Gemüsesorten, Kartoffeln
b) Fußball, Mannschaftssportarten
c) Schrank, Tisch, Möbel
d) Elefant, Fische, Tiere

14 Zeichne zu den folgenden Mengen jeweils ein farbiges Mengendiagramm.
a) Fahrzeuge, Pkws
b) Basketball, Ballsportarten, Handball
c) Apfel, Obst, Apfelsine
d) Bussard, Vögel, Raubvögel

Gebrochene Zahlen Gemeine Brüche erweitern und kürzen

Gemeine Brüche erweitern und kürzen

Entdecken

1 Auf dem Schulfest bieten Jan, Lea und Berna das Spiel „Glücksrad" an.

Einen Preis gewinnt man, wenn der Zeiger beim Drehen auf dem grünen Feld stehen bleibt.
Vergleiche die Glücksräder: Bei wem würdest du spielen? Begründe.

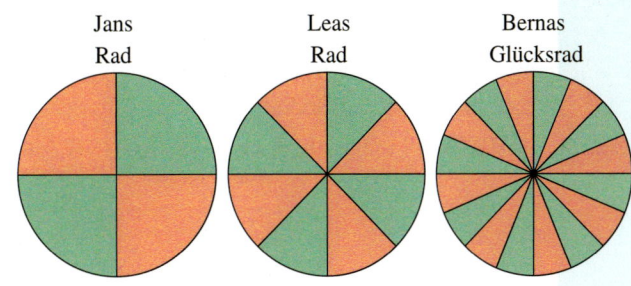

Jans Rad   Leas Rad   Bernas Glücksrad

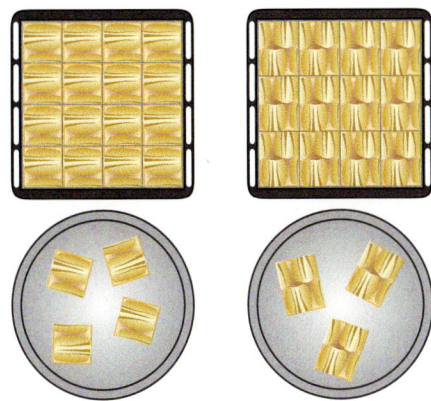

2 Zu Leons Geburtstagsfeier haben seine Eltern zwei Bleche Kuchen gebacken, einen Bienenstich und einen Streuselkuchen.

Nach der Feier sind einige Stücke übriggeblieben.
Schaue genau: Von welchem Kuchen ist mehr übriggeblieben?

3 Welcher Anteil ist grün, welcher Anteil ist blau? Gib die Anteile in möglichst vielen verschiedenen Schreibweisen an.
👥 Vergleiche deine Ergebnisse mit deinen Nachbarn. Wer findet die meisten Schreibweisen?

4 Welcher Anteil vom Streifen ist gelb?

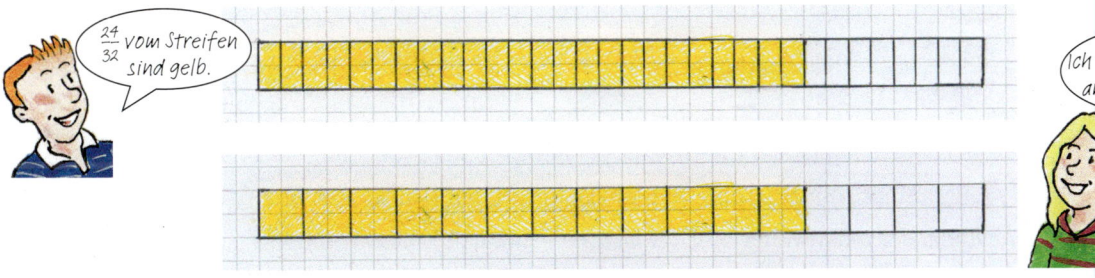

„$\frac{24}{32}$ vom Streifen sind gelb."

„Ich habe den Streifen anders eingeteilt."

a) Wie hat Nora den Streifen eingeteilt? Gib mit dem passenden Bruch den gelben Anteil an.
b) Kannst du den Streifen anders einteilen als Timm und Nora? Zeichne selbst solche Streifen in dein Heft: Jeder Streifen soll 16 cm lang sein, davon 12 cm gelb.
Zeichne möglichst viele verschiedene Einteilungen und gib mit dem jeweils passenden Bruch den gelben Anteil an.
c) Warum kann man den gelben Anteil *nicht* angeben, wenn man diesen Streifen so einteilt, dass immer 3 (oder 6) Kästchen zusammengehören?

13

Gebrochene Zahlen Gemeine Brüche erweitern und kürzen

Verstehen

Tom und Pia wollen sich eine Pizza teilen.
„Kannst du die Pizza nicht in kleinere Stücke schneiden?" fragt Pia, als Tom die Riesenpizza halbiert. „Solch große Stücke passen doch gar nicht auf unsere Teller!"
Tom überlegt einen Augenblick und teilt jede Hälfte mit zwei weiteren Schnitten.
„Aber ich will auf jeden Fall die Hälfte der Pizza haben", sagt er.
„Kriegst du doch auch" lacht Pia, „aber in kleineren Stücken".

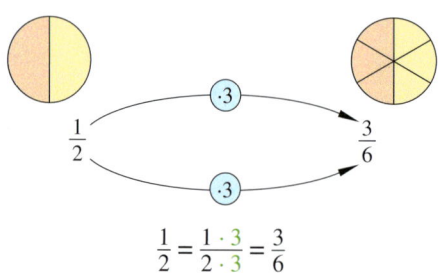

Merke **Erweitern eines Bruchs** bedeutet, Zähler und Nenner des Bruchs mit der gleichen natürlichen Zahl zu multiplizieren.

Dadurch ändert sich der Wert des Bruchs nicht.

ERINNERE DICH
*Zahlen wie $1\frac{1}{2}$ oder $3\frac{2}{5}$ heißen **gemischte Zahlen**. Sie sind größer als 1 Ganzes, z. B. $1\frac{1}{2} = 1 + \frac{1}{2}$.*

Beispiel 1

$\frac{2}{5} = \frac{2 \cdot 4}{5 \cdot 4} = \frac{8}{20}$ (Erweitern mit 4)

Beispiel 2

$1\frac{3}{4} = 1\frac{3 \cdot 2}{4 \cdot 2} = 1\frac{6}{8}$ (Erweitern bei einer gemischten Zahl)

Beim Kuchenessen am Nachmittag bemerkt Pia: „Jetzt haben wir tatsächlich 9 von den 12 Kuchenstücken aufgegessen!" „Dann haben wir ja drei Viertel des Kuchens gegessen", stellt Tom fest.
Er hat so gerechnet:

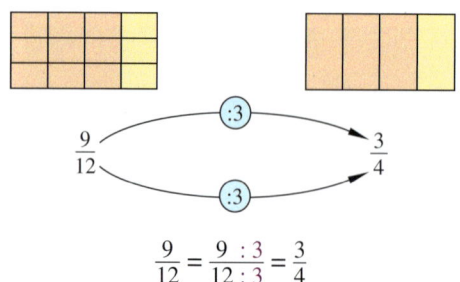

Merke **Kürzen eines Bruchs** bedeutet, Zähler und Nenner des Bruchs durch die gleiche natürliche Zahl zu dividieren.

Auch durch das Kürzen ändert sich der Wert des Bruchs nicht.

Beispiel 3

$\frac{100}{160} = \frac{100 : 20}{160 : 20} = \frac{5}{8}$ (Kürzen durch 20)

Beispiel 4

$3\frac{16}{24} = 3\frac{16 : 8}{24 : 8} = 3\frac{2}{3}$ (Kürzen bei einer gemischten Zahl)

In Beispiel 3 sieht man, dass die Brüche $\frac{100}{160}$ und $\frac{5}{8}$ gleich groß sind.
Als Ergebnis einer Aufgabe schreibt man den gekürzten Bruch, also hier $\frac{5}{8}$.
Einen Bruch, der nicht weiter gekürzt werden kann, nennt man **vollständig gekürzt**.

ERINNERE DICH
*Der **ggT** ist der **größte gemeinsame Teiler** zweier Zahlen. Für mehr Informationen schlage auf Seite 17 nach.*

Beispiel 5

Kürze $\frac{72}{96}$ vollständig. Man kann einen Bruch auf zwei Arten vollständig kürzen.

a) Schrittweises Kürzen:

$\frac{72}{96} = \frac{72 : 2}{96 : 2} = \frac{36 : 2}{48 : 2} = \frac{18 : 2}{24 : 2} = \frac{9 : 3}{12 : 3} = \frac{3}{4}$

b) Kürzen in *einem* Schritt durch den ggT:
ggT (72; 96) = 24, also kürzen durch 24:

$\frac{72}{96} = \frac{72 : 24}{96 : 24} = \frac{3}{4}$

Gebrochene Zahlen — Gemeine Brüche erweitern und kürzen

Üben und anwenden

1 Erkläre an der Zeichnung, wie erweitert wurde. Notiere auch die zugehörigen Brüche.

a) 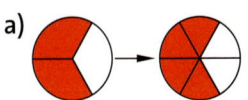   b) 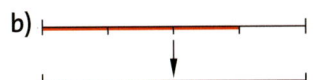   c)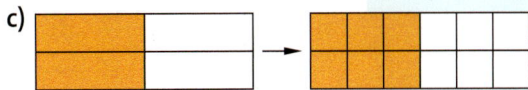

2 Erkläre an der Zeichnung, wie gekürzt wurde. Notiere auch die zugehörigen Brüche.

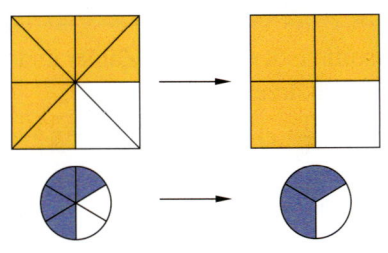

2 Finde je zwei Brüche, die den roten Anteil an der Figur angeben.
Beschreibe: Was haben die beiden Brüche mit „Kürzen/Erweitern" zu tun?

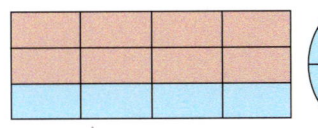 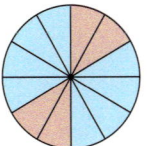 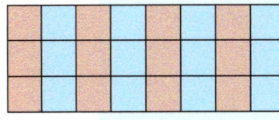

3 Mit welcher Zahl wurde erweitert?

a) $\frac{3}{4} = \frac{3 \cdot \square}{4 \cdot \square} = \frac{9}{12}$ b) $\frac{5}{2} = \frac{5 \cdot \square}{2 \cdot \square} = \frac{25}{10}$ c) $\frac{8}{9} = \frac{8 \cdot \square}{9 \cdot \square} = \frac{48}{54}$ d) $\frac{2}{3} = \frac{2 \cdot \square}{3 \cdot \square} = \frac{28}{42}$

4 Durch welche Zahl wurde gekürzt?

a) $\frac{4}{6} = \frac{4 : \square}{6 : \square} = \frac{2}{3}$ b) $\frac{24}{36} = \frac{24 : \square}{36 : \square} = \frac{4}{6}$ c) $\frac{16}{32} = \frac{16 : \square}{32 : \square} = \frac{2}{4}$ d) $\frac{42}{28} = \frac{42 : \square}{28 : \square} = \frac{3}{2}$

5 Erweitere jeden Bruch mit 2, mit 5 und mit 12.

a) $\frac{1}{2}$ b) $\frac{2}{3}$ c) $\frac{4}{7}$ d) $\frac{1}{5}$ e) $1\frac{1}{2}$ f) $2\frac{3}{4}$

5 Bestimme die fehlende Zahl.

a) $\frac{3}{7} = \frac{\square}{35}$ b) $\frac{5}{9} = \frac{\square}{81}$ c) $\frac{3}{5} = \frac{\square}{20}$
d) $\frac{5}{11} = \frac{\square}{77}$ e) $\frac{1}{3} = \frac{\square}{21}$ f) $\frac{7}{15} = \frac{\square}{120}$

6 Kürze durch 5.

a) $\frac{15}{25}$ b) $\frac{40}{100}$ c) $\frac{35}{45}$ d) $\frac{50}{30}$ e) $\frac{10}{55}$

f) $\frac{65}{75}$ g) $\frac{20}{30}$ h) $\frac{45}{60}$ i) $\frac{80}{95}$ j) $\frac{105}{125}$

6 Bestimme die fehlende Zahl x.

a) $\frac{3}{x} = \frac{24}{56}$ b) $\frac{7}{x} = \frac{84}{108}$ c) $\frac{5}{x} = \frac{50}{90}$
d) $\frac{8}{x} = \frac{72}{90}$ e) $\frac{10}{x} = \frac{40}{96}$ f) $\frac{11}{x} = \frac{66}{96}$

7 Zeige durch Kürzen oder Erweitern, dass das Gleichheitszeichen stimmt.

a) $\frac{2}{6} = \frac{1}{3}$ b) $\frac{12}{36} = \frac{2}{6}$ c) $\frac{12}{36} = \frac{1}{3}$

d) $\frac{4}{12} = \frac{12}{36}$ e) $\frac{2}{6} = \frac{4}{12}$ f) $\frac{1}{3} = \frac{4}{12}$

g) $\frac{24}{48} = \frac{1}{2}$ h) $\frac{28}{35} = \frac{4}{5}$ i) $\frac{7}{8} = \frac{28}{32}$

7 Erweiterungszahl gesucht
a) Schreibe als Bruch mit dem Nenner 24.
① $\frac{2}{3}$ ② $\frac{7}{12}$ ③ $\frac{3}{8}$ ④ $\frac{1}{2}$ ⑤ $\frac{11}{3}$

b) Schreibe als Bruch mit dem Nenner 48.
① $\frac{1}{2}$ ② $\frac{5}{6}$ ③ $\frac{7}{12}$ ④ $\frac{23}{24}$ ⑤ $\frac{7}{3}$

8 Stimmt das Gleichheitszeichen? Korrigiere gegebenenfalls.

a) $\frac{8}{9} = \frac{96}{108}$ b) $\frac{7}{8} = \frac{63}{64}$ c) $\frac{1}{9} = \frac{5}{95}$
d) $\frac{96}{104} = \frac{12}{13}$ e) $\frac{154}{214} = \frac{15}{21}$ f) $\frac{105}{213} = \frac{34}{71}$

8 Bestimme die fehlende Zahl.

a) $\frac{5}{8} = \frac{\square}{32}$ b) $\frac{4}{5} = \frac{\square}{30}$ c) $\frac{5}{6} = \frac{\square}{24}$

d) $\frac{7}{4} = \frac{\square}{28}$ e) $\frac{2}{3} = \frac{\square}{27}$ f) $\frac{8}{9} = \frac{\square}{63}$

Gebrochene Zahlen — Gemeine Brüche erweitern und kürzen

9 Mit welcher Zahl wird erweitert, damit der Nenner 100 ist? **Beispiel** $\frac{1}{4} = \frac{25}{100}$, also 25

a) $\frac{1}{2}$ b) $\frac{7}{10}$ c) $\frac{13}{20}$ d) $\frac{9}{50}$ e) $\frac{3}{4}$ f) $\frac{19}{25}$

9 Welche der Brüche lassen sich auf 10; 100; 1 000; … erweitern?

a) $\frac{3}{5}$ b) $\frac{7}{25}$ c) $\frac{2}{3}$ d) $\frac{1}{8}$ e) $\frac{5}{6}$ f) $\frac{19}{200}$

10 Jeweils ein roter und ein blauer Bruch sind gleich groß. Schreibe so: $\frac{3}{4} = \frac{3 \cdot 4}{4 \cdot 4} = \frac{12}{16}$

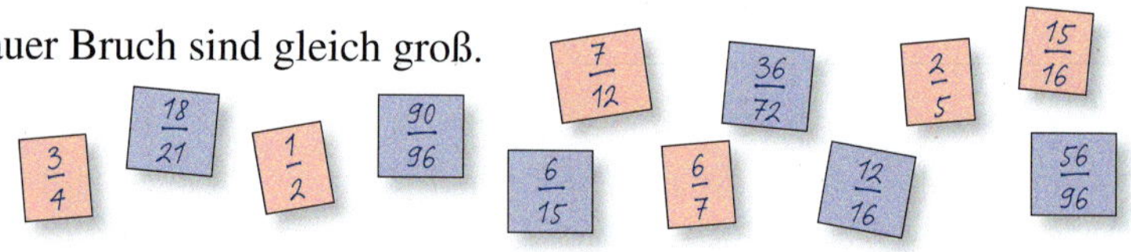

rote Brüche: $\frac{7}{12}$, $\frac{36}{72}$, $\frac{2}{5}$, $\frac{15}{16}$

blaue Brüche: $\frac{18}{21}$, $\frac{3}{4}$, $\frac{1}{2}$, $\frac{90}{96}$, $\frac{6}{15}$, $\frac{6}{7}$, $\frac{12}{16}$, $\frac{56}{96}$

HINWEIS Auf Seite 17 ist die Methode dargestellt.

11 Bestimme den ggT von Zähler und Nenner und kürze damit den Bruch.

a) $\frac{6}{30}$ b) $\frac{5}{55}$ c) $\frac{33}{77}$ d) $\frac{90}{100}$ e) $\frac{30}{42}$ f) $\frac{24}{36}$

11 Bestimme den ggT von Zähler und Nenner und kürze damit den Bruch.

a) $\frac{18}{38}$ b) $\frac{30}{36}$ c) $\frac{27}{72}$ d) $\frac{75}{90}$ e) $\frac{36}{54}$ f) $\frac{125}{175}$

12 Kürze den Bruch schrittweise bis zum Ende. **Beispiel** $\frac{20}{120} = \frac{10}{60} = \frac{5}{30} = \frac{1}{6}$

a) $\frac{60}{180} = \frac{\square}{90} = \frac{\square}{18} = \frac{\square}{6} = \frac{\square}{3}$

b) $\frac{72}{270} = \frac{36}{\square} = \frac{\square}{45} = \frac{4}{\square}$

c) $\frac{\square}{360} = \frac{48}{\square} = \frac{12}{\square} = \frac{2}{3}$

d) $\frac{60}{80} = \frac{\square}{\square} = \frac{\square}{\square} = \ldots$ e) $\frac{50}{250} = \frac{\square}{\square} = \frac{\square}{\square} = \ldots$

12 Kürze den Bruch vollständig.

a) $\frac{240}{\square} = \frac{\square}{72} = \frac{20}{24} = \frac{10}{\square} = \frac{\square}{6}$

b) $\frac{\square}{630} = \frac{45}{\square} = \frac{\square}{105} = \frac{5}{35} = \frac{1}{\square}$

c) $\frac{\square}{360} = \frac{72}{\square} = \frac{24}{60} = \frac{\square}{15} = \frac{2}{\square}$

d) $\frac{144}{180} = \frac{\square}{\square} = \frac{\square}{\square} = \ldots$ e) $\frac{64}{128} = \frac{\square}{\square} = \frac{\square}{\square} = \ldots$

ERINNERE DICH Zwei Zahlen, die keinen gemeinsamen Teiler außer der 1 haben, heißen **teilerfremd**. Sind Zähler und Nenner teilerfremd, kann man nicht weiter kürzen.

13 Kürze so lange, bis Zähler und Nenner teilerfremd sind.

a) $\frac{32}{40}$ b) $\frac{25}{30}$ c) $\frac{72}{84}$ d) $\frac{56}{64}$

e) $\frac{24}{60}$ f) $\frac{8}{12}$ g) $\frac{16}{20}$ h) $\frac{15}{35}$

13 Kürze so lange, bis Zähler und Nenner teilerfremd sind.

a) $\frac{75}{105}$ b) $\frac{80}{120}$ c) $\frac{20}{24}$ d) $\frac{39}{65}$

e) $\frac{105}{120}$ f) $\frac{60}{108}$ g) $\frac{216}{102}$ h) $\frac{276}{216}$

14 Zeichne geeignete Kreisbilder oder Rechtecke und zeige, dass $\frac{1}{2} = \frac{4}{8}$ und $\frac{3}{4} = \frac{12}{16}$.

14 Finde fünf Brüche mit …
a) dem Nenner 36, die sich kürzen lassen.
b) dem Nenner 36, die sich *nicht* kürzen lassen. Kannst du begründen, warum man sie nicht kürzen kann?

15 Welche dieser Brüche kann man auf den Nenner 24 erweitern? Welche nicht?
$\frac{1}{2}; \frac{1}{3}; \frac{1}{4}; \frac{1}{5}; \frac{1}{6}; \frac{1}{7}; \frac{1}{8}$
Erkläre: Warum kann man manche der Brüche nicht auf den Nenner 24 erweitern?

15 Aidyl stellt fest: „Man kann jeden Bruch mit 2, 3, 4, …, 10 erweitern, aber nicht jeden Bruch durch diese Zahlen kürzen." Warum ist das so?

16 Nico sammelt Briefmarken. Von seinen 120 Briefmarken stammen 40 aus Deutschland, 30 aus England, 24 aus Frankreich und der Rest aus anderen Ländern. Gib die Anteile an der Gesamtmenge als Bruchteile an. Kürze anschließend.

16 Die Erich-Kästner-Schule hat 950 Schüler. An einem Sommermorgen kommen 380 Schüler mit dem Fahrrad zur Schule, 300 mit dem Bus, 25 werden mit dem Auto gebracht und der Rest geht zu Fuß. Gib die Anteile als vollständig gekürzte Brüche an.

Gebrochene Zahlen

Methode: Den größten gemeinsamen Teiler (ggT) bestimmen

Julia hat aus ihrer Gummibärchentüte noch 12 rote und 15 gelbe Bärchen übrig. Sie möchte beide Farben gleichmäßig in kleinere Tüten sortieren.

Zuerst überlegt sie, wie sie die 12 roten Bärchen aufteilen könnte: Sie könnte sie alle zusammen in 1 Tüte füllen oder sie auf 2, auf 3, auf 4, auf 6 oder sogar auf 12 Tüten verteilen.
Die 15 gelben Bärchen könnte sie aufteilen auf 1, 3, 5, oder 15 Tüten.

Julia will die 12 roten zusammen mit den 15 gelben Bärchen gleichmäßig auf die Tüten verteilen.
T_{12} = { **1**; 2; **3**; 4; 6; 12}
T_{15} = { **1**; **3**; 5; 15}
Die **gemeinsamen Teiler** von 12 und 15 sind blau markiert: Sie haben die Teiler **1** und **3** gemeinsam. Also kann Julia die Bärchen entweder alle in **1** Tüte füllen oder sie auf **3** Tüten verteilen.

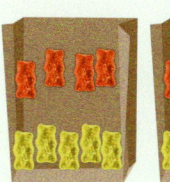  

ERINNERE DICH
*Zur Teilermenge einer Zahl gehören alle Teiler dieser Zahl:
Beispiel:
T_{12} = {1; 2; 3; 4; 6; 12}*

Beispiel 1
3 ist der *größte* gemeinsame Teiler von 12 und 15; kurz: ggT(12; 15) = 3

Der **größte gemeinsame Teiler** (kurz: **ggT**) zweier Zahlen ist die größte Zahl, die in *beiden* Teilermengen vorkommt.

Beispiel 2
T_8 = { **1**; 2; 4; 8}
T_{15} = { **1**; 3; 5; 15}

Zahlen, die *keinen* gemeinsamen Teiler außer der 1 haben, heißen **teilerfremd**.

Beispiel 3
T_{18} = {1; 2; 3; 6; 9; **18**}
T_{54} = {[1; 2; 3; 6; 9; **18**; 27; 54}
T_{72} = {1; 2; 3; 4; 6; 8; 9; 12; **18**; 24; 36; 72}

1 a) Schreibe zu jeder der folgenden Zahlen alle Teiler auf.
6; 8; 14; 15; 20; 25; 36; 60
b) Schreibe folgende Teilermengen in dein Heft.
T_6; T_9; T_{11}; T_{14}; T_{19}; T_{22}; T_{24}; T_{100}

2 Stelle die Teilermengen der Zahlen auf. Bestimme den größten gemeinsamen Teiler.
a) 9 und 12   b) 20 und 48   c) 15 und 18   d) 32 und 72

3 Ermittle den größten gemeinsamen Teiler der beiden Zahlen.
a) ggT(12; 56)   b) ggT(75; 90)   c) ggT(46; 18)   d) ggT(64; 28)

4 👥 Überprüft an Beispielen, ob die Aussagen wahr sein können. Präsentiert eure Ergebnisse.
a) Zwei benachbarte Zahlen sind immer teilerfremd.
b) Zwei gerade Zahlen sind nie teilerfremd.
c) Zwei ungerade Zahlen sind immer teilerfremd.

Methode: Das kleinste gemeinsame Vielfache (kgV) bestimmen

In jeder Gummibärchentüte sind 12 Bärchen.
In jedem Schokolinsenpäckchen sind 8 Schokolinsen.
Wie viele Gummibärchentüten und wie viele Schokolinsenpäckchen muss man nehmen, damit man gleich viele Bärchen wie Schokolinsen hat?
Wie viele Bärchen und Schokolinsen hat man dann?

Ähnlich wie eine Teilermenge kann man auch die Vielfachen einer Zahl in einer **Vielfachenmenge** aufschreiben.

Beispiel
V_{12} = { 12; **24**; 36; **48**; 60; **72**; 84; **96**; 108; **120**; 132; …}
V_8 = { 8; 16; **24**; 32; 40; **48**; 56; 64; **72**; 80; 88; **96**; 104; …}

Die **gemeinsamen Vielfachen** der Zahlen 12 und 8 sind grün markiert.

Das *kleinste* gemeinsame Vielfache der Zahlen 8 und 12 ist die 24; kurz: kgV(8; 12) = 24.

1 Schreibe jeweils die ersten fünf Vielfachen der Zahlen in dein Heft.
a) 2   b) 5   c) 6   d) 8
e) 11   f) 12   g) 20   h) 100

2 Schreibe zunächst die ersten fünf Vielfachen in dein Heft.
Finde anschließend jeweils das kleinste gemeinsame Vielfache.
a) V_3 und V_6 b) V_9 und V_{18} c) V_7 und V_{21} d) V_{10} und V_{50}
e) V_9 und V_6 f) V_5 und V_{15} g) V_{14} und V_{28} h) V_{17} und V_{51}

3 Bestimme das kleinste gemeinsame Vielfache.
a) kgV(3; 5)   b) kgV(5; 6)   c) kgV(6; 8)   d) kgV(6; 7)
e) kgV(2; 15)   f) kgV(7; 12)   g) kgV(15; 45)   h) kgV(14; 21)

4 Ergänze passende Zahlen. Gib jeweils, wenn möglich, drei verschiedene Möglichkeiten an.
a) 36 ist das kgV von   9 und .
b) 60 ist das kgV von 12 und .
c) 124 ist das kgV von 31 und .

5 Hanna geht neben ihrem Vater am Strand. Hannas Schritte sind 60 cm lang, ein Schritt des Vaters ist 75 cm lang. Sie gehen zusammen mit dem rechten Fuß los.
Nach wie vielen Metern befinden sich die rechten Füße wieder genau nebeneinander?

6 Pia und Mark vom Detektivklub „Clever, Clever & besonders Clever" belauschen am 30. November, dass die beiden Gangster Big Teddy und Macho Mirko ab diesem Tag regelmäßig in der Kneipe „Black Sheep" auftauchen wollen:
Big Teddy will jeden dritten, Macho Mirko jeden fünften Tag dort erscheinen.
Pia und Mark geben der Polizei einen Tipp, damit sie beide Gauner gleichzeitig festnehmen kann. An welchem Tag könnte die Polizei das erste Mal zuschlagen?

Gebrochene Zahlen Gemeine Brüche vergleichen und ordnen

Gemeine Brüche vergleichen und ordnen

Entdecken

1 Niclas und Ahmed sind Torhüter und haben beim Fußballturnier mehrere Elfmeter gehalten. Niclas hat 2 von 5 Elfmetern gehalten, Ahmed konnte 3 von 8 Elfmetern abwehren.
Welcher Torhüter war erfolgreicher beim Elfmeterhalten?

2 Bei welchem der drei Gefäße ist die Chance, eine orange Kugel zu ziehen, am geringsten? Bei welchem Gefäß am höchsten? Gib eine Begründung an.

3 Übertrage den folgenden Zahlenstrahl in dein Heft.

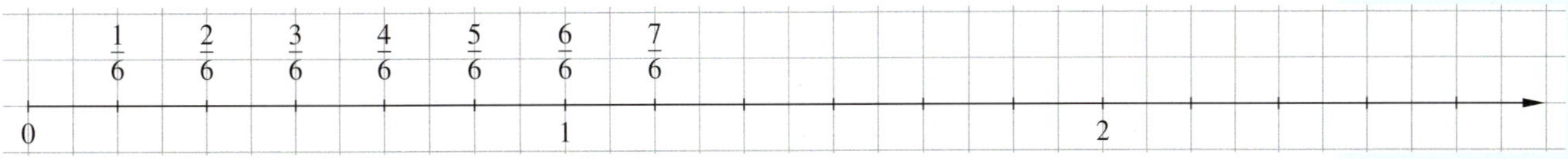

a) Ergänze die fehlenden gemeinen Brüche am Zahlenstrahl.
b) Kürze alle gemeinen Brüche, bei denen dies möglich ist. Schreibe den gekürzten Bruch an die gleiche Stelle unter den Zahlenstrahl.
c) Welcher gemeine Bruch liegt auf dem Zahlenstrahl genau zwischen $\frac{1}{2}$ und $\frac{2}{3}$?
d) Bestimme die Lage der gemeinen Brüche $\frac{1}{4}$ und $\frac{3}{4}$ auf dem Zahlenstrahl.
e) Warum befinden sich $\frac{6}{6}$ und 1 an der gleichen Stelle des Zahlenstrahls?

4 Zeichne einen Zahlenstrahl mit folgenden Eigenschaften:
– Der Zahlenstrahl ist mindestens 14 cm lang.
– Zwischen der 0 am Beginn des Zahlenstrahls und der 1 liegen genau 8 cm.

Trage auf dem Zahlenstrahl die folgenden gemeinen Brüche ein: $\frac{1}{8}$; $\frac{3}{8}$; $\frac{7}{8}$; $\frac{1}{4}$; $\frac{3}{4}$; $\frac{1}{2}$; $1\frac{1}{2}$; $1\frac{3}{8}$; $\frac{5}{16}$.

5 Setze im Heft das richtige Zeichen (>, <, =).
Formuliere jeweils eine passende Regel und begründe sie.

a) $\frac{5}{8}$ ▢ $\frac{3}{8}$; $\frac{7}{10}$ ▢ $\frac{9}{10}$; $\frac{4}{7}$ ▢ $\frac{5}{7}$; $1\frac{7}{12}$ ▢ $1\frac{4}{12}$

Beispiel *Regel: Von zwei gemeinen Brüchen mit gleichem Nenner ist der größer, der … .*
Begründung: …

b) $\frac{2}{3}$ ▢ $\frac{2}{5}$; $\frac{4}{8}$ ▢ $\frac{4}{9}$; $\frac{19}{100}$ ▢ $\frac{19}{50}$; $2\frac{3}{7}$ ▢ $2\frac{3}{10}$

c) $\frac{2}{3}$ ▢ $\frac{4}{6}$; $\frac{5}{10}$ ▢ $\frac{1}{2}$; $\frac{3}{4}$ ▢ $\frac{8}{12}$; $\frac{7}{8}$ ▢ $\frac{30}{40}$

d) $\frac{7}{7}$ ▢ 1; 3 ▢ $\frac{12}{4}$; $\frac{9}{3}$ ▢ 9; 1 ▢ $\frac{5}{1}$

e) 👥 Vergleicht in der Klasse: Welche Regeln findest du am verständlichsten formuliert?

HINWEIS
Beim Begründen der Regeln können Skizzen helfen: Stelle die gemeinen Brüche mithilfe von Kreisen oder Rechtecken dar.

Gebrochene Zahlen   Gemeine Brüche vergleichen und ordnen

Verstehen

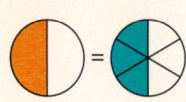

Tom und Pia haben durch Teilen einer Pizza herausgefunden, dass $\frac{1}{2}$ das Gleiche wie $\frac{3}{6}$ ist. Das kann man sich auch am Zahlenstrahl verdeutlichen:

Ein Ganzes wird geteilt in 6 gleiche Teile:

Ein Ganzes wird geteilt in 2 gleiche Teile:

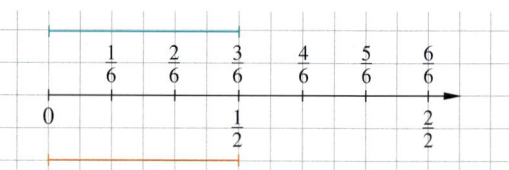

Merke Jeder gemeine Bruch lässt sich als Punkt auf dem Zahlenstrahl darstellen.

Gemeine Brüche, die gleich groß sind, liegen auf dem Zahlenstrahl an derselben Stelle.

Von zwei gemeinen Brüchen ist der größer, der auf dem Zahlenstrahl weiter rechts liegt.

ZU BEISPIEL 2
Was ist mehr:
$\frac{2}{5}$ l oder $\frac{1}{3}$ l?

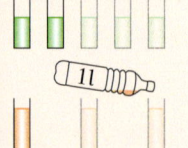

Schwer zu vergleichen? Versuche den Zahlenstrahl.

Beispiel 1

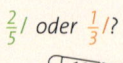

$\frac{2}{8} = \frac{3}{12}$ $\frac{4}{8} = \frac{6}{12}$

Beispiel 2

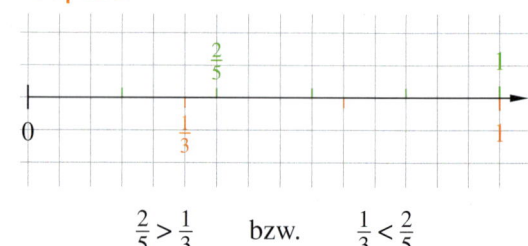

$\frac{2}{5} > \frac{1}{3}$ bzw. $\frac{1}{3} < \frac{2}{5}$

Man kann gemeine Brüche auch ohne Zahlenstrahl vergleichen.

Der leichte Fall: Die Nenner sind gleich.

Beispiel 3

$\frac{3}{5}$ ☐ $\frac{4}{5}$ Weil 3 Fünftelstücke weniger sind als 4 Fünftelstücke, gilt: $\frac{3}{5} < \frac{4}{5}$.

Regel: Bei gleichem Nenner ist der gemeine Bruch größer, dessen Zähler größer ist.

HINWEIS
Gemeine Brüche mit gleichem Nenner nennt man **gleichnamige Brüche**. Sie haben den gleichen Namen, z.B. $\frac{3}{11}$ und $\frac{10}{11}$. gemeinen Brüche mit unterschiedlichem Nenner heißen **ungleichnamige Brüche**.

Der Normalfall: Die Nenner sind verschieden. Dann hat der Lösungsweg zwei Schritte.

Beispiel 4

$\frac{1}{2}$ ☐ $\frac{3}{5}$

① $\frac{1}{2} = \frac{5}{10}$ und $\frac{3}{5} = \frac{6}{10}$

② Da $\frac{5}{10} < \frac{6}{10}$, gilt auch: $\frac{1}{2} < \frac{3}{5}$.

① Die gemeinen Brüche werden durch Erweitern auf einen gemeinsamen Nenner gebracht. Das nennt man **Gleichnamigmachen**.
② Dann kann man sie leicht vergleichen.

Den *kleinsten* gemeinsamen Nenner nennt man auch **Hauptnenner**.

Der Spezialfall: Die Zähler sind gleich.

Beispiel 5

$\frac{5}{3}$ ☐ $\frac{5}{4}$ Da $\frac{1}{3}$ mehr ist als $\frac{1}{4}$, sind auch $\frac{5}{3}$ mehr als $\frac{5}{4}$. Es gilt $\frac{5}{3} > \frac{5}{4}$.

Regel: Bei gleichem Zähler ist der gemeine Bruch größer, dessen Nenner kleiner ist.

Gebrochene Zahlen Gemeine Brüche vergleichen und ordnen

Üben und anwenden

1 Welche gemeinen Brüche sind markiert?

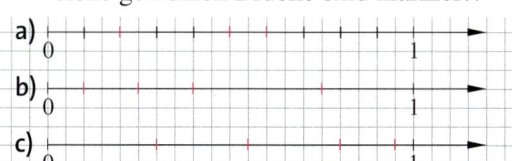

1 Welche gemeinen Brüche sind markiert?

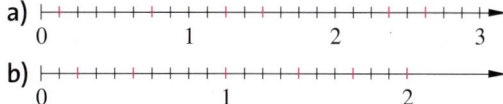

HINWEIS
zu **1**
Schaue zuerst, welche Einteilung der Zahlenstrahl hat. Wo liegt die 1?

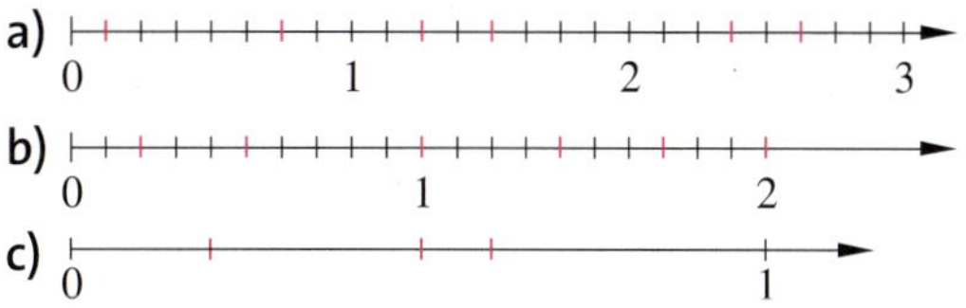

2 Markiere am Zahlenstrahl und vergleiche.

a) $2\frac{1}{4}$ und $\frac{11}{4}$ b) $1\frac{5}{6}$ und $1\frac{5}{12}$ c) $\frac{10}{3}$ und $3\frac{2}{3}$

ZU AUFGABE 2

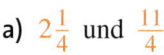

3 Zeichne einen Zahlenstrahl mit dem genannten Abstand zwischen 0 und 1. Dann trage die Zahlen ein.

a) 12 cm Abstand zwischen 0 und 1
$\frac{5}{12}; \frac{7}{12}; \frac{1}{6}; \frac{5}{6}; \frac{2}{3}; \frac{1}{4}; \frac{3}{4}; \frac{1}{2}; \frac{11}{24}$

b) 3 cm Abstand zwischen 0 und 1
$\frac{1}{3}; \frac{5}{6}; \frac{1}{2}; 3\frac{2}{3}; \frac{1}{6}; \frac{12}{6}; \frac{9}{3}; 1\frac{1}{6}$

3 Zeichne einen Zahlenstrahl mit dem genannten Abstand zwischen 0 und 1. Dann trage die Zahlen ein.

a) 4 cm Abstand zwischen 0 und 1
$\frac{1}{4}; \frac{3}{4}; \frac{1}{2}; \frac{5}{8}; \frac{7}{4}; \frac{8}{4}; 2\frac{1}{2}; \frac{5}{2}; \frac{18}{8}$

b) 6 cm Abstand zwischen 0 und 1
$\frac{4}{6}; \frac{1}{3}; \frac{1}{2}; \frac{1}{4}; 1\frac{3}{4}; \frac{10}{6}; \frac{5}{12}; \frac{13}{12}; \frac{7}{24}$

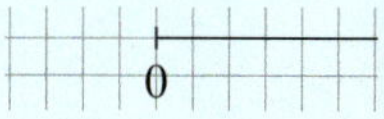

ZU DEN AUFGABEN 3 UND 3
Zeichne den Zahlenstrahl über die 1 hinaus.

4 Vergleiche die beiden dargestellten gemeinen Brüche. Welcher Bruch ist größer?

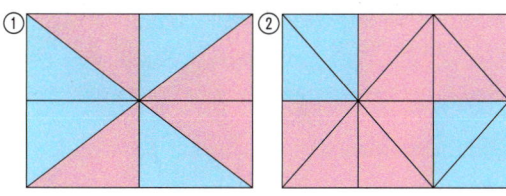

4 Vergleiche die beiden dargestellten gemeinen Brüche.

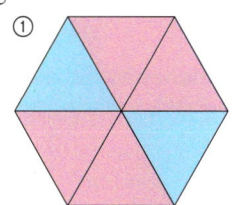 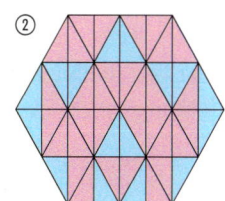

5 Erweitere auf einen gemeinsamen Nenner und vergleiche.

a) $\frac{1}{2}$ und $\frac{1}{4}$ b) $\frac{3}{5}$ und $\frac{1}{10}$ c) $\frac{2}{3}$ und $\frac{1}{4}$

5 Mache gleichnamig und vergleiche.

a) $\frac{3}{4}; \frac{5}{7}$ b) $\frac{7}{3}; \frac{2}{5}$ c) $\frac{2}{3}; \frac{4}{7}$ d) $\frac{5}{8}; \frac{7}{9}$

e) $\frac{5}{6}; \frac{3}{11}$ f) $\frac{9}{8}; \frac{7}{6}$ g) $\frac{4}{3}; \frac{9}{2}$ h) $\frac{7}{12}; \frac{4}{5}$

6 Setze im Heft < oder > ein.

a) $\frac{7}{12} \square \frac{5}{12}$ b) $\frac{3}{4} \square \frac{1}{4}$ c) $\frac{1}{2} \square \frac{2}{3}$

d) $\frac{2}{3} \square \frac{2}{5}$ e) $\frac{3}{4} \square \frac{3}{7}$ f) $\frac{5}{6} \square \frac{5}{9}$

6 Übertrage in dein Heft und vergleiche die Brüche. Setze das richtige Zeichen (<, >, =) ein.

a) $\frac{2}{7} \square \frac{7}{9}$ b) $\frac{8}{11} \square \frac{9}{10}$ c) $\frac{24}{25} \square \frac{35}{35}$

d) $\frac{5}{3} \square \frac{7}{5}$ e) $\frac{7}{15} \square \frac{28}{60}$ f) $\frac{18}{12} \square \frac{33}{22}$

NACHGEDACHT
Clara vergleicht so:
$\frac{5}{8} \square \frac{7}{12}$
$\frac{5 \cdot 12}{8 \cdot 12} \square \frac{7 \cdot 8}{12 \cdot 8}$
$\frac{60}{96} > \frac{56}{96}$

Wie geht Clara vor? Ist ihr Ergebnis korrekt? Kann man ihr Verfahren immer anwenden? Welchen Nachteil hat das Verfahren?

7 Welcher Anteil ist größer?

a) $\frac{5}{24}$ oder $\frac{11}{24}$ b) $\frac{7}{12}$ oder $\frac{5}{12}$ c) $\frac{9}{12}$ oder $\frac{4}{12}$

d) $\frac{1}{2}$ oder $\frac{1}{4}$ e) $\frac{1}{8}$ oder $\frac{1}{6}$ f) $\frac{5}{6}$ oder $\frac{2}{3}$

g) $\frac{3}{4}$ oder $\frac{9}{12}$ h) $\frac{2}{3}$ oder $\frac{3}{4}$

7 Vergleiche die gemeinen Brüche.

a) $\frac{5}{6}; \frac{3}{8}$ b) $\frac{3}{10}; \frac{4}{15}$ c) $\frac{7}{8}; \frac{11}{12}$ d) $\frac{5}{12}; \frac{7}{9}$

e) $\frac{3}{16}; \frac{5}{24}$ f) $\frac{5}{14}; \frac{10}{21}$ g) $\frac{15}{27}; \frac{10}{18}$ h) $\frac{11}{20}; \frac{13}{25}$

Gebrochene Zahlen Gemeine Brüche vergleichen und ordnen

ZU DEN AUFGABEN 8 UND 9
Um **mehrere** gemeine Brüche zu ordnen, sollte man zuerst **alle** Brüche auf den kleinsten gemeinsamen Nenner (Hauptnenner) erweitern.
Beispiel:
Bei **8 a)** erweitert man die drei Brüche auf ihren Hauptnenner 24.

8 Vergleiche die gemeinen Brüche. Es wird einfacher, wenn du zuerst kürzt.

a) $\frac{10}{14}$ und $\frac{16}{21}$ b) $\frac{13}{26}$ und $\frac{15}{30}$ c) $\frac{8}{18}$ und $\frac{11}{33}$

d) $\frac{8}{40}$ und $\frac{7}{30}$ e) $\frac{9}{64}$ und $\frac{15}{120}$ f) $\frac{48}{16}$ und $\frac{14}{5}$

8 Ordne die gemeinen Brüche der Größe nach. Lies den Hinweis in der Randspalte.

a) $\frac{3}{4}; \frac{2}{3}; \frac{5}{8}$ b) $\frac{4}{7}; \frac{2}{5}; \frac{1}{2}$ c) $\frac{13}{20}; \frac{11}{15}; \frac{3}{5}$

d) $\frac{11}{7}; \frac{3}{2}; \frac{7}{6}$ e) $\frac{9}{4}; \frac{31}{25}; \frac{63}{50}$ f) $\frac{21}{40}; \frac{13}{25}; \frac{13}{20}$

9 Erweitere die gemeinen Brüche auf den Hauptnenner und ordne sie dann nach der Größe. Beginne mit dem kleinsten Bruch. Lies den Hinweis in der Randspalte.

a) $\frac{1}{2}; \frac{3}{4}; \frac{2}{5}; \frac{11}{20}; \frac{7}{10}$ b) $\frac{1}{2}; \frac{2}{3}; \frac{3}{5}; \frac{5}{6}; \frac{7}{15}; \frac{17}{30}; \frac{7}{10}$ c) $\frac{3}{4}; 1\frac{2}{3}; \frac{1}{2}; 1\frac{1}{4}; \frac{5}{6}; \frac{11}{12}; 1\frac{1}{6}; \frac{13}{12}$

10 Welche Zahlen kannst du einsetzen? Manchmal gibt es mehrere Möglichkeiten.

a) $\frac{4}{7} < \frac{\square}{7} < \frac{6}{7}$ b) $\frac{3}{8} < \frac{\square}{8} < \frac{7}{8}$ c) $\frac{1}{5} < \frac{\square}{5} < 1$

10 Welche Brüche liegen dazwischen? Gib jeweils zwei mögliche Brüche an.

a) $\frac{3}{7}$ und $\frac{5}{7}$ b) $\frac{1}{9}$ und $\frac{2}{9}$ c) $\frac{1}{3}$ und $\frac{1}{4}$

11 Welcher gemeine Bruch liegt genau in der Mitte zwischen den beiden Brüchen?

a) $\frac{3}{7}$ und $\frac{5}{7}$ b) $\frac{1}{9}$ und $\frac{5}{9}$ c) $\frac{1}{3}$ und $\frac{2}{3}$

11 Welcher gemeine Bruch liegt genau in der Mitte zwischen den beiden Brüchen?

a) $\frac{1}{3}$ und $\frac{7}{9}$ b) $\frac{1}{2}$ und $\frac{5}{9}$ c) $\frac{4}{5}$ und $\frac{1}{2}$

12 Ralph fotografiert sehr gerne. An seinem Fotoapparat muss er die Belichtungszeit einstellen. Er kann wählen zwischen $\frac{1}{500}$ s, $\frac{1}{250}$ s, $\frac{1}{125}$ s und $\frac{1}{60}$ s.
Welches ist die kürzeste, welches die längste Belichtungszeit?

12 An welchem Glücksrad ist die Chance größer …
a) für einen Hauptgewinn,
b) für einen Kleingewinn,
c) für eine Niete?

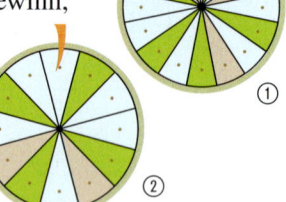

☐ Niete
☐ Kleingewinn
☐ Hauptgewinn

HINWEIS
„Jedes vierte Los" bedeutet:
„$\frac{1}{4}$ von allen Losen".

13 Wo würdest du deine Lose kaufen?

Jedes vierte Los gewinnt!

35 GEWINNE JE 100 LOSE

Auf 20 Lose – 6 Gewinne!!!

13 Wer hatte den kleinsten Fehleranteil bei der Englischarbeit?

	Anzahl der Worte	Anzahl der Fehler	Fehleranteil
Silke	200	7	$\frac{7}{200}$
Heike	250	8	
Ina	150	6	
Lena	300	9	

ERINNERE DICH
$\frac{1}{10000}$ von 3 km rechnet man so:

3 km = 3 000 m = = 300 000 cm

300 000 cm
: 10 000 → 30 cm
· 1 → 30 cm

14 Maßstab bei Landkarten (zum Beispiel im Erdkundebuch)
Der Maßstab 1 : 10 000 kann auch als Bruch $\frac{1}{10000}$ geschrieben werden.
Das bedeutet: Auf der Landkarte sind alle Strecken $\frac{1}{10000}$-mal so lang wie in der Wirklichkeit.
Beispiel Eine 3 km lange Strecke ist auf der Karte $\frac{1}{10000}$ von 3 km lang, vgl. Randspalte.

Welche Landkarte von Sachsen benötigt mehr Platz: eine Karte im Maßstab 1 : 10 000 oder eine Karte im Maßstab 1 : 20 000? Begründe mithilfe von Brüchen.

Gebrochene Zahlen   Gemeine Brüche in Dezimalzahlen umwandeln und umgekehrt

Gemeine Brüche in Dezimalzahlen umwandeln und umgekehrt

Entdecken

1 Am Dreikönigstag ziehen in vielen Gemeinden die Sternsinger von Haus zu Haus und sammeln Spenden für wohltätige Zwecke. Häufig bekommen die Kinder und Jugendlichen auch Süßigkeiten, die sie untereinander aufteilen dürfen.
a) Die Sternsinger der Gemeinde St. Markus sammelten insgesamt 3 000 €, die auf vier Projekte gleichmäßig verteilt werden sollten. Wie viel Geld stand für jedes Projekt zur Verfügung?
b) Vier Sternsinger bekamen drei Tafeln Schokolade. Ist es möglich, die Tafeln gerecht untereinander aufzuteilen?

2 🙋 Arbeitet in Gruppen zusammen.
Ihr benötigt einen Eimer mit einem Fassungsvermögen von mindestens 5 Litern und fünf Messbecher mit einem Fassungsvermögen von mindestens 1 Liter.
Nehmt folgende Verteilungen vor. Bestimmt dann jeweils die Höhe des Wasserstandes und notiert das Ergebnis als gemeinen Bruch und als Dezimalzahl.
a) 3 l Wasser gleichmäßig auf vier Messbecher verteilen.
b) 4 l Wasser gleichmäßig auf fünf Messbecher verteilen.
c) 3 l Wasser gleichmäßig auf fünf Messbecher verteilen.
d) 2 l Wasser gleichmäßig auf drei Messbecher verteilen.
e) Nehmt weitere Verteilungen vor und notiert das Ergebnis.

3 🙋🙋 Vergleicht die Gewinnchancen der drei Lostrommeln. Aus welcher Lostrommel würdet ihr eure Lose ziehen? Begründet.

Gebrochene Zahlen Gemeine Brüche in Dezimalzahlen umwandeln und umgekehrt

Verstehen

Tim hat einen Einkaufszettel:

Einkaufszettel für Tim
$\frac{1}{2}$ kg Fleischwurst
$\frac{1}{4}$ kg Speck
$1\frac{3}{4}$ kg Kartoffeln

Tim rechnet um:

$\frac{1}{2}$ kg = 0,500 kg = 500 g

$\frac{1}{4}$ kg = 0,250 kg = 250 g

$1\frac{3}{4}$ kg = 1,750 kg = 1750 g

Bei Größenangaben können gemeine Brüche, Dezimalzahlen oder gemischte Zahlen verwendet werden. Die angegebenen Mengen sind trotz verschiedener Schreibweise gleich.
Um einen gemeinen Bruch in eine Dezimalzahl umzuwandeln, gibt es zwei Möglichkeiten:

1. Möglichkeit: Erweitern/kürzen auf einen Zehnerbruch

Beispiel 1

$\frac{1}{4} = \frac{1 \cdot 25}{4 \cdot 25} = \frac{25}{100} = 0{,}25$ $\frac{28}{200} = \frac{28 : 2}{200 : 2} = \frac{14}{100} = 0{,}14$

$\frac{1}{2} = \frac{1 \cdot 5}{2 \cdot 5} = \frac{5}{10} = 0{,}5$ $\frac{1}{8} = \frac{1 \cdot 125}{8 \cdot 125} = \frac{125}{1000} = 0{,}125$

$\frac{52}{25} = \frac{208}{100} = 2{,}08$ oder $\frac{52}{25} = 2\frac{2}{25} = 2\frac{8}{100} = 2{,}08$

Der gemeine Bruch wird zuerst auf einen Bruch mit dem Nenner 10, 100 oder 1000 erweitert oder gekürzt.

Merke Gemeine Brüche mit den Nennern 10, 100, 1000 nennt man **Zehnerbrüche**.

2. Möglichkeit: Schriftlich dividieren

Beispiel 2

$\frac{1}{4} = 1 : 4$ $\frac{65}{25} = 65 : 25$

```
 1,00 : 4 = 0,25           65,00 : 25 = 2,6
−0 ↓                       −50 ↓
 10 ────── Komma-          150 ────── Komma-
− 8        überschreitung  −150       überschreitung
 20                          0
−20
  0
```

Sobald der Dividend für die Division zu klein ist, wird er um ein Komma und weitere Nullen ergänzt.
Gleichzeitig setzt man auch im Ergebnis ein Komma.

HINWEIS

$\frac{1}{3} = 0{,}333\ldots = 0{,}\overline{3}$

$0{,}\overline{3}$ liest man: „Null Komma Periode 3".

$\frac{5}{6} = 0{,}833\ldots = 0{,}8\overline{3}$

$0{,}8\overline{3}$ liest man: „Null Komma 8 Periode 3".

$\frac{1}{11} = 0{,}0909\ldots = 0{,}\overline{09}$

$0{,}\overline{09}$ liest man: „Null Komma Periode Null Neun".

Merke Der **Bruchstrich** kann als Divisionszeichen verstanden werden. Es kann somit jeder gemeine Bruch durch eine (schriftliche) Division in eine Dezimalzahl umgewandelt werden.

Beispiel 3

```
 2,000 : 9 = 0,22… = 0,2̄
−0 ↓
 20 ────── Komma-
−18        überschreitung
 20
−18
 20
```

Merke Bei vielen gemeinen Brüchen führt die Division dazu, dass sich im Ergebnis Ziffern unendlich oft wiederholen.
Diese gemeinen Brüche nennt man
periodische Dezimalbrüche. Die Ziffer (oder die Ziffergruppe), die sich wiederholt, wird durch einen Strich darüber gekennzeichnet und **Periode** genannt.

24

Gebrochene Zahlen — Gemeine Brüche in Dezimalzahlen umwandeln und umgekehrt

Üben und anwenden

1 Schreibe als Bruch und als gemischte Zahl.
a) 43 : 10   b) 16 : 5   c) 11 : 2
d) 607 : 100   e) 5 : 4   f) 109 : 20
g) 17 : 4   h) 57 : 10   i) 999 : 10

2 Schreibe als Dezimalzahl, indem du auf einen Zehnerbruch erweiterst oder kürzt.
a) $\frac{2}{5}$ b) $\frac{1}{2}$ c) $\frac{8}{25}$
d) $\frac{7}{20}$ e) $\frac{56}{700}$ f) $\frac{154}{2000}$

3 Schreibe als Dezimalzahl, indem du zuerst kürzt und dann auf eine Zehnerzahl erweiterst.
Beispiel $\frac{6}{30} = \frac{1}{5} = \frac{2}{10} = 0{,}2$
a) $\frac{4}{80}$ b) $\frac{27}{45}$ c) $\frac{9}{150}$
d) $\frac{20}{16}$ e) $\frac{12}{75}$ f) $\frac{28}{35}$

4 Schreibe den blauen Anteil als Dezimalzahl und als Prozentangabe.

a) 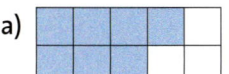   b)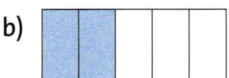

c) 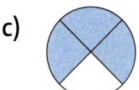   d)

5 Finde zu jedem Bruch die passende Dezimalzahl.

6 Schreibe die Zutatenliste für den Cocktail mit Dezimalzahlen.

$\frac{3}{4}$ l Maracuja-Mango-Saft,
$\frac{1}{2}$ l Ananassaft, $\frac{1}{5}$ l Orangensaft,
$\frac{1}{4}$ l Grapefruitsaft, $\frac{1}{10}$ l Grenadine

---

1 Schreibe als Bruch und wenn möglich als gemischte Zahl. Kürze, wenn möglich.
a) 59 : 10   b) 61 : 25   c) 18 : 30
d) 24 : 64   e) 379 : 40   f) 382 : 125

2 Schreibe als Dezimalzahl, indem du auf einen Zehnerbruch erweiterst oder kürzt.
a) $\frac{41}{250}$ b) $\frac{178}{500}$ c) $\frac{18}{30}$
d) $\frac{3}{125}$ e) $\frac{19}{40}$ f) $\frac{24}{60}$
g) $3\frac{1}{5}$ h) $5\frac{1}{2}$ i) $5\frac{9}{20}$

3 Welche Zahlen sind gleich groß?
a) 0,1; 0,2; 0,03; 0,05; $\frac{1}{10}$; $\frac{1}{20}$; $\frac{1}{5}$; $\frac{3}{100}$
b) $\frac{2}{5}$; $\frac{5}{10}$; $\frac{2}{8}$; $\frac{1}{4}$; $\frac{2}{4}$; $\frac{4}{10}$; $\frac{1}{2}$; 0,5; 0,25; 0,4

4 Welcher Anteil ist dargestellt? Gib auch als Dezimalzahl an.

a) 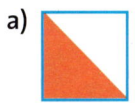   b)    c)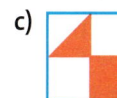

d)    e)    f)

5 Schreibe als Dezimalzahl. Bei welcher Aufgabe hast du schriftlich dividiert? Begründe.
a) $\frac{15}{25}$ b) $\frac{7}{16}$ c) $\frac{13}{8}$
d) $\frac{5}{4}$ e) $\frac{17}{32}$ f) $\frac{28}{125}$

6 Schreibe die Literangaben aus der Zutatenliste mit Dezimalzahlen.

Apfeltörtchen
$\frac{3}{4}$ Liter Apfelmus, $\frac{1}{4}$ Liter saure Sahne,
1 TL Zitronensaft, 1 P. Vanillezucker,
$\frac{1}{2}$ Liter Schokoladensauce, $\frac{1}{8}$ Liter Sahne,
7 Blatt Gelatine, Minze und gebratene Apfelspalten

Gebrochene Zahlen Gemeine Brüche in Dezimalzahlen umwandeln und umgekehrt

7 Schreibe als periodische Dezimahlzahl.
a) 0,888… b) 0,444… c) 0,1333…
d) 0,17666… e) 0,2727… f) 0,1616…

7 Schreibe als periodische Dezimahlzahl.
a) 0,111… b) 0,777… c) 0,8666…
d) 0,1444… e) 0,95959… f) 3,32626…

8 Zahlendiktat. Arbeitet zu zweit.
a) Der eine liest die Zahl vor, der andere schreibt. Wechselt euch ab.
① $0,\overline{5}$ ② $1,\overline{8}$ ③ $0,\overline{67}$ ④ $3,\overline{45}$
⑤ $0,\overline{21}$ ⑥ $2,\overline{38}$ ⑦ $0,\overline{469}$ ⑧ $0,4\overline{69}$
b) Überlegt beide mehrere eigene Beispiele und diktiert euch gegenseitig.

8 Finde die Fehler und korrigiere sie.
a) $0,6\overline{1}$ = 0,616161…
b) $0,\overline{238}$ = 0,2383838…
c) $0,9\overline{112}$ = 0,9112112…
d) $0,31\overline{706}$ = 0,317060606…
e) $0,41\overline{67}$ = 0,4167777…
f) $0,142\overline{857}$ = 0,142857142…

9 Gibt es für jede Dezimalzahl einen zugehörigen Bruch? Ergänze, falls nötig.

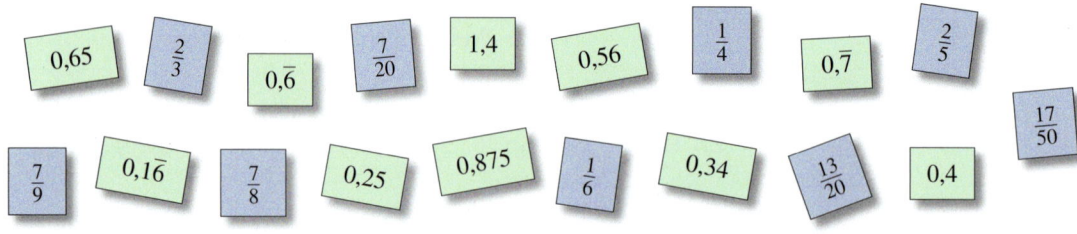

10 Setze im Heft richtig ein: < oder >.
a) $0,3 \square 0,\overline{3}$ b) $0,\overline{5} \square 0,5$
c) $0,\overline{7} \square 0,7$ d) $0,6 \square 0,\overline{5}$
e) $0,\overline{75} \square 0,76$ f) $3,35 \square 3,3\overline{5}$
g) $8,92 \square 8,\overline{82}$ h) $5,\overline{75} \square 5,78$

10 Ordne die Zahlen nach der Größe.
a) 0,3 $0,\overline{3}$ 0,334 0,33 0,333
b) $0,\overline{099}$ 0,9 0,99 0,09 $0,\overline{09}$
c) $0,\overline{1}$ 0,1 0,11 $0,\overline{01}$ 0,01
d) 2,37 $2,\overline{37}$ 2,377 2,378 2,373

11 Gib für jede Farbe den Anteil als gemeinen Bruch und als Dezimalzahl an.

11 Gib für jede Farbe den vollständig gekürzten Bruch und die Dezimalzahl an.

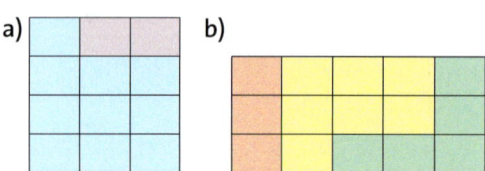

NACHGEDACHT
Kannst du dir erklären, wie es zu den Fehlern in den Aufgaben 12 und 12 kommen konnte?

12 Was haben die Kinder nicht beachtet? Korrigiere. Erkläre auch die richtige Lösung.
a) Lea schreibt: $\frac{3}{50} = 0,6$
b) Max schreibt: $1,45 > 1,5$
c) Felicitas schreibt: $\frac{1}{6} = 0,\overline{6}$

12 Überprüfe und korrigiere die Fehler. Begründe deine Lösungen.
a) $0,71 > 0,09$ b) $2,01 > 2,1$
c) $0,99 < 0,0999$ d) $7,28 > 7,280$
e) $0,4 > \frac{1}{4}$ f) $1,8 < 1\frac{4}{5}$
g) $\frac{1}{8} = 0,0125$ h) $\frac{1}{12} = 0,8$

13 Erstelle mit den folgenden gemeinen Brüchen eine Tabelle wie rechts gezeigt. Fülle die Tabelle aus und kreuze richtig an.

$\frac{3}{4}, \frac{1}{3}, \frac{1}{6}, \frac{3}{5}, \frac{7}{10}, \frac{8}{15}, \frac{4}{9}, \frac{7}{8}, \frac{3}{8}, \frac{7}{12}, \frac{11}{12}$

Bruch	Dezimalzahl	abbrechend	periodisch
$\frac{3}{4}$	0,75	×	
$\frac{1}{3}$			

Gebrochene Zahlen Dezimalzahlen vergleichen und runden

Dezimalzahlen vergleichen und runden

Entdecken

1 Knappe Entscheidungen beim Sport
Tabea liest die Sportberichte und meint, dass es Zeitgleichheit im Sport gar nicht gibt.
Hat sie recht? Begründe.

a) **Tour de France 2014**

> Bei der 7. Etappe der Tour de France kommen Matteo Trentin und Peter Sagan nach 234,5 km mit einer Zeit von 5:18:39 h zeitgleich ins Ziel.
> Erst anhand des Zielfotos kann festgestellt werden, wer Sieger ist:
> Der Italiener Matteo Trentin wird zum Etappensieger erklärt, Sagan ist „nur" Zweiter.
> Er hat den Etappensieg um einige Millimeter verpasst.

b) **Deutsche Jugendmeisterschaften 2010**

> Bei der deutschen Jugendmeisterschaft in Ulm liefen Felix Gehne und Patrick Domogla über 100 m zeitgleich in 10,74 s ins Ziel. Maurice Huke wurde in 10,90 s Dritter.

2 Im Supermarkt werden Weintrauben angeboten, die bereits in Papiertüten abgepackt sind. Da es sich um ein und dieselbe Sorte Weintrauben handelt, ist der Kilo-Preis jeweils mit 3,99 € angegeben.
a) Marie soll ein halbes Kilo Weintrauben kaufen. Welche Packung würdest du ihr empfehlen.
b) Martin will 750 g Weintrauben kaufen. Welche Packung soll er nehmen?
c) Lara will nur etwas naschen und deshalb die kleinste Packung nehmen. Welche ist das?

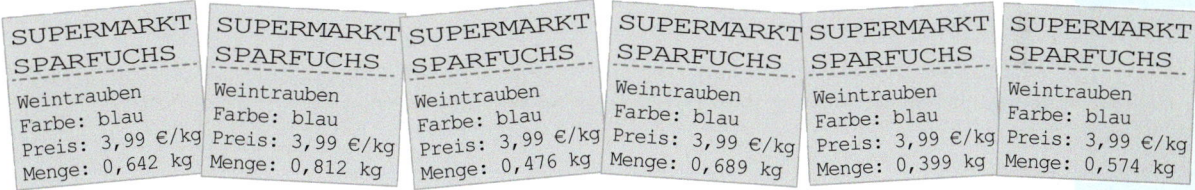

3 Frau Kreis hat die Mathearbeiten der Klassen 6a und 6b korrigiert. Nachdem sie den Notenspiegel erstellt hat, berechnet sie den jeweiligen Durchschnitt der Arbeiten mit dem Taschenrechner. Welchen Durchschnitt wird sie jeder Klasse an die Tafel schreiben? Begründe.

HINWEIS
Berechnung des Durchschnitts für die Klasse 6a:
$((1 \cdot 3) + (2 \cdot 8) + (3 \cdot 10) + (4 \cdot 6) + (5 \cdot 3) + (6 \cdot 0)) : 30 = 88 : 30 = 2,9\overline{3}$

Klasse 6a: 30 Schüler

Note	1	2	3	4	5	6
Anzahl	3	8	10	6	3	0

Klasse 6b: 29 Schüler

Note	1	2	3	4	5	6
Anzahl	2	9	8	6	3	1

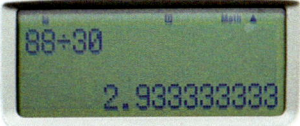

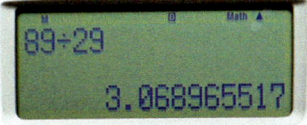

Gebrochene Zahlen Dezimalzahlen vergleichen und runden

Verstehen

Du erinnerst dich bestimmt daran, dass du bereits im vergangenen Schuljahr gelernt hast, wie man Dezimalzahlen miteinander vergleichen kann.
Unter den Weintrauben-Packungen sind auch Angebote zu finden, die folgende Masseangaben haben. Wie kann man schnell ermitteln, welche Packung schwerer ist?

SUPERMARKT SPARFUCHS
Weintrauben Blau
Preis: 3,99 €/kg
Menge: 0,642 kg

SUPERMARKT SPARFUCHS
Weintrauben Blau
Preis: 3,99 €/kg
Menge: 0,689 kg

Beispiel 1

| 1. Angebot: | 0,… | Man vergleicht zunächst die Ganzen. Da sie gleich sind, |
| 2. Angebot: | 0,… | ergibt sich keine Entscheidung. |

| 1. Angebot: | 0,6… | Man vergleicht nun die Zehntel. Da auch sie gleich sind, |
| 2. Angebot: | 0,6… | ergibt sich keine Entscheidung. |

| . Angebot: | 0,6**4**… | Vergleicht man die die Hundertstel, so ergibt sich: **4 < 8**. |
| 2. Angebot: | 0,6**8**… | Das Gewicht des zweiten Angebots ist größer. |

> **Merke** **Dezimalzahlen vergleicht** man wie natürliche Zahlen. Man geht dabei **stellengleich** von links nach rechts vor.

Am Zahlenstrahl kann man übersichtlich vergleichen.

Beispiel 2

Vergleiche: 5,68 ▪ 5,73.

5,68 < 5,73

⟵|—×——|——×——|⟶
5,6   5,7   5,8

Es ist wie bei den natürlichen Zahlen und bei den Brüchen:
Die größere Dezimalzahl liegt auf dem Zahlenstrahl rechts von der kleineren Dezimalzahl.

Häufig sind Dezimalzahlen zum Aufschreiben zu lang wie z. B. bei Maries Berechnung des Notendurchschnitts. Dann sollten Dezimalzahlen gerundet werden.

Beispiel 3

Runde den Notenschnitt von Maries erster Klassenarbeit (2,346 153 846…) auf Hundertstel.

①

E	z	**h**	t	zt	ht	…
2,	3	4	6	1	5	…

②

E	z	h	t	zt	ht	…
2,	3	4	**6**	1	5	…

③

E	z	h	t	zt	ht	…
2,	3	**5**				

Markiere die **Rundungsstelle**, hier die Hundertstel (h).

Prüfe die **Rundungsziffer** (die Ziffer *hinter* der Rundungsstelle): Die Ziffer **6** zeigt an, wie gerundet wird.
Hier wird aufgerundet.

An der Rundungsstelle wird von 4h auf **5h** aufgerundet.
Das Ergebnis des Rundens:
2,346 153 … ≈ 2,35

ERINNERE DICH
Bei einer Rundungsziffer *0–4* wird abgerundet, bei *5–9* wird aufgerundet.
Das Zeichen ≈ gibt an, dass gerundet wurde.

> **Merke** **Dezimalzahlen rundet** man wie natürliche Zahlen:
> Zuerst wird die Stelle festgelegt, auf die gerundet werden soll.
> Dann betrachtet man die Rundungsziffer und entscheidet, ob man auf- oder abrundet.

Gebrochene Zahlen — Dezimalzahlen vergleichen und runden

Üben und anwenden

1 Zeichne den Zahlenstrahl, zwischen der 0 und der 1 liegen genau 10 cm. Beschrifte die Buchstaben mit Dezimalzahlen.

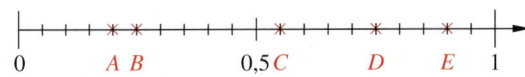

1 Notiere die Dezimalzahlen.

2 Zeichne einen Zahlenstrahl in dein Heft. Der Abstand zwischen 0 und 1 soll 10 cm betragen.
Markiere darauf die gegebenen Zahlen:
0,75; 1,5; 0,6; 1,4; 1,25; 1,05; 0,95; 1,1

2 Zeichne den Zahlenstrahl in dein Heft und trage die Zahlen ein: 0,992; 1,01; 1,001; 0,995; 1,018; 0,989; 1,004; 0,987; 1,009

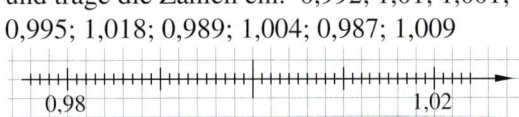

3 Gib an, auf welche Stelle (Zehntel, Hundertstel, Tausendstel, …) gerundet wurde.
a) $0{,}920\,9 \approx 0{,}9$
b) $2{,}084\,5 \approx 2{,}085$
c) $1{,}742 \approx 1{,}74$
d) $0{,}843\,6 \approx 0{,}844$

3 Runde die Zahl 37,089 526 3 auf …
a) … Zehner,
b) … Einer,
c) … Zehntel,
d) … Hundertstel,
e) … Tausendstel
f) … Hunderttausendstel

HINWEIS
zu Aufgabe 10
Beispiel:

$0{,}583 \approx 0{,}6$

Ausgangszahl
gerundete Zahl

4 Runde auf Zehntel und auf Hundertstel.
a) 0,411
b) 2,007
c) 5,928
d) 8,445
e) 14,096
f) 15,739
g) 3,77
h) 0,773
i) 0,09
j) 2,943
k) 0,861
l) 4,168

4 Runde auf Zehntel, auf Hundertstel und auf Tausendstel.
a) 6,959 5
b) 5,998 2
c) 13,955 5
d) 99,999 9
e) 0,989 8
f) 3,990 5
g) 5,324 6
h) 12,753 1
i) 0,568 7

5 Gib jeweils zwei Ausgangszahlen an, aus denen diese Dezimalbrüche durch Runden entstanden sein können.
a) 0,6
b) 2,37
c) 77,609

5 Eine Zahl mit drei Nachkommastellen wurde auf 124,56 gerundet.
Bestimme die kleinst- und die größtmögliche Ausgangszahl.

6 Runde auf Cent.
Beispiel 1,0389 € ≈ 1,04 €
a) 2,674 5 €
b) 0,458 8 €
c) 23,4008 €
d) 3,999 €
e) 10,009 €
f) 9,999 €
g) 0,345 6 €
h) 0,007 €

6 Wandle um in Dezimalzahlen und runde auf zwei Stellen nach dem Komma.
Dann ordne nach der Größe, beginne mit der kleinsten Dezimalzahl.
a) $\frac{2}{3}$; $\frac{5}{8}$; $\frac{5}{6}$; $\frac{4}{9}$; $\frac{18}{11}$; $\frac{15}{7}$
b) $\frac{35}{9}$; $\frac{55}{13}$; $\frac{11}{6}$; $\frac{13}{16}$; $\frac{7}{12}$; $\frac{19}{6}$

7 👥 Diskutiere mit einem Partner: Warum sind die folgenden Größenangaben in unserem Alltag nicht sinnvoll? Begründet und gebt die Werte sinnvoll an.
a) Paul ist 1,436 9 m groß
b) Der Telefonhörer ist 22,482 cm lang.
c) Annika wiegt 40,196 42 kg
d) Der Elefant wiegt 2,036 4 t.
e) Max Schulweg ist 874,392 m lang.
f) Ein Blatt Papier kostet 2,99 Cent.

Thema: Endliche und unendliche Dezimalbrüche

Eine Tippgemeinschaft aus drei Spielern hat 100 € gewonnen.
Nun soll die Summe so aufgeteilt werden, dass jeder den gleichen Betrag erhält.
Die drei Spieler können rechnen wie sie wollen, die Summe lässt sich nicht gleichmäßig komplett aufteilen.
Das Divisionsverfahren für 100 : 3 bricht nie ab.
Es wiederholt sich ständig die Ziffer 3.

```
100 : 3 = 33,33...
 -9
 ---
 10
 -9
 ---
 10
 -9
 ---
 10
  :
```

Eine Ziffer oder eine Ziffergruppe, die sich ständig wiederholt, **heißt Periode.**
Den Dezimalbruch 33,333 ... bezeichnet man als **einen unendlichen periodischen Dezimalbruch mit der Periode 3**.

Man schreibt: $100 : 3 = 33,\overline{3}$ lies: dreiunddreißig Komma drei Periode drei

Beispiel

```
1 : 6 = 0,166... = 0,16           16 : 11 = 1,454... = 1,45
10                                -11
 -6         lies:                 ---
 ---        null Komma ein sechs   50      lies:
 40         Periode sechs         -44      eins Komma vier fünf
-36                               ---      Periode vier fünf
 ---                               60
 40                               -55
  :                               ---
                                   50
                                    :
```

Bricht das Divisionsverfahren ab, so entsteht ein **endlicher Dezimalbruch**.
Bei der Umwandlung gemeiner Brüche in Dezimalbrüche treten entweder endliche oder unendlich periodische Dezimalbrüche auf.

Beispiele

$\frac{3}{8} = 3 : 8 = 0{,}375$ $\frac{6}{25} = 6 : 25 = 0{,}24$

$\frac{2}{9} = 2 : 9 = 0{,}\overline{2}$ $\frac{1}{7} = 1 : 7 = 0{,}\overline{142857}$

1 Wandle die gemeinen Brüche in Dezimalzahlen um. Kürze vor dem Dividieren.

a) $\frac{2}{6}$ b) $\frac{3}{4}$ c) $\frac{4}{18}$ d) $\frac{7}{3}$

e) $\frac{100}{3}$ f) $\frac{10}{7}$ g) $\frac{16}{32}$ h) $\frac{15}{25}$

Gebrochene Zahlen

2 Wandle folgende Brüche in Dezimalbrüche um.
Verwende (wo erforderlich) die Periodenschreibweise.

a) $\frac{3}{10}$ b) $\frac{2}{5}$ c) $\frac{3}{4}$ d) $\frac{49}{50}$

e) $\frac{7}{100}$ f) $\frac{9}{12}$ g) $\frac{1}{3}$ h) $\frac{2}{3}$

i) $\frac{5}{6}$ j) $\frac{1}{9}$ k) $\frac{1}{11}$ l) $\frac{1}{7}$

3 Welche der folgenden Dezimalzahlen sind periodisch? Gib jeweils die Periode an.
Runde auf Zehntel, Hundertstel bzw. Tausendstel.

a) 0,33333... b) 2,5 c) 4747,47
d) 0,353535... e) 7,575 f) 1,020304...
g) 8,9444... h) 0,651651 i) 3,255525252 ...

4 Vergleiche und setze das entsprechende Zeichen (<; = ; >).

a) 2,5 und 2,$\overline{5}$ b) 1,$\overline{9}$ und 2 c) 3,$\overline{87}$ und 3,8$\overline{7}$

5 Ordne die folgenden Dezimalzahlen. Beginne mit dem kleinsten Bruch.

a) 0,5; 0,$\overline{5}$; 0,555; 0,56; 0,$\overline{54}$
b) 0,$\overline{3}$; 0,$\overline{30}$; 0,3; 0,33; 0,$\overline{303}$
c) 1,34$\overline{5}$; 1,3$\overline{45}$; 1,345; 1,$\overline{345}$; 1,34$\overline{535}$
d) 1,6$\overline{76}$: 1,676; 1,$\overline{676}$; 1,6$\overline{76}$

6 Ordne die folgenden Dezimalbrüche. Beginne mit dem größten Bruch.

a) 1,18; 1,1$\overline{8}$; 1,$\overline{18}$; 1,$\overline{1}$; 1,$\overline{81}$
b) 3,$\overline{8}$; 38,$\overline{3}$; 3,0$\overline{8}$; 33,$\overline{8}$; 3,$\overline{808}$
c) 1,$\overline{23456}$; 1,23$\overline{456}$; 1,234$\overline{56}$; 1,2345$\overline{6}$; 1,2$\overline{3456}$

7 Dividiere.

a) 5 : 9 b) 7 : 3 c) 10 : 6 d) 7 : 11
e) 25 : 12 f) 2 : 36 g) 7 : 18 h) 75 : 36
i) 22 : 18 j) 487 : 6 k) 17 : 13 l) 195 : 7

8 Vergleiche. Verwende die Relationszeichen <; = bzw. >.

a) 0,$\overline{3}$ und 0,3 b) 1,7 und $\frac{1}{7}$

c) 1,25 und 1,$\overline{25}$ d) $\frac{1}{3}$ und 0,$\overline{3}$

e) 0,16 und 0,$\overline{16}$ f) 100,$\overline{1}$ und 1,$\overline{001}$

g) 2,$\overline{3}$ und 0,$\overline{23}$ h) 0,$\overline{5}$ und 0,5

i) 6,$\overline{76}$ und 6,77 j) 0,2$\overline{8}$ und 0,$\overline{28}$

k) 4,$\overline{1}$ und 3,$\overline{895}$ l) 0,75 und 0,$\overline{7}$

m) 1,2$\overline{6}$ und 1,6$\overline{2}$ n) 1,1$\overline{4}$ und 1,0$\overline{4}$

o) 0,83 und 0,8$\overline{3}$ p) $\frac{1}{9}$ und 0,$\overline{1}$

q) 1,$\overline{2}$ und $1\frac{1}{5}$ r) 2,2$\overline{4}$ und $2\frac{1}{4}$

Gebrochene Zahlen

Klar so weit?

Gemeine Brüche und Dezimalzahlen

→ Seite 10

1 Übertrage die Stellenwerttafel ins Heft. Ergänze die fehlenden Zahlen.

H	Z	E	z	h	t	Dezimalzahl
		5	2	8		5,28
1	1	7	8	0	9	
		0	4	7		
						270,5
						81,927
						100,001

1 Übertrage die Stellenwerttafel ins Heft. Ergänze die fehlenden Zahlen.

H	Z	E	z	h	t	Dezimalzahl	Bruch
		2	6	0	8	26,08	$26\frac{8}{100}$
						100,95	
8	4	0	9	0	1		
							$\frac{24}{100}$
				3	5		

2 Übertrage den Ausschnitt in dein Heft.

7,2   7,4

a) Lies die markierten Zahlen ab.
b) Trage die Zahlen 7,8; 8,0 und 8,2 ein.

2 Übertrage den Ausschnitt in dein Heft.

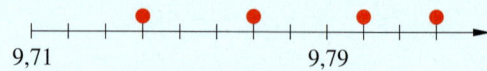
9,71   9,79

a) Lies die markierten Zahlen ab.
b) Trage die Zahlen 9,73; 9,81 und 9,75 ein.

3 Wandle beide Zahlen in die gleiche Schreibweise um. Welche Zahl ist größer?

a) $\frac{1}{2}$; 0,1   b) $\frac{2}{10}$; 0,25   c) 0,6; $\frac{60}{100}$

3 Welche Zahl ist größer? Begründe.

a) $\frac{4}{5}$; 0,9   b) $\frac{25}{10}$; 0,25   c) 0,13; $\frac{13}{100}$

Gemeine Brüche erweitern und kürzen

→ Seite 14

4 Erkläre, an der Zeichnung, wie erweitert wurde.

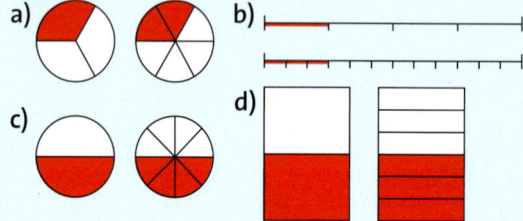

4 Gib den roten und den grünen Anteil mit einem Bruch an. Finde immer drei Möglichkeiten.

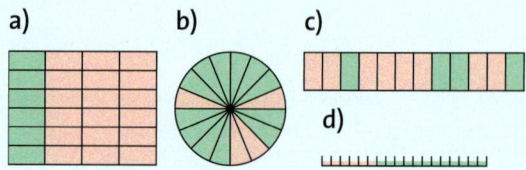

5 Erweitere jeweils.

a) $\frac{1}{2}$; $\frac{4}{5}$; $\frac{2}{3}$; $\frac{5}{6}$; $\frac{14}{15}$ auf $\frac{\blacksquare}{30}$

b) $\frac{1}{4}$; $\frac{1}{6}$; $\frac{2}{3}$; $\frac{3}{8}$; $\frac{5}{6}$; $\frac{7}{12}$ auf $\frac{\blacksquare}{24}$

c) $\frac{1}{2}$; $\frac{1}{3}$; $\frac{1}{4}$; $\frac{1}{6}$; $\frac{1}{12}$ auf $\frac{\blacksquare}{36}$

5 Ergänze im Heft.

a) $\frac{3}{11} = \frac{\blacksquare}{33}$ b) $\frac{4}{7} = \frac{24}{\blacksquare}$

c) $\frac{5}{8} = \frac{20}{\blacksquare}$ d) $\frac{4}{13} = \frac{\blacksquare}{52}$

e) $\frac{1}{3} = \frac{\blacksquare}{24}$ f) $\frac{2}{5} = \frac{50}{\blacksquare}$

6 Kürze, falls möglich.

a) $\frac{3}{9}$ b) $\frac{8}{12}$ c) $\frac{18}{27}$ d) $\frac{21}{44}$

6 Kürze so weit wie möglich.

a) $\frac{5}{100}$ b) $\frac{6}{81}$ c) $\frac{180}{540}$ d) $\frac{14}{41}$

Gebrochene Zahlen

Gemeine Brüche vergleichen und ordnen

→ Seite 20

7 Mache gleichnamig und vergleiche.
a) $\frac{2}{3}$ und $\frac{4}{7}$ b) $\frac{5}{4}$ und $\frac{11}{9}$ c) $\frac{3}{5}$ und $\frac{7}{25}$
d) $\frac{7}{8}$ und $\frac{11}{12}$ e) $\frac{5}{14}$ und $\frac{10}{21}$ f) $\frac{8}{15}$ und $\frac{9}{20}$

7 Übertrage in dein Heft. Setze das richtige Zeichen (<, >, =) ein.
a) $\frac{3}{11}$ ■ $\frac{3}{5}$ b) $\frac{85}{5}$ ■ 17 c) $\frac{57}{35}$ ■ $\frac{11}{7}$
d) $\frac{5}{12}$ ■ $\frac{13}{18}$ e) $\frac{12}{14}$ ■ $\frac{30}{70}$ f) $\frac{7}{20}$ ■ $\frac{3}{8}$

8 Vergleiche die Brüche. Es wird einfacher, wenn du zuerst kürzt.
a) $\frac{4}{12}$ ■ $\frac{3}{9}$ b) $\frac{2}{5}$ ■ $\frac{18}{45}$ c) $\frac{7}{12}$ ■ $\frac{5}{6}$
d) $\frac{12}{14}$ ■ $\frac{40}{35}$ e) $\frac{27}{18}$ ■ $\frac{6}{4}$ f) $\frac{44}{48}$ ■ $\frac{30}{36}$

8 Ordne die Brüche der Größe nach.
a) $\frac{3}{10}$; $\frac{4}{5}$; $\frac{7}{10}$ b) $\frac{2}{3}$; $\frac{5}{6}$; $\frac{7}{6}$
c) $\frac{1}{3}$; $\frac{5}{6}$; $\frac{1}{6}$; $\frac{7}{12}$; $\frac{1}{12}$; $\frac{11}{12}$; $\frac{7}{6}$; $\frac{5}{3}$; $\frac{4}{3}$; $\frac{3}{4}$; $\frac{3}{2}$

Gemeine Brüche in Dezimalzahlen umwandeln und umgekehrt

→ Seite 24

9 Schreibe erst als Zehnerbruch und dann als Dezimalzahlen.
a) $\frac{1}{2}$ b) $\frac{2}{5}$ c) $\frac{6}{25}$

9 Schreibe als Dezimalzahlen. Welche der Zahlen ist die größte?
a) $\frac{15}{4}$ b) $5\frac{3}{4}$ c) $\frac{9}{20}$

10 Wandle in Brüche um. Kürze, wenn möglich.
a) 0,2 b) 0,4 c) 0,15
d) 0,04 e) 0,19 f) 1,54

10 Wandle in Brüche um. Kürze, wenn möglich.
a) 0,25 b) 0,65 c) 0,33
d) 0,502 e) 0,755 f) 1,5

11 Dividiere schriftlich.
a) $\frac{2}{3}$ b) $\frac{4}{9}$ c) $\frac{1}{8}$ d) $\frac{5}{11}$

11 Schreibe als periodische Dezimalzahlen.
a) $\frac{9}{27}$ b) $\frac{11}{13}$ c) $\frac{1}{44}$ d) $\frac{7}{27}$

Dezimalzahlen vergleichen und runden

→ Seite 28

12 Welcher der beiden Dezimalzahlen ist größer? Begründe.
a) 5,87 oder 5,78 b) 2,91 oder 2,93
c) 0,634 oder 0,64 d) 0,609 oder 0,69

12 Ordne die Dezimalzahlen der Größe nach. Beschreibe dein Vorgehen.
a) 2,347; 2,437; 2,417; 2,341; 2,440
b) 0,5; 0,47; 0,365; 0,056; 0,24

13 Gib drei verschiedene Dezimalzahlen an, die zwischen den beiden Zahlen liegen.
a) 1 und 2 b) 3,8 und 3,9
c) 1,52 und 1,53 d) 3,89 und 3,90

13 Gib drei verschiedene Dezimalzahlen an, die zwischen den beiden Zahlen liegen.
a) 3,61 und 3,62 b) 7,9 und 8
c) 5,001 und 5,002 d) 4,12 und 4,128

14 Übertrage die Tabelle und ergänze.

Zahl	Rundungsstelle	gerundete Zahl
5,58	Zehntel	
6,789		6,79
	Zehntel	3,4

14 Runde die Größen jeweils an der Einerstelle sowie an der Zehntel-, Hundertstel- und an der Tausendstelstelle.
a) 1,865 7 g b) 6,005 1 kg
c) 0,991 8 km d) 0,065 5 t

Lösungen ab Seite 204

Gebrochene Zahlen Vermischte Übungen

Vermischte Übungen

1 Schreibe als Dezimalzahl.
a) $\frac{2}{25}$ b) $\frac{8}{20}$ c) $\frac{175}{500}$
d) $\frac{121}{110}$ e) $\frac{1}{250}$ f) $\frac{7}{8}$

2 Runde die Größen.
a) Runde auf hundertstel Euro:
2,743 €; 5,007 €; 18,709 €
b) Runde auf hundertstel Meter:
0,439 m; 0,660 m; 8,595 m
c) Runde auf tausendstel Kilogramm:
7,4369 kg; 6,0255 kg; 0,0096 kg

3 Ordne der Größe nach, beginne mit der kleinsten Dezimalzahl.
a) 0,12; 0,012; 0,01; 0,1; 0,2
b) 2,3; 2,23; 2,32; 2,2
c) 0,2; $\frac{1}{4}$; 0,02; $\frac{2}{5}$
d) $\frac{1}{8}$; 0,126; $\frac{1}{5}$; 0,024

4 Nenne fünf Dezimalzahlen zwischen …
a) … 5,5 und 5,6;
b) … 0 und 0,5;
c) … 7,02 und 7,03;
d) … 18,556 und 18,557.
e) Wie viele Dezimalzahlen findest du noch zwischen den jeweiligen Dezimalzahlen?

5 Erweitere die gemeinen Brüche mit der in Klammern angegebenen Zahl.
a) $\frac{1}{3}$ (4) b) $\frac{2}{5}$ (3) c) $\frac{6}{7}$ (10) d) $\frac{5}{9}$ (5)
e) $\frac{8}{13}$ (4) f) $\frac{7}{15}$ (6) g) $\frac{9}{16}$ (7) h) $\frac{12}{23}$ (9)

6 Kürze vollständig.
a) $\frac{2}{4}$ b) $\frac{5}{10}$ c) $\frac{6}{18}$ d) $\frac{4}{20}$
e) $\frac{25}{30}$ f) $\frac{26}{39}$ g) $\frac{84}{48}$ h) $\frac{92}{76}$

7 Welche Brüche sind gleich? Begründe.
$\frac{4}{24}$; $\frac{1}{3}$; $\frac{2}{6}$; $\frac{2}{12}$; $\frac{1}{6}$; $\frac{3}{18}$; $\frac{40}{240}$;
$\frac{3}{9}$; $\frac{4}{12}$; $\frac{20}{60}$; $\frac{10}{30}$

1 Schreibe als Dezimalzahl.
a) $5\frac{7}{8}$ b) $12\frac{12}{30}$ c) $4\frac{56}{700}$
d) $9\frac{7}{25}$ e) $4\frac{34}{125}$ f) $23\frac{12}{20}$

2 Überprüfe die Rundungsergebnisse. Korrigiere die Fehler in deinem Heft.
a) 1,75 s ≈ 1,7 s b) 4,007 s ≈ 4,1 s
c) 2,456 € ≈ 2,45 € d) 0,770 m ≈ 0,77 m
e) 7,234 m ≈ 7,24 m f) 39,9 mm ≈ 40 mm
g) 1,992 m ≈ 2 m h) 770,7 g ≈ 771 g
i) 1,884 km ≈ 20 km j) 23,009 dm ≈ 23 dm

3 Prüfe, ob die Dezimalzahlen richtig geordnet sind. Berichtige in deinem Heft, wenn nötig.
a) 2,3 < 2,25 < 2,235 < 2,2341
b) 0,89 < 0,8905 < 0,891 < 0,8901 < 0,918
c) 1,061 < 1,116 < 1,106 < 10,60 < 1,661

4 Zeige jeweils an einem Beispiel und begründe.
a) Jeder Bruch kann als Dezimalzahl dargestellt werden.
b) Es gibt keine kleinste Zahl, die größer als Null ist.
c) Zwischen zwei Dezimalzahlen liegen unendlich viele andere Dezimalzahlen.

5 Finde drei gleich große Brüche mit jeweils anderem Nenner und Zähler.
a) $\frac{3}{7}$ = ▨ = ▨ = ▨ b) $\frac{6}{11}$ = ▨ = ▨ = ▨
c) $\frac{11}{101}$ = ▨ = ▨ = ▨ d) $\frac{8}{52}$ = ▨ = ▨ = ▨

6 Kürze vollständig.
a) $\frac{48}{72}$ b) $\frac{56}{144}$ c) $\frac{70}{112}$ d) $\frac{95}{209}$
e) $\frac{144}{180}$ f) $\frac{280}{392}$ g) $\frac{256}{364}$ h) $\frac{432}{688}$

7 Erweitere, falls möglich, auf Hundertstel.
$\frac{1}{2}$; $\frac{1}{3}$; $\frac{3}{4}$; $\frac{3}{5}$; $\frac{5}{6}$; $\frac{2}{8}$; $\frac{3}{8}$; $\frac{7}{10}$;
$\frac{8}{12}$; $\frac{9}{12}$; $\frac{10}{12}$; $\frac{11}{12}$; $\frac{7}{13}$

Gebrochene Zahlen Vermischte Übungen

8 Bei der Pflege einer Gartenanlage sind folgende Kosten entstanden:

Teichfolie	265,80 €
Sand	46,76 €
Kieselsteine (groß)	97,81 €
Wasserpflanzen	146,85 €

a) Reichen 500 € zum Bezahlen?
b) Wie viel € bleiben übrig bzw. fehlen noch, wenn 600 € zur Verfügung stehen?
c) Als Sonderangebot wird eine Gartenteichpumpe für 99,50 € angeboten, die sonst 118,95 € kostet.
Berechne den Preisvorteil.

9 In Prospekten werden Längen häufig in Millimeter angegeben.
a) Runde auf Zentimeter und gib die Maße in Meter an.

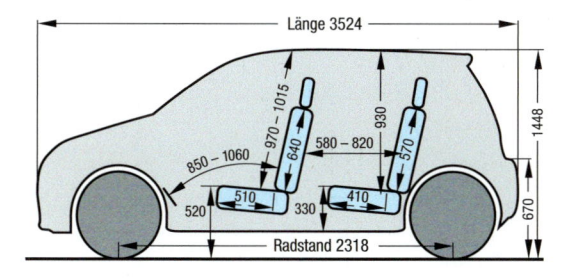

b) Folgende Angaben wurden auf Zentimeter gerundet. Gib jeweils die kleinstmögliche und die größtmögliche Ausgangsgröße an.
4,34 m   8,67 m   0,81 m

10 Sascha und Stephanie diskutieren, welche Klasse beim Sportfest besser abgeschnitten hat. Sascha meint: „Wir haben mehr Urkunden bekommen, wir sind besser."
Stephanie vergleicht so: „Wir waren besser! Denn wir sind weniger Kinder und $\frac{16}{20}$ ist mehr als $\frac{18}{25}$!"
a) Erkläre, wie Stephanie gerechnet hat.
b) Jo meint: „Werte, die in Prozent angegeben sind, kann man gut vergleichen." Begründe.

8 Das Jugendzimmer wird zum Komplettpreis 1 099 € angeboten.
Man kann die Möbel auch einzeln kaufen, doch dann sind sie teurer:

Schreibtisch	339,90 €
2-Türen-Schrank	319 €
Bett	229,95 €
Schubfach für das Bett	49 €
kleiner Schrank mit Tür	99 €
Schreibtischstuhl	39 €
Auflage für das Bett	50,20 €
Lattenrost	43,49 €

Wie viel Geld spart man gegenüber dem Einzelkauf?

9 In den Niederlanden bezahlt man nicht mit 1- und 2-Cent-Münzen. An der Kasse werden die Beträge so geändert, dass keine 1- und 2-Cent-Münzen benötigt werden.
Beispiel Statt 4,37 € bezahlt man 4,35 €.
Statt 12,03 € zahlt man 12,05 €.

a) Welche Beträge sind zu zahlen?
12,39 €; 18,41 €; 24,16 €; 2,44 €; 5,13 €
b) In welchen Fällen wird zu Gunsten des Käufers geändert?
c) In welchen Fällen wird zu Gunsten des Verkäufers geändert?
d) Hast du eine Idee, warum man nicht mit 1- oder 2-Cent-Münzen bezahlt? Hältst du das Verfahren für sinnvoll? Begründe.

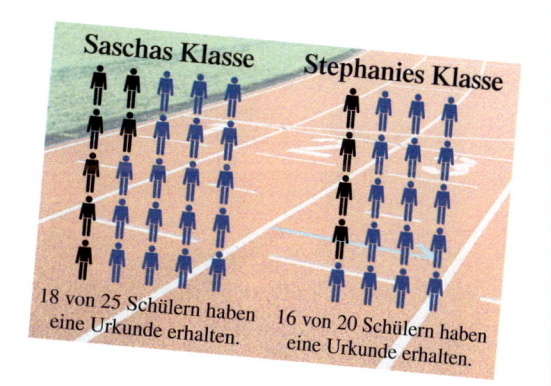

18 von 25 Schülern haben eine Urkunde erhalten.
16 von 20 Schülern haben eine Urkunde erhalten.

NACHGEDACHT
Suche in Werbeprospekten oder im Internet nach weiteren Komplettangeboten wie in Aufgabe 8. Vergleiche den Komplettpreis mit den Einzelpreisen.

Diskutiert: Wann ist es sinnvoll, ein Komplettangebot zu kaufen, wann nicht?

Gebrochene Zahlen Vermischte Übungen

11 Anteile der Kontinente
Arbeitet zu zweit.

Die Kontinente sind unterschiedlich groß. So ist auch ihr Anteil an der gesamten Landfläche der Erde sehr verschieden: Afrika nimmt etwa ein Fünftel der Fläche ein, Amerika etwa vier Fünfzehntel, Asien etwa ein Drittel, Australien etwa vier Fünfundsiebzigstel, Europa etwa ein Fünfzehntel und die Antarktis etwa zwei Fünfundzwanzigstel.

a) Notiert die Anteile als Brüche.
b) Gebt die Anteile als Dezimalbrüche an. Rundet auf Tausendstel.
c) Wie viel Prozent der Landfläche nehmen die Kontinente jeweils ein?
d) Sortiert die Kontinente der Größe nach, beginnt mit dem größten.

HINWEIS
Mio. = Million(en)

12 Ozeane
Arbeitet zu zweit.

Die Erdoberfläche ist ca. 510 Millionen km² groß, davon sind ca. 360 Mio. km² Wasseroberfläche.
Von der Wasseroberfläche der Erde entfällt etwa die Hälfte auf den Pazifischen Ozean, etwa drei Zehntel auf den Atlantischen Ozean und etwa ein Fünftel auf den Indischen Ozean.

	Volumen in Mio. km³	Durchschnittliche Tiefe in km
Pazifischer Ozean	696,19	3,870
Atlantischer Ozean	354,28	3,380
Indischer Ozean	284,34	3,600

HINWEIS
Die drei Streifendiagramme bei 13 a), b) und c) sollen jeweils 10 cm lang sein, denn dann könnt ihr sie mit den zuvor berechneten Werten besonders leicht zeichnen.

Nehmt für jeden Ozean bei allen drei Diagrammen dieselbe Farbe.

a) *Anteil an der Wasseroberfläche*
① Wie viel Prozent der Wasseroberfläche nehmen die drei Ozeane jeweils ein? Beschreibt, wie ihr bei der Berechnung vorgeht.
② Ordnet die Ozeane der Größe nach.
③ Stellt das Ergebnis „Anteil an der Wasseroberfläche" in einem Streifendiagramm farbig dar. Beachtet die Hinweise in der Randspalte.

b) *Anteile am Wasservolumen*
① Wie viel km³ Wasser sind in den drei Ozeanen aus der Tabelle insgesamt enthalten?
② Ordnet die Ozeane nach ihrem Volumen und gebt jeweils an, wie viel Prozent vom gesamten Wasser sie enthalten. Rundet vor der Berechnung alle Werte so, dass sie keine Nachkommastellen haben.
③ Rundet die Ergebnisse auf ganze Prozent.
Beispiel Pazifischer Ozean: $\frac{696}{\blacksquare} \approx 0,\blacksquare = \blacksquare\%$
④ Stellt auch die „Anteile am Wasservolumen" in einem Streifendiagramm dar.

ERINNERE DICH
$\frac{4}{1000}$ von 2000 berechnet man so:

2000 $\xrightarrow{:1000}$ 2
$\xrightarrow{\cdot 4}$ 8

c) *Anteile an der Erdoberfläche*
Die Anteile der Ozeane an der gesamten Erdoberfläche betragen: Pazifischer Ozean sieben Zwanzigstel, Atlantischer Ozean ein Fünftel und indischer Ozean sieben Fünfzigstel.
① Wieso unterscheiden sich diese Werte von denen bei Aufgabe a)?
② Welchen Anteil hat die Landfläche an der Erdoberfläche?
③ Stellt auch die „Anteile an der Erdoberfläche" in einem Streifendiagramm dar.

Zusammenfassung

Gemeine Brüche und Dezimalzahlen

→ Seite 10

Zahlen in Kommaschreibweise werden **Dezimalzahlen (Dezimalbrüche)** genannt. **Dezimalzahlen sind Brüche** in einer anderen Schreibweise. Sie lassen sich am **Zahlenstrahl** darstellen.

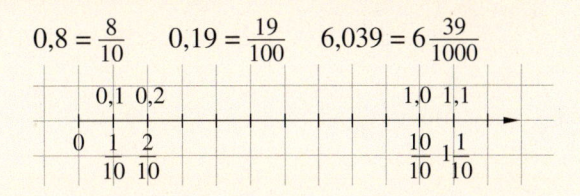

$0,8 = \frac{8}{10}$ $0,19 = \frac{19}{100}$ $6,039 = 6\frac{39}{1000}$

Gemeine Brüche erweitern und kürzen

→ Seite 14

Erweitern eines Bruchs: Zähler und Nenner werden mit der gleichen natürlichen Zahl multipliziert. Der Wert des Bruchs ändert sich dadurch nicht.

Erweitern eines Bruchs:

$\frac{3}{4} = \frac{3 \cdot 2}{4 \cdot 2} = \frac{6}{8}$

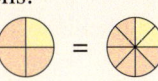

Kürzen eines Bruchs: Zähler und Nenner werden durch die gleiche natürliche Zahl dividiert. Der Wert des Bruchs ändert sich dadurch nicht.

Kürzen eines Bruchs:

$\frac{6}{9} = \frac{6 : 3}{9 : 3} = \frac{2}{3}$

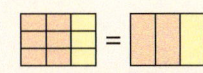

Gemeine Brüche vergleichen und ordnen

→ Seite 20

Auf dem Zahlenstrahl:
Brüche, die gleich groß sind, liegen auf dem Zahlenstrahl an derselben Stelle. Von zwei Brüchen ist der größer, der auf dem Zahlenstrahl weiter rechts liegt.

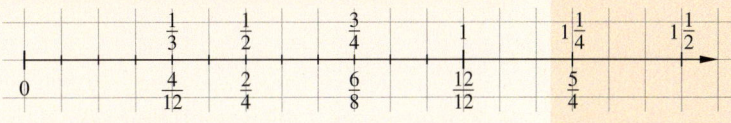

$\frac{3}{4} = \frac{6}{8}$; $1 = \frac{12}{12}$; $\frac{5}{4} = 1\frac{1}{4}$; $\frac{1}{3} < \frac{1}{2}$; $1\frac{1}{2} > 1\frac{1}{4}$

Rechnerisch:
① Die Brüche **gleichnamig machen**: erweitern auf den gemeinsamen **Hauptnenner**.
② Der Bruch mit dem größeren Zähler ist größer.

$\frac{5}{8}$ ■ $\frac{7}{12}$

① Erweitern auf den Hauptnenner 24:

$\frac{5}{8} = \frac{15}{24}$ und $\frac{7}{12} = \frac{14}{24}$

② Da $\frac{15}{24} > \frac{14}{24}$, gilt auch: $\frac{5}{8} > \frac{7}{12}$.

Gemeine Brüche in Dezimalzahlen umwandeln

→ Seite 24

Es gibt zwei Verfahren zum Umwandeln:
− Erweitern oder Kürzen auf einen Zehnerbruch
− Schriftliche Division

$\frac{1}{4} = \frac{25}{100} = 0,25$ $\frac{28}{200} = \frac{14}{100} = 0,14$

$\frac{1}{4} = 1 : 4 = 0,25$

Dezimalzahlen vergleichen und runden

→ Seite 28

Um Dezimalzahlen zu **ordnen**, vergleicht man sie stellenweise.

$8,27 < 8,32$ $0,71 > 0,705$
    2 < 3   1 > 0

Runden von Dezimalzahlen:
1. Lege die Rundungsstelle fest.
2. Betrachte die nächstfolgende Ziffer:
   − Bei 0 bis 4 wird abgerundet,
   − bei 5 bis 9 wird aufgerundet.

Runde auf Zehntel.

$2,34 \approx 2,3$ $83,105 \approx 83,1$
$2,37 \approx 2,4$ $12,0837 \approx 12,1$

Gebrochene Zahlen

Gebrochene Zahlen

Teste dich!

2 Punkte   **1** Ordne die Zahlen, beginne jeweils mit der kleinsten Zahl.
a) 0,25; $\frac{1}{8}$; 0,75; $\frac{4}{5}$; 0,5   b) 0,3; 0,03; 0,3304; 0,33; 0,333; 0,34

3 Punkte   **2** Erweitere die Brüche jeweils mit 3, mit 7 und mit 12.
a) $\frac{5}{6}$ b) $\frac{3}{11}$ c) $4\frac{7}{10}$

6 Punkte   **3** Kürze so weit wie möglich.
a) $\frac{12}{18}$ b) $\frac{24}{32}$ c) $\frac{35}{140}$ d) $3\frac{54}{81}$ e) $\frac{24}{84}$ f) $12\frac{84}{144}$

8 Punkte   **4** Ermittle die fehlenden Zahlen.
a) $\frac{1}{5} = \frac{\blacksquare}{10}$ b) $\frac{5}{15} = \frac{1}{\blacksquare}$ c) $\frac{18}{24} = \frac{\blacksquare}{4}$ d) $\frac{2}{\blacksquare} = \frac{12}{30}$
e) $\frac{\blacksquare}{3} = \frac{16}{24}$ f) $\frac{3}{4} = \frac{21}{\blacksquare}$ g) $\frac{49}{63} = \frac{7}{\blacksquare}$ h) $\frac{132}{180} = \frac{11}{\blacksquare}$

6 Punkte   **5** Übertrage den Zahlenstrahl ins Heft und markiere die Lage der folgenden Brüche.

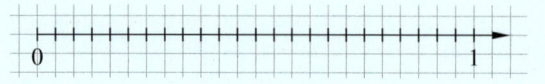

$\frac{1}{2}$; $\frac{3}{4}$; $\frac{1}{3}$; $\frac{5}{8}$; $\frac{7}{12}$; $\frac{17}{24}$

4 Punkte   **6** Gegeben sind die Zahlen 1,5; $\frac{3}{5}$; $\frac{8}{10}$; 3,4; $\frac{5}{2}$; 0,8; $\frac{4}{1}$; $\frac{3}{2}$; 2; $\frac{6}{2}$; $\frac{17}{5}$; 1,8.
a) Zeichne einen Zahlenstrahl. Betrachte dazu die größte Zahl. Trage die Zahlen ein.
b) Welche Dezimalzahlen oder gemeinen Brüche stellen die gleiche gebrochene Zahl dar?

2 Punkte   **7** Ordne die folgenden Brüche nach der Größe. Beginne mit dem größten Bruch.
a) $\frac{2}{8}$; $\frac{5}{8}$; $\frac{3}{8}$; $\frac{7}{8}$; $\frac{4}{8}$; $\frac{1}{8}$; $\frac{8}{8}$; $\frac{9}{8}$; $\frac{6}{8}$ b) $\frac{3}{4}$; $\frac{2}{3}$; $\frac{7}{8}$; $\frac{11}{12}$; $\frac{1}{2}$; $\frac{5}{6}$; $\frac{23}{24}$; $\frac{47}{48}$

3 Punkte   **8** Schreibe die Einwohnerzahlen in Millionen und runde auf eine Stelle hinter dem Komma.
a) Madrid: 3 213 271;   Hamburg: 1 773 218;   Rom: 2 553 873
b) Istanbul: 13 820 194;   London: 7 852 200;   Delhi: 10 972 065
c) Hongkong: 7 012 849;   Peking: 15 796 450;   Essen: 574 635

4 Punkte   **9** Folgenden Materialien sollen mit einem Lkw (Leergewicht 2 400 kg) über die gezeigte Brücke zu einer Baustelle transportiert werden. 
a) Wie viel t kann der Lkw zuladen?
b) Berechne das Gesamtgewicht aller Materialien in t.
c) Wie viele Zementsäcke können zugeladen werden, wenn sie zusammen mit den 3 Eisenträgern transportiert werden?
d) Reichen 2 Fahrten aus, um das ganze Material zu befördern? Mache einen Vorschlag, wie der Lkw dann jeweils beladen werden muss.

7,5 t

3 m³ Sand (insgesamt 1 700 kg)
1,95 t Kalksandsteine
40 Zementsäcke (50 kg je Sack)
3 Eisenträger (insgesamt 4 250 kg)

Gold: 35–38 Punkte, Silber: 29–34 Punkte, Bronze: 20–26 Punkte   Lösungen ab Seite 204

Mit gebrochenen Zahlen rechnen

Der Anteil des Wassers am menschlichen Körper beträgt $\frac{6}{10}$.
Das Gehirn hat einen Anteil von $\frac{2}{100}$.
Die Muskelmasse nimmt $\frac{4}{10}$ ein
und nur $\frac{6}{50}$ entfallen auf das Skelett.

7,5 Milliarden Menschen leben auf der Erde.
1,4 Milliarden leben allein in China.

Nur 0,08 Milliarden wohnen in Deutschland.

Mit gebrochenen Zahlen rechnen

Noch fit?

Einstieg

1 Stellenwerttafel
Übertrage die Tabelle in dein Heft. Trage die Zahlen 56; 4 983; 110 976 und 70 004 ein.

Tausender			Einer		
T	T	T	H	Z	E

2 Bruchteile ausmalen
Übertrage die Flächen in dein Heft und male den angegebenen Flächenteil farbig aus. Findest du mehrere Möglichkeiten?

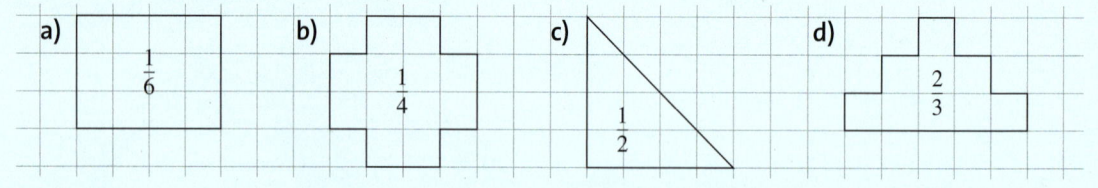

a) $\frac{1}{6}$ b) $\frac{1}{4}$ c) $\frac{1}{2}$ d) $\frac{2}{3}$

3 Bruchteile von Größen
a) $\frac{1}{4}$ m = ■ cm   b) $\frac{3}{5}$ kg = ■ g   c) $\frac{3}{4}$ h = ■ min

4 Brüche kürzen
Kürze die Brüche auf Zehntel.
Wie hast du gekürzt?
a) $\frac{8}{40}$ b) $\frac{49}{70}$ c) $\frac{18}{60}$ d) $\frac{30}{50}$

5 Brüche erweitern
Erweitere auf den angegebenen Nenner.
Mit welcher Zahl hast du erweitert?
a) $\frac{1}{2}$; $\frac{1}{5}$; $\frac{3}{5}$ auf $\frac{■}{10}$
b) $\frac{1}{10}$; $\frac{1}{20}$; $\frac{1}{25}$ auf $\frac{■}{100}$

6 Brüche vergleichen
Setze im Heft richtig ein: <, = oder >.
a) $\frac{3}{10}$ ■ $\frac{4}{10}$ b) $\frac{10}{12}$ ■ $\frac{10}{15}$ c) $\frac{5}{10}$ ■ $\frac{1}{2}$

7 Runden
Runde jeweils auf Zehner, auf Hunderter und auf Tausender.
Gib auch jeweils die Rundungsstelle an.
a) 4 286   b) 25 498   c) 300 499   d) 4 505

Aufstieg

1 Stellenwerttafel
Zeichne eine Stellenwerttafel in dein Heft und trage die Zahlen ein.
a) 64   b) 709
c) 1 804   d) 33 789
e) 698 873   f) 110 005
g) 6 213 687   h) 406 883 729

3 Bruchteile von Größen
a) $\frac{3}{4}$ m = ■ cm   b) $\frac{7}{8}$ kg = ■ g   c) $\frac{5}{12}$ h = ■ min

4 Brüche kürzen
Kürze die Brüche auf Hundertstel.
Wie hast du gekürzt?
a) $\frac{14}{200}$ b) $\frac{51}{300}$ c) $\frac{125}{500}$ d) $\frac{210}{375}$

5 Brüche erweitern
Ergänze die fehlenden Zahlen.
Mit welcher Zahl hast du erweitert?
a) $\frac{2}{5} = \frac{4}{■}$ b) $\frac{1}{2} = \frac{■}{10}$ c) $\frac{3}{4} = \frac{75}{■}$
d) $\frac{6}{25} = \frac{■}{100}$ e) $\frac{4}{20} = \frac{2}{■}$ f) $\frac{16}{200} = \frac{■}{100}$

6 Brüche vergleichen
Setze im Heft richtig ein: <, = oder >.
a) $\frac{4}{10}$ ■ $\frac{39}{100}$ b) $\frac{4}{25}$ ■ $\frac{16}{100}$ c) $\frac{1000}{10000}$ ■ $\frac{1000}{20000}$

7 Runden
Runde jeweils auf Zehntausender, auf Hunderttausender und auf Millionen.
Gib auch jeweils die Rundungsstelle an.
a) 2 567 876   b) 23 400 777   c) 9 898 677

40   Lösungen ab Seite 204

Mit gebrochenen Zahlen rechnen Gemeine Brüche addieren und subtrahieren

Gemeine Brüche addieren und subtrahieren

Entdecken

1 Nach dem Schulfest ist noch allerhand Kuchen übrig.
Er soll später beim Helferfest gegessen werden.
Marco räumt auf und will die restlichen Kuchenstücke auf runden
Tortenblechen zusammenstellen.
Er überlegt: Werden zwei Tortenbleche reichen?

2 Bruchaufgaben zeichnen
a) Welche Subtraktionsaufgaben sind hier gezeichnet? 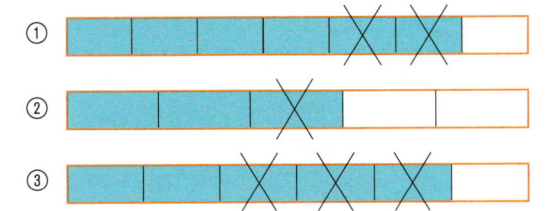
b) Welche Aufgabe wurde dargestellt und welche Lösung ergibt sich?

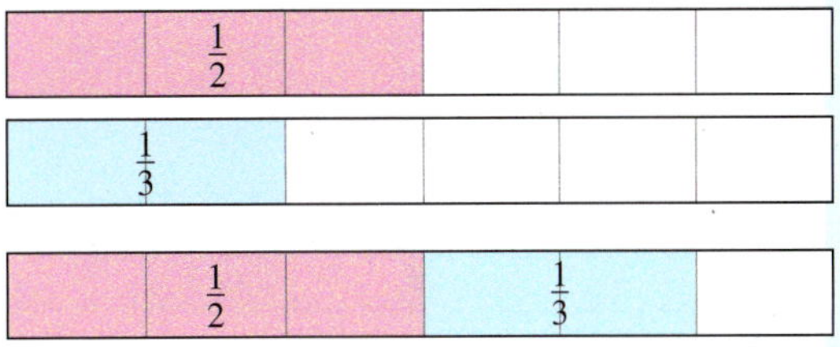

3 Rechnen mit Bruchstreifen
a) Schneidet fünf Pappstreifen von je 12 cm Länge aus.
Unterteilt jeden Streifen in 12 gleich lange Abschnitte.
Malt auf jedem Streifen einen der folgenden Brüche aus, nehmt dazu verschiedene Farben:
$\frac{1}{2}$, $\frac{2}{3}$, $\frac{3}{4}$, $\frac{5}{12}$, $\frac{1}{6}$.

Beispiel

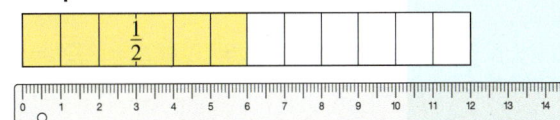

b) Welche Aufgabe ist hier dargestellt und welche Lösung ergibt sich?
Was ist in dem Bild „1 Ganzes"?

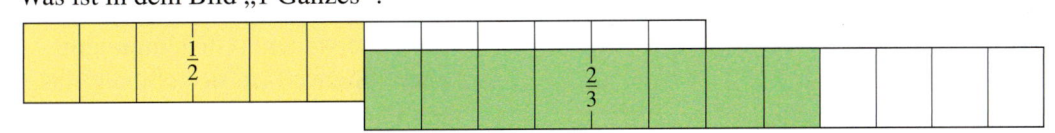

c) Bildet mit euren Bruchstreifen folgende Summen und lest die Ergebnisse ab.
① $\frac{1}{2} + \frac{1}{6}$ ② $\frac{3}{4} + \frac{2}{3}$ ③ $\frac{5}{12} + \frac{1}{2}$

d) Überlegt, wie ihr eure Bruchstreifen nutzen könnt, um Brüche zu subtrahieren.
Probiert es aus und lest die Ergebnisse ab.
Beschreibt an einer Aufgabe, wie ihr dabei vorgeht. Zeichnet eine Skizze.
① $\frac{2}{3} - \frac{1}{6}$ ② $\frac{5}{12} - \frac{1}{6}$ ③ $\frac{2}{3} - \frac{1}{2}$

e) Stellt euch gegenseitig je fünf weitere Aufgaben und löst sie mit den Bruchstreifen.

4 Zeichnet auf Pappe jeweils einen Kreis mit gleichem Radius.
Tragt in den einen Kreis $\frac{3}{4}$ und in den anderen Kreis $\frac{3}{16}$ ein, malt die
beiden anderen Bruchteile verschiedenfarbig an und schneidet sie aus.
Jetzt schiebt beide Kreisteile zusammen und bildet die Summe.
Wie viel ergibt das insgesamt?
Wie viel fehlt an einem Ganzen?

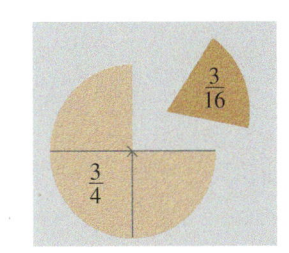

HINWEIS
Bewahre deine Bruchstreifen gut auf. Du wirst sie in diesem Kapitel häufiger benötigen.

HINWEIS
Um den Kreis gleichmäßig zu unterteilen, kannst du ihn mehrmals falten.

Mit gebrochenen Zahlen rechnen Gemeine Brüche addieren und subtrahieren

Verstehen

Im Erdkundeunterricht werden die Anteile der einzelnen Kontinente an der gesamten Landfläche der Erde berechnet.

Südamerika umfasst $\frac{3}{25}$ von der Landfläche und Nordamerika $\frac{4}{25}$. Christin soll den Anteil von ganz Amerika berechnen.

Sie rechnet so: $\frac{3}{25} + \frac{4}{25} = \frac{3+4}{25} = \frac{7}{25}$

Insgesamt hat Amerika einen Anteil von $\frac{7}{25}$ an der Landfläche der Erde.

Beispiel 1

a) $\frac{2}{9} + \frac{5}{9} = \frac{2+5}{9} = \frac{7}{9}$

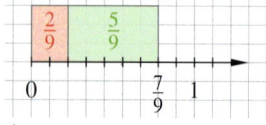

b) $\frac{11}{12} - \frac{7}{12} = \frac{11-7}{12} = \frac{4}{12} = \frac{4:4}{12:4} = \frac{1}{3}$

Merke **Gleichnamige Brüche** werden **addiert**, indem man die Zähler addiert und den Nenner beibehält.

Das Ergebnis wird vollständig gekürzt.

Dieses Verfahren gilt entsprechend auch für die **Subtraktion**.

Europa und Asien bilden den zusammenhängenden Doppelkontinent Eurasien. Asien hat mit $\frac{3}{10}$ einen viel größeren Anteil an der Landfläche der Erde als Europa mit nur $\frac{1}{15}$. Welchen Anteil hat Eurasien zusammen?

$\frac{3}{10} + \frac{1}{15} = \frac{9}{30} + \frac{2}{30} = \frac{9+2}{30} = \frac{11}{30}$

Eurasien hat einen Anteil von $\frac{11}{30}$ an der Landfläche der Erde.

Beispiel 2

a) $\frac{1}{2} + \frac{1}{3}$;   Hauptnenner ist 6

$\frac{1}{2} + \frac{1}{3} = \frac{3}{6} + \frac{2}{6} = \frac{3+2}{6} = \frac{5}{6}$

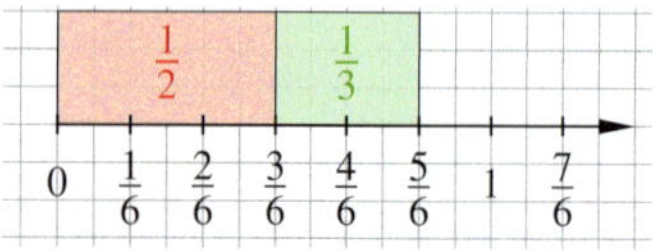

b) $\frac{5}{6} - \frac{5}{9}$;   Hauptnenner ist 18

$\frac{5}{6} - \frac{5}{9} = \frac{15}{18} - \frac{10}{18} = \frac{15-10}{18} = \frac{5}{18}$

Merke **Ungleichnamige Brüche addiert** man in zwei Schritten:
1. Die Brüche auf einen gemeinsamen Nenner erweitern (**Gleichnamigmachen**). Sinnvoll ist, sie auf ihren Hauptnenner zu erweitern.
2. Die **Zähler addieren**, der neue Nenner bleibt erhalten. Das Ergebnis vollständig kürzen.

Dieses Verfahren gilt entsprechend auch für die **Subtraktion**.

ERINNERE DICH
*Was ein **Hauptnenner** ist und wie man Brüche **gleichnamig** macht, kennst du aus der vorigen Lerneinheit.*

Beispiel 3

Beim Addieren (und Subtrahieren) **gemischter Zahlen** ist folgendes Vorgehen möglich:

$4\frac{3}{5} - 1\frac{7}{10} = \frac{23}{5} - \frac{17}{10}$

$= \frac{46}{10} - \frac{17}{10} = \frac{46-17}{10} = \frac{29}{10} = 2\frac{9}{10}$

$1\frac{1}{2} + 2\frac{1}{3} = \frac{3}{2} + \frac{7}{3} = \frac{9}{6} + \frac{14}{6}$

$= \frac{9+14}{6} = \frac{23}{6} = 3\frac{5}{6}$

1. Die Zahlen in Brüche umwandeln.
2. Die Brüche gleichnamig machen und addieren (subtrahieren).
3. Das Ergebnis wieder in eine gemischte Zahl umwandeln (wenn möglich).

Mit gebrochenen Zahlen rechnen — Gemeine Brüche addieren und subtrahieren

Üben und anwenden

1 Wie heißen die Additionsaufgaben?
a)
b)

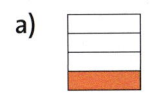

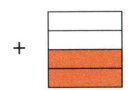

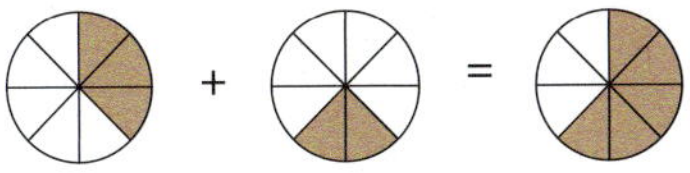

1 Schreibe zu jeder Zeichnung eine Subtraktionsaufgabe und löse sie.
a) b)

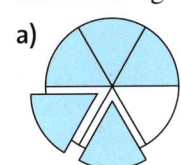

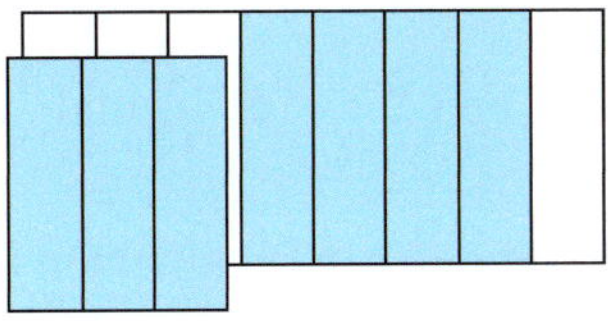

2 Addiere die gemeinen Brüche, indem du sie am Zahlenstrahl darstellst.
a) $\frac{1}{4} + \frac{2}{4}$ b) $\frac{1}{3} + \frac{1}{3}$ c) $\frac{3}{8} + \frac{4}{8}$
d) $\frac{5}{12} + \frac{7}{12}$ e) $\frac{8}{9} + \frac{2}{9}$ f) $\frac{3}{8} + \frac{7}{8}$

2 Löse im Kopf. Denke auch an das Kürzen.
a) $\frac{1}{12} + \frac{7}{12}$ b) $\frac{4}{11} - \frac{2}{11}$ c) $\frac{1}{15} + \frac{4}{15}$
d) $\frac{9}{12} - \frac{5}{12}$ e) $\frac{1}{11} + \frac{4}{11}$ f) $\frac{11}{15} - \frac{5}{15}$

HINWEIS ZU 2
Nutze deine Bruchstreifen
→ Seite 41

3 Berechne. Kürze, wenn möglich.
a) $\frac{5}{6} - \frac{2}{6}$ b) $\frac{2}{3} + \frac{4}{3}$ c) $\frac{3}{4} - \frac{1}{4}$
d) $\frac{7}{10} - \frac{6}{10}$ e) $\frac{5}{9} - \frac{1}{9}$ f) $\frac{7}{8} + \frac{1}{8}$

3 Berechne. Kürze und schreibe als gemischte Zahl, wenn möglich.
a) $\frac{2}{9} + \frac{4}{9}$ b) $\frac{12}{17} + \frac{22}{17}$ c) $\frac{7}{18} + \frac{5}{18}$
d) $\frac{8}{9} - \frac{4}{9}$ e) $\frac{5}{3} - \frac{2}{3}$ f) $\frac{18}{11} - \frac{2}{11}$

4 Berechne.
a) $1\frac{2}{5} + 2\frac{2}{5}$ b) $4\frac{5}{6} + 1\frac{5}{6}$ c) $3\frac{3}{4} + 1\frac{3}{4}$
d) $7\frac{7}{9} - 3\frac{4}{9}$ e) $2\frac{1}{3} - 1\frac{2}{3}$ f) $3\frac{5}{21} - 1\frac{20}{21}$

4 Berechne.
a) $2\frac{4}{5} + 3\frac{2}{5} + \frac{3}{5}$ b) $3\frac{3}{8} + 2\frac{6}{8} + \frac{1}{8}$
c) $4\frac{1}{6} - 2\frac{5}{6}$ d) $12\frac{3}{4} + 5\frac{2}{4}$

5 Ergänze zur nächstgrößeren natürlichen Zahl.
Beispiel $1\frac{2}{5} + \blacksquare = 2 \quad 1\frac{2}{5} + \frac{3}{5} = 2$
a) $\frac{1}{7}$ b) $1\frac{3}{5}$ c) $3\frac{1}{7}$ d) $3\frac{2}{5}$ e) $4\frac{5}{12}$

5 Setze die richtigen Brüche ein. Notiere auch die passende Umkehraufgabe.
a) $3\frac{2}{3} - \blacksquare = \frac{1}{3}$ b) $5\frac{7}{15} - \blacksquare = 2\frac{11}{15}$
c) $\blacksquare - 2\frac{2}{5} = 1\frac{3}{5}$ d) $\blacksquare - 3\frac{3}{8} = 3\frac{7}{8}$

6 Übertrage die Tabelle in dein Heft und ergänze.

a)

+	$\frac{2}{3}$	$1\frac{1}{3}$	$2\frac{2}{3}$	$3\frac{1}{3}$
$\frac{2}{3}$				
$1\frac{1}{3}$				

b)

−	$\frac{1}{12}$	$1\frac{1}{12}$	$\frac{5}{12}$	$2\frac{5}{12}$
$3\frac{11}{12}$				
$4\frac{4}{12}$				

6 Ergänze die magischen Quadrate, sodass die Summe jeder Zeile, jeder Spalte und jeder Diagonalen …

a) … 1 ergibt.

$\frac{10}{18}$		
	$\frac{6}{18}$	
		$\frac{10}{18}$

b) … 2 ergibt.

$\frac{4}{15}$		$\frac{8}{15}$
		$\frac{6}{15}$

7 Beim Stadtmarathon schaffte der schnellste Läufer die Strecke in $\frac{11}{4}$ h. Der letzte Teilnehmer brauchte $\frac{5}{4}$ h länger.
Nach wie viel Stunden kam er ins Ziel?

7 Von einem Stoffballen mit 20 m Länge verkauft eine Verkäuferin an einem Tag $\frac{3}{4}$ m, $1\frac{1}{4}$ m, $3\frac{3}{4}$ m und $6\frac{2}{4}$ m Stoff.
Wie viel Meter Stoff sind noch übrig?

Mit gebrochenen Zahlen rechnen — Gemeine Brüche addieren und subtrahieren

8 Erweitere zuerst auf den Hauptnenner und addiere dann die gemeinen Brüche.
a) $\frac{5}{6}$ und $\frac{3}{8}$ b) $\frac{9}{8}$ und $\frac{7}{10}$ c) $\frac{3}{4}$ und $\frac{11}{6}$
d) $\frac{1}{3}$ und $\frac{2}{7}$ e) $\frac{5}{18}$ und $\frac{1}{3}$ f) $\frac{6}{9}$ und $\frac{3}{18}$

8 Berechne den Hauptnenner und addiere dann die gemeinen Brüche.
a) $\frac{3}{8}$ und $\frac{4}{5}$ b) $\frac{2}{7}$ und $\frac{4}{6}$ c) $\frac{7}{9}$ und $\frac{5}{12}$
d) $\frac{8}{12}$ und $\frac{4}{5}$ e) $\frac{5}{10}$ und $\frac{20}{30}$ f) $\frac{6}{20}$ und $\frac{4}{13}$

9 Erweitere die gemeinen Brüche zuerst auf den Hauptnenner, dann berechne die Aufgabe.
a) $\frac{1}{2} + \frac{2}{3}$ b) $\frac{1}{3} + \frac{1}{4}$ c) $\frac{3}{4} + \frac{2}{5}$
d) $\frac{7}{8} + \frac{3}{5}$ e) $\frac{2}{7} + \frac{2}{3}$ f) $\frac{2}{9} + \frac{2}{3}$
g) $\frac{2}{3} - \frac{1}{2}$ h) $\frac{7}{12} - \frac{1}{3}$ i) $\frac{4}{5} - \frac{2}{3}$

9 Berechne.
a) $\frac{1}{3} + \frac{1}{4}$ b) $\frac{5}{7} + \frac{2}{14}$ c) $\frac{7}{8} + \frac{3}{5}$
d) $\frac{1}{3} + \frac{17}{27}$ e) $\frac{2}{9} + \frac{2}{3}$ f) $\frac{13}{18} + \frac{1}{6}$
g) $\frac{3}{5} - \frac{1}{4}$ h) $\frac{5}{6} - \frac{3}{4}$ i) $\frac{3}{4} - \frac{7}{10}$
j) $\frac{7}{8} - \frac{1}{4}$ k) $\frac{2}{3} - \frac{3}{8}$ l) $\frac{4}{9} - \frac{2}{6}$

10 Überprüfe Sonjas Hausaufgaben. Welche Fehler hat sie gemacht? Korrigiere die Ergebnisse.

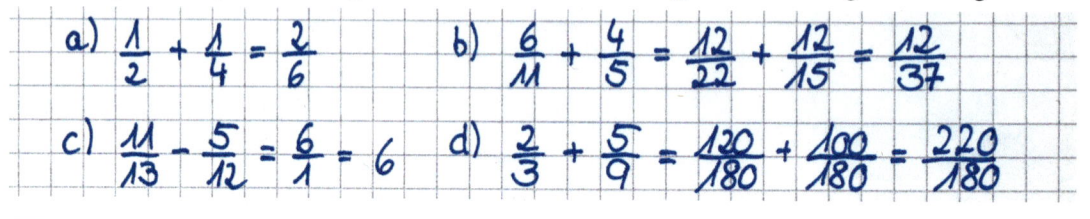

a) $\frac{1}{2} + \frac{1}{4} = \frac{2}{6}$ b) $\frac{6}{11} + \frac{4}{5} = \frac{12}{22} + \frac{12}{15} = \frac{12}{37}$

c) $\frac{11}{13} - \frac{5}{12} = \frac{6}{1} = 6$ d) $\frac{2}{3} + \frac{5}{9} = \frac{120}{180} + \frac{100}{180} = \frac{220}{180}$

11 Berechne.
a) $\frac{7}{12} + \frac{4}{15}$ b) $\frac{1}{6} - \frac{1}{9}$ c) $\frac{9}{12} - \frac{3}{4}$
d) $5\frac{7}{8} + 3\frac{1}{2}$ e) $13\frac{4}{9} + 6\frac{1}{4}$ f) $8\frac{8}{11} - 6\frac{2}{3}$

11 Berechne.
a) $4\frac{5}{8} + \frac{3}{10}$ b) $3\frac{7}{10} + 2\frac{3}{4}$
c) $8\frac{1}{2} - 4\frac{1}{2}$ d) $5 - 2\frac{1}{2} + 1\frac{1}{3}$

12 Ersetze die Platzhalter.
a) $\frac{4}{5} + \frac{2}{3} = \blacksquare$ b) $\frac{7}{9} - \blacksquare = \frac{11}{18}$
c) $\frac{3}{4} + \frac{1}{8} = \blacksquare$ d) $\frac{2}{5} + \blacksquare = \frac{2}{3}$
e) $\frac{3}{2} + \blacksquare = 3\frac{1}{6}$ f) $\blacksquare - \frac{5}{18} = \frac{5}{36}$

12 Ersetze die Platzhalter.
a) $\frac{5}{7} - \blacksquare = \frac{3}{14}$ b) $\blacksquare - \frac{3}{4} = \frac{5}{12}$
c) $\frac{3}{8} + \blacksquare = \frac{13}{16}$ d) $\frac{7}{10} + \blacksquare = \frac{11}{15}$
e) $\blacksquare + \frac{6}{5} = \frac{13}{10}$ f) $\frac{9}{18} - \blacksquare = \frac{13}{36}$

ZU DEN AUFGABEN 13 UND 14
Auch bei der Addition von gemeinen Brüchen gelten:
- *Vertauschungsgesetz*, z.B. $\frac{2}{3} + \frac{3}{4} = \frac{3}{4} + \frac{2}{3}$
- *Verbindungsgesetz*, z.B. $\frac{3}{5} + (\frac{1}{2} + \frac{1}{3}) = (\frac{3}{5} + \frac{1}{2}) + \frac{1}{3}$

Achtung: Bei der Subtraktion gelten diese Gesetze nicht.

13 Welche Gesetze wurden hier benutzt, um die gemischten Zahlen zu addieren?
Beispiel $7\frac{1}{2} + 5\frac{3}{4} = 7 + 5 + \frac{1}{2} + \frac{3}{4} = 7 + 5 + (\frac{2}{4} + \frac{3}{4}) = 12 + 1\frac{1}{4} = 13\frac{1}{4}$
Rechne wie im Beispiel.
a) $2\frac{1}{2} + \frac{5}{8}$ b) $7\frac{1}{3} + 6\frac{5}{12}$ c) $5\frac{7}{8} + 3\frac{1}{2}$ d) $7\frac{1}{7} + 6\frac{11}{21}$

14 Rechne vorteilhaft wie im Beispiel.
Beispiel $(\frac{3}{4} + \frac{1}{8}) + \frac{1}{4} = (\frac{1}{8} + \frac{3}{4}) + \frac{1}{4} = \frac{1}{8} + (\frac{3}{4} + \frac{1}{4}) = \frac{1}{8} + 1 = 1\frac{1}{8}$
a) $\frac{2}{5} + \frac{10}{11} + \frac{8}{5} + \frac{3}{33}$ b) $\frac{1}{10} + (\frac{9}{100} + \frac{1}{10})$ c) $\frac{6}{7} + \frac{19}{12} + \frac{15}{7}$ d) $\frac{18}{5} + \frac{22}{13} + (\frac{18}{13} + \frac{9}{10})$

Gemeine Brüche multiplizieren und dividieren

Entdecken

1 Wie viele Kilometer hat Boguslaw Kizak geschafft?
a) Johanne hat als Lösungshilfe eine Skizze gezeichnet. Löse mithilfe ihrer Skizze.

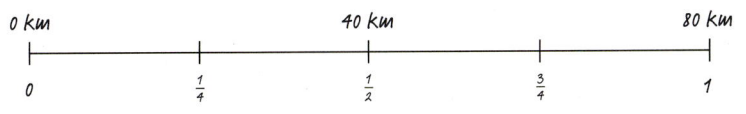

b) Beschreibe, wie die Skizze Johanne geholfen hat.
c) Schreibe die Aufgabe „drei Viertel von 80 km" als Multiplikationsaufgabe mitsamt deinem Ergebnis.
d) Löse folgende Aufgaben mit einer ähnlichen Skizze wie oben:
  ① zwei Drittel eines 6 km langen Schulweges;
  ② drei Fünftel von Janeks 100 €.

Ein Artikel aus einer Regionalzeitung

Schwimmer gab auf Trelleborg
Nach Bewältigung von drei Vierteln seiner Strecke hat der polnische Langstreckenschwimmer Boguslaw Kizak am Montag seinen Versuch aufgegeben, als erster die kalte Ostsee von Rügen nach Trelleborg in Schweden zu durchschwimmen. Der aus Stettin stammende Schwimmer war von der Insel Rügen zu seinem 80-Kilometer-Unternehmen gestartet. (dpa)

2 Frau Richter hat zwei Bleche Pizza vorbereitet und ihren drei Kindern erlaubt, von jeder Pizza ein Viertel zu essen.

Karl   Anna   Paul

Paul: $\frac{1}{4}$ von $2 = \frac{1}{4} \cdot 2 = \frac{2}{4} = \frac{1}{2}$

HINWEIS
Die Angabe „von" bedeutet bei Anteilen, dass multipliziert wird. Ein Drittel von einem Viertel ist also $\frac{1}{3} \cdot \frac{1}{4}$.

a) Beschreibe die Gedanken der drei Kinder und vergleiche die Ergebnisse.
b) Wie viel bekäme jeder, wenn Frau Richter drei Bleche Pizza vorbereitet hätte und von jeder Pizza ein Viertel gegessen wird? Berechne oder zeichne wie die Kinder von Frau Richter.

3 Uwe Zöller ist Winzer. Diese Woche füllt er $2\,700\,l$ Traubensaft in $\frac{3}{4}$-l-Flaschen ab.

a) Bestimme die Anzahl der abgefüllten Flaschen mithilfe der Tabelle.

Liter Saft	$\frac{3}{4}$	$1\frac{1}{2}$	3	27	270	2 700
Anzahl Flaschen	1					

b) Lies noch einmal die ersten beiden Sätze der Aufgabe. Schreibe dazu eine passende Frage, die gelöste Aufgabe und einen Antwortsatz.

4 Gegeben sind zwei Aufgaben an den Zahlenstrahlen. Löse die beiden Aufgaben mithilfe der Zeichnung.

a) $\frac{3}{4} : 2$

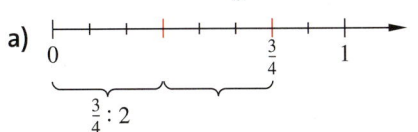

b) $\frac{2}{3} : 4$

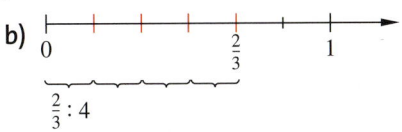

Mit gebrochenen Zahlen rechnen Gemeine Brüche multiplizieren und dividieren

Verstehen

Die Klasse 6a feiert ein Frühlingsfest, zu dem jeder etwas anderes mitbringt.

Jan kauft 5 Packungen Tomatensaft. Jede Packung enthält einen $\frac{3}{4}$ Liter. Wie viel Liter sind das insgesamt?

Zuerst schreibt Jan kürzer:

$$\frac{3}{4} + \frac{3}{4} + \frac{3}{4} + \frac{3}{4} + \frac{3}{4} = 5 \cdot \frac{3}{4}$$

Die Multiplikation einer natürlichen Zahl mit einem gemeinen Bruch ist eine praktische Schreibweise für eine wiederholte Addition.

Er löst die Aufgabe mit einer Zeichnung:

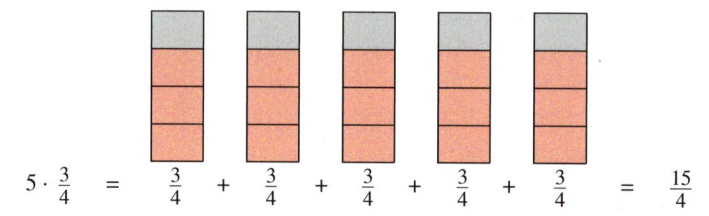

$$5 \cdot \frac{3}{4} = \frac{3}{4} + \frac{3}{4} + \frac{3}{4} + \frac{3}{4} + \frac{3}{4} = \frac{15}{4}$$

Er zählt insgesamt 15 Viertelliter.

$$5 \cdot \frac{3}{4} = \frac{5 \cdot 3}{4} = \frac{15}{4} = 3\frac{3}{4}$$

Jan bringt insgesamt $3\frac{3}{4}$ l Tomatensaft mit.

> **Merke** Eine **natürliche Zahl** wird **mit einem gemeinen Bruch** so **multipliziert**:
> – die natürliche Zahl mit dem Zähler multiplizieren,
> – der Nenner bleibt unverändert.

HINWEIS
Bei der Multiplikation gilt das **Kommutativgesetz** *(Vertauschungsgesetz):*
$5 \cdot \frac{3}{4} = \frac{3}{4} \cdot 5$

Beispiel 1

a) $\frac{2}{5} \cdot 6 = 6 \cdot \frac{2}{5} = \frac{6 \cdot 2}{5} = \frac{12}{5} = 2\frac{2}{5}$

b) $3 \cdot \frac{1}{8} = \frac{3 \cdot 1}{8} = \frac{3}{8}$

$\frac{3}{5}$ von den Schülerinnen und Schülern der 6a sind Mädchen.

$\frac{2}{3}$ von diesen Mädchen haben ein Handy.

Welcher Anteil von allen Kindern der 6a sind Mädchen mit Handy?

„$\frac{2}{3}$ von $\frac{3}{5}$" bedeutet: $\frac{2}{3} \cdot \frac{3}{5}$

$$\frac{2}{3} \cdot \frac{3}{5} = \frac{2 \cdot 3}{3 \cdot 5} = \frac{6}{15} = \frac{\cancel{6}^2}{\cancel{15}_5} = \frac{2}{5}$$

$\frac{2}{5}$ von allen 6a-Kindern sind Mädchen mit Handy.

> **Merke** **Gemeine Brüche** werden **multipliziert**, indem man Zähler mit Zähler multipliziert und Nenner mit Nenner multipliziert.
>
> Denke ans Kürzen.

Beispiel 2

a) $\frac{5}{6} \cdot \frac{9}{10} = \frac{\cancel{5}^1}{\cancel{6}_2} \cdot \frac{\cancel{9}^3}{\cancel{10}_2} = \frac{3}{4}$

b) $\frac{1}{2} \cdot 1\frac{1}{4} = \frac{1}{2} \cdot \frac{5}{4} = \frac{1 \cdot 5}{2 \cdot 4} = \frac{5}{8}$

Das Rechnen wird leichter, wenn man schon *vor* dem Multiplizieren kürzt.

Gemischte Zahlen multipliziert man, indem man sie zuerst in Brüche umwandelt.

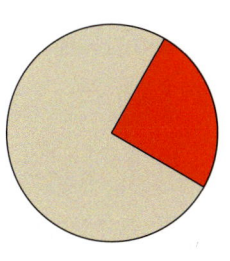

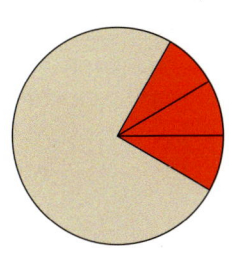

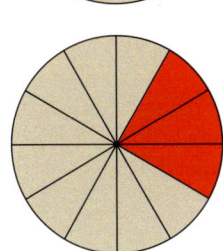

Mit gebrochenen Zahlen rechnen — Gemeine Brüche multiplizieren und dividieren

Nach Majas Geburtstagsfeier ist noch $\frac{1}{4}$ Torte übrig geblieben.

Am nächsten Tag kommen ihre zwei besten Freundinnen zu Besuch und sie essen die Reste.
Maja schneidet die Torte in drei gleich große Stücke.
Die Größe eines Stückes ist jetzt also:

$$\frac{1}{4} : 3 = \blacksquare$$

Man kann auch sagen, dass jedes Mädchen $\frac{1}{3}$ von $\frac{1}{4}$ Kuchen erhält. Das wird so in eine Rechnung übersetzt:

$$\frac{1}{3} \text{ von } \frac{1}{4} = \frac{1}{3} \cdot \frac{1}{4} = \frac{1}{4} \cdot \frac{1}{3} = \blacksquare$$

Mit beiden oben gezeigten Rechnungen wird dieselbe Situation beschrieben, deswegen haben auch beide Rechnungen dasselbe Ergebnis.
Also gilt:

$$\frac{1}{4} : 3 = \frac{1}{4} \cdot \frac{1}{3} = \frac{1 \cdot 1}{4 \cdot 3} = \frac{1}{12} \qquad \text{Beachte: } \frac{1}{4} : 3 = \frac{1}{4} : \frac{3}{1}$$

kurz:

$$\frac{1}{4} : 3 = \frac{1}{4 \cdot 3} = \frac{1}{12}$$

Betrachte die letzte Rechnung: Der Zähler von $\frac{1}{4}$ bleibt unverändert, der Nenner wird mit der **3** multipliziert.

Später probieren die Freundinnen aus, wie viele Gläser sie mit einer Wasserflasche füllen können.

In der Flasche sind $1\frac{1}{2}$ l Wasser, ein Glas fasst $\frac{2}{5}$ l.

$$1\frac{1}{2} : \frac{2}{5} = \frac{3}{2} : \frac{2}{5} = \frac{3}{2} \cdot \frac{5}{2} = \frac{15}{4} = 3\frac{3}{4}$$

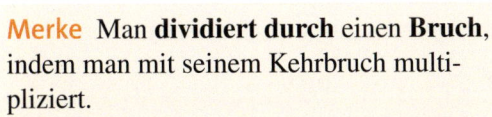

Merke Man **dividiert durch** einen **Bruch**, indem man mit seinem Kehrbruch multipliziert.
Den **Kehrbruch** (**Kehrwert**) eines Bruchs bildet man, indem man Zähler und Nenner tauscht.

Prüfe dein Ergebnis mit der **Probe** (Umkehraufgabe).

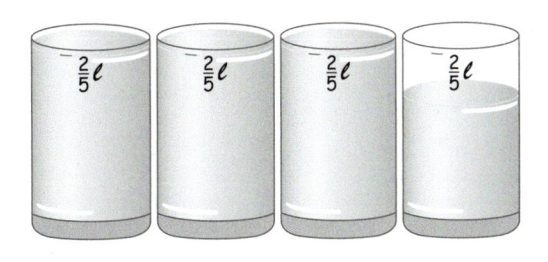

$3\frac{3}{4}$ Gläser zu $\frac{2}{5}$ l lassen sich mit dieser Flasche Wasser füllen.

Der Kehrbruch von $\frac{2}{5}$ ist $\frac{5}{2}$.

Probe: $3\frac{3}{4} \cdot \frac{2}{5} = \frac{15}{4} \cdot \frac{2}{5} = \frac{15 \cdot 2}{4 \cdot 5} = \frac{3 \cdot 1}{2 \cdot 1} = 1\frac{1}{2}$

HINWEIS
Umkehraufgaben:

$1\frac{1}{2} = \frac{3}{2} \quad 3\frac{3}{4} = \frac{15}{4}$

(oben: $: \frac{2}{5}$, unten: $\cdot \frac{2}{5}$)

Beispiel

a) $\frac{7}{3} : \frac{3}{4} = \frac{7}{3} \cdot \frac{4}{3} = \frac{7 \cdot 4}{3 \cdot 3} = \frac{28}{9} = 3\frac{1}{9}$; Probe: $3\frac{1}{9} \cdot \frac{3}{4} = \frac{28}{9} \cdot \frac{3}{4} = \frac{28 \cdot 3}{9 \cdot 4} = \frac{7 \cdot 1}{3 \cdot 1} = \frac{7}{3}$

b) $\frac{3}{4} : 6 = \frac{3}{4} : \frac{6}{1} = \frac{3}{4} \cdot \frac{1}{6} = \frac{3 \cdot 1}{4 \cdot 6} = \frac{1}{8}$; Probe: $\frac{1}{8} \cdot 6 = \frac{1}{8} \cdot \frac{6}{1} = \frac{1 \cdot 6}{8 \cdot 1} = \frac{6}{8} = \frac{3}{4}$

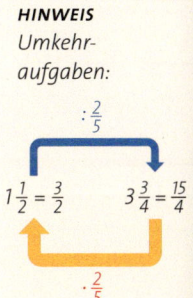

HINWEIS
Der **Kehrbruch** von $6 = \frac{6}{1}$ ist $\frac{1}{6}$.

Mit gebrochenen Zahlen rechnen   Gemeine Brüche multiplizieren und dividieren

Üben und anwenden

1 Schreibe als Produkt und berechne.

Beispiel $\frac{1}{5} + \frac{1}{5} + \frac{1}{5} = 3 \cdot \frac{1}{5} = \frac{3}{5}$

a) $\frac{1}{7} + \frac{1}{7} + \frac{1}{7} + \frac{1}{7} + \frac{1}{7}$ b) $\frac{1}{4} + \frac{1}{4} + \frac{1}{4}$

c) $\frac{2}{5} + \frac{2}{5} + \frac{2}{5}$ d) $\frac{3}{7} + \frac{3}{7} + \frac{3}{7}$

1 Schreibe als Produkt und berechne.

Beispiel $\frac{2}{3} + \frac{2}{3} + \frac{2}{3} = 3 \cdot \frac{2}{3} = \frac{6}{3} = 2$

a) $\frac{3}{8} + \frac{3}{8} + \frac{3}{8} + \frac{3}{8}$ b) $\frac{4}{5} + \frac{4}{5} + \frac{4}{5} + \frac{4}{5} + \frac{4}{5}$

c) $\frac{5}{7} + \frac{5}{7} + \frac{5}{7}$ d) $\frac{5}{12} + \frac{5}{12} + \frac{5}{12} + \frac{5}{12}$

2 Löse die Aufgaben zeichnerisch.

Beispiel $3 \cdot \frac{5}{8}$

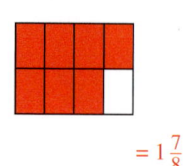

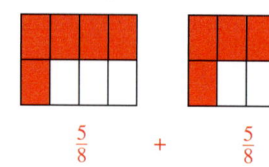

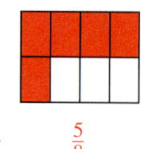

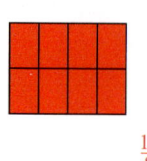

$\frac{5}{8} + \frac{5}{8} + \frac{5}{8} = \frac{15}{8} = 1\frac{7}{8}$

a) $3 \cdot \frac{1}{8}$ b) $4 \cdot \frac{2}{5}$ c) $7 \cdot \frac{2}{3}$ d) $4 \cdot \frac{4}{3}$ e) $3 \cdot 1\frac{1}{5}$ f) $2 \cdot 1\frac{2}{3}$ g) $2 \cdot 1\frac{1}{8}$

HINWEIS
Wandle gemischte Zahlen vor dem Rechnen in Brüche um.

3 Berechne im Kopf. Wandle das Ergebnis in eine gemischte Zahl um, wenn möglich.

a) $5 \cdot \frac{2}{7}$ b) $4 \cdot \frac{2}{9}$ c) $6 \cdot \frac{1}{5}$

d) $7 \cdot \frac{4}{5}$ e) $2 \cdot \frac{7}{9}$ f) $9 \cdot \frac{2}{7}$

g) $8 \cdot \frac{3}{5}$ h) $7 \cdot \frac{1}{9}$ i) $5 \cdot \frac{1}{2}$

3 Berechne und kürze. Gib das Produkt wieder als gemischte Zahl an.

a) $3 \cdot 1\frac{1}{2}$ b) $3 \cdot 2\frac{1}{2}$ c) $3 \cdot 3\frac{1}{2}$

d) $6 \cdot 1\frac{1}{2}$ e) $4 \cdot 2\frac{2}{3}$ f) $4 \cdot 2\frac{1}{8}$

g) $5 \cdot 3\frac{1}{9}$ h) $5 \cdot 1\frac{6}{7}$ i) $6 \cdot 1\frac{4}{5}$

ERINNERE DICH
„$\frac{2}{5}$ von 15 m"
bedeutet:
„$\frac{2}{5} \cdot 15$ m".

4 Berechne den Bruchteil.

a) $\frac{1}{6}$ von 24 km   b) $\frac{1}{9}$ von 72 t

c) $\frac{1}{7}$ von 28 m   d) $\frac{4}{5}$ von 60 kg

e) $\frac{2}{3}$ von 15 l   f) $\frac{5}{8}$ von 96 km

4 Berechne. Schreibe mit gemischten Zahlen.

a) $\frac{1}{9}$ von 12 kg   b) $\frac{1}{6}$ von 73 km

c) $\frac{2}{3}$ von 32 t   d) $\frac{2}{7}$ von 80 m

e) $\frac{4}{5}$ von 41 l   f) $\frac{3}{4}$ von 21 dm

5 Kürze vor dem Multiplizieren. Schreibe das Ergebnis als gemischte Zahl.

a) $\frac{2}{3} \cdot 6$ b) $\frac{1}{7} \cdot 7$ c) $4 \cdot \frac{1}{2}$

d) $\frac{4}{5} \cdot 15$ e) $\frac{2}{8} \cdot 20$ f) $30 \cdot \frac{9}{10}$

g) $\frac{6}{5} \cdot 15$ h) $12 \cdot \frac{4}{3}$ i) $\frac{4}{5} \cdot 5$

5 Kürze vor dem Multiplizieren. Schreibe das Ergebnis als gemischte Zahl.

a) $\frac{2}{3} \cdot 7$ b) $9 \cdot \frac{1}{7}$ c) $\frac{1}{2} \cdot 5$

d) $16 \cdot \frac{4}{5}$ e) $\frac{2}{8} \cdot 15$ f) $\frac{9}{10} \cdot 4$

g) $16 \cdot \frac{6}{5}$ h) $1\frac{1}{3} \cdot 2$ i) $3 \cdot 1\frac{4}{5}$

6 Eine Schulstunde dauert eine Dreiviertelstunde. Wie viele Zeitstunden (h) dauert der Unterricht an den einzelnen Tagen?
Mo.: 4 Schulstunden   Di.: 6 Schulstunden
Mi.: 5 Schulstunden   Do.: 8 Schulstunden
Fr.: 7 Schulstunden

6 Die Klasse 6c hat 30 Schulstunden pro Woche. Die Klassenlehrerin unterrichtet $\frac{2}{5}$ von allen Stunden. Jonas Lieblingslehrer unterrichtet nur $\frac{1}{6}$ aller Stunden. Stelle zwei passende Fragen und beantworte sie.

Mit gebrochenen Zahlen rechnen — Gemeine Brüche multiplizieren und dividieren

7 Kürze, wenn möglich, vor dem Multiplizieren.
a) $\frac{2}{5} \cdot \frac{3}{7}$ b) $\frac{1}{4} \cdot \frac{1}{4}$ c) $\frac{2}{3} \cdot \frac{3}{4}$ d) $\frac{3}{4} \cdot \frac{1}{3}$
e) $\frac{2}{3} \cdot \frac{2}{3}$ f) $\frac{1}{2} \cdot \frac{5}{8}$ g) $\frac{3}{8} \cdot \frac{2}{7}$ h) $\frac{1}{6} \cdot \frac{5}{6}$

7 Kürze, wenn möglich, vor dem Multiplizieren.
a) $\frac{5}{2} \cdot \frac{3}{5}$ b) $\frac{5}{2} \cdot \frac{5}{3}$ c) $\frac{3}{7} \cdot \frac{5}{6}$ d) $\frac{3}{7} \cdot \frac{6}{5}$
e) $\frac{15}{16} \cdot \frac{3}{4}$ f) $\frac{15}{16} \cdot \frac{4}{3}$ g) $\frac{8}{21} \cdot \frac{7}{2}$ h) $\frac{2}{6} \cdot \frac{8}{9}$

NACHGEDACHT
Mit welchem Bruch muss man $\frac{3}{5}$ ($\frac{1}{6}$; $\frac{9}{7}$) multiplizieren, um als Ergebnis 1 zu erreichen? Stelle eine Regel für alle Brüche auf und erkläre sie in der Klasse.

8 Beschreibe, wie Niclas die Aufgabe $\frac{1}{3} \cdot \frac{2}{5}$ gezeichnet und gelöst hat.

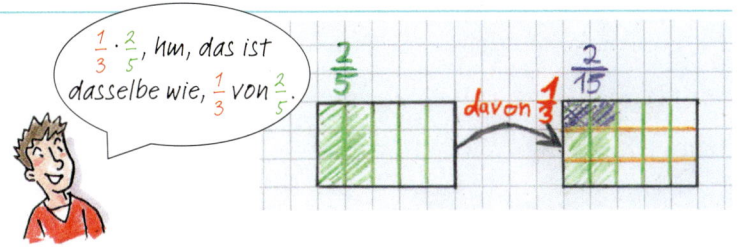

„$\frac{1}{3} \cdot \frac{2}{5}$, hm, das ist dasselbe wie, $\frac{1}{3}$ von $\frac{2}{5}$"

Nun löse zeichnerisch wie Niclas. Wähle jeweils eine passende Größe für das Rechteck.
① $\frac{1}{2}$ von $\frac{3}{4}$ ② $\frac{2}{5}$ von $\frac{1}{2}$ ③ $\frac{6}{7}$ von $\frac{2}{3}$ ④ $\frac{4}{5} \cdot \frac{1}{4}$ ⑤ $\frac{2}{3} \cdot \frac{1}{4}$ ⑥ $\frac{5}{6} \cdot \frac{1}{2}$

9 Berechne die Bruchteile der Größen.
Beispiel $\frac{1}{2}$ von $\frac{3}{4}$ m = $\frac{1}{2} \cdot \frac{3}{4}$ m = $\frac{1 \cdot 3}{2 \cdot 4}$ m = $\frac{3}{8}$ m
a) $\frac{1}{2}$ von $\frac{1}{2}$ m   b) $\frac{1}{3}$ von $\frac{1}{4}$ kg
c) $\frac{1}{4}$ von $\frac{3}{8}$ cm   d) $\frac{2}{3}$ von $\frac{3}{4}$ mm

9 Der menschliche Körper besteht zu ungefähr $\frac{13}{20}$ aus Wasser. Hier ist das Gewicht einiger Kinder und Jugendlicher angegeben. Stelle eine passende Frage und löse.
a) $17\frac{1}{2}$ kg   b) $25\frac{1}{4}$ kg   c) 50 kg

10 Löse die Aufgaben zeichnerisch und schreibe die zugehörige Rechnung dazu.
Beispiel $\frac{1}{4} : 3$

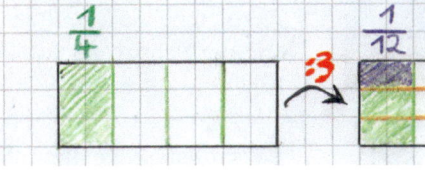

$\frac{1}{4} : 3 = \frac{1}{4} \cdot \frac{1}{3} = \frac{1}{12}$
oder
$\frac{1}{4} : 3 = \frac{1}{4 \cdot 3} = \frac{1}{12}$

a) $\frac{1}{2} : 4$ b) $\frac{1}{8} : 2$ c) $\frac{1}{6} : 2$ d) $\frac{3}{8} : 2$ e) $\frac{2}{5} : 4$ f) $\frac{1}{3} : 3$

11 Berechne im Kopf.
a) $\frac{3}{5} : 2$, $\frac{3}{7} : 2$, $\frac{5}{9} : 2$, $\frac{7}{11} : 2$
b) $\frac{2}{3} : 3$, $\frac{2}{5} : 3$, $\frac{4}{5} : 3$, $\frac{5}{12} : 3$
c) $\frac{3}{4} : 4$, $\frac{5}{6} : 4$, $\frac{7}{9} : 4$, $\frac{9}{13} : 4$

11 Berechne im Kopf.
a) $\frac{2}{6} : 4$ b) $\frac{3}{7} : 7$ c) $\frac{6}{7} : 8$
d) $\frac{2}{3} : 11$ e) $\frac{3}{4} : 12$ f) $\frac{4}{11} : 9$
g) $\frac{5}{12} : 7$ h) $\frac{7}{13} : 4$ i) $\frac{3}{16} : 8$

12 Schreibe jeweils beide Aufgaben auf und löse sie. Vergleiche die Ergebnisse.
a) Dividiere $\frac{1}{5}$ durch 4. Berechne $\frac{1}{4}$ von $\frac{1}{5}$.
b) Dividiere $\frac{2}{3}$ durch 5. Berechne $\frac{1}{5}$ von $\frac{2}{3}$.
c) Dividiere $\frac{3}{7}$ durch 9. Berechne $\frac{1}{9}$ von $\frac{3}{7}$.
d) Dividiere $\frac{8}{9}$ durch 3. Berechne ■ von $\frac{8}{9}$.

12 Berechne und erkläre die Gemeinsamkeiten. Ergänze die fehlenden Angaben.
a) Berechne $\frac{1}{2}$ von $2\frac{1}{2}$. Dividiere $2\frac{1}{2}$ durch 2.
b) Berechne $\frac{2}{3}$ von $3\frac{1}{2}$. Teile $3\frac{1}{2}$ durch $\frac{3}{2}$.
c) Berechne $\frac{3}{5}$ von $6\frac{2}{3}$. Teile ■ durch $\frac{5}{3}$.
d) Berechne ■ von $\frac{1}{2}$. Dividiere $\frac{1}{2}$ durch $\frac{8}{3}$.

Mit gebrochenen Zahlen rechnen   Gemeine Brüche multiplizieren und dividieren

13 Berechne im Kopf.
Die Ergebnisse sind natürliche Zahlen.

a) $4 : \frac{1}{4}$ b) $5 : \frac{1}{5}$ c) $6 : \frac{1}{2}$ d) $3 : \frac{3}{4}$

e) $8 : \frac{2}{5}$ f) $2 : \frac{2}{7}$ g) $9 : \frac{1}{6}$ h) $12 : \frac{2}{3}$

13 Berechne im Kopf.
Die Ergebnisse sind natürliche Zahlen.

a) $4\frac{1}{4} : \frac{1}{4}$ b) $3\frac{1}{2} : \frac{1}{4}$ c) $2\frac{1}{3} : \frac{1}{6}$ d) $1\frac{1}{2} : \frac{1}{6}$

e) $1\frac{1}{4} : \frac{5}{8}$ f) $2\frac{2}{7} : \frac{8}{7}$ g) $10\frac{1}{2} : \frac{7}{8}$ h) $12\frac{1}{3} : \frac{1}{3}$

14 Löse die Aufgaben zeichnerisch und schreibe die entsprechende Rechnung dazu.

Beispiel $2\frac{2}{5} : \frac{3}{5}$ *Das bedeutet: „Wie oft passen $\frac{3}{5}$ in $\frac{12}{5}$?"*

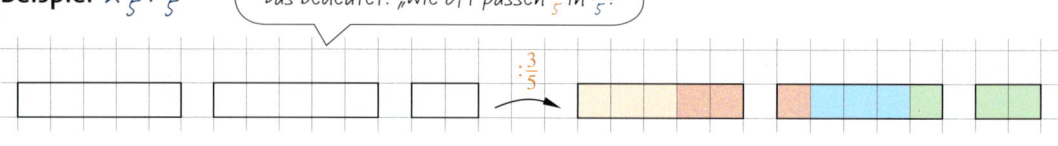

Rechnung: $2\frac{2}{5} : \frac{3}{5} = \frac{12}{5} : \frac{3}{5} = \frac{12 \cdot 5}{5 \cdot 3} = 4$

a) $2 : \frac{1}{4}$ b) $3 : \frac{1}{6}$ c) $2 : \frac{2}{3}$ d) $3 : \frac{1}{4}$ e) $3\frac{1}{3} : \frac{2}{3}$ f) $4\frac{1}{2} : \frac{3}{4}$

15 Ein Abwasserkanal von 9 m Länge soll mit $\frac{3}{4}$-m-langen Tonrohren gebaut werden. Weitere Abwasserkanäle sollen 15 m und 36 m lang werden.
Wie viele Rohre sind jeweils erforderlich?

15 Im Stadion probiert ein Jogger auf der Bahn einen Schrittzähler aus. Nach 3 750 m zeigt dieser 5 000 Schritte an.
a) Bestimme die Länge eines Schrittes.
b) Penelopes Schrittlänge beträgt $\frac{3}{5}$ m.
Wie viele Schritte wird der Schrittzähler bei dieser Einstellung nach 3 750 m anzeigen?
c) Vergleiche die Schrittzahl des Joggers mit der Schrittzahl von Penelope bei einem 3 000-m-Lauf.

16 Vervollständige die Aufgaben im Heft.
Kontrolliere mit der Probe.

Division	Probe
$\frac{1}{3} : \frac{1}{2} = \frac{2}{3}$	$\frac{2}{3} \cdot \frac{1}{2} = \frac{1}{3}$
$\frac{1}{3} : \frac{1}{4} = \blacksquare$	$\blacksquare \cdot \frac{1}{4} = \frac{1}{3}$
$\frac{1}{3} : \frac{1}{8} = \blacksquare$	$\blacksquare \cdot \frac{1}{8} = \frac{1}{3}$
$\frac{1}{3} : \frac{1}{16} = \blacksquare$	$\blacksquare \cdot \frac{1}{16} = \frac{1}{3}$

16 Vervollständige die Aufgaben im Heft.
Kontrolliere mit der Probe.

Division	Probe
$\frac{1}{2} : \frac{1}{16} = \blacksquare$	$\blacksquare \cdot \blacksquare = \frac{1}{2}$
$\frac{1}{2} : \frac{1}{64} = \blacksquare$	$\blacksquare \cdot \blacksquare = \frac{1}{2}$
$\frac{1}{2} : \frac{1}{256} = \blacksquare$	$\blacksquare \cdot \blacksquare = \frac{1}{2}$
$\frac{1}{2} : \blacksquare = 512$	$\blacksquare \cdot \blacksquare = \frac{1}{2}$

HINWEIS
Schreibe zunächst als Multiplikationsaufgabe mit dem Kehrbruch. Erst danach kannst du kürzen.

17 Dividiere und überprüfe dein Ergebnis mit der Probe.

a) $\frac{6}{5} : \frac{2}{3}$ b) $\frac{3}{7} : \frac{14}{5}$ c) $\frac{3}{8} : \frac{1}{2}$ d) $\frac{5}{6} : \frac{3}{4}$

e) $\frac{7}{2} : \frac{3}{8}$ f) $\frac{1}{12} : \frac{1}{3}$ g) $\frac{13}{4} : \frac{7}{5}$ h) $\frac{11}{3} : \frac{2}{5}$

i) $\frac{7}{10} : \frac{4}{5}$ j) $\frac{1}{9} : \frac{1}{6}$ k) $\frac{1}{4} : \frac{3}{2}$ l) $\frac{12}{8} : \frac{3}{4}$

17 Denke daran, vor dem Multiplizieren zu kürzen. Kontrolliere mit der Probe.

a) $\frac{1}{2} : \frac{3}{4}$ b) $\frac{3}{8} : \frac{9}{10}$ c) $\frac{1}{4} : \frac{7}{8}$ d) $\frac{2}{3} : \frac{4}{9}$

e) $\frac{5}{6} : \frac{5}{12}$ f) $\frac{4}{5} : \frac{10}{11}$ g) $\frac{3}{7} : \frac{7}{3}$ h) $\frac{3}{12} : \frac{5}{6}$

i) $\frac{2}{3} : \frac{1}{3}$ j) $\frac{5}{8} : \frac{1}{5}$ k) $\frac{1}{8} : \frac{1}{4}$ l) $\frac{3}{4} : \frac{1}{2}$

Dezimalzahlen addieren und subtrahieren

Entdecken

1 In unserem Alltag rechnen wir häufig mit Dezimalzahlen.
a) Sucht nach Beispielen und stellt diese auf einem Plakat zusammen.
b) Findet mithilfe eures Plakates Aufgaben zur Addition und Subtraktion von Dezimalzahlen.

2 Mike und Serena diskutieren darüber, wie man Dezimalzahlen schriftlich addiert. Sie haben die Dezimalzahlen aus der Aufgabe an die Tafel geschrieben, links Mike und rechts Serena.

$$1{,}35 + 2{,}4 + 185{,}3 + 24 + 1{,}496$$

Mike	Serena
1,35	1,35
2,4	2,4
185,3	185,3
24	24
1,496	1,496

HINWEIS
Überlege dir, wie du natürliche Zahlen schriftlich addiert hast.

Sie haben die Dezimalzahlen aus der Aufgabe an die Tafel geschrieben, links Mike und rechts Serena.

Mike: „Man muss alle Dezimalzahlen untereinanderschreiben."
Serena: „Das ist ja klar. Aber wie?"
Mike: „Na so, dass alle Zahlen am rechten Rand gerade abschließen."
Serena: „Nee, so kann man das nicht machen. Man muss auf die Kommas achten."
Mike: „Bei der 24 gibt es doch gar kein Komma und außerdem haben wir das in der Grundschule so gelernt."
Serena: „ … "

a) Setzt die Diskussion in der Klasse fort.
b) Wer hat in diesem Fall recht? Begründet eure Aussage.
c) Berechne die Summe 1,35 + 2,4 + 185,3 + 24 + 1,496.
d) Kann man das Verfahren auf die Subtraktion übertragen? Wie würdet ihr das machen?
e) Löst die Aufgabe: 152 − 12,3 − 4,661.
   Erläutert eure Vorgehensweise. Welche Probleme traten auf und wie habt ihr sie gelöst?

Mit gebrochenen Zahlen rechnen Dezimalzahlen addieren und subtrahieren

Verstehen

Saskia und Ben kaufen im Supermarkt ein. Wie viel müssen die beiden an der Kasse bezahlen? Sie haben 10 € in ihrem Geldbeutel.

Um zu prüfen, ob ihr Geld ausreicht, überschlagen sie die Summe mit gerundeten Beträgen:

2 €; 1,38 € ≈ 1 €; 4,79 € ≈ 5 €; 2,28 € ≈ 2 €

Sie addieren die gerundeten Beträge
2 € + 1 € + 5 € + 2 € = 10 €

```
Supermarkt
Super 123

4567889
25. Januar
15.50

Zeitung      2,00€
Cornflakes   1,38€
Schokolade   4,79€
Bananen      2,28€
```

Beispiel 1

```
    2,00
+   1,38
+   4,79
+   2,28
─────────
    1 2
   10,45
```

Sie müssen 10,45 € bezahlen.

Saskia und Ben sind sich unsicher, ob die 10 € ausreichen und berechnen deshalb die Summe genau.

Saskia und Ben schreiben die Dezimalzahlen stellengerecht (*Komma unter Komma*) untereinander. Dann addieren sie die Dezimalzahlen wie natürliche Zahlen und stellen fest:
Die 10 € reichen nicht.

Damit man Einer zu Einer, Zehntel zu Zehntel, Hundertstel zu Hundertstel … addieren kann, muss man die Summanden *Komma unter Komma* schreiben.
Die Stellenwerttafel verdeutlicht das:

Beispiel 2

```
     1,350
+    2,400
+  185,300
+   24,000
+    1,496
──────────
     1111
   214,546
```

	H	Z	E	z	h	t
			1	3	5	
+			2	4		
+	1	8	5	3		
+		2	4			
+			1	4	9	6
		1	1	1	1	
	2	1	4	5	4	6

Merke Bei der **schriftlichen Addition** setzt man die Summanden **Komma unter Komma**.
Haben Dezimalzahlen unterschiedlich viele Stellen hinter dem Komma, füllt man fehlende Stellen mit **Nullen** auf.

Saskia und Ben bezahlen ihren Einkauf mit einem 10-€-Schein und einer 1-€-Münze. Wie viel Wechselgeld erhalten sie zurück?

Sie prüfen ihr Ergebnis mit der Probe (Umkehraufgabe).

```
  11,00 €
− 10,45 €
─────────
   1 1
   0,55 €
```

Probe:
```
   0,55 €
+ 10,45 €
─────────
   1 1
  11,00 €
```

Sie bekommen 0,55 € zurück.

Beispiel 3

```
  23,180
−  1,426
────────
   1 1
  21,754
```

	Z	E	z	h	t
	2	3	1	8	
−		1	4	2	6
			1		1
	2	1	7	5	4

Merke Bei der **schriftlichen Subtraktion** gelten ebenfalls die oben angegebenen Regeln.

ERINNERE DICH
Bei mehreren Subtrahenden geht man so vor:
3,201 − 1,1 − 0,93

①   1,10
  + 0,93
  ──────
    1
   2,03

②   3,201
  −2,030
  ──────
    1
   1,171

Mit gebrochenen Zahlen rechnen — Dezimalzahlen addieren und subtrahieren

Üben und anwenden

1 Addiere im Kopf.
a) 0,2 + 0,7   b) 0,3 + 0,6   c) 0,7 + 0,8
d) 0,7 + 0,3   e) 1,2 + 0,7   f) 0,8 + 1,1
g) 1,5 + 0,9   h) 1,1 + 2,2   i) 1,8 + 4,1

2 Schreibe untereinander und berechne.
a) 3,72 + 4,91   b) 15,77 + 13,42
c) 4,472 + 4,936   d) 17,94 + 13,3
e) 5 + 1,74   f) 2 + 3,004
g) 4,873 + 7   h) 0,035 + 14

3 Überschlage vor der genauen Rechnung. Prüfe dein Ergebnis mit dem Überschlag.
Beispiel 3,278 + 8,982   Ü: 3 + 9 = 12
         3,278 + 8,982 = 12,26
a) 8,129 + 5,322   b) 4,52 + 2,349
c) 15,62 + 4,937   d) 4,982 + 2,349
e) 0,836 + 2,789   f) 0,982 + 0,936

4 Übertrage ins Heft und addiere.

| 101,01 | 202,02 | 303,03 | 404,04 |

5 Ergänze im Heft die fehlenden Ziffern.

a)   0,64■
   + ■,258
   + 3,■00
   + 7,0■2
   ─────
    1 1 1 1
    12,317

b) 27,■3
  + ■,49
  + ■8,01
  + 16,4■
  ─────
    2 1 1
    98,33

c)   27,489
  + 10,730
  + 1,400
  + 45,301
  + ■■,■■■
   ─────
    1 2 2 2 1
    100,000

6 Im Schreibwarenhandel
a) Peter kauft ein Heft, einen Bleistift und einen Radiergummi. Er zahlt mit einem 5-€-Schein.
b) Tanja hat 10 €. Genügen die 10 € für ein Heft, einen Zirkel, Tintenpatronen und ein Mäppchen?

Tintenpatronen 1,35 €
Bleistift 0,75 €
Radiergrummi 0,80 €
Zirkel 5,95 €
Heft 0,73 €
Mäppchen 3,95 €
Geodreieck 0,75 €

7 Wandle in die größte der gegebenen Einheiten um und addiere.
a) 27 € 85 ct + 309 € 25 ct
b) 203 km 700 m + 66 km 50 m
c) 1645 kg 321 g + 43 kg 2 g

---

1 Addiere im Kopf.
a) 1,4 + 1,6   b) 2,3 + 6,6   c) 5,8 + 9,2
d) 4,7 + 4,6   e) 12,3 + 3,8   f) 18,9 + 4,7
g) 2,3 + 9,7   h) 26,6 + 24,2   i) 100,7 + 50,4

2 Rechne schriftlich.
a) 0,045 + 1,054   b) 12,075 + 3,082
c) 8,8 + 88,888   d) 90,87 + 1,109 2
e) 2,04 + 1,35 + 6,33   f) 2,583 + 3,21 + 0,1
g) 1,4 + 2,184 + 3,25   h) 18,1 + 2,95 + 31,694

3 Überschlage zunächst. Dann berechne schriftlich und kontrolliere dein Ergebnis.
a) 0,421 + 3,012 + 9,777 + 345,23
b) 8,568 + 34,673 + 0,75 + 0,002 1
c) 0,608 + 67,67 + 9,789 + 23
d) 0,453 + 0,043 1 + 0,085 + 0,009 4

4 Übertrage ins Heft und addiere.

+	2,4	7,6	9,3	12,4	10,9	13,4	0,85	0,31
2,7								
4,01								
7,5								
3,84								
6,29								
8,73								

5 Übertrage ins Heft und setze das richtige Zeichen ein (<, > oder =).
a) $\frac{1}{3}$ ■ 0,2 + 0,1   b) $1\frac{1}{4}$ ■ 0,75 + 0,5
c) $\frac{20}{6}$ ■ $\frac{5}{3}$ + $1\frac{2}{3}$ d) $\frac{6}{100}$ + $\frac{3}{10}$ ■ 0,03

6 Was könnten die Kinder gekauft haben? Verschiedene Lösungen sind möglich.
a) Clara hat vier verschiedene Dinge gekauft und 8,25 € ausgegeben.
b) Hanna bezahlt 3,54 €.

7 Wandle in die größte der gegebenen Einheiten um und addiere.
a) 2 t 500 kg + 106 t 24 kg + 35 t 67 kg
b) 640 kg 301 g + 21 kg 67 g + 118 kg 270 g
c) 2 km 700 m + 12 km 44 m + 2741 m

HINWEIS
5 = 5,0 = 5,00
0,3 = 0,30 = 0,300

ERINNERE DICH
① Überschlage im Kopf.
② Rechne exakt schriftlich.
③ Prüfe dein schriftliches Ergebnis: Stimmt es ungefähr mit dem Überschlag überein?

Mit gebrochenen Zahlen rechnen Dezimalzahlen addieren und subtrahieren

8 Subtrahiere im Kopf.
a) 0,8 – 0,3   b) 0,7 – 0,5   c) 1,7 – 0,6
d) 1,3 – 0,3   e) 2,2 – 1,4   f) 1,9 – 1,5

8 Subtrahiere im Kopf.
a) 0,9 – 0,5   b) 0,3 – 0,1   c) 5 – 4,6
d) 0,8 – 0,4   e) 12,8 – 7,4   f) 19,5 – 6,6

9 Rechne schriftlich.
a) 0,6 – 0,1 – 0,4   b) 8,3 – 0,5 – 0,9
c) 6,2 – 3,7 – 1,9   d) 3,7 – 2,1 – 1,4

9 Rechne schriftlich.
a) 38,79 – 18,765 – 6   b) 17 – 8,742 – 0,23
c) 100 – 5,88 – 9,01   d) 44,3 – 11,215

10 Finde die fünf Fehler. Du brauchst die Aufgaben nicht exakt zu lösen, der Überschlag reicht.

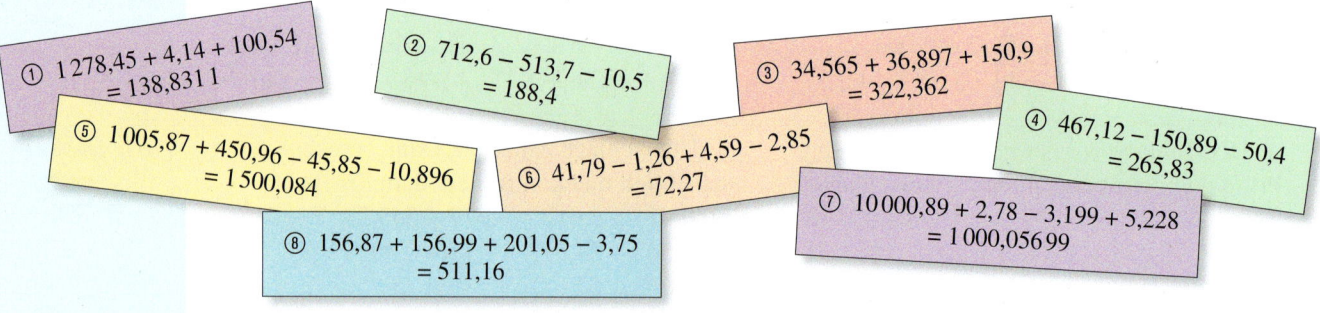

① 1 278,45 + 4,14 + 100,54 = 138,831 1

② 712,6 – 513,7 – 10,5 = 188,4

③ 34,565 + 36,897 + 150,9 = 322,362

④ 467,12 – 150,89 – 50,4 = 265,83

⑤ 1 005,87 + 450,96 – 45,85 – 10,896 = 1 500,084

⑥ 41,79 – 1,26 + 4,59 – 2,85 = 72,27

⑦ 10 000,89 + 2,78 – 3,199 + 5,228 = 1 000,056 99

⑧ 156,87 + 156,99 + 201,05 – 3,75 = 511,16

11 Anna hat beim Geräteturnen 38,024 Punkte erhalten. Sie hat den vierten Platz belegt. Die Erstplatzierte hat 38,211 Punkte und die Drittplatzierte 38,049 Punkte erhalten.
a) Wie viele Punkte haben Anna gefehlt um die Bronzemedaille (3. Platz) zu gewinnen?
b) Wie viele Punkte haben ihr gefehlt, um die Goldmedaille zu gewinnen?

12 Mit welchem Wert ist das Mobile im Gleichgewicht?

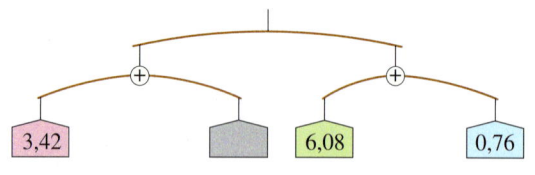

3,42   6,08   0,76

12 Berechne alle Additions- und Subtraktionsaufgaben, die mit den Zahlen zusammengestellt werden können.

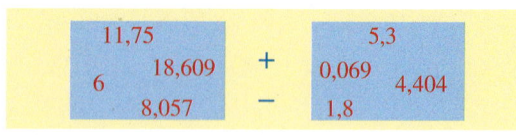

11,75   5,3
6   18,609   +   0,069   4,404
8,057   –   1,8

13 👥 Arbeitet zu zweit. Zeichnet das Labyrinth auf ein Blatt.
Erreicht beim Durchlaufen des Labyrinths …
a) … genau die Zahl 10;
b) … eine Zahl zwischen 10,1 und 12;
c) … eine Zahl kleiner als 4.

+0,17   –5,73   –1,64   –2,63   Ausgang
+3,11   +0,09   +3,52   +1,86
Eingang ½
+2,56   –4,84   +1,12   +0,008

13 👥 Arbeitet zu zweit. Zeichnet das Labyrinth auf ein Blatt.
Erreicht beim Durchlaufen des Labyrinths …
a) … genau die Zahl 6,8;
b) … die größtmögliche Zahl;
c) … Wege, die rechnerisch nicht weiterführen.

14 Löse die Gleichung.
a) $2{,}5 + x = 5$
b) $5{,}5 + x = 10$
c) $x - 8 = 3{,}1$
d) $12{,}8 - x = 6{,}3$
e) $1{,}8 - x = 1$
f) $x + 1{,}4 = 2{,}6$

14 Stefan denkt sich eine Zahl. Stelle jeweils eine Gleichung auf und löse diese.
a) Er addiert zu dieser Zahl 3,5 und erhält 12.
b) Er subtrahiert von dieser Zahl 2,9 und erhält 22,1.
c) Er subtrahiert von dieser Zahl 13,7, addiert 2,2 und erhält 10.

Dezimalzahlen multiplizieren und dividieren

Entdecken

1 Dana besucht für ein Schuljahr eine amerikanische Schule in Florida.
Vor ihrer Abreise in die USA erhält sie von ihren Eltern 1 000 $ als Taschengeld.
Die Eltern ermahnen sie, dass sie sich jeweils genau überlegen soll, wie viel Euro etwas umgerechnet kostet, bevor sie ihr Geld dafür ausgibt.
Ihre Mutter erklärt ihr, dass 1 $ etwa 0,85 € wert ist.
Dana erstellt sich eine Tabelle, in die sie einige Umrechnungsbeträge einträgt.

a) Vervollständige die Umrechnungstabelle rechts.
   Erläutere, wie du gerechnet hast.
b) Rechne die folgenden Preise mithilfe deiner Umrechnungstabelle
   in Euro um:
   2 $;   12 $;   15 $;   26 $;   120 $;   210 $

$	€
1	0,85
10	
100	
1000	

2 Welche Terrasse ist am größten? Beachte, dass die Skizzen *nicht* maßstabsgerecht sind, denn die Terrassen wurden mit unterschiedlich großen Steinplatten ausgelegt.

a) Schätze zuerst. Dann berechne die Flächen aller drei Terrassen.

① Familie Elsner   ② Familie Merkt   ③ Familie Nussbaumer

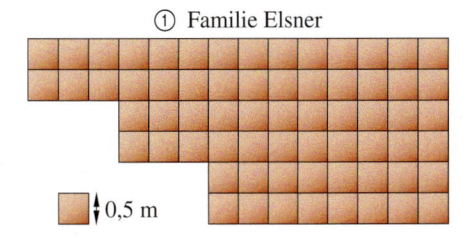

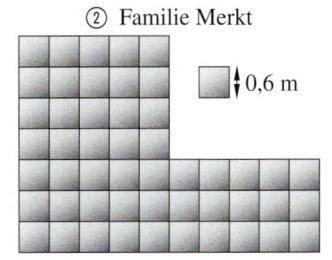

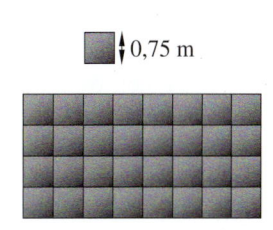

0,5 m   0,6 m   0,75 m

b) Findest du verschiedene Möglichkeiten, wie du die Flächen berechnen kannst?
c) 👥 Vergleicht eure Lösungswege. Erklärt euch gegenseitig eure Lösungen.
   Fertigt ein Plakat an und präsentiert eure Schätzungen und Lösungswege in der Klasse.

3 Büroartikel werden oftmals in großen Mengen verkauft.
a) Berechne, wie viel *ein* Heft kostet.
b) Was kostet *eine* CD-ROM? Was kosten zehn CD-ROMs?
c) Gib den Preis von einer, von zehn und von 100 Büroklammern an.
d) Erläutere, wie du gerechnet hast.
   Formuliere eine Regel für die Division von Dezimalzahlen durch Zehnerpotenzen.
   Zum Beispiel: „Man dividiert eine Dezimalzahl durch 10, 100, 1 000, indem man …"
e) Löse die folgenden Divisionsaufgaben:
   245,50 € : 10   45,20 € : 10
   245,50 € : 100   45,20 € : 100
   245,50 € : 1000   45,20 € : 1000

100 CD-ROMs 18,50 €

10 Hefte 2,49 €

1000 Büroklammern 2,75 €

Mit gebrochenen Zahlen rechnen   Dezimalzahlen multiplizieren und dividieren

Verstehen

HINWEIS
Auch bei der Multiplikation mit Dezimalbrüchen gilt das **Kommutativgesetz** (Vertauschungsgesetz), z.B. $3{,}2 \cdot 1{,}49 = 1{,}49 \cdot 3{,}2$. Tausche die Faktoren, so dass du leicht rechnen kannst.

Pascals große Schwester Felicitas studiert in den USA. Dort werden an den Tankstellen die Preise für Benzin nicht pro Liter, sondern pro *gallon* angegeben.

$$1 \text{ gallon} = 3{,}785 \text{ l}$$

Felicitas tankt 17,75 *gallons*. Wie viel Liter sind das?

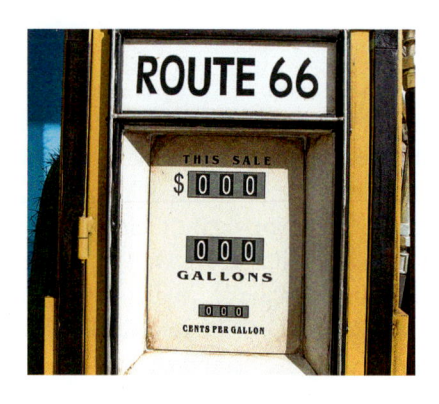

Überschlag: $18 \cdot 4 = 72$

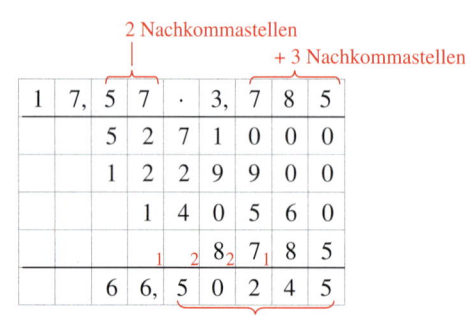

```
          2 Nachkommastellen
                    + 3 Nachkommastellen
    1  7, 5  7  ·  3, 7  8  5
             5  2  7  1  0  0  0
             1  2  2  9  9  0  0
                1  4  0  5  6  0
                      8  7  8  5
                   1  2
             6  6, 5  0  2  4  5
          2 + 3 = 5 Nachkommastellen
```

Felicitas tankt 66,502 45 l, gerundet 66,5 l.

Beispiel

Sabrina sieht auf ihrer Radtour, das der Hof Lerche 2,5 kg Äpfel für 1,85 € anbietet, wenn man sie selber pflückt.
Sie überlegt, was 1 kg Äpfel kostet.
Sabrina will so rechnen:

ERINNERE DICH
Die Fachbegriffe:
$$21 : 7 = 3$$
Dividend — Divisor — Quotient

```
    1, 8  5  :  2, 5
    · 10         · 10
=   1  8, 5  :  2  5  =  0, 7  4
  −    0
       1  8  5          Probe:
  −    1  7  5          0, 7  4  ·  2, 5
            1  0  0           1  4  8  0
  −         1  0  0        +     3  7  0
                  0           1, 8  5  0
```

1 kg Äpfel kostet 0,74 €.

Merke   So **multipliziert** man **Dezimalbrüche**:

1. Man macht eine Überschlagsrechnung.
2. Man multipliziert die Faktoren wie natürliche Zahlen (also ohne die Kommas zu beachten).
3. Beim Ergebnis setzt man das Komma, so dass es genau so viele **Nachkommastellen** hat wie beide Faktoren *zusammen*.
4. Man vergleicht das Ergebnis mit dem Überschlag: Stimmt es *ungefähr* überein?

Merke   **Division eines Dezimalbruchs durch einen Dezimalbruch:**

Dezimalbrüche dividiert man in zwei Schritten:

1. Der **Divisor** soll eine natürliche Zahl werden, deswegen multipliziert man Dividend und **Divisor** mit derselben Zehnerpotenz (mit 10; mit 100; 1 000; …).
2. Dann dividiert man (wie in **Beispiel 1**) und beachtet dabei die Kommaüberschreitung.

Prüfe dein Ergebnis mit der **Probe** (Umkehraufgabe).

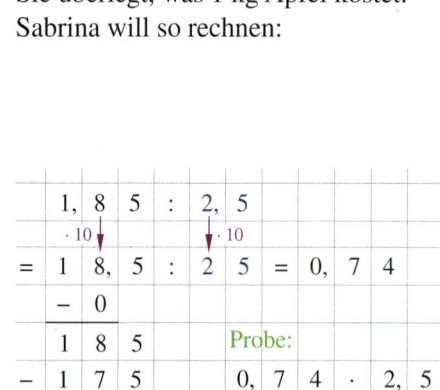

56

Mit gebrochenen Zahlen rechnen Dezimalzahlen multiplizieren und dividieren

Üben und anwenden

1 Ein britisches Pfund (1 £) entspricht 1,20 €. Rechne die Geldbeträge in Euro um.
a) 10 £   b) 100 £   c) 1 000 £
d) 10 000 £   e) 50 £   f) 500 £

1 Für 1 € erhält man 0,83 £ (britische Pfund). Wie viel £ erhält man für folgende Beträge?
a) 10 €   b) 1 000 €   c) 10 000 €
d) 100 €   e) 30 €   f) 600 €

ERINNERE DICH
Bei der Multiplikation mit Stufenzahlen achte auf die Anzahl der Nullen, z. B.:
43 · 100 = 4 300

2 🔍 Recherchiert und berechnet. Toms Tante hat ihm Geld aus verschiedenen Ländern mitgebracht.
a) Informiert euch über die aktuellen Wechselkurse, rechnet und rundet sinnvoll.
b) Stellt euch gegenseitig ähnliche Aufgaben mit diesen und mit anderen Währungen.

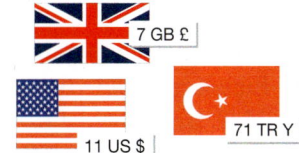

7 GB £
11 US $
71 TR Y

3 Finde mithilfe des Überschlags falsch gesetzte Kommas und berichtige im Heft.
a) 17,5 · 3,8 = 66,5
b) 2,83 · 24,8 = 7 018,4
c) 0,93 · 2,65 = 246,45

3 Übertrage ins Heft und setze mithilfe des Überschlags das Komma beim Ergebnis.
a) 12 · 3,6 = 432   b) 2,5 · 18 = 450
c) 31,5 · 21 = 6 615   d) 1,78 · 4 = 712
e) 1,7 · 1,6 = 272   f) 1,1 · 7,08 = 7 788

4 Stelle aus den Zahlen sechs Multiplikationsaufgaben mit verschiedenen Ergebnissen zusammen. Beachte das Beispiel in der Randspalte.

345,6   0,047   1,209   0,3004

ZU AUFGABE 4
Beispiel:
345,6 · 0,047

Ü: 350 · 0,05
= 3,5 · 5 = 17,5

345,6 · 0,047
13 8 240
⋮

5 Berechne den Flächeninhalt des Rechtecks.
a) 7,5 m × 1,6 m
b) 3,1 m × 3,1 m
c) 4,2 dm × 2,6 dm

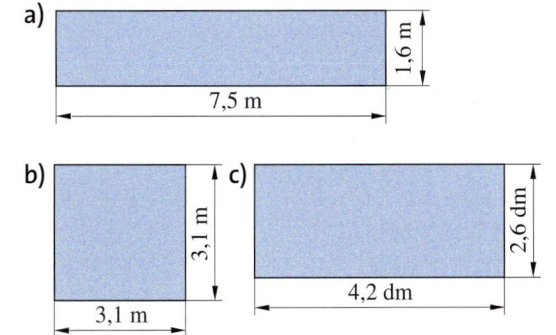

5 Berechne den Flächeninhalt der Figur.
a) 222 cm, 115 cm, 2,15 m, 1,1 m, 51,2 dm
b) 1,1 dm, 3,9 cm, 2 cm, 2 cm, 28 mm, 18,7 cm

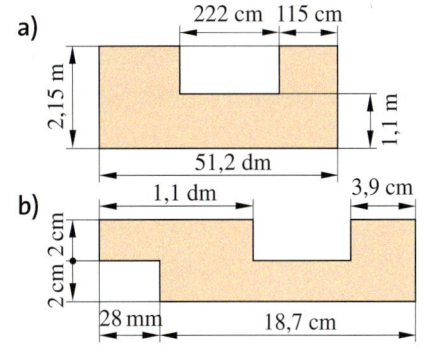

6 Bildschirmgrößen von Tablets, Computern und Fernsehern werden häufig in Zoll angegeben. Gemessen wird dabei die Diagonale des Bildschirmes.
Berechne die Länge der Bildschirmdiagonalen in cm. *Hinweis:* 1 Zoll entspricht 2,54 cm.

① 8 Zoll   ② 10 Zoll   ③ 24 Zoll   ④ 46 Zoll

6 Fahrradgrößen werden in Zoll angegeben, dabei wird jeweils der Durchmesser der Radfelgen genannt.
Ein 24er-Fahrrad hat also einen Felgendurchmesser von 24 Zoll.
Berechne den Felgendurchmesser in Zentimeter für ein 24er-Fahrrad, für ein 26er-Fahrrad und für ein 28er-Fahrrad.

57

Mit gebrochenen Zahlen rechnen Dezimalzahlen multiplizieren und dividieren

ERINNERE DICH
Bei der Division durch Zehnerpotenzen achte auf die Anzahl der Nullen, z. B.:

37000 : 100
= 370

7 Rechne im Kopf.
Kontrolliere dein Ergebnis mit der Probe.
a) 5378 : 10   5378 : 100   5378 : 1000
b) 3521 : 10   3521 : 100   3521 : 1000
c) 514 : 10   514 : 100   514 : 1000
d)   72 : 10   72 : 100   72 : 1000

7 Berechne im Kopf.
Formuliere eine passende Regel.
a) 24,50 : 10   b) 6,7 : 10   c) 0,2 : 10
   24,50 : 100   6,7 : 100   0,2 : 100
   24,50 : 1000   6,7 : 1000   0,2 : 1000
   24,50 : 10000   6,7 : 10000   0,2 : 10000

8 Copy-Shops gibt es inzwischen überall.
a) Eine Kopierkarte für 1000 Kopien kostet 25 €. Berechne die Kosten für 100 Kopien, für 10 Kopien und für 1 Kopie.
b) Ein Stapel mit 1000 Blatt Kopierpapier ist 11,2 cm dick. Wie dick ist ein Blatt?

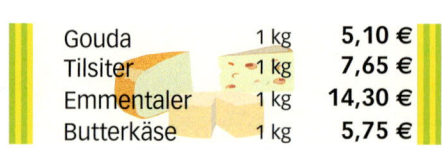

8 Berechne jeweils den Preis für 100 g.

Gouda	1 kg	5,10 €
Tilsiter	1 kg	7,65 €
Emmentaler	1 kg	14,30 €
Butterkäse	1 kg	5,75 €

9 Rechne im Kopf.
Kontrolliere dein Ergebnis mit der Probe.
a) 1,6 : 2   b) 2,5 : 5   c) 0,8 : 2
d) 1,8 : 3   e) 4,8 : 6   f) 0,9 : 3

9 Rechne im Kopf.
Kontrolliere dein Ergebnis mit der Probe.
a) 3,6 : 6   b) 2,4 : 12   c) 9,1 : 7
d) 0,35 : 7   e) 3,9 : 13   f) 7,2 : 6

10 Löse die Aufgaben und vergleiche die Ergebnisse.
Formuliere eine passende Regel.
a) 50 : 5   b) 728 : 2
     5 : 5   72,8 : 2
   0,5 : 5   7,28 : 2

10 Löse die Aufgaben und vergleiche die Ergebnisse.
Formuliere eine passende Regel.
a) 164 : 4   b) 5,6 : 7
   16,4 : 4   0,56 : 7
   1,64 : 4   0,056 : 7

11 Berechne die erste Aufgabe schriftlich. Bestimme dann die anderen Ergebnisse durch Verschiebung des Kommas.
a) 12971 : 7   b) 148,2 : 19
   129,71 : 7   1482 : 19
   1,2971 : 7   1,482 : 19
   12,971 : 7   0,1482 : 19

11 Berechne einen der Quotienten schriftlich. Bestimme dann die anderen Ergebnisse durch Verschiebung des Kommas.
a) 1,2116 : 13   b) 315,63 : 105
   12,116 : 13   31,563 : 105
   121,16 : 13   3156,3 : 105
   1211,6 : 13   3,1563 : 105

12 Dividiere und runde an der zweiten Stelle nach dem Komma.

:	3	6	9	12	5	10	20	2	4	8	16	32
a) 7,56												
b) 10,08												
c) 14,76												
d) 129,5												
e) 222,3												

13 Die Gesamtkosten für einen Sportkurs betragen 259,55 €. Es haben sich 29 Teilnehmer angemeldet.
Stelle eine passende Frage und beantworte sie. Rechne zur Kontrolle in Cent nach.

13 Eine Klasse mit 10 Jungen und 14 Mädchen macht einen Ausflug in den Zoo. Die Gruppeneintrittskarte kostet 80,00 €.
Stelle eine passende Frage und runde das Ergebnis sinnvoll.

Mit gebrochenen Zahlen rechnen — Dezimalzahlen multiplizieren und dividieren

14 Berechne im Kopf. Überlege immer zuerst: Mit welcher Zehnerpotenz müssen Dividend und Divisor multipliziert werden, damit der Divisor eine natürliche Zahl wird?
a) 0,4 : 0,2   b) 0,12 : 0,04   c) 3,5 : 0,07
d) 18 : 0,6   e) 0,12 : 0,4   f) 0,2 : 5

14 Berechne im Kopf. Überlege immer zuerst: Mit welcher Zehnerpotenz müssen Dividend und Divisor multipliziert werden, damit der Divisor eine natürliche Zahl wird?
a) 56 : 0,08   b) 1,02 : 0,4   c) 0,88 : 0,1
d) 4,2 : 0,007   e) 0,024 : 0,3   f) 0,8 : 0,16

15 Zeichne die „Rechenkreisel" vereinfacht ins Heft und ergänze die fehlenden Zahlen.
a) : 0,9 ; 1,08 ; · 0,9
b) : 1,4 ; 0,35 ; · ☐
c) : 0,25 ; 0,765 ; · ☐
d) : 2,6 ; 2,7169 ; · ☐

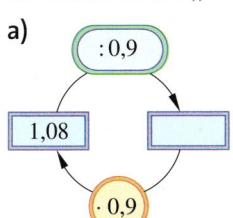

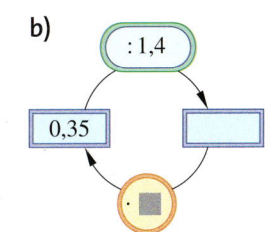

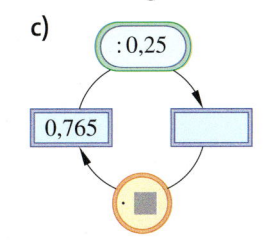

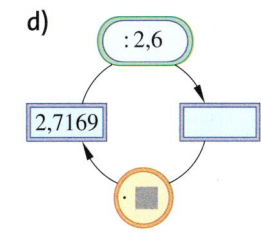

Beschreibe mit deinen Worten, was der Rechenkreisel mit der Probe gemeinsam hat.

16 Stimmen die Behauptungen? Nutze die gelösten Rechenkreisel aus Aufgabe 9.
a) Bei der Division durch eine Zahl, die größer als 1 ist, ist das Ergebnis kleiner als der Dividend.
b) Bei der Division durch eine Zahl, die kleiner als 1 ist, ist das Ergebnis größer als der Dividend.

16 Richtig oder falsch? Begründe mit Beispielen oder finde ein Gegenbeispiel.
a) Der Quotient ist immer kleiner als der Dividend.
b) Der Dividend ist immer größer als der Divisor.
c) Wenn man durch 0,2 dividiert, dann ist der Quotient fünfmal so groß wie der Dividend.

17 Prüfe Tims Hausaufgaben. Erkläre, welche Fehler er gemacht hat, und korrigiere sie.
a) 875 : 0,7 = *875 : 7 = 125*
b) 35 : 0,005 = *0,035 : 5 = 0,007*
c) 42 : 0,04 = *420 : 4 = 105*
d) 1,44 : 1,2 = *144 : 120 = 12*
e) 0,040 12 : 0,17 = *4,012 : 17 = 2,36*
f) 0,22 : 0,3 = *22 : 3 = 7,$\overline{3}$*

17 Ergänze im Heft so, dass die Gleichung stimmt. Manchmal gibt es mehrere Möglichkeiten. Berechne auch das Ergebnis.
a) 12 : 0,12 = ☐ : 12   b) 10 : 0,01 = ☐ : 1
c) ☐ : 3,2 = 64 : 32   d) 3,6 : ☐ = 360 : 12
e) 3,75 : 0,24 = 375 : ☐
f) 4,33 : ☐ = ☐ : 2
g) 0,015 : ☐ = ☐ : 120   h) 0,01 : ☐ = ☐ : 33
i) 1,02 : ☐ = ☐ : 3   j) 24,07 : ☐ = ☐ : 12

18 In einer Molkerei wird Butter in Päckchen zu 0,25 kg und 0,125 kg verpackt.
a) Wie viele 0,25-kg-Päckchen entstehen aus 250 kg Butter?
b) Wie viele 0,125-kg-Päckchen können aus 120 kg Butter hergestellt werden?

18 Für welches Waschmittel soll Cem sich entscheiden?
(SUPER 1,5 kg 3,30 €; PLUS 2,5 kg 5,75 €; MEGA 4,25 kg 10,20 €)

19 Kontrolliere mit der Probe.
a) Ruths Mofa verbraucht 2,3 l Benzin für 110,4 km. Wie weit fährt es mit 1 Liter?
b) Laras Pkw verbraucht auf 98,4 km genau 6,6 Liter. Vergleiche mit Ruths Mofa.

19 Frau Öczhan wählt im Baumarkt Fliesen aus, die in Pakete zu je 1,38 m² verpackt sind. Wie viele Pakete muss sie kaufen, wenn sie insgesamt 39,5 m² in ihrer Wohnung fliesen lassen will?

NACHGEDACHT
Kannst du auch berechnen, wie viel Benzin Ruth bzw. Lara für 1 km (für 100 km) benötigen?

Klar so weit?

→ Seite 42

Gemeine Brüche addieren und subtrahieren

1 Berechne. Kürze, falls möglich.
a) $\frac{1}{5} + \frac{2}{5}$
b) $\frac{1}{8} + \frac{5}{8}$
c) $\frac{1}{12} + \frac{7}{12}$
d) $\frac{8}{7} - \frac{1}{7}$
e) $\frac{8}{9} - \frac{5}{9}$
f) $\frac{4}{11} - \frac{2}{11}$

1 Setze das richtige Zeichen (= oder ≠) ein.
a) $\frac{2}{5} + \frac{4}{5}$ ■ $\frac{3}{8} + \frac{5}{8}$
b) $\frac{7}{3} - \frac{5}{3}$ ■ $\frac{11}{6} - \frac{7}{6}$
c) $\frac{9}{30} + \frac{6}{30}$ ■ $\frac{11}{28} + \frac{3}{28}$
d) $\frac{5}{4} + \frac{1}{4}$ ■ $\frac{5}{6} - \frac{1}{6}$

2 Finde den Hauptnenner und berechne.
a) $\frac{1}{2} + \frac{1}{3}$
b) $\frac{2}{5} + \frac{5}{10}$
c) $\frac{2}{3} + \frac{3}{7}$
d) $\frac{3}{4} + \frac{5}{7}$
e) $\frac{1}{4} - \frac{1}{5}$
f) $\frac{23}{30} - \frac{3}{5}$

2 Finde den Hauptnenner und berechne.
a) $\frac{13}{7} + \frac{7}{8}$
b) $\frac{2}{7} + \frac{3}{5}$
c) $\frac{15}{24} + \frac{11}{16}$
d) $\frac{8}{5} - \frac{9}{13}$
e) $\frac{5}{4} + \frac{1}{100}$
f) $\frac{19}{9} - \frac{11}{12}$

3 Rechne vorteilhaft.
a) $\frac{3}{7} + \frac{2}{3} + \frac{4}{7}$
b) $\frac{7}{8} + \frac{3}{4} + \frac{3}{8}$

3 Rechne vorteilhaft.
a) $\frac{3}{10} + \frac{1}{3} + \frac{14}{20}$
b) $\frac{1}{4} + \frac{1}{5} + \frac{2}{8}$

→ Seite 46

Gemeine Brüche multiplizieren und dividieren

4 Berechne. Kürze, wenn möglich.
a) $5 \cdot \frac{2}{7}$
b) $\frac{3}{10} \cdot 3$
c) $16 \cdot \frac{7}{8}$
d) $\frac{5}{6} \cdot 12$
e) $33 \cdot \frac{6}{11}$
f) $\frac{8}{15} \cdot 25$

4 Berechne. Kürze, wenn möglich.
a) $\frac{12}{24} \cdot 2$
b) $\frac{5}{10} \cdot 3$
c) $\frac{11}{25} \cdot 2$
d) $\frac{5}{14} \cdot 6$
e) $\frac{7}{28} \cdot 11$
f) $\frac{15}{17} \cdot 5$

5 Schreibe zunächst auf einen Bruchstrich. Kürze, wenn möglich, vor dem weiteren Multiplizieren.
a) $\frac{2}{5} \cdot \frac{1}{6}$
b) $\frac{2}{3} \cdot \frac{3}{5}$
c) $\frac{11}{24} \cdot \frac{6}{13}$
d) $\frac{15}{16} \cdot \frac{32}{60}$
e) $\frac{12}{17} \cdot \frac{1}{9}$
f) $\frac{5}{18} \cdot \frac{9}{10}$

5 Wandle die gemischten Zahlen in gemeine Brüche um. Schreibe das Ergebnis wieder als gemischte Zahl.
a) $2\frac{1}{2} \cdot 3\frac{1}{4}$
b) $3\frac{2}{5} \cdot 4\frac{1}{6}$
c) $4\frac{1}{7} \cdot 5\frac{1}{8}$
d) $5\frac{2}{3} \cdot 2\frac{3}{4}$
e) $7\frac{2}{3} \cdot 4\frac{1}{5}$
f) $8\frac{1}{2} \cdot 9\frac{1}{3}$

6 Wandle die gemischten Zahlen in gemeine Brüche um. Schreibe das Ergebnis wieder als gemischte Zahl.
a) $\frac{3}{5} : 7$
b) $3 : \frac{2}{3}$
c) $\frac{5}{12} : 5$
d) $24 : \frac{4}{5}$
e) $\frac{4}{25} : 2$
f) $2\frac{2}{3} : 2$

6 Wandle die gemischten Zahlen in gemeine Brüche um. Schreibe das Ergebnis wieder als gemischte Zahl.
a) $\frac{1}{2} : 1\frac{1}{4}$
b) $\frac{2}{3} : 1\frac{5}{6}$
c) $\frac{3}{5} : 2\frac{1}{4}$
d) $\frac{5}{7} : 7\frac{1}{2}$
e) $\frac{5}{8} : 3\frac{3}{4}$
f) $\frac{2}{9} : 1\frac{1}{3}$

7 Berechne und kürze vollständig. Prüfe dein Ergebnis mit der Probe.
a) $\frac{3}{4} : \frac{3}{8}$
b) $\frac{2}{7} : \frac{5}{9}$
c) $\frac{9}{14} : \frac{3}{10}$
d) $\frac{7}{8} : \frac{1}{8}$
e) $\frac{3}{5} : \frac{2}{5}$
f) $\frac{4}{7} : \frac{6}{11}$

7 Übertrage in dein Heft und ergänze die Platzhalter. Prüfe deine Lösung mit der Probe.
a) $\frac{5}{6} : \frac{\blacksquare}{4} = 1\frac{1}{9}$
b) $\frac{\blacksquare}{8} : \frac{3}{4} = \frac{5}{6}$
c) $\frac{7}{\blacksquare} : \frac{14}{15} = \frac{5}{8}$
d) $1\frac{1}{6} : \frac{7}{\blacksquare} = 3$

Mit gebrochenen Zahlen rechnen

Dezimalzahlen addieren und subtrahieren
→ Seite 52

8 Schreibe untereinander und berechne.
a) 3,92 + 2,84
b) 5,71 + 4,835
c) 1,98 + 4,1
d) 9,345 − 2,765
e) 1,750 − 0,443
f) 4,839 − 0,991
g) 663,24 + 56,01 + 103,98

8 Rechne schriftlich.
a) 34,567 + 890,11
b) 2,002 + 8,808 1
c) 15,62 + 4,937
d) 14,3 − 5,791
e) 3,258 − 0,987 6
f) 51,3 − 4,008
g) 1,034 + 4,008 + 3,800 9 + 0,786

9 Ersetze ■ im Heft.
a) 14,6 + ■ = 20
b) ■ − 17,8 = 30
c) 81,7 − ■ = 40
d) ■ − 17,2 = 50
e) 10,6 + ■ = 145
f) ■ + 6,3 = 155
g) 24,6 − ■ = 19,5
h) ■ − 8,7 = 20,5

9 Ersetze ■ im Heft.
a) 33,6 + ■ = 38,8
b) ■ − 26,1 = 200,5
c) 5,9 − ■ = 0,6
d) ■ − 0,08 = 62,3

e)   0,64■
   + ■,258
   + 3,■00
   + 7,0■2

Dezimalzahlen multiplizieren und dividieren
→ Seite 56

10 Rechne schriftlich.
a) 0,2 · 17
b) 0,03 · 24
c) 12 · 0,06
d) 1,5 · 30
e) 25 · 0,4
f) 13 · 0,07

10 Überschlage und multipliziere.
a) 0,9 · 0,7
b) 0,8 · 0,6
c) 1,7 · 0,5
d) 1,4 · 0,6
e) 3,5 · 0,04
f) 0,22 · 0,02

11 Überschlage zuerst das Ergebnis. Multipliziere schriftlich.
a) 0,025 · 0,3
b) 1,5 · 0,06
c) 0,19 · 0,007
d) 0,003 · 0,012

11 Überschlage zuerst und berechne dann das Ergebnis.
a) 0,059 · 7,03
b) 5,37 · 15,7
c) 0,141 · 8,3
d) 5,26 · 0,038

12 Ein Schweizer Franken (SFr.) ist etwa 0,82 € wert. Rechne die angegebenen Beträge in € um. Runde sinvoll.
a) 250 SFr.
b) 35,75 SFr.
c) 64,50 SFr.
d) 1 079,23 SFr.

12 Frau Sommer hat ein rechteckiges Grundstück gekauft, das 26,5 m lang und 15,5 m breit ist.
Wie viel kostet es, wenn der Quadratmeterpreis 185,50 € beträgt?

13 Löse die Aufgaben im Kopf. Schreibe zu einer der Aufgaben eine Rechengeschichte.
a) 2,0 l : 0,5 l
b) 0,8 l : 0,1 l
c) 3,0 l : 0,25 l
d) 1,5 m : 0,5 m
e) 1,5 m : 0,25 m
f) 0,75 m : 0,15 m

13 Dividiere schriftlich. Prüfe mit der Probe.
a) 810,8 : 8
b) 627,9 : 6
c) 1 184,1 : 15
d) 218,25 : 18
e) 666,6 : 12
f) 459,9 : 28
g) 0,4503 : 0,5
h) 42,012 6 : 2,1

14 Dividiere schriftlich. Prüfe dein Ergebnis mit der Probe.
a) 90,36 : 4
b) 2,421 : 9
c) 7,50 : 5
d) 0,364 : 7
e) 0,044 : 8
f) 9,018 : 9
g) 219,84 : 0,4
h) 0,171 02 : 0,17

14 Überschlage zuerst, dann löse und vergleiche mit deinem Überschlag.
Ein rechteckiges Zimmer ist 28,125 m² groß. Eine Seite des Zimmers ist 4,5 m lang. Berechne die Länge der anderen Seite.

Lösungen ab Seite 204

Mit gebrochenen Zahlen rechnen Vermischte Übungen

Vermischte Übungen

HINWEIS ZU AUFGABE 1
Nutze deine Bruchstreifen → Seite 41

1 Sandra fragt Bert: „Welche Zahl liegt genau in der Mitte zwischen $\frac{1}{2}$ und $\frac{1}{4}$?"
Bert antwortet: „Das ist $\frac{1}{3}$, denn genau in der Mitte zwischen 2 und 4 liegt doch 3."
Stimmt das? Überprüfe Berts Behauptung am Zahlenstrahl.

1 Prüfe die Aussagen. Begründe bzw. gib für falsche Behauptungen ein Gegenbeispiel an.
a) Jede natürliche Zahl lässt sich als Bruch schreiben.
b) Wenn der Zähler ein Teiler des Nenners ist, dann kann man den gemeinen Bruch als natürliche Zahl schreiben.

2 Der Anteil von Äpfeln und Kirschen an der Obsternte war besonders groß.

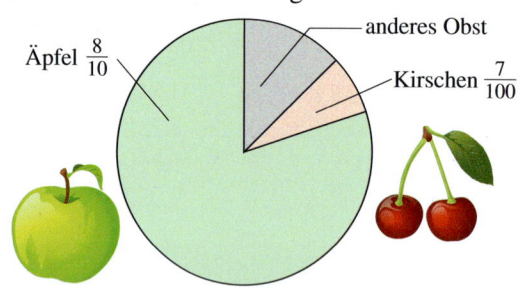

Äpfel $\frac{8}{10}$ — anderes Obst — Kirschen $\frac{7}{100}$

Wie groß ist der Anteil der übrigen Obstarten?

2 Das Diagramm veranschaulicht die Anteile der Gemüseernte eines Bauern.

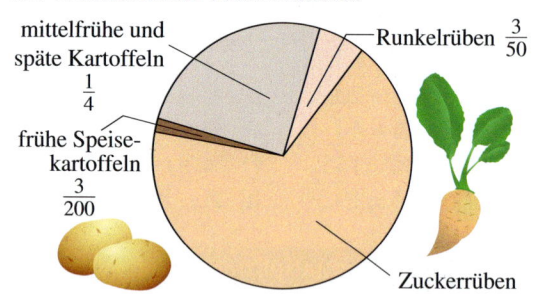

mittelfrühe und späte Kartoffeln $\frac{1}{4}$ — Runkelrüben $\frac{3}{50}$
frühe Speisekartoffeln $\frac{3}{200}$ — Zuckerrüben

Welchen Bruchteil der Gemüseernte umfasste die Ernte von Zuckerrüben?

ERINNERE DICH
Summand +
+ Summand =
= Summe

Minuend –
– Subtrahend =
= Differenz

3 Berechne jeweils die Differenz.
a) $\frac{1}{7} - \frac{1}{8}$ b) $\frac{3}{4} - \frac{2}{3}$
c) $\frac{1}{9} - \frac{1}{10}$ d) $\frac{3}{8} - \frac{2}{7}$
e) $\frac{4}{7} - \frac{5}{9}$ f) $\frac{6}{7} - \frac{5}{6}$

3 Aufgaben bilden
a) Bilde vier Subtraktionsaufgaben, deren Differenz $\frac{1}{2}$; $\frac{1}{3}$; $\frac{1}{4}$ und $\frac{1}{5}$ beträgt.
b) Der Minuend ist die Summe von $\frac{3}{5}$ und $\frac{6}{9}$. Der Subtrahend ist die Summe $\frac{1}{3}$ und $\frac{4}{15}$. Berechne die Differenz.

4 Zwischen Dresden und dem Grenzübergang nach Tschechien wird die Autobahn neu gebaut. Wie viele Kilometer Autobahn sind noch zu bauen, wenn bereits $27\frac{3}{4}$ km gebaut sind und die gesamte Autobahn eine Länge von $44\frac{1}{2}$ km haben wird?

4 Martina ist $11\frac{3}{4}$ Jahre alt, ihr Bruder Jan ist $2\frac{1}{2}$ Jahre älter. Jans Freund Michael ist $1\frac{1}{4}$ Jahre jünger als Jan. Wie alt sind Jan und Michael?

5 Herr Sonneborn kauft im Supermarkt ein. Schreibe die Ergebnisse in Form eines Kassenbons in dein Heft und berechne den Endbetrag.

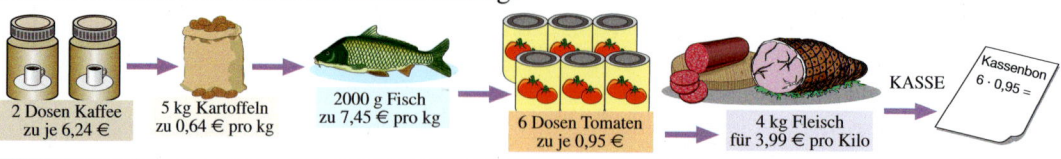

2 Dosen Kaffee zu je 6,24 € · 5 kg Kartoffeln zu 0,64 € pro kg · 2000 g Fisch zu 7,45 € pro kg · 6 Dosen Tomaten zu je 0,95 € · 4 kg Fleisch für 3,99 € pro Kilo → KASSE Kassenbon $6 \cdot 0{,}95 =$

6 Setze die Ziffern 2; 3 und 5 so ein, dass das Ergebnis möglichst groß (möglichst klein) wird. Gibt es mehrere Möglichkeiten?
a) ▢ · $\frac{▢}{▢}$ b) ▢ : $\frac{▢}{▢}$

6 Setze die Ziffern 2; 3; 5 und 7 so ein, dass das Ergebnis möglichst groß (möglichst klein) wird. Gibt es mehrere Möglichkeiten?
a) $\frac{▢}{▢} \cdot \frac{▢}{▢}$ b) $\frac{▢}{▢} : \frac{▢}{▢}$

Mit gebrochenen Zahlen rechnen Vermischte Übungen

7 Bei Schmuckstücken wird der enthaltene Gold- oder Silberanteil durch einen Stempeleindruck angegeben. Die Zahl 333 bedeutet, dass $\frac{333}{1000}$ des Ringes aus Gold bestehen.

Berechne die Gold- oder Silberanteile in g.
a) Goldring von $9\frac{1}{2}$ g mit 585er-Stempel.
b) Goldring von $12\frac{3}{4}$ g mit 750er-Stempel.
c) Silberkette von $30\frac{1}{4}$ g, 835er-Stempel.
d) Silberohrring von 3 g mit 925er-Stempel.

8 Für die Klassenfahrt benötigt Hanna 135 €. Von dem Betrag hat sie schon 60 % zusammen. Peter hat schon 85 % angespart.
a) Wie viel Euro haben sie bislang gespart?
b) Wie viel Euro müssen sie jeweils noch sparen?

9 Dennis behauptet: „In der Flasche ist $\frac{1}{3}$ Liter Cola". Hat er recht? Begründe deine Antwort.

10 Zeichne das Rechteck in dein Heft. Markiere den angegebenen Teil farbig. Gib ihn auch als Bruch an.
a) Rechteck 10 × 10 Kästchen: 30 %
b) Rechteck 5 × 4 Kästchen: 50 %
c) Rechteck 10 × 5 Kästchen: 10 %
d) Rechteck 4 × 5 Kästchen: 25 %

11 Ergänze die Zahlenmauer. Wie ändert sich die Zahl im obersten Stein, wenn du die Zahlen in allen unteren Steinen um 1 vergrößerst?

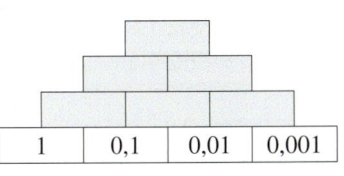

| 1 | 0,1 | 0,01 | 0,001 |

7 Karat ist die Gewichtseinheit von Edelsteinen und Perlen. 1 Karat entspricht einem Gewicht von $\frac{1}{5}$ Gramm. Im Anhänger einer Kette wurden 6 Diamanten von $\frac{1}{50}$ Karat und 1 Diamant von $\frac{9}{100}$ Karat verarbeitet.
a) Berechne das Gesamtgewicht der Diamanten in Karat.
b) Berechne das Gewicht der Diamanten in g.

8 Mareks Opa hat einen Fotoapparat, bei dem sich die Belichtungszeit entsprechend der Helligkeit automatisch einstellt. Es gibt folgende Belichtungszeiten:
$\frac{1}{8}$ s; $\frac{1}{30}$ s; $\frac{1}{125}$ s; $\frac{1}{500}$ s.
Diese Zeiten kann Marek dann per Hand zusätzlich auf den
$\frac{1}{4}$-fachen; $\frac{1}{2}$-fachen; 2-fachen; 4-fachen Wert verändern. Berechne alle möglichen Belichtungszeiten.

9 Wahr oder falsch? Begründe.
a) $0{,}17 = 0{,}170$
b) $0{,}3 = 3\%$
c) $1{,}3 = 1\frac{3}{10}$
d) $0{,}3 = \frac{1}{3}$
e) $0{,}\overline{3} = 0{,}33\ldots$
f) $0{,}99 = 99\%$

10 Stoffe für Kleidungsstücke haben verschiedene Zusammensetzungen. Gib die Anteile als Brüche an.
a) Pulli: 80 % Baumwolle; 20 % Polyester
b) Hose: 85 % Polyester; 15 % Viskose
c) Rolli: 50 % Baumwolle; 50 % Polyester
d) Rock: 95 % Viskose; 5 % Seide

11 Ergänze die Zahlenmauer. Wie ändert sich die Zahl im obersten Stein, wenn du in einem der unteren Mauersteine 1 addierst? Unterscheide zwei Fälle und versuche das Ergebnis zu erklären.

ERINNERE DICH

$1\% = \frac{1}{100}$

6 % von 12 € sind

$\frac{6}{100}$ von 12 €,

Rechnung:

$\frac{6}{100} \cdot 12$

12 Lilia und Janna wünschen sich einen Pool, der 240 € kosten soll. Oma Ruth gibt $\frac{1}{8}$ des Kaufpreises dazu. Tante Iris beteiligt sich mit einem Viertel. 60 € kommen von Onkel Karl.
a) Wie viel Euro müssen die beiden Schwestern noch dazulegen?
b) Im Internet gibt es den Pool bereits für 232 €. Wie viel Euro fehlen hier?

Mit gebrochenen Zahlen rechnen

Thema: Mit dem Jumbo nach Miami

Flugkapitän Borchers steuerte den Flug von Frankfurt nach Miami in den USA. Sein Flugzeug war eine Boeing 747 (Jumbojet).

Flugplan-Ausschnitt für den Flug nach Miami:				
LH462/09	09 JAN	B747	10:55	20:48 KMIA
TIME	G/S	FL	TP	FUEL
00	–	–	+07	–
05	455	31000	-54	5118
18	455	31000	-54	8048
40	439	31000	-54	12671
45	452	31000	-54	13807
1:30	415	31000	-54	23247

TIME -- Flugzeit in min   TP -- Temperatur in °C
G/S -- Geschwindigkeit in Knoten   FUEL -- Treibstoff in kg
FL -- Flughöhe in foot

Vor dem Start besprach er mit dem Copiloten den Flugplan. In diesem Flugplansausschnitt kannst du z. B. erkennen, dass die Startzeit auf 10:55 festgelegt war und die Landung um 20:48 Uhr in Miami erfolgen sollte. Weiterhin ist abzulesen, dass die Boeing 747 fünf Minuten nach dem Start die Reiseflughöhe von 31 000 ft erreicht haben und mit einer Geschwindigkeit von 455 Knoten fliegen sollte. Der Treibstoffverbrauch sollte bis dahin 5 118 kg betragen.

Boeing 747: Flugzeugbemaßung
Länge 231 ft 4 in
Höhe 63 ft 5 in
Spannweite 195 ft 8 in

"Ladies and gentlemen, this is your captain speaking from the flight-deck …" So begann Kapitän Borchers seine Ansage und gab den Passagieren zunächst Informationen über den Flug in englischer Sprache. Dann wiederholte er diese auf deutsch und benutzte für Reiseflughöhe, Entfernungen und Geschwindigkeiten unsere Maßeinheiten.

Das Gewicht von 1 Liter Treibstoff hängt von der Temperatur ab und wird „Fuel Density" genannt. An diesem Tag wog ein Liter Treibstoff 0,820 kg. Demnach hatte 1 kg Treibstoff ein Volumen von ca. 1,220 Liter. Flugzeuge tanken immer mehr Treibstoff, als sie für den planmäßigen Flug benötigen, denn Warteschleifen vor der Landung, schlechtes Wetter und notfalls der Flug zu einem Ausweichflughafen machen zusätzlichen Treibstoff nötig. Um das Gewicht seines Flugzeugs jederzeit berechnen zu können, benötigte Flugkapitän Borchers das Gewicht des Treibstoffes in Kilogramm.

1 Beantworte verschiedene Fragen zum Flug.
a) Gib die Länge, Höhe und Spannweite des Jumbojets in Metern an.
b) Gib die Reiseflughöhe der B 747 in Metern an.
c) Gib die Entfernung von Frankfurt nach Miami (4 217 Seemeilen) in Kilometern an.
d) Welches ist die maximale und welches ist die minimale Geschwindigkeit, die im Flugplan angegeben werden?
Gib beide Werte in Kilometern pro Stunde (km/h) an.
e) Wie viel kg Treibstoff werden für den planmäßigen Flug benötigt?

Mit diesen Angaben kannst du die Umrechnungen vornehmen.			
planmäßiger Flug Frankfurt – Miami	135 610 Liter	1 foot (ft)	= 0,3048 m
		1 inch (in)	= 0,0254 m
zusätzlicher Treibstoff	21 690 Liter	1 Seemeile (sm)	= 1,8520 km
gesamter Treibstoff	157 300 Liter	1 Knoten (kn)	= 1,8520 $\frac{km}{h}$

2 Denkt euch weitere Aufgaben zu diesem Flug aus und bereitet Lösungen vor. Präsentiert die Aufgaben in eurer Klasse.

Mit gebrochenen Zahlen rechnen Vermischte Übungen

Die Zwillinge Sophie und Luca Wendt wollen ihre Kinderzimmer zu Jugendzimmern umgestalten. Zusammen mit ihrem Vater gehen sie einkaufen.

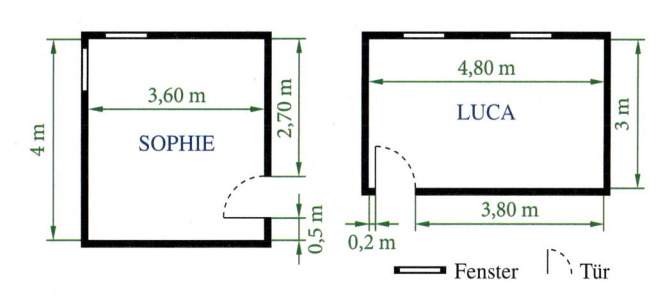

SOPHIE: 3,60 m × 2,70 m (4 m)
LUCA: 4,80 m × 3 m (3,80 m, 0,5 m, 0,2 m)

▭ Fenster   ⌐ Tür

13 Alles für den Fußboden
Beide Geschwister wollen ihre Fußböden mit Teppichfliesen auslegen und neue Fußleisten anbringen.

TEPPICHKLEBER
0,7 kg zu 6,99 €
3 kg zu 17,58 €
5 kg zu 29,88 €
10 kg zu 49,96 €

Teppichkleber für 3 m² 0,7 kg

Teppichfliesen
Luca entscheidet sich für die grünen Teppichfliesen. Sophie möchte ihr Zimmer abwechselnd mit orangen und blauen Teppichfliesen auslegen.

a) Welche Fliesengröße ist für Sophies Zimmer am preiswertesten? Überlege zuerst, wie viele Fliesen sie von den angebotenen Fliesengrößen jeweils bräuchte. Finde auch für Luca die günstigste Fliesengröße. Berechne die Gesamtkosten.

b) Herr Wendt protestiert: „Aber diese Fliesen sind pro Quadratmeter teurer als die angegebenen 15,96 €!". Wie hat Herr Wendt gerechnet? Berechne den Preis pro m² für alle drei Fliesengrößen. Warum sind die Fliesen für 15,96 € pro m² trotzdem nicht die günstigsten für die Wendts?

c) Zeichne den Grundriss der Zimmer im Maßstab 1:50 ins Heft. Zeichne die ausgewählten Fliesen so ein, dass möglichst wenig Abfall entsteht.

Teppichkleber
Die Teppichfliesen klebt man mit einem Spezialkleber auf den Fußboden.
a) Berechne die Bodenfläche der beiden Zimmer.
b) Wie viel kg Teppichkleber benötigen sie?
c) Sophie will schnell weiter: „Für alles zusammen nehmen wir den 10-kg-Eimer." Geht es preiswerter?

TEPPICHFLIESEN
ab 15,96 € pro m²!
alle Größen in den Farben
rot, grün, blau, orange

40 cm × 40 cm je Stück 2,79 €
40 cm × 60 cm je Stück 3,85 €
50 cm × 50 cm je Stück 3,99 €

FUSSLEISTEN
Preise je Stück
2,40 m 6,99 €
2,50 m 7,28 €
2,55 m 7,43 €
2,70 m 7,86 €

Fußleisten
Luca steht schon bei den Fußleisten: „Wir nehmen zusammen genau 12 Fußleisten. Dann bleibt kein Abfall übrig!".
a) Von welchen Fußleisten will er jeweils wie viele nehmen? Beachte, dass bei den Türen keine Fußleiste liegt.
b) Berechne die Kosten.

14 Neue Farben für Wände und Decken
Sophie wünscht sich eine Zimmerdecke mit Glitzereffekt und weiße Wände.
Luca möchte seine beiden schmaWände gelb streichen, die beiden langen Wände und die Decke sollen weiß werden.

Die Zimmer sind 2,60 m hoch.
a) Wie viel zahlen sie für die glitzernde und wie viel für die gelbe Farbe?
b) Wie viel kostet sie die weiße Farbe? Ziehe je Fenster 1 m² und je Tür 2 m² von den Wandflächen ab.

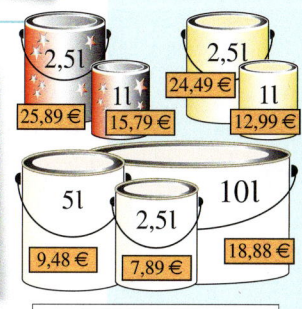

2,5 l 25,89 €
1 l 15,79 €
2,5 l 24,49 €
1 l 12,99 €
5 l 9,48 €
2,5 l 7,89 €
10 l 18,88 €

Ergiebigkeit: 10 m² pro l

Mit gebrochenen Zahlen rechnen

Thema: Leben in Deutschland

Das Statistische Bundesamt veröffentlicht jedes Jahr aktuelle Daten zum Leben in Deutschland. Das sind z. B.: Angaben zu den Themen Einwohnerzahl, Berufen, Gesundheit, Freizeitverhalten, Familien. Einige der Statistiken werden auf diesen Seiten verwendet.

1 Bundesländer

Arbeitet zu zweit oder in einer Gruppe. Recherchiert im Internet, im Atlas oder in Lexika.

a) Wie viele Bundesländer hat Deutschland? Wie heißt die Hauptstadt von Deutschland?
b) Recherchiert und vergleicht die Flächengröße der Bundesländer.
   ① Wie groß sind die einzelnen Bundesländer? Rundet auf tausend km^2.
   ② Ordnet die Bundesländer nach ihrer Flächengröße.
   ③ Wie groß ist Deutschland insgesamt? Rundet auf zehntausend km^2.
   ④ Gebt den Anteil der einzelnen Bundesländer an der Gesamtfläche Deutschlands als Bruch an. Dabei braucht ihr nicht zu rechnen, Zähler und Nenner sind die Ergebnisse aus ① und ③.
   Rechnet anschließend die Brüche in Prozentangaben um, rundet dabei auf ganze Prozent.
   ⑤ Zeichnet ein Streifendiagramm zur Größe der einzelnen Bundesländer.

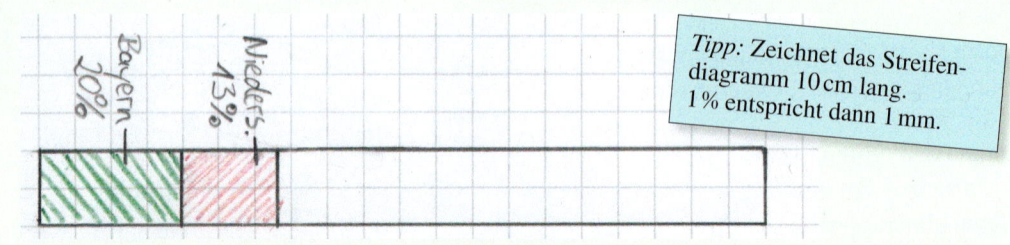

Tipp: Zeichnet das Streifendiagramm 10 cm lang. 1 % entspricht dann 1 mm.

c) Recherchiert und vergleicht die Einwohnerzahlen der Bundesländer. Geht dabei genau so vor wie bei der Auswertung der Flächengröße.
Benutzt beim Streifendiagramm für jedes Bundesland dieselbe Farbe wie im Streifendiagramm zu Aufgabe b).

2 Männer und Frauen

a) Wie groß ist der Anteil der Frauen in Deutschland?
b) Wie viele Männer und wie viele Frauen sind das in etwa?

In Deutschland leben ca. 80 Millionen Menschen (Stand 2015).

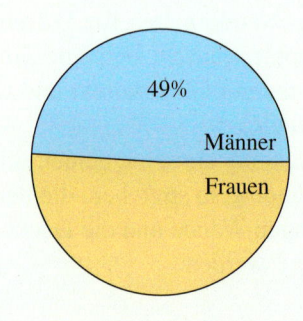

NACHGEDACHT

a) Suche drei Bundesländer, deren Fläche zusammen etwa so groß ist wie die von Hessen.
b) Suche zwei Bundesländer deren Einwohnerzahl zusammen der von Hessen möglichst nahe kommt.

Vergleicht eure Ergebnisse: Wer kommt am dichtesten heran?

Erinnere dich: $\frac{12}{100}$ von 5300 berechnet man so:

5300 $\xrightarrow{:100}$ 53 $\xrightarrow{\cdot 12}$ 636

Mit gebrochenen Zahlen rechnen

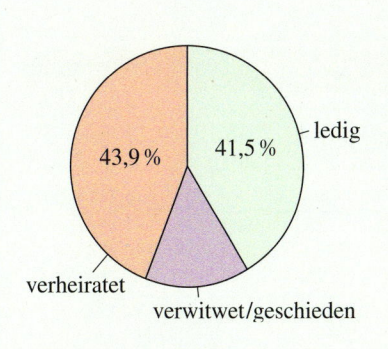

3 Familienstand
Der Familienstand gibt an, ob jemand verheiratet ist bzw. war. Links sind die Angaben aus dem Jahr 2015 dargestellt.
a) Wie hoch ist der Anteil der verwitwet oder geschieden lebenden Personen?
b) Wie viele Personen sind in Deutschland ungefähr ledig?
c) Zusatzaufgabe Internetrecherche: Sind die Anteile bei den in Hessen lebenden Personen ähnlich wie im Kreisdiagramm?

HINWEIS
Schaue auf S. 66 unten nach, wie viele Menschen in Deutschland leben.

4 Altersstruktur
Im Kreisdiagramm rechts seht ihr die Altersstruktur Deutschlands im Jahr 2015.
a) Welcher Anteil der Bevölkerung ist in eurem Alter (6 bis unter 15 Jahre)? Gib als Bruch und in Prozent an.
b) Wie groß ist der Anteil derjenigen, die jünger als 65 Jahre sind?
c) Gebt den Anteil der Kinder und jungen Menschen bis unter 25 Jahre an.
d) Wie viele Personen sind ungefähr in der Altersgruppe „6 bis unter 15 Jahren"?

5 👥 Wohnungsgrößen
Arbeitet in Gruppen und stellt eure Ergebnisse in der Klasse vor.
Im Diagramm sind die Anteile der Wohnungen mit 1 Zimmer, 2 Zimmern …, 7 Zimmern an der Gesamtheit aller Wohnungen in Deutschland 2015 dargestellt.
a) Rechnet die Angaben um in Prozentschreibweise.
b) Den größten Anteil hatten die Wohnungen mit 4 Zimmern. Wie groß war ihr Anteil?
c) Passt die Verteilung in etwa zu der in eurer Klasse? Stellt eine Häufigkeitstabelle zu der Zimmeranzahl eurer Wohnungen auf. Begründet eventuell auftretende Unterschiede zur Verteilung in Deutschland insgesamt.

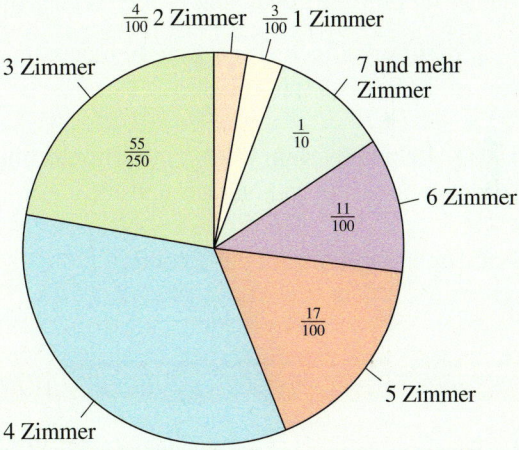

6 Religionen
Das Diagramm zeigt, wie groß die Anteile der katholischen, der evangelischen und der muslimischen Bevölkerung in Deutschland im Jahr 2014 war.
a) Welcher Anteil gehörte einer anderen bzw. gar keiner Religion an?
b) Wie viele Menschen waren katholisch, evangelisch oder muslimisch?

| 28,9 % katholisch | 29,9 % evangelisch | 2,6 % Muslime | andere oder keine Religionen |

67

Mit gebrochenen Zahlen rechnen

Zusammenfassung

→ Seite 42

Gemeine Brüche addieren und subtrahieren

Gleichnamige Brüche addieren (subtrahieren): Zähler addieren (bzw. subtrahieren) und den Nenner beibehalten.
Das Ergebnis vollständig kürzen.

$\frac{2}{7} + \frac{3}{7} = \frac{2+3}{7} = \frac{5}{7}$

$3\frac{1}{8} - \frac{3}{8} = \frac{25}{8} - \frac{3}{8} = \frac{25-3}{8} = \frac{22}{8} = \frac{11}{4} = 2\frac{3}{4}$

Ungleichnamige Brüche werden in 2 Schritten addiert (bzw. subtrahiert):
① Die Brüche gleichnamig machen (s. oben).
② Die Zähler addieren (bzw. subtrahieren), der gemeinsame Nenner bleibt erhalten. Ergebnis kürzen.

$\frac{4}{5} - \frac{2}{3} = \frac{12}{15} - \frac{10}{15} = \frac{12-10}{15} = \frac{2}{15}$

$2\frac{1}{4} + 3\frac{5}{6} = \frac{9}{4} + \frac{23}{6} = \frac{27}{12} + \frac{46}{12} = \frac{27+46}{12} =$
$= \frac{73}{12} = 6\frac{1}{12}$

→ Seite 46

Gemeine Brüche multiplizieren und dividieren

Eine **natürliche Zahl wird mit einem Bruch multipliziert**, indem man den Zähler mit dieser Zahl multipliziert und den Nenner beibehält.

$5 \cdot \frac{3}{4} = \frac{5 \cdot 3}{4} = \frac{15}{4} = 3\frac{3}{4}$

Brüche werden multipliziert, indem man Zähler mit Zähler multipliziert und Nenner mit Nenner multipliziert.

$\frac{2}{3} \cdot \frac{3}{5} = \frac{2 \cdot 3}{3 \cdot 5} = \frac{6}{15} = \frac{2}{5}$

Man **dividiert durch einen Bruch**, indem man mit seinem Kehrbruch multipliziert.

$\frac{7}{3} : \frac{3}{4} = \frac{7}{3} \cdot \frac{4}{3} = \frac{7 \cdot 4}{3 \cdot 3} = \frac{28}{9} = 3\frac{1}{9}$

Den **Kehrbruch** (**Kehrwert**) eines Bruchs bildet man, indem man Zähler und Nenner tauscht.

$\frac{3}{4} : 6 = \frac{3}{4} : \frac{6}{1} = \frac{3}{4} \cdot \frac{1}{6} = \frac{3 \cdot 1}{4 \cdot 6} = \frac{1}{8}$

Prüfe dein Ergebnis mit der **Probe**.

$\frac{1}{8} \cdot 6 = \frac{1}{8} \cdot \frac{6}{1} = \frac{1 \cdot 6}{8 \cdot 1} = \frac{6}{8} = \frac{3}{4}$

→ Seite 52

Dezimalzahlen addieren und subtrahieren

Dezimalzahlen werden **stellenweise addiert** bzw. **subtrahiert** (*Komma unter Komma*).

```
   2,00
 + 3,42
 + 0,73
    ¹
   6,15
```

Haben Dezimalzahlen unterschiedlich viele Stellen hinter dem Komma, füllt man fehlende Stellen mit **Nullen** auf.

```
   7,80
 − 1,92
    ¹ ¹
   5,88
```

Mit gebrochenen Zahlen rechnen

Dezimalzahlen multiplizieren und dividieren

→ Seite 56

1. Man multipliziert die Faktoren wie natürliche Zahlen (also ohne die Kommas zu beachten).

2. Beim Ergebnis setzt man das Komma so, dass es genau so viele **Nachkommastellen** hat wie beide Faktoren zusammen.

```
           2 Nachkommastellen
                   + 3 Nachkommastellen
   3 , 6 5 · 2 , 7 2 3
           7 3 0 0 0 0
           2 5 5 5 0 0
               7 3 0 0
 +         ₁ 1 0 9 5
   9 , 9 3 8 9 5
           5 Nachkommastellen
```

Mache vor der Rechnung einen Überschlag und vergleiche dein Ergebnis mit dem Überschlag.

1. Der **Divisor** soll eine natürliche Zahl werden, deswegen multipliziert man Dividend und **Divisor** mit derselben Zehnerpotenz (mit 10; mit 100; 1 000; …).

2. Dann dividiert man durch die natürliche Zahl indem man wie mit natürlichen Zahlen schriftlich rechnet.

3. In dem Rechenschritt, in dem man das Komma überschreitet, setzt man auch im Ergebnis ein Komma.

```
    1 , 8 5  :  2 , 5
    · 10 ↓      · 10 ↓
  = 1 8 , 5  :  2 5  =  0 , 7 4
  −     0
      1 8 5         Probe:
  −   1 7 5         0 , 7 4 · 2 , 5
        1 0 0             1 4 8 0
  −     1 0 0     +         3 7 0
            0             1 , 8 5 0
```

Ausführbarkeit von Rechenoperationen im Bereich der gebrochenen Zahlen

Addition	stets ausführbar	$\frac{1}{4} + \frac{3}{8} = \frac{5}{8}$
		$0{,}7 + 4{,}6 = 5{,}3$
Multiplikation	stets ausführbar	$\frac{2}{3} \cdot \frac{5}{7} = \frac{10}{21}$
		$1{,}4 \cdot 0{,}7 = 9{,}8$
Subtraktion	nur ausführbar, wenn der Minuend größer oder gleich dem Subtrahend ist	$14{,}2 - 12{,}2 = 2$ $1{,}8 - 1{,}8 = 0$ $12{,}8 - 14{,}3$ ist in $\mathbb{Q}_+$ nicht lösbar.
Division	stets ausführbar, wenn Divisor ungleich Null	$12 : 5 = 2{,}4$ $4 : 3 = \frac{4}{3}$ $170{,}1 : 7 = 24{,}3$ $6{,}3 : 0$ n. l.

Mit gebrochenen Zahlen rechnen

Teste dich!

12 Punkte — **1** Berechne die Additionsmauern im Heft.

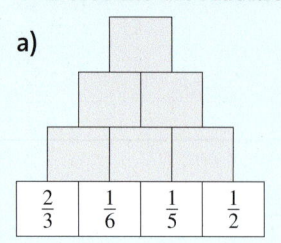

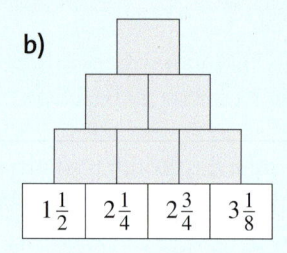

a)

| $\frac{2}{3}$ | $\frac{1}{6}$ | $\frac{1}{5}$ | $\frac{1}{2}$ |

b)

| $1\frac{1}{2}$ | $2\frac{1}{4}$ | $2\frac{3}{4}$ | $3\frac{1}{8}$ |

4 Punkte — **2** Berechne. Kürze das Ergebnis vollständig und schreibe es als gemischte Zahl, falls möglich.

a) $\frac{9}{16} + 2\frac{5}{16}$ b) $\frac{1}{15} + \frac{4}{12}$ c) $\frac{17}{30} - \frac{1}{6}$ d) $10\frac{2}{9} - 3\frac{1}{6} + 2\frac{2}{3}$

6 Punkte — **3** Berechne die Multiplikationsaufgaben. Kürze, wenn möglich.

a) $\frac{1}{3} \cdot \frac{1}{2}$ b) $\frac{1}{5} \cdot \frac{4}{9}$ c) $\frac{3}{8} \cdot \frac{2}{3}$ d) $\frac{4}{9} \cdot \frac{3}{8}$ e) $1\frac{1}{8} \cdot \frac{3}{5}$ f) $2\frac{1}{5} \cdot 2\frac{7}{9}$

6 Punkte — **4** Berechne die Divisionsaufgaben. Kürze, wenn möglich. Prüfe mit der Umkehraufgabe.

a) $5 : \frac{2}{3}$ b) $\frac{3}{5} : \frac{2}{3}$ c) $\frac{1}{2} : 2$ d) $\frac{3}{4} : \frac{5}{6}$ e) $\frac{2}{9} : \frac{4}{27}$ f) $1\frac{1}{2} : 3$

1 Punkt — **5** Bernd versucht seine Mutter davon zu überzeugen, dass er nicht genug Zeit am Computer verbringen darf: „Nur $\frac{1}{5}$ meiner Klasse dürfen nur eine Stunde spielen, $\frac{3}{4}$ dürfen täglich zwei Stunden spielen und 40% haben sogar gar kein Zeitlimit."
„Du übertreibst doch!" antwortet seine Mutter. Wieso meint sie das?

2 Punkte — **6** Bei einer viertägigen Radtour notieren Katja, Marc und Yvonne jeden Abend die gefahrenen Kilometer.

Tag	1. Tag	2. Tag	3. Tag	4. Tag
gefahrene Strecke	38,5 km	45,8 km	53,2 km	49,7 km

Der Kilometerzähler an Katjas Fahrrad steht am Ende der Fahrt auf 547,1 km.
a) Auf welchem Kilometerstand war der Kilometerzähler vor Beginn der Radtour?
b) Um wie viel Kilometer unterscheiden sich die längste und die kürzeste Tagestour?

8 Punkte — **7** Multipliziere. Mache zunächst einen Überschlag im Kopf.

a) $3{,}14 \cdot 1000$ b) $8{,}42 \cdot 8$ c) $1{,}25 \cdot 2{,}7$ d) $2{,}36 \cdot 4{,}75$

8 Punkte — **8** Dividiere. Mache zunächst einen Überschlag im Kopf.

a) $9{,}42 : 6$ b) $9{,}6 : 12$ c) $38{,}88 : 1{,}2$ d) $1{,}4688 : 0{,}24$

2 Punkte — **9** Ein Bauer hat 585 kg Kartoffeln geerntet, die er in 12,5-kg-Säcke füllen möchte.
a) Wie viele Säcke erhält er und wie viel Kilogramm Kartoffeln bleiben übrig?
b) Die restlichen Kartoffeln füllt er in 1,25-kg-Säcke. Wie viele kleine Säcke füllt er?

Gold: 43–49 Punkte, Silber: 37–42 Punkte, Bronze: 30–36 Punkte   Lösungen ab Seite 204

Zuordnungen im Alltag

Zuordnungen begleiten uns in unserem Alltag. Der öffentliche Nahverkehr eines Landkreises oder einer Stadt besteht aus vielen Bus- und Bahnlinien, die bestimmte Haltestellen zu bestimmten Zeiten anfahren.

Auf diesem Bild siehst du Straßenbahnen, auf denen eine Nummer und ein Ziel angezeigt werden. Die Nummer wird benötigt, damit jeder Fahrgast genau weiß, welche Linie die Straßenbahn befährt und das Ziel gibt die Richtung an.

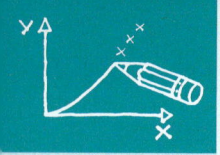

Zuordnungen im Alltag

Noch fit?

Einstieg

1 Zahlenreihen
Ergänze um sechs weitere Zahlen.
a) 2; 4; 6; 8; …
b) 7; 17; 21; 28; …
c) 3; 7; 11; 15; …
d) 105; 99; 93; 87; …

HINWEIS
Die Abbildung zeigt die Teiler-Blume der 12

2 Vervielfache und Teiler
a) Vervielfache 24 mit 4 (6, 10, 12, 15).
b) Notiere alle Teiler von 24.
c) Gib den gemeinsamen Teiler von 12 und 15 an.
d) Zeichne eine Teiler-Blume mit genau 4 Blättern.

3 Paare von Werten ablesen
Erkläre die Einträge in den Tabellen. Kannst du weitere Zahlenpaare angeben?
a) Mathematikbücher wurden zu einem Turm gestapelt und die Höhe gemessen.

Anzahl der Bücher	0	1	10	20
Turmhöhe (in cm)	0	1,2	12	24

b) Die durchschnittlichen Schlafzeiten von Babys wurden in der Tabelle erfasst.

Alter (in Monaten)	0	1	3	6
Schlafzeit (in Stunden)	18	17	15	12

4 Punkte im Koordinatensystem
a) Lies die Koordinaten der Mittelpunkte A und B der beiden Kreise aus dem Koordinatensystem ab.
b) Übertrage das Koordinatensystem ins Heft. Trage die Punkte ein und verbinde sie der Reihe nach.
(0|7); (2|8); (9|8); (8|7); (5|7);
(5|5); (7|4); (8|2); (7|1,5); (6|4);
(6|0); (5|0); (5|4); (3|4); (3|5);
(2|7); (1|6); (1|4); (0|4)

Aufstieg

1 Zahlenreihen
Ergänze um sechs Zahlen.
a) 8; 16; ■; 32; 40; ■; 56; …
b) ■; 74; 67; 60; ■; 46; …

2 Vervielfache und Teiler
a) Vervielfache 1,7 mit 3 (5, 7, 12, 32).
b) Notiere alle Teiler von 60.
c) Gib alle gemeinsamen Teiler von 12 und 36 an.
d) Zeichne eine Teiler-Blume mit einer ungeraden Anzahl von Blättern.

3 Paare von Werten ablesen
In dem Diagramm sind die Preise für Kisten mit Äpfeln dargestellt. Lies die Preise für 1 Kiste, 2 Kisten, 3 bis 6 Kisten Äpfel aus dem Diagramm ab.

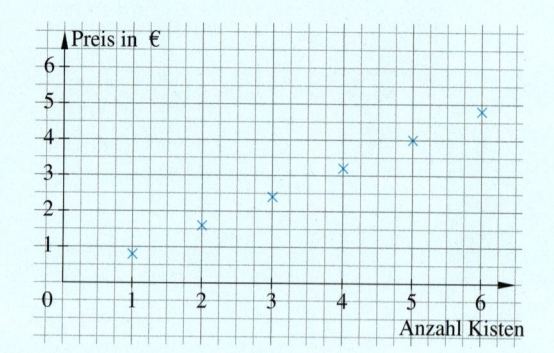

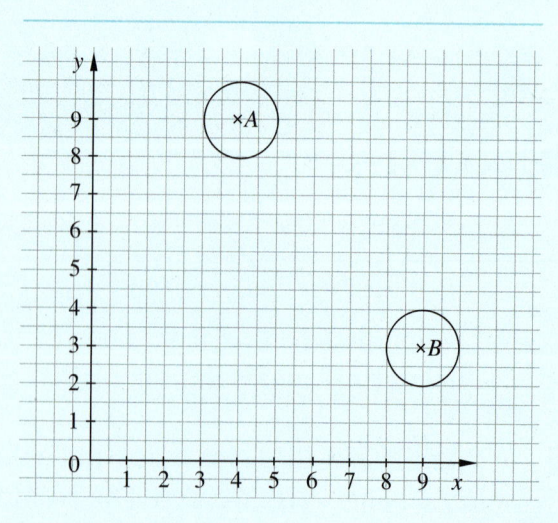

Zuordnungen untersuchen

Entdecken

1 Betrachte das Preisetikett.
a) Wie viel Kilogramm Äpfel wurden abgewogen?
b) Wie teuer ist ein Kilogramm Äpfel?
c) Wie viel Euro kosten die abgewogenen Äpfel?
d) Welche Informationen kannst du dem Preisetikett noch entnehmen?

SUPERMARKT AM BERG
Sorte: Jonagold
Gewicht: 1,532 kg
Preis/kg: 1,69 €/kg
Betrag: 2,59 €

2 Marc ist krank, weshalb zweimal am Tag seine Körpertemperatur gemessen wird. Diese Werte wurden aufgeschrieben und grafisch dargestellt.
a) Lies die beiden Werte für Mittwoch ab.
b) Wann wurden bei Marc 37,6 °C Körpertemperatur gemessen?
c) Übernimm die angefangene Tabelle und trage alle zehn Messwerte ein.

Zeit	Mo 8	Mo 20		
Körpertemperatur in °C				

3 👥 Steffi fragt Julia: „Wie viel Geld hast du noch mit?"
Julia überlegt, welche der folgenden Antworten sie geben soll.
[A] „Ich habe mindestens noch 5 Euro."
[B] „Ich habe höchstens noch 5 Euro."
[C] „Ich habe genau noch 5 Euro."
a) Gebt für jede Antwort einen möglichen Geldbetrag an, den Julia noch hat.
b) Bei welchen Antworten könnt ihr unterschiedliche Geldbeträge angeben? Erklärt.
c) Formuliert mögliche Antworten dafür, dass Julia noch 4 Euro und 80 Cent hat.

4 Zum Medizincheck einer Volleyballmannschaft wurde die Größe der Mädchen gemessen.
a) Lies aus dem Pfeildiagramm ab, wie groß Kristin ist.
b) Lies aus dem Pfeildiagramm ab, wer 162 cm groß ist.
c) Zeichne das Pfeildiagramm so, dass der Körpergröße der Name zugeordnet wird.

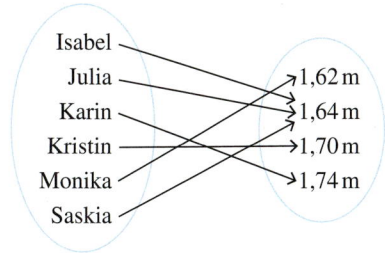

Zuordnungen im Alltag Zuordnungen untersuchen

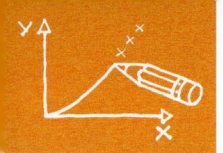

Verstehen

Leonie und Alina haben ihr erstes Smartphone. Sie tauschen ihre Telefonnummern aus.
In den Kontakten können sie nun zum Namen Telefonnummer, E-Mail-Adresse und Geburtsdatum speichern.

> **Merke** **Zuordnungen** weisen jedem Objekt aus einem vorgegebenen Bereich ein oder mehrere Objekte aus einem anderen Bereich zu.

In den Kontakten des Smartphones gibt es mehrere verschiedene Zuordnungen.
Familienname → Vorname, Person → Geburtstag, Person → Telefonnummer.

Beispiel 1

Familienname → Vorname

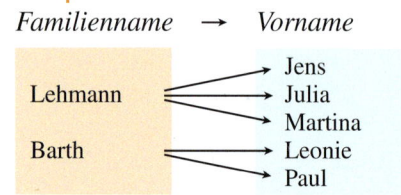

Lehmann → Jens, Julia, Martina
Barth → Leonie, Paul

Lehmann und Barth sind Objekte aus dem Bereich Familienname. Jens und Julia sind Objekte aus dem Bereich Vornamen. Den beiden Familiennamen werden drei bzw. zwei Vornamen zugeordnet.

> **Merke** Eine Zuordnung ist **mehrdeutig**, wenn mindestens einem Objekt mehrere Objekte zugeordnet werden.

Beispiel 2

Person → Geburtstag

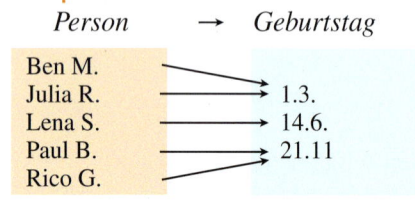

Ben M. → 1.3.
Julia R. → 1.3.
Lena S. → 14.6.
Paul B. → 21.11
Rico G. → 21.11

Jede Person hat genau einen Geburtstag. Mehrere Personen können am selben Tag Geburtstag haben. Ben M. und Julia R. haben beide am 1.3. Geburtstag.

> **Merke** Eine Zuordnung ist **eindeutig**, wenn jedem Objekt genau ein Objekt zugeordnet wird.

Beispiel 3

Person → Telefonnummer

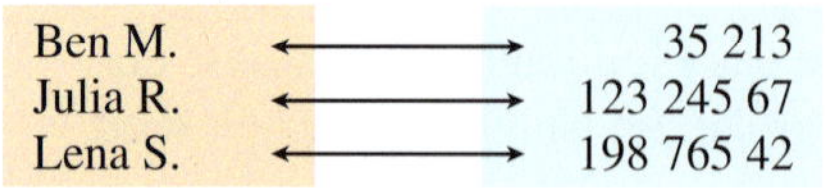

Ben M. ↔ 35 213
Julia R. ↔ 123 245 67
Lena S. ↔ 198 765 42

Jede Person hat eine Telefonnummer. Zu jeder Telefonnummer gehört eine Person. Diese Zuordnung ist auch umgekehrt eindeutig.

> **Merke** Eine eindeutige Zuordnung ist **eineindeutig**, wenn die umgekehrte Zuordnung auch eindeutig ist.

Zuordnungen im Alltag Zuordnungen untersuchen

Üben und anwenden

1 Zu einem Konzert treffen sich Freunde aus Aue, Bad Schandau, Bautzen, Görlitz und Oederan. An ihren Fahrzeugen sind die abgebildeten Nummernschilder zu sehen.

ERZ – MK 10   BZ – KU 2020   GR – VW 555   PIR – EL 24   FG – GK 58

a) Ordne die Nummernschilder den Orten zu.
b) Informiert euch über die Gebietskennung auf Nummernschildern in Sachsen. Entscheidet und begründet, ob diese Zuordnung *Gebietskennung → Ort* mehrdeutig, eindeutig oder eineindeutig ist.

2 Im Freistaat Sachsen gibt es 55 Gebietskennungen auf den Nummernschildern. Gib an, ob die Zuordnungen mehrdeutig, eindeutig oder eineindeutig sind.
a) Gebietskennung → Gemeinde
b) Gebietskennung → Landkreis
c) Gebietskennung → Pkw
d) Gemeinde → Gebietskennung
e) Pkw → Gebietskennung

2 Das **D** im Nummernschild ist die Länderkennung für Deutschland. Gib an, ob die Zuordnung mehrdeutig, eindeutig oder eineindeutig ist.
a) Länderkennung → Land
b) Länderkennung → Kontinent
c) Gemeinde → Länderkennung
d) Kontinent → Länderkennung
e) Pkw → Länderkennung

3 Ergänzt die folgenden Aussagen. Findet mehrere Zuordnungen. Notiert mithilfe eines Pfeils wie im Beispiel.

Beispiel Jedem T-Shirt kann der Preis zugeordnet werden: *T-Shirt → Preis*

a) Jedem Kind kann … zugeordnet werden.
b) Jedem Tag kann … zugeordnet werden.
c) Jedem … kann seine Höhe zugeordnet werden.
d) Jedem … kann seine Einwohnerzahl zugeordnet werden.
e) Erfinde selbst Zuordnungen. Lass diese von deinem Lernpartner lösen.

4 Welche Größen sind einander zugeordnet?
a) Fieberkurve 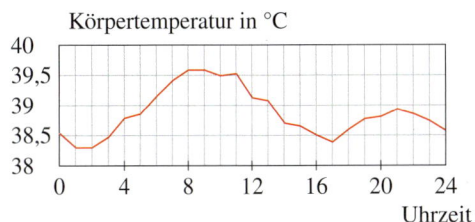
b) Wettervorhersage

4 Welche Größen sind einander zugeordnet?

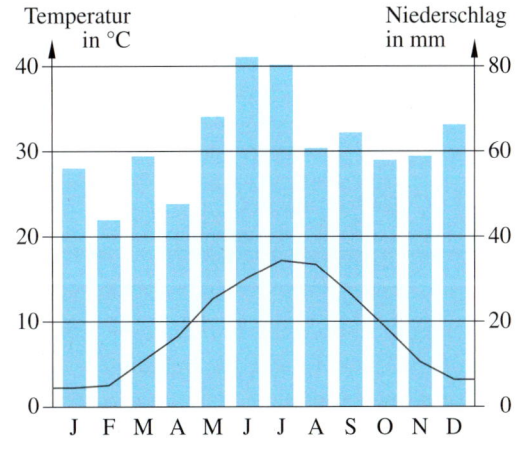

5 Max und Julia gehen einkaufen. Max meint: „Die Anzahl der Flaschen und der Gesamtpreis ist doch auch eine Zuordnung!" Nennt weitere Zuordnungen beim Einkaufen. Entscheidet jeweils, ob diese eindeutig, eineindeutig oder mehrdeutig sind. Gestaltet ein Lernplakat dazu.

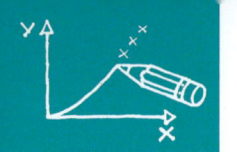

Zuordnungen im Alltag Zuordnungen untersuchen

6 Während eines Schulfestes verkauft die Klasse 6a Waffeln und notiert zu jeder vollen Stunde den Kassenbestand.

Kassenbestand

um 9⁰⁰ Uhr: 5,– €
11,25 € / 23,– € / 32,25 € / 36,– €
44,25 € / 47,50 €
um 16⁰⁰ Uhr: 65,75 €

a) Übernimm die Tabelle und vervollständige diese.

Uhrzeit	9	10					16
Kassenbestand (in €)	5,00	11,25					

b) Berechne, wie viel Euro in jeder Stunde eingenommen wurden. Stelle die Ergebnisse in einer Tabelle zusammen.

c) Sind die Zuordnungen in a) und b) eindeutig, eineindeutig oder mehrdeutig?

7 Die Tabelle zeigt die durchschnittlichen Monatstemperaturen in Plauen. Zeichne ein Temperaturdiagramm.

Monat	1	2	3	4	5	6
Temperatur (in °C)	–1,6	–0,7	2,7	6,6	11,5	14,7

Monat	7	8	9	10	11	12
Temperatur (in °C)	16,4	16,1	13,0	8,6	3,3	–0,2

NACHGEDACHT
Die Blindenschrift ist auch eine Zuordnung. Den Buchstaben und Zahlen werden Punktmuster zugewiesen. Kannst du das Wort lesen?

8 Schuhgrößen kann man berechnen.

> **Berechnung der Schuhgröße**
> Zur exakten in cm gemessenen Fußlänge werden 1,5 cm addiert. Die Summe wird dann mit 1,5 multipliziert.

a) Stelle die Zuordnung *Fußlänge → Schuhgröße* in einer Tabelle für Fußlängen von 20 cm bis 30 cm dar.
b) Berechne deine Schuhgröße. Vergleiche mit deiner tatsächlichen Schuhgröße.

6 Entnimm die fehlenden Daten dem Koordinatensystem und ergänze die Tabelle im Heft.

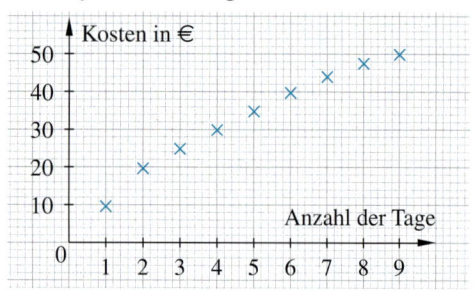

a)
Tage	2	4	6	7
Kosten (in €)				

b)
Tage				
Kosten (in €)	10	30	48	50

c) Sind die Zuordnungen eindeutig, eineindeutig oder mehrdeutig? Erkläre.

7 Was meinst du dazu? Begründe.
a) Bei Zuordnungen werden die Werte der zugeordneten Größe immer größer.
b) Handynummern sind eine Zuordnung.
c) In der Punktetabelle der Bundesjugendspiele findet man Zuordnungen.
d) Hinter jeder Währungstabelle verbirgt sich eine Zuordnung.

8 Der Amerikaner Samuel Morse ordnete 1838 den Buchstaben und Zahlen festgelegte Folgen von kurzen (·) und langen (–) Signalen zu.

1 · – – –   6 – · · · ·
2 · · – –   7 – – · · ·
3 · · · –   8 – – – · ·
4 · · · · –   9 – – – – ·
5 · · · · ·   0 – – – – –

a) Schreibe eine vierstellige Zahl ohne und mit Morsezeichen auf.
b) Schreibe dein Geburtsdatum ohne und mit Morsezeichen auf.

9 Rechenoperationen sind eindeutige Zuordnungen. Sie sind jedoch nicht eineindeutig. Erstelle dazu für eine der vier Rechenoperationen (Addition, Subtraktion, Multiplikation oder Division) ein Plakat.

Zuordnungen darstellen

Entdecken

Füllexperimente

Material:
Ihr benötigt für den Versuch mindestens drei unterschiedlich geformte kleine Vasen mit möglichst gleichem Volumen, einen Messbecher, ein langes Lineal oder einen Zollstock und Wasser.

HINWEIS
Achtet darauf, dass euer Messbecher eine 50-ml-Unterteilung besitzt.

Vorbereitung:
1. Platziert das Lineal oder den Zollstock in einer der drei Vasen.
2. Übertragt die folgende Wertetabelle in euer Heft:

Wassermenge (in ml)	0	50	100	150	200	250	300	350	400	…
Höhe der Wassersäule (in cm)										

1 👥 Messt mit dem Messbecher 50 ml Wasser ab und füllt eure erste Vase damit. Lest die Höhe der Wassersäule ab und tragt diesen Wert in die Tabelle ein.
Messt weitere 50 ml Wasser ab und füllt diese in die gleiche Vase. Tragt die neue Höhe in die Tabelle ein.
Wiederholt das, bis die Vase gefüllt ist.
Stellt die Zuordnung *Wassermenge (in ml) → Höhe der Wassersäule (in cm)* in einem Koordinatensystem dar.

2 👥 Nehmt die beiden anderen Vasen und verfahrt wie in Aufgabe 1.

3 👥 Präsentiert eure Ergebnisse in der Klasse.

Zuordnungen im Alltag Zuordnungen darstellen

Verstehen

Julius, Marlies, Betti und Simon füllen eine quadratische Vase mehrmals mit 50 ml Wasser. Der Wasserstand steigt nach jedem Einfüllen um 3 cm.

1. Füllung   2. Füllung   3. Füllung

Die Schüler ordnen der *eingefüllten Wassermenge* die *Höhe der Wassersäule* in der Vase zu.

Beispiel 1

Ausgangsbereich: Füllmenge	0 ml	50 ml	100 ml	150 ml
zugeordneter Bereich: Füllhöhe	0 cm	3 cm	6 cm	9 cm

Für die Zuordnung schreibt man auch kurz: *Füllmenge → Füllhöhe.*

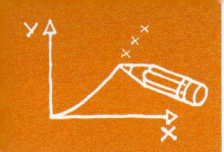

HINWEIS
Der Pfeil bedeutet „zugeordnet".

> **Merke** Die entsprechend zugeordneten Werte bilden zusammen ein **Wertepaar**.

Julius, Marlies, Betti und Simon wählen jeweils eine andere Form, um die Messergebnisse vorzustellen.

Beispiel 2

Wortvorschrift
In eine Vase werden mehrmals nacheinander 50 ml Wasser gefüllt. Die Wassersäule steigt jeweils um 3 cm.

Tabelle

Füllmenge (in ml)	0	50	100	150
Höhe der Wassersäule (in cm)	0	3	6	9

Pfeildiagramm

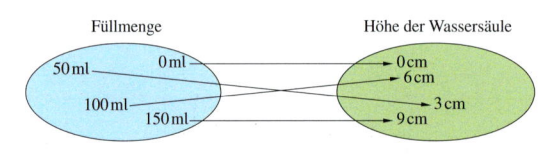

Koordinatensystem

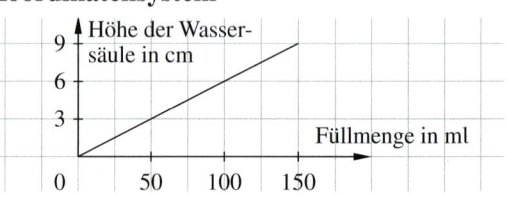

> **Merke** Zuordnungen lassen sich als Wortvorschrift, Tabelle, Diagramm und im Koordinatensystem darstellen.

Julius fragt: „Könnte man Zuordnungen nicht auch mit einer Gleichung beschreiben?"
Marlies gibt zu bedenken: „Da müssen aber Zahlenwerte oder Größen zugeordnet werden und keine Begriffe."

Beispiel 3

Aus Füllmenge V kann die Höhe der Wassersäule h berechnet werden.

$$\frac{50 \text{ ml}}{50 \text{ ml}} \cdot 3 \text{ cm} = 3 \text{ cm}; \quad \frac{100 \text{ ml}}{50 \text{ ml}} \cdot 3 \text{ cm} = 6 \text{ cm} \quad \text{oder} \quad \frac{V}{50 \text{ ml}} \cdot 3 \text{ cm} = h$$

Zuordnungen im Alltag — Zuordnungen darstellen

Üben und anwenden

1 a) Lies aus dem Diagramm den Ausgangsbereich und den zugeordneten Bereich ab.

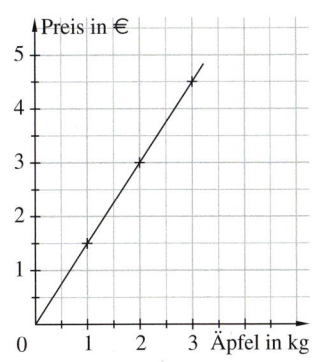

b) Übernimm die Tabelle und fülle aus.

Äpfel in kg	1	2	3
Preis in €	1,50		3,75

c) Wie viel kosten 2,5 kg, 500 g, 4 kg Äpfel?

2 Auf dem Wochenmarkt kostet 1 kg Tomaten 1,50 €.
a) Wie viel kosten 3 kg (2,5 kg; 1,5 kg; 250 g; 600 g) Tomaten?
b) Zeichne ein Pfeildiagramm für die Zuordnung *Masse → Preis*.
c) Stelle die Zuordnung in einem Koordinatensystem dar.
d) Gib eine Gleichung zur Berechnung des Preises an.

3 Jede natürlichen Zahl wird um 3 vermehrt.
a) Stelle die Zuordnung in einer Tabelle für die natürlichen Zahlen 0 bis 5 dar.
b) Zeichne ein Pfeildiagramm für die Primzahlen bis 10.
c) Formuliere weitere Wortvorschriften für solche Zuordnungen.
d) Gib eine Gleichung an.

4 Ein Weg-Zeit-Diagramm stellt die Zuordnung *Zeit → Weg* im Koordinatensystem dar.

Zeit (x)	1 h	2 h	3 h	4 h
Gesamtweg (y)	2 km	8 km	12 km	14 km

a) Zeichne ein Weg-Zeit-Diagramm.
b) In welchem Zeitraum war man schneller (langsamer) unterwegs?

---

1 Das Diagramm zeigt den Zusammenhang zwischen Füllhöhe und Volumen einer Vase.

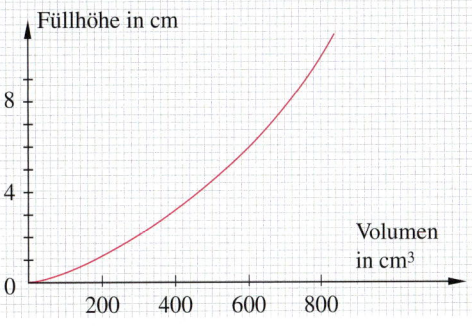

a) Ergänze die fehlenden Werte im Heft.

Volumen in (cm³)	200	400	600	800
Füllhöhe (in cm)				

b) Überlegt zu zweit, welche Form die Vase haben könnte. Skizziert und begründet eure Vorschläge.

2 Auf einem Wochenmarkt kosten 1 kg Tomaten 1,75 €.
a) Zeichne ein Pfeildiagramm für die Zuordnung *Masse → Preis* mit 5 Wertepaaren.
b) Stelle die Zuordnung mit diesen Wertepaaren in einem Koordinatensystem dar.
c) Wie kann man den Preis für 3,4 kg Tomaten berechnen? Gib eine Gleichung an.

3 Jede natürliche Zahl wird verdoppelt und das Ergebnis um 3 vermehrt.
a) Stelle die Zuordnung in einer Tabelle für die natürlichen Zahlen 0 bis 5 dar.
b) Zeichne ein Pfeildiagramm für die Primzahlen zwischen 10 und 20.
c) Gib eine Gleichung an.

4 Übertrage die Wertepaare in ein Weg-Zeit-Diagramm.

Zeit in h	1	1,5	3	3,5
Gesamtweg in km	6,2	8,8	9,2	10,7

a) Erfinde eine Bewegungsgeschichte.
b) Setze deine Bewegungsgeschichte fort und ergänze dafür die Wertetabelle.

HINWEIS
Weg-Zeit-Diagramm ist eine Abkürzung für die Darstellung des Weges in Abhängigkeit von der Zeit.

Zuordnungen im Alltag Zuordnungen darstellen

5 GPS-Geräte in Smartphones können den Aufenthaltsort erkennen und wann man dort war. Es kann dadurch auch die Entfernungen bestimmen. Herr Müller hat von seinem Smartphone folgende Daten bekommen.

Wohnung 7:00 Uhr — 0,5 km — Kindergarten 7:15 Uhr
Wohnung 11:00 Uhr
5 km
0,2 km
Schuhladen 8:20 Uhr
Bushaltestelle 7:25 Uhr
4 km
Altersheim 9:00 Uhr
2,5 km
3,5 km
Autowerkstatt 8:00 Uhr

a) Beschreibe den Vormittag von Herrn Müller in zeitlicher Reihenfolge.
b) Wie viel Kilometer hat er insgesamt zurückgelegt?
c) Erstelle ein Weg-Zeit-Diagramm zu den Werten.
d) Kann man sagen, wann Herr Müller schneller und wann er langsamer war? Wenn nein, was müsste man noch wissen?

6 An einem Pegel der Nordsee wurden die Wasserstände zur vollen Stunde gemeldet. Die Messwerte sind im Koordinatensystem dargestellt.

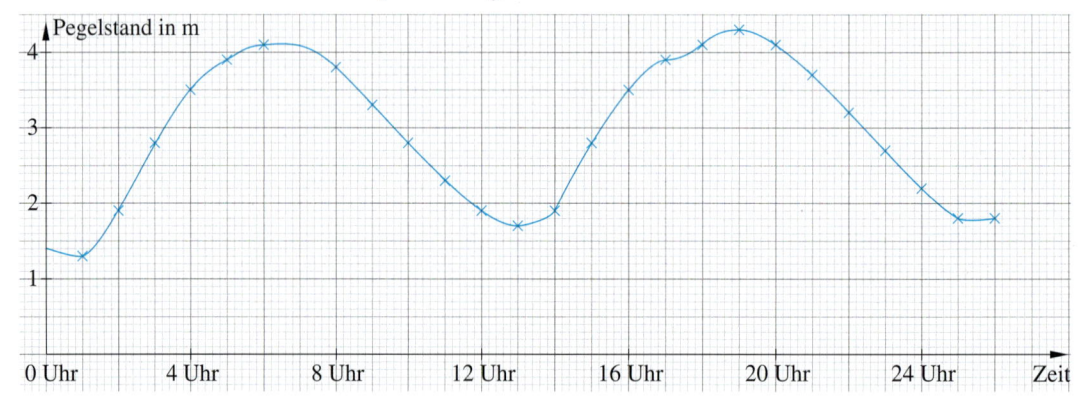

a) Welche Größen werden zugeordnet? Notiere den Ausgangsbereich und den zugeordneten Bereich.
b) Notiere die stündlichen Messwerte in einer Tabelle.
c) Notiere die Wertepaare für den niedrigsten und für den höchsten gemeldeten Wasserstand.
d) Entscheide und begründe, ob die Zuordnung eindeutig, eineindeutig oder mehrdeutig ist.
e) Wann steigt der Wasserstand an diesem Pegel? Wann sinkt der Wasserstand?

7 Der Flächeninhalt eines Quadrates ist die Zuordnung *Seitenlänge a* → *Flächeninhalt A*.
a) Übernimm die Tabelle in dein Heft und vervollständige diese.

a (in cm)	0,5	1	1,2	1,5	
A (in cm²)					4

b) Zeichne ein Koordinatensystem und trage die Wertepaare aus der Tabelle ein.
c) Zeichne in ein Koordinatensystem die Zuordnung *Flächeninhalt A* → *Seitenlänge a* ein.

7 Das Volumen eines Würfels ist die Zuordnung *Seitenlänge a* → *Volumen V*.
a) Übernimm die Tabelle in dein Heft und vervollständige diese.

a (in cm)	0,2	1	1,2	1,6	
V (in m³)					8

b) Zeichne ein Koordinatensystem und trage die Wertepaare aus der Tabelle ein.
c) Zeichne in ein Koordinatensystem die Zuordnung *Volumen V* → *Seitenlänge a* ein.

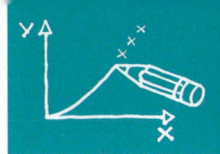

Direkt proportionale Zuordnungen

Entdecken

1 👥 Für den folgenden Versuch benötigt ihr eine Brief- oder Haushaltswaage und Schokolinsen.
Wie kann man die Anzahl der Schokolinsen in einer Packung ermitteln, ohne alle Schokolinsen abzuzählen?
a) Entwickelt ein Verfahren, wie man mithilfe der Waage die Anzahl der Schokolinsen in der Tüte möglichst genau ermitteln kann.
b) Berechnet mithilfe des entwickelten Verfahrens die Anzahl der Schokolinsen in der Verpackung und vergleicht eure Ergebnisse mit denen eurer Mitschüler.

2 👥 Arbeitet zu zweit.
Familie Hansen möchte ihren Urlaub in London verbringen.
In Großbritannien bezahlt man mit britischen Pfund (£).
1 £ hat zurzeit einen Wert von 1,12 €.
Um beim Einkaufen schneller umrechnen zu können, hilft eine Umrechnungstabelle:

£	1	2	3	4	5	6	7	8	9	10	11	12	13	14
€	1,12				5,60									

a) Übertragt die Tabelle in euer Heft und vervollständigt sie.
b) Wie könnt ihr mithilfe des Graphen die Werte für 3,50 £; 8,50 £ und 0,50 £ bestimmen?
Erklärt euch gegenseitig, wie ihr dabei vorgeht.
Wählt gemeinsam vier weitere Werte aus und rechnet in Euro um.
c) Die Punkte im Koordinatensystem sind verbunden. Begründet, warum das in diesem Fall möglich ist. 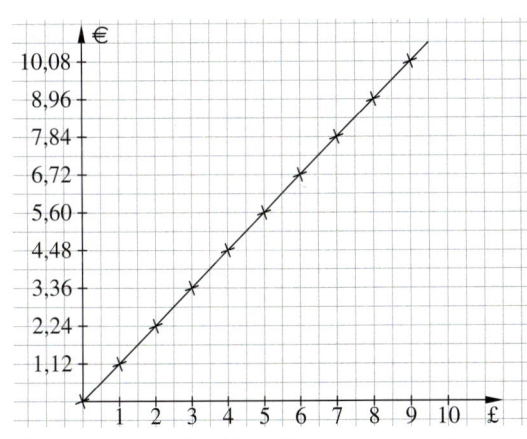 
d) Eine Jeanshose kostet in England 52 £. Gib den Preis in Euro an.
e) Gebt die folgenden Beträge in Euro an: 60 £; 36 £; 108 £; 264 £.
Erklärt, wie ihr vorgegangen seid. Vergleicht eure Ergebnisse.

Zuordnungen im Alltag Direkt proportionale Zuordnungen

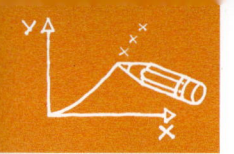

Verstehen

Natascha hat für ihr Handy einen Prepaid-Tarif. Sie zahlt 9 Cent pro Minute für Telefonate in alle Handy-Netze und ins Festnetz. Um die Kosten für das Telefonieren im Blick zu haben, hat sie eine Tabelle für die Zuordnung *Zeit → Kosten* erstellt.

Zeit (in min)	1	2	3	4	5	6	7	8	9	10
Kosten (in €)	0,09	0,18	0,27	0,36	0,45	0,54	0,63	0,72	0,81	0,90

Natascha erkennt: Wenn sie doppelt so lange telefoniert, hat sie die doppelten Kosten. Genauso halbieren sich die Kosten, wenn sie nur die Hälfte der Zeit telefoniert.

> **Merke** Für eine **direkt proportionale Zuordnung** gilt: Wenn die Werte des Ausgangsbereiches verdoppelt werden, so werden auch die entsprechenden Werte des zugeordneten Bereichs verdoppelt.

Beispiel 1
Die Kosten können auch berechnet werden. Natascha multipliziert die Zeit des Telefonierens mit den Kosten pro Minute.
3 min · 0,09 €/min = 0,27 €
7 min · 0,09 €/min = 0,63 €

> **Merke** Die Werte des zugeordneten Bereichs erhält man durch Multiplizieren der Werte des Ausgangsbereichs mit demselben Faktor, dem **Proportionalitätsfaktor**.

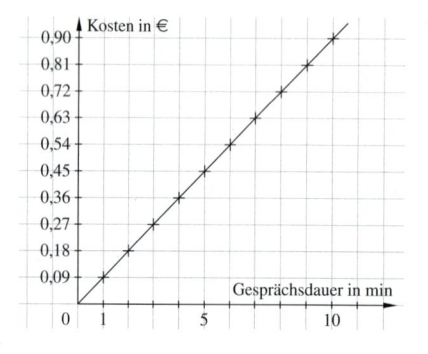

Beispiel 2
Natascha teilt die Kosten durch die Zeit des Telefonierens und erhält immer die Kosten pro Minute.
0,18 € : 2 min = 0,09 €/min
0,81 € : 9 min = 0,09 €/min

> **Merke** Die Werte des zugeordneten Bereichs durch die entsprechenden Werte des Ausgangsbereichs ergeben den gleichen Quotienten. Die direkt proportionale Zuordnung ist **quotientengleich**.

Natascha hat die Wertepaare aus der Tabelle in ein Koordinatensystem übertragen. Sie kann alle Punkte einschließlich des Koordinatenursprungs mit dem Lineal verbinden.

> **Merke** Das Bild im **Koordinatensystem** der direkt proportionalen Zuordnung ist eine Gerade durch den Koordinatenursprung.

Im April hatte Natascha 16 SMS versendet. Von ihrer Prepaid-Karte wurden dafür 1,44 € abgezogen. Im Monat Mai versendete sie 10 SMS mehr als im April. Welcher Betrag wird im Mai für die SMS abgezogen?

① Einander zugeordnete Größen erkennen
  16 SMS kosten 1,76 €.
② Berechnen einer Einheit
  16 : 16 = 1 und 1,76 € : 16 = 0,11 €
③ Berechnen der gesuchten Größe
  1 · 26 = 26 und 0,11 € · 26 = 2,86 €

SMS (Anzahl)	Kosten in (€)
16	1,76
1	0,11
26	2,86

(: 16, · 26)

HINWEIS
Die gesuchte Größe steht rechts in der Tabelle.

> **Merke** Diesen Rechenweg bezeichnet man als **Dreisatz**.

Zuordnungen im Alltag Direkt proportionale Zuordnungen

Üben und anwenden

1 Welche der folgenden Zuordnungen können proportional sein? Begründe.
a) *Alter → Körpergröße*
b) *Anzahl der Eiskugeln → Preis*
c) *Seitenlänge eines Quadrats → Umfang*
d) *Kantenlänge eines Würfels → Volumen*

1 Unter welchen Bedingungen sind die Zuordnungen proportional?
a) *Größe der Pizza → Preis*
b) *Anzahl der Bananen → Gewicht*
c) *Zeit im Internet → Kosten*
d) *Anzahl der Bäume → Waldgröße*

2 Prüfe, ob folgende Zuordnungen proportional sein können. Begründe.
a) Fünf Eintrittskarten kosten 40 €, zehn kosten 80 €.
b) 3 kg Äpfel kosten 6 €. 9 kg kosten 8 €.
c) Ein Hefter kostet 19 Cent. Der Zehnerpack wird für 1,49 € verkauft.
d) Ein Autofahrer fährt in einer Stunde 96 km. In einer halben Stunde fährt er 48 km.
e) Aus 10 kg (2 kg) Beeren kann man 5 l (1,5 l) Johannisbeersaft gewinnen.

2 Angebote für losen Tee:

- 100-g-Dose **1,98 €**
- Angebot 50-g-Dose **0,95 €**
- 250-g-Dose **4,75 €**
- 500-g-Dose **8,88 €**
- 1000-g-Dose **17,25 €**

a) Ist die Zuordnung *Teemenge → Preis* proportional? Begründe.
b) Verändere die Preise so, dass eine proportionale Zuordnung vorliegt.

3 Übertrage ins Heft und ergänze die Tabellen so, dass eine proportionale Zuordnung entsteht.

a)
kg	1	2	3	4	5	6
€	1,90	3,80				

b)
Anzahl	1	2	3	4	5	6
€	2,30	4,60				

c)
€	1	2	3	6	10	12
Anzahl	3	6				

3 Übertrage ins Heft und ergänze die Tabellen so, dass eine proportionale Zuordnung entsteht.

a)
Füllmenge (l)	1	5	10	20	30
Preis (€)			12		

b)
Zeit (h)	1	4	7	8	10
Lohn (€)				248	

c)
Anzahl	1	2	3	4	5
Preis (€)				2,20	

ZUM WEITERARBEITEN
Denke dir zu den Tabellen in Aufgabe 3 jeweils eine passende Situation aus.

4 Beachte das Bild in der Randspalte. Ist die Zuordnung *Anzahl der Brötchen → Preis* proportional? Beschreibe, wie du bei der Beantwortung der Frage vorgegangen bist.

4 Ergänze die Aussagen für proportionale Zuordnungen.
a) Verdreifachung eines Wertes führt zur …
b) Das Bild im Koordinatensystem ist …
c) Ich prüfe auf Proportionalität, indem …

Brötchen
1 Stück 0,25 €
5 Stück 1,10 €
10 Stück 2,20 €

5 In der Tabelle wird der Anzahl der Flaschen der Preis für Limonade und der Preis für Cola in Euro zugeordnet.

Anzahl	1	2	3	4	5	6	7	8	9
Limonade	0,31	0,62	0,93	1,24	1,55	1,86	2,17	2,48	2,79
Cola	0,39	0,78	1,17	1,56	1,95	2,34	2,73	3,12	3,51

a) Paul kauft 7 Flaschen Limonade, Caroline 6 Flaschen Cola. Wie viel Euro muss jeder bezahlen?
b) Für wie viele Flaschen Limonade (Cola) reichen 5,00 €

83

Zuordnungen im Alltag — Direkt proportionale Zuordnungen

HINWEIS
Man spricht bei direkt proportionalen Zuordnungen auch von direkter Proportionalität.

6 Übertrage die Tabellen in dein Heft und vervollständige sie.
Die Zuordnungen sind proportional.

a)
Gewicht (in kg)	Preis (in €)
2	4
1	2
5	

(: 2 und · 5)

b)
Anzahl	Preis (in €)
3	4,50
1	
10	

c)
Länge (in m)	Preis (in €)
3	24
1	
5	

6 Übertrage die Tabellen in dein Heft und ergänze sie. Die Zuordnungen sind proportional.

a)
Fahrstrecke (in km)	Verbrauch (in l)
100	8
1	
750	

b)
Anzahl	Masse (in g)
7	245
1	
5	

c)
Fahrdauer (in h)	Strecke (in km)
$\frac{1}{2}$	46
1	
$2\frac{1}{2}$	

7 Berechne. Erkläre jeweils, wie du vorgegangen bist.
a) Ein Heft kostet 0,24 €.
   Wie viel kosten acht Hefte?
b) Eine Tube Klebstoff kostet 1,53 €.
   Wie viel kosten drei Tuben?
c) Eine Packung Bleitstifte kostet 1,75 €.
   Wie viel kosten drei Packungen? Wie viele Packungen bekommt man für 7 €?
d) Ein Radiergummi kostet 0,89 €.
   Wie viel kosten zehn (fünf) Radiergummis?

7 Übertrage die Tabelle in dein Heft und ergänze so, dass eine proportionale Zuordnung vorliegt. Erkläre dein Vorgehen.

a)
x	2	4	10	14	20
y	3,50				

b)
x	4	5	9	13	14
y	9	11,25			

c)
x	3	7	10	13	14
y		$16\frac{1}{3}$	$23\frac{1}{3}$		

HINWEIS ZU 8
Eine Zuordnung ist **wachsend**, wenn eine Vergrößerung des ersten Wertes zu einer Vergrößerung des zweiten Wertes führt. Verkleinert sich hingegen der zweite Wert ist die Zuordnung **fallend**.

8 Eine Fabrik stellt in drei Stunden 105 Volleybälle her. Wie viele Bälle werden in fünf Stunden, acht Stunden und zehn Stunden hergestellt?
a) Löse mithilfe einer grafischen Darstellung.
b) Überprüfe mit dem Dreisatz.
c) Ist die Zuordnung fallend oder wachsend? Begründe.

9 Gebt Beispiele aus dem Alltag an und entscheidet jeweils, ob es sich um eine proportionale Zuordnung handelt. Begründet eure Entscheidung.
a) Je größer …, desto größer …
b) Je größer …, desto kleiner …
c) Verdoppelt sich …, so verdoppelt sich …
d) Halbiert sich …, so verdoppelt sich …
e) Finde weitere Beispiele:
   je höher …;
   je schneller …; usw.

9 Formuliere selbst Aufgaben, die mit dem Dreisatz gelöst werden können. Stellt sie euch gegenseitig.

Indirekt proportionale Zuordnungen

Entdecken

1 In die 7a gehen 23 Schülerinnen und Schüler. Ihr Klassenraum soll gestrichen werden. Die Klassenlehrerin meint, dass sie ungefähr 12 Stunden benötigt, wenn sie den Raum alleine streicht.

Ich kann Ihnen helfen. Beim Streichen meines Zimmers habe ich auch geholfen.

Wir würden auch helfen.

Wir können doch eigentlich alle beim Streichen helfen!

Ich auch. Dann geht's viel schneller.

a) Erstelle für die Zuordnung *Anzahl der Personen → Zeit* eine Tabelle.
b) Unter welchen Voraussetzungen hat deine Tabelle aus Aufgabenteil a) nur Gültigkeit?
c) Stelle die Zuordnung grafisch dar.
   Dürfen die Punkte miteinander verbunden werden?
   Begründe.
d) Wie stehst du zu dem Vorschlag, dass die ganze Klasse beim Streichen helfen könnte?

2 Die Geschwindigkeiten der unterschiedlichsten Verkehrsmittel sind von großer Bedeutung. Für die 80 km lange Strecke von Dresden nach Chemnitz benötigt ein Zug, der mit einer durchschnittlichen Geschwindigkeit von 80 $\frac{km}{h}$ fährt, eine Stunde.

a) Die Tabelle stellt die Zuordnung *Geschwindigkeit → Zeit* für die Strecke von Dresden nach Chemnitz dar. Übernimm diese Tabelle und vervollständig im Heft.

Geschwindigkeit (in $\frac{km}{h}$)	80	40	160	120	10		200
Zeit (in min)	60					40	

b) Die Postkutsche um 1850 war mit einer durchschnittlichen Reisegeschwindigkeit von 10 $\frac{km}{h}$ unterwegs, eine Pkw heute mit etwa 60 $\frac{km}{h}$. Ein Hochgeschwindigkeitszug muss auf ausgebauten Strecken mindestens 250 $\frac{km}{h}$ fahren, ein Flugzeug fliegt mit rund 800 $\frac{km}{h}$.
Wie lange wäre man mit diesen vier Verkehrsmitteln von Dresden nach Chemnitz unterwegs?
Wie lange würde man für die 1000 km von Berlin nach Paris benötigen?
c) Präsentiert eure Ergebnisse anschaulich.

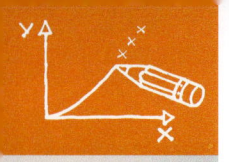

Zuordnungen im Alltag — Indirekt proportionale Zuordnungen

Verstehen

Bei einem Schulfest nahm der Förderverein der Valtenberg-Oberschule 600 € an Spenden ein. Die Schülervertreter möchten, dass mit diesem Geld mehrere Projekte unterstützt werden. Jedes Projekt soll den gleichen Geldbetrag erhalten.

Beispiel 1
Die Schülervertretung erstellt eine Tabelle.

Anzahl der Projekte	1	2	3	4	5	6
Geld pro Projekt (in €)	600	300	200	150	120	100

Wenn sie drei Projekte unterstützen möchten, bekommt jedes Projekt $\frac{1}{3}$ der 600 €, also 200 €. Je mehr Projekte sie unterstützen möchten, desto weniger Geld bekommt jedes Projekt.

HINWEIS
Es gibt weitere Begriffe für die indirekt proportionale Zuordnung: umgekehrt proportionale Zuordnung oder antiproportionale Zuordnung.

> **Merke** Für eine **indirekt proportionale Zuordnung** gilt:
> Wenn die Werte des Ausgangsbereiches verdoppelt werden, so werden die entsprechenden Werte des zugeordneten Bereichs halbiert.

Die Schülersprecherin meint, „Das muss ja so sein. Das Geld für alle Projekt zusammen muss immer die 600 € ergeben."

> **Merke** Die Werte des Ausgangsbereichs multipliziert mit den entsprechenden Werten des zugeordneten Bereichs ergeben das gleiche Produkt. Die indirekt proportionale Zuordnung ist **produktgleich**.

Die Wertepaare aus der Tabelle sind als Punkte in einem Koordinatensystem dargestellt. Diese liegen auf einer Kurve.

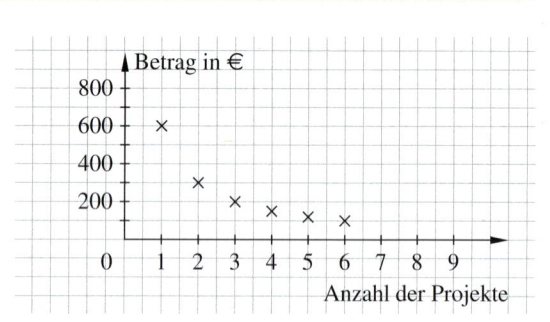

> **Merke** Die Punkte im Koordinatensystem liegen bei einer indirekt proportionalen Zuordnung auf einer Kurve. Diese nennt man **Hyperbel**.

Beispiel 2
Die Schülervertretung schlägt vor, insgesamt acht Projekte zu unterstützen.

① Einander zugeordnete Größen erkennen.
   6 Projekte erhalten jeweils 100 €.
② Berechnen der Einheit
   6 : 6 = 1 und 100 € · 6 = 600 €
③ Berechnen der gesuchten Größe.
   1 · 8 = 8 und 600 € : 8 = 75 €.

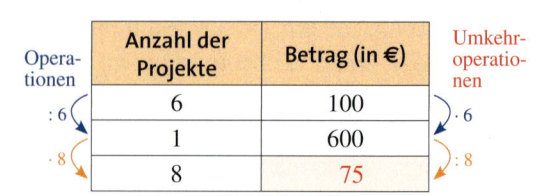

Operationen	Anzahl der Projekte	Betrag (in €)	Umkehroperationen
: 6	6	100	· 6
· 8	1	600	: 8
	8	75	

> **Merke** Diesen Rechenweg bezeichnet man als **Dreisatz**.

Zuordnungen im Alltag Indirekt proportionale Zuordnungen

Üben und anwenden

1 Entscheide, ob eine indirekt proportionale Zuordnung vorliegen kann.
a) Je größer die Fluggeschwindigkeit, desto geringer die Flugzeit.
b) Je mehr Helfer bei der Ernte, desto schneller ist das Feld abgeerntet.
c) Je kürzer der Tag, desto länger die Nacht.
d) Je mehr Essensteilnehmer, um so kleiner die Portionen.
e) Je mehr Angler am Teich sitzen, um so weniger Fische fängt jeder.

2 Überprüfe, ob folgende Zuordnungen indirekt proportional sind. Begründe deine Antwort.

a)
x	1	2	3	4	5
y	60	30	20	15	12

b)
x	1	2	3	4	5
y	60	50	40	30	20

c)
x	0	1	2	3	4
y	15	11	8	6	5

3 Ein Flughafen wird ausgebaut. Setzt man sechs Walzen an den Landebahnen ein, können die Arbeiten in 30 Tagen abgeschlossen sein.

a) Die Landebahn kann mit weniger Walzen erst später fertig werden. Ergänze die Tabelle im Heft.

Anzahl der Walzen	6	3	2	1	5	4
Anzahl der Tage	30					

b) Gibt es so viele Walzen, dass die Landebahn in 0 Stunden fertig werden kann?

4 Ist die Zuordnung indirekt proportional? Prüfe, ob die Wertepaare produktgleich sind. Berichtige gegebenenfalls.

x	1	2	3	4	5	6
y	30	15	10	7,5	6	5
x · y						

---

1 Welche Zuordnungen können indirekt proportional sein? Begründe und gib gegebenenfalls notwendige Bedingungen an.
a) *Futtermenge → Anzahl der Tiere, die davon ernährt werden können*
b) *Anzahl der Teilnehmer an einem Wettkampf → Anzahl der Medaillen*
c) *Anzahl der Ampeln in einer Stadt → Anzahl der Unfälle*
d) *Geschwindigkeit beim Durchfahren eines Tunnels → Durchfahrzeit*

2 Übertrage die Tabellen in dein Heft und ergänze zu einer indirekt proportionalen Zuordnung.

a)
x	1	2	3	4	5
y	36	18			

b)
x	1	2	3	4	5
y	60				

c)
x	1	2	4	5	8
y				16	

3 Je höher der Benzinverbrauch, desto kürzer die Fahrstrecke mit einer Tankfüllung.

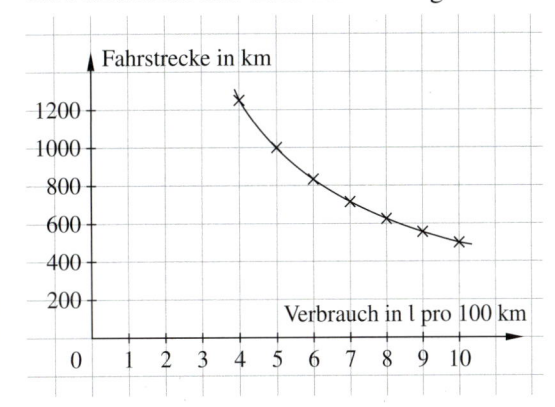

Erstelle eine Wertetabelle und überprüfe, ob die Zuordnung *Verbrauch → Streckenlänge* indirekt proportional ist.

4 Sind die Zuordnungen indirekt proportional?

a)
x	1	2	3	4	5
y	180	90	60	45	36

b)
x	1	2	3	4	5
y	50	25	$16\frac{2}{3}$	12,5	10

Zuordnungen im Alltag — Indirekt proportionale Zuordnungen

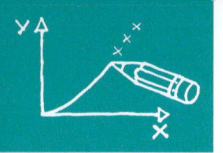

5 Vervollständige die Tabellen in deinem Heft. Die Zuordnungen sind indirekt proportional.

a)
Anzahl der Lkws	Zeit (in h)
1	220
4	

b)
Zeit (in h)	Anzahl der Lkws
4	3
1	

c)
Anzahl der Arbeiter	Zeit (in h)
5	8
1	

d)
Zeit (in h)	Anzahl der Arbeiter
8	2
1	
4	

5 Übertrage die Tabellen in dein Heft und vervollständige sie so, dass eine indirekt proportionale Zuordnung vorliegt.
Kannst du die Tabellen ergänzen, ohne zunächst das Produkt zu berechnen? Begründe.

a)
x	2	4	6	16	24
y	96				

b)
x	1	4	5	8	10
y		$2\frac{1}{2}$			

c)
x	$1\frac{1}{4}$	$2\frac{1}{2}$	5	10	50
y			20		

d)
x	$\frac{1}{4}$	$\frac{3}{4}$	$1\frac{1}{2}$	3	6
y					3

6 Für eine einwöchige Klassenfahrt wird ein holländisches Segelschiff gemietet.
Bei 29 Teilnehmern muss jeder 182 € bezahlen.
a) Wie viel kostet die Klassenfahrt insgesamt?
b) Aus unterschiedlichen Gründen können nur 25 Personen an der Klassenfahrt teilnehmen. Berechne mithilfe des Dreisatzes, wie viel jeder Teilnehmer dann bezahlen muss.

6 In den Parallelklassen 7a und 7b sind zusammen 56 Schülerinnen und Schüler. Sie planen gemeinsam eine Fahrt mit dem Bus. Die Klassenlehrer holen dazu folgende Angebote ein:

1. Angebot 2240 €
2. Angebot 2380 €
3. Angebot 2100 €

a) Berechne den Fahrpreis pro Person für jedes Angebot.
b) Berechne, wie sich der Fahrpreis pro Person verändert, wenn sechs Teilnehmer ausfallen.

7 Der Fußboden eines Zimmers soll mit Teppichboden ausgelegt werden. Wählt man Teppichboden von 2 m Breite, braucht man 22,5 m. Wie viel Meter braucht man, wenn der Teppichboden nur 1,5 m breit ist und zerschnitten werden darf?

7 Frau Hansen möchte in ihrem Haus eine Wand mit Holz verkleiden.
Dazu benötigt sie insgesamt 28 Bretter mit einer Breite von 15 cm. Im Baumarkt gibt es nur 21 cm breite Bretter.
Wie viele Bretter benötigt sie davon?

8 Bauunternehmer Reichelt plant für den Ausbau einer Straße die Arbeitszeit:
18 Arbeiter brauchen 30 Tage.
Zu Beginn des Ausbaus werden 3 Arbeiter auf einer anderen Baustelle gebraucht. Wie viel Zeit benötigen die verbleibenden Arbeiter?

8 Um Bauschutt von einer Baustelle abzufahren, müssen 8 Lkws fünfmal fahren. Wie oft müssen 5 Lkws bei gleicher Ladung fahren?
Wie oft müssen 5 Lkws fahren, die doppelt so viel Bauschutt transportieren können?

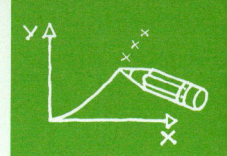

Methode: Zuordnungen am Computer

Zuordnungen können auch mithilfe des Computers dargestellt werden. Dazu benötigt man z. B. ein Tabellenkalkulationsprogramm. Auf dieser Seite wird das Vorgehen mit „Microsoft Excel" beschrieben.
Ausgehend von Werten in einer Tabelle erzeugt das Programm mit einigen Klicks ein Diagramm. Diagrammtyp sowie Größe, Farbe und Schrift können beliebig angepasst werden, man nennt das Formatieren. Anschließend kann man das Diagramm speichern und ausdrucken.

1. Tabelle anlegen und Zellen markieren
Zuerst müssen die Wertepaare in eine Tabelle übertragen werden.
Dabei ist es egal, ob die Tabelle längs oder quer angelegt wird.
Dann wird die ganze Tabelle markiert.

2. Diagrammtyp auswählen
Öffne die Registerkarte **Einfügen** und wähle als Diagrammtyp **Punkt** aus, z. B. Punkte nur mit Datenpunkten.

3. Diagramm formatieren
Aus der reinen Tabelle erzeugt Excel ein Diagramm ohne Achsenbeschriftung und Titel. Klicke das Diagramm an und ergänze über den Reiter **Diagrammtools → Layout** z. B. eine Achsenbeschriftung.
Weitere Formatierungen kannst du vornehmen, indem du mit der rechten Maustaste auf die entsprechenden Elemente im Diagramm klickst:
Achsen können Pfeilspitzen erhalten, an den Punkten können Werte angezeigt werden usw.
Das fertige Diagramm könnte z. B. so aussehen:

4 Öffne ein Tabellenkalkulationsprogramm und erstelle damit das Diagramm aus dem Beispiel.
Probiere verschiedene Einstellungen aus und beobachte die Auswirkungen.

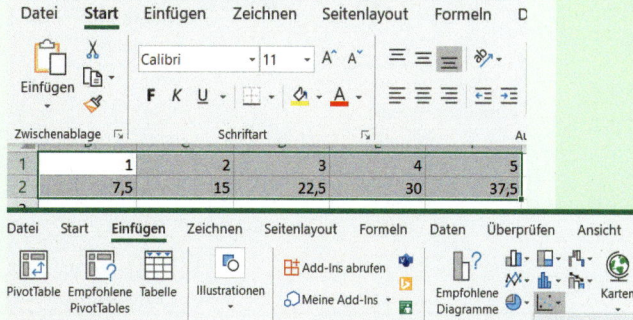

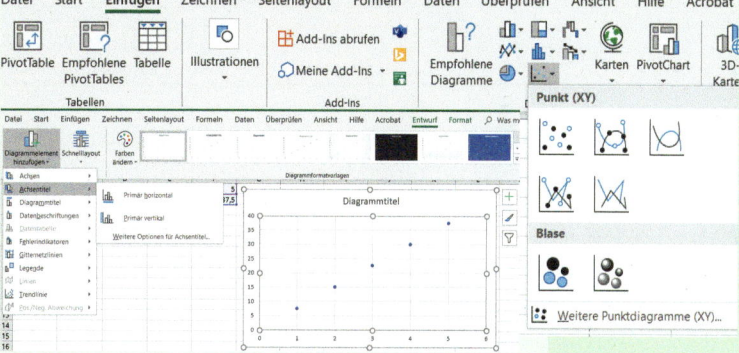

HINWEIS
In unterschiedlichen Programmversionen kann die Oberfläche anders aussehen.

5 Stelle die Zuordnungen mithilfe eines Tabellenkalkulationsprogramms dar.

a) Haarwachstum beim Menschen

Zeit (in Jahren)	0	0,5	0,75	1	1,25	1,5	1,75	2
Länge in (cm)	0	6	9	12	15	18	21	24

b) Pegelstände der Elbe in Hamburg

Zeit	0	2	4	6	8	10	12	14	16	18	20	24
Pegel (in m)	688	565	455	355	579	673	638	506	408	345	545	664

Zuordnungen im Alltag

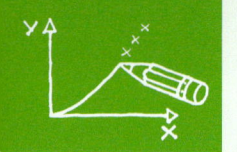

Methode: Zuordnungen untersuchen

Um bei einer Zuordnung Werte zu berechnen, musst du zuerst prüfen, welche Art von Zuordnung vorliegt: Ist diese direkt proportional, indirekt proportional oder keines von beiden. Überprüfe zuerst, wie entsprechende Größen sich zueinander verhalten. Werden die Werte des Ausgangsbereichs größer, werden die Werte des zugeordneten Bereichs dann größer oder kleiner?

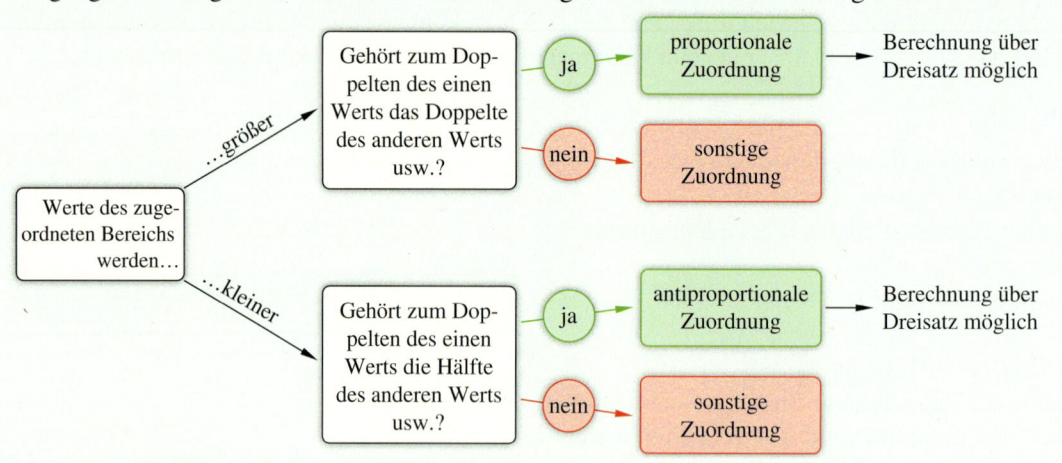

Werte des zugeordneten Bereichs werden…
- …größer → Gehört zum Doppelten des einen Werts das Doppelte des anderen Werts usw.?
  - ja → proportionale Zuordnung → Berechnung über Dreisatz möglich
  - nein → sonstige Zuordnung
- …kleiner → Gehört zum Doppelten des einen Werts die Hälfte des anderen Werts usw.?
  - ja → antiproportionale Zuordnung → Berechnung über Dreisatz möglich
  - nein → sonstige Zuordnung

👥 Untersucht die folgenden Aufgaben und prüft, ob es sich um eine proportionale Zuordnung, eine antiproportionale Zuordnung oder eine sonstige Zuordnung handelt.

1 In der Aula wird eine Theateraufführung veranstaltet. Dazu sollen insgesamt 300 Stühle aufgestellt werden.
Der Hausmeister kann folgende Anordnungen wählen:

Anzahl der Reihen	Anzahl der Stühle pro Reihe
30	10
15	20
10	30

2 Im Supermarkt
a) Acht Kiwis kosten 2,80 €.

Preis in €	1,40	0,70	0,35
Anzahl	4	2	1

b) Vier Honigmelonen kosten 10,36 €.

Preis in €	7,77	5,18	2,59
Anzahl	3	2	1

c) 2,5 kg Kartoffeln kosten 1,45 €.

Preis in €	5	7,5	25
Kilogramm	2,78	3,98	12,98

3 Eine Libelle kann bei einer Geschwindigkeit von 30 $\frac{km}{h}$ eine Strecke in 6 s überwinden. Ein Wolf schafft die Strecke mit 60 $\frac{km}{h}$ in 3 s. Ein Gepard läuft sie mit 120 $\frac{km}{h}$ in 1,5 s.

4 Julians Vater hat jedes Jahr gemessen, wie groß Julian an seinem Geburtstag war. Die Messergebnisse hat er in einem Diagramm notiert.

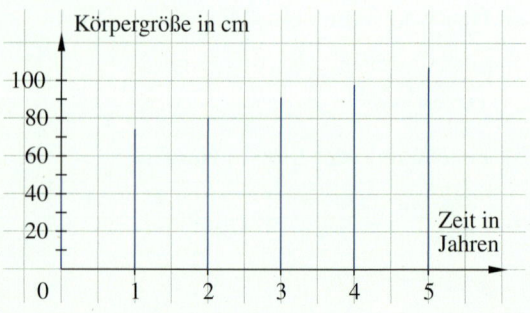

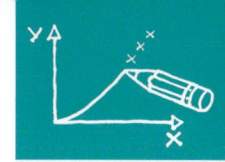

Direkt und indirekt proportionale Zuordnungen erkennen

Entdecken

1 Auf den Verpackungen der Lebensmittel können enthaltene Nährwerte nachgelesen werden. Ihr seht die Nährwerttabellen von frischer fettarmer Milch und von Cornflakes.

a) Wie viel Gramm der angegebenen Nährwerte sind in einer Flasche Milch ($\frac{1}{2}$ l) enthalten?
b) Wie viel Gramm der angegebenen Nährwerte sind in 30 g Cornflakes enthalten?
c) Vergleicht in beiden Tabellen die Angaben für den Energiegehalt (kcal) von Milch.

Nährwerte	⌀/100 ml	⌀/Glas 250 ml
Energie	202 kJ/48 kcal	508 kJ/121 kcal
Fett	1,5 g	3,8 g
davon gesättigte Fettsäuren	1,0 g	2,5 g
Kohlenhydrate	5,1 g	12,8 g
davon Zucker	5,1 g	12,8 g
Eiweiß	3,5 g	8,8 g
Salz	0,13 g	0,33 g

Nährwert	pro 100 g Cornflakes	pro Portion 30 g Cornflakes 125 ml fettarme Milch
Energie	376 kcal	168 kcal
Fett	1,5 g	2,5 g
davon ungesättigte Fettsäuren	0,5 g	1,3 g
Kohlenhydrate	81,1 g	30,3 g
davon Zucker	17,0 g	11,1 g
Ballaststoffe	6,2 g	1,9 g
Eiweiß	6,5 g	6,1 g
Salz	1,13 g	0,46 g

2 Hannes versorgt seinen Wellensittich und weiß, dass eine Packung Futter für 30 Tage reicht. Als sein Freund Sven in den Urlaub fährt, nimmt Hannes auch noch seinen Sittich in Pflege. Er überlegt, wie lange ein Packung Futter nun reicht.

a) Welche Zuordnung liegt vor. Notiere Ausgangsbereich und zugeordneten Bereich. Erklärt euch gegenseitige, welche Überlegungen ihr macht.
b) Welche Zuordnungsart liegt vor? Erklärt euch gegenseitig, welche Überlegungen ihr macht.
c) Stellt die Zuordnung in einem Koordinatensystem dar.

3 Frau Jarosch fährt häufig 122 km von Dresden nach Leipzig.

a) Mit dem Pkw erreicht sie eine durchschnittliche Geschwindigkeit von 95 km/h.
   Wie lange braucht Frau Jarosch mit dem Pkw?
b) Frau Jarosch verbraucht 7,0 l Benzin auf 100 km. Im Tank des Pkw sind 60 l Benzin.
   Wie viele Kilometer kann sie mit dem Tankinhalt fahren?
   Wie oft kann sie die Strecke von Dresden nach Leipzig und zurück fahren?
c) Frau Jaroschs neues Auto verbraucht nur noch 5,1 l Benzin auf 100 km. Der Tank fasst ebenfalls 60 l.
   Wie viele Kilometer kann sie mit einer Tankfüllung mit dem neuen Auto fahren?
d) Ihre Freundin fährt mit einem Reisebus von Leipzig nach Dresden. Die Reisegeschwindigkeit beträgt 70 km/h.
   Wie lange ist ihre Freundin mit dem Bus unterwegs?

Zuordnungen im Alltag Direkt und indirekt proportionale Zuordnungen erkennen

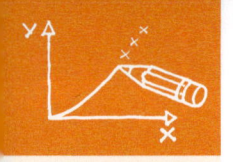

Verstehen

Die Klasse 6b plant einen gemeinsamen Nachmittag mit Eltern und Geschwistern. In der Bäckerei ihres Schulortes bestellen sie 15 Doppelsemmeln für 0,50 €. Damit können sie 60 belegte Brötchen vorbereiten. Aufgrund einer Panne konnte der Bäcker nur einfache Semmeln backen. Diese kosten 40 Cent.
Wie viele einfache Semmeln müssen sie kaufen, wenn aus einem nur die Hälfte belegter Brötchen entstehen?
Wie viel müssen sie für die einfachen Semmeln bezahlen?

Merke Schrittfolge:
1. Welche beiden Größen werden in der Aufgabe zugeordnet?
2. Untersuche, ob die Zuordnung direkt proportional oder indirekt proportional ist.
3. Ermittle den gesuchten Wert. Du kannst verschiedene Lösungswege nutzen.
   (1) Dreisatz
   (2) Produktgleichheit oder Quotientengleichheit
   (3) Proportionalitätsfaktor
   (4) Darstellung im Koordinatensystem

Beispiel 1

Die Anzahl Semmeln und die Anzahl belegter Brötchen werden zugeordnet. Müssen wir nun mehr oder weniger Semmeln kaufen?

Anzahl Semmeln	15	b
belegte Brötchen je Semmel	4	2
belegte Brötchen gesamt	60	60

Aus einer einfachen Semmel können sie weniger belegte Brötchen vorbereiten, sie müssen demnach mehr Semmeln kaufen. Diese Zuordnung ist indirekt proportional.

belegtes Brötchen je Semmel → Semmeln
4 → 15
1 → 60
2 → 30

Die Klasse 6b muss 30 einfache Semmeln kaufen.

Beispiel 2

Je mehr Semmeln sie kaufen, desto mehr müssen sie bezahlen, das entsprechende Vielfache des Einzelpreises. Die Zuordnung Anzahl *Semmeln → Preis* ist direkt proportional.
Wenn eine einfache Semmel 40 ct kostet, dann kosten 30 dieser Semmeln:

Anzahl Semmeln → Preis
1 → 49 ct
30 → 1200 ct = 12,00 €

Die Klasse 6b muss 12,00 € für die einfachen Semmeln bezahlen.

Zuordnungen im Alltag — Direkt und indirekt proportionale Zuordnungen erkennen

Üben und anwenden

1 Rechne im Kopf.
a) Ein Ei kostet 15 Cent. Wie viel kosten 10 Eier?
b) 2 kg Äpfel kosten 4 €. Wie viel kostet 1 kg Äpfel?
c) In 1,5 h fährt ein Radfahrer eine Strecke von 30 km. Wie viele Kilometer schafft er in einer Stunde?

1 An einem Obststand auf dem Markt werden Äpfel angeboten. Für 6 kg Äpfel bezahlt man 10,80 €. Bärbel kauft 3 kg, Marco 4 kg und Melanie 5 kg Äpfel.
a) Wie viel muss jeder von ihnen bezahlen?
b) Wie viel Kilogramm Äpfel können für 20 Euro gekauft werden? Runde dein Ergebnis auf volle Kilogramm?

2 Eine Firma stellt maßstabsgerechte Spielzeugmodelle her. Berechne die Originallängen der Objekte aus der Tabelle.

Modell	Länge	Maßstab
Pkw	45 cm	1 : 10
Lkw	12,5 cm	1 : 50
Lok	41 cm	1 : 30
Motorrad	8,4 cm	1 : 25

HINWEIS
Der Maßstab 1 : 10 gibt an, dass das Original 10-mal so lang ist wie das Modell.

Der Maßstab 10 : 1 gibt an, dass das Modell 10-mal so lang ist wie das Original.

3 Rechne im Kopf.
a) Zwei Arbeiter verlegen Platten in 3 Stunden. Wie lange braucht ein Arbeiter für die gleiche Arbeit?
b) Wenn 4 Personen ein Taxi nutzen, bezahlt jeder 7,05 €. Was müsste eine Person bezahlen?
c) Wenn Gerd 5 € pro Tag ausgibt, reicht sein Urlaubsgeld 4 Tage. Wie viel Euro kann Gerd pro Tag ausgeben, wenn er nur 2 Tage Urlaub macht?

3 Berechne.
a) Der Futtervorrat für 16 Schweine reicht neun Tage. Wie lange reicht der Futtervorrat für 12 Tiere, wenn alle pro Tag die gleiche Menge Futter bekommen?
b) Der Trinkwasservorrat in einer Bergstation reicht normal 25 Tage für 18 Personen. In der Bergstation übernachten 2 Gruppen mit je 15 Personen.
Wie lange wird der Trinkwasservorrat nun reichen?

4 Welche Aufgaben könnt ihr mit dem Dreisatz lösen? Ermittle zu diesen die Lösung.
a) Zum Streichen einer 4 m × 3 m großen Wandfläche benötigt man 2,4 kg Farbe. Wie viel Kilogramm der gleichen Farbe werden benötigt, wenn die Wand 5 m × 3 m groß ist?
b) Eine Firma stellt 250 Zinnfiguren zu je 15 g her. Wie viele Pferde mit Reiter können aus der gleichen Masse Zinn gegossen werden, wenn eine dieser Figuren 25 g wiegt.
c) Eine Schülerin löst die Mathematikaufgabe in 9 Minuten. Wie lange brauchen 3 Schülerinnen zum Lösen dieser Aufgabe?
d) In ein Regal passen genau 9 Dosen mit einem Durchmesser von 14,5 cm nebeneinander. Wie viele Dosen mit einem Durchmesser von 8,7 cm passen in das Regal nebeneinander?
e) Fünf Kräne entladen ein Schiff in 12 Stunden. Wie lange würden 3 Kräne für diese Arbeit benötigen?

5 Fingernägel wachsen pro Tag 0,1 mm.
a) Wie viel Millimeter wachsen Fingernägel in einer Woche (in einem Monat, in einem Jahr)?
b) Wie viele Jahre müssen Fingernägel wachsen, bis diese 1 m lang sind?

5 Menschliches Haar wächst durchschnittlich 0,4 mm pro Tag.
a) Wie viel Zentimeter wachsen die Haare in einer Woche (in einem Monat)?
b) Wie lange dauert es bis Rapunzels Haar zwanzig Ellen (12 m) gewachsen ist?

Zuordnungen im Alltag

Klar so weit?

→ Seite 74

Zuordnungen untersuchen

1 Stefanie hat eine Woche lang jeden Tag um 14 Uhr die Temperatur gemessen.

Tag	10.6.	11.6.	12.6.	13.6.	14.6.	15.6.	16.6.
Temperatur (in °C)	25	23	22	18	17	19	23

a) Welche Größen sind einander zugeordnet?
b) Zeichne ein Säulendiagramm.

1 Frau Rastinowski hat sich in einem Reisebüro nach Flugpreisen für eine Wochenendreise informiert:

Dublin: 269 € Rom: 245 €
Madrid: 199 € Wien: 187 €
Venedig: 289 € London: 175 €
Paris: 186 € Amsterdam: 215 €

a) Welche Größen sind einander zugeordnet?
b) Stelle die Zuordnung in einer Tabelle dar.

2 Übernimm die Tabelle in dein Heft und Kreuze an. Begründe.

Zuordnung	eindeutig	eineindeutig	mehrdeutig
Schüler → Schule			
Platzkarte → Platz im ICE			
Arzt → Patient			
Zahl → 5fache der Zahl			

→ Seite 78

Zuordnungen darstellen

3 Das Koordinatensystem zeigt die Fieberkurve eines Patienten im Krankenhaus.

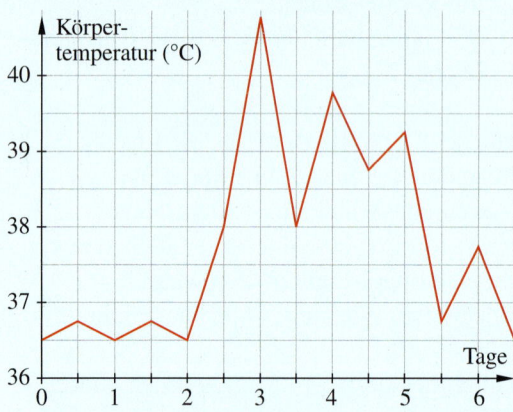

a) Welche Größen sind einander zugeordnet?
b) Lies jeweils die Körpertemperatur an den Tagen 0, 1, 2, …, 6 ab.
c) Erstelle eine Wertetabelle.
d) An welchen Tagen hat der Patient eine höhere Temperatur als 37 °C?

3 Die Vase wird gleichmäßig mit Wasser gefüllt. Was für einen Füllgraphen erwartest du für die Zuordnung *Füllmenge → Füllhöhe*?

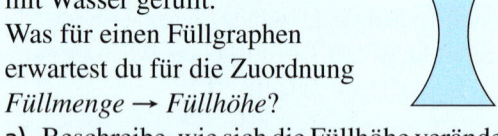

a) Beschreibe, wie sich die Füllhöhe verändert. Verwende Begriffe wie „steigt schneller an" oder „steigt langsamer an".
b) Überprüfe für beide Graphen, ob er zu der abgebildeten Vase passen kann. Begründe.

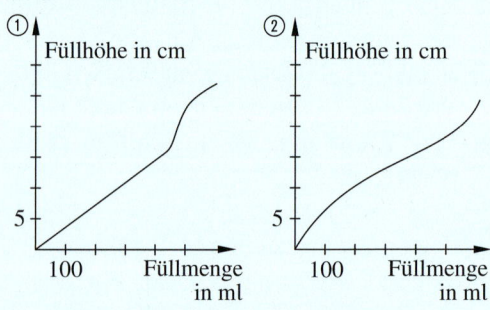

Zuordnungen im Alltag

Direkt proportionale Zuordnungen
→ Seite 82

4 Schau dir die Tabelle an.
Ist die Zuordnung proportional?
Begründe durch eine Rechnung.

Anzahl	1	2	4	8
Preis (in €)	1,20	2,40	4,80	9,60

4 Schau dir die Tabelle an.
Ist die Zuordnung proportional?
Begründe.

Anzahl	5	8	20	3	11	17
Preis (in €)	30	48	120	18	66	102

5 Kartoffelpreise

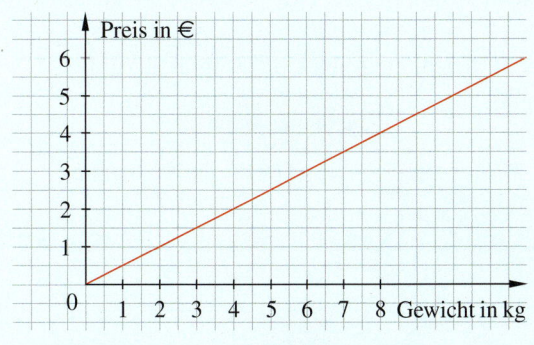

a) Wie teuer sind 2,5 kg Kartoffeln?
Wie teuer sind 10 kg Kartoffeln?
b) Wie viel kg Kartoffeln kann man für 3,50 € kaufen?
c) Stelle eine Zuordnungstabelle für zehn Wertepaare auf.

5 Flugdauer

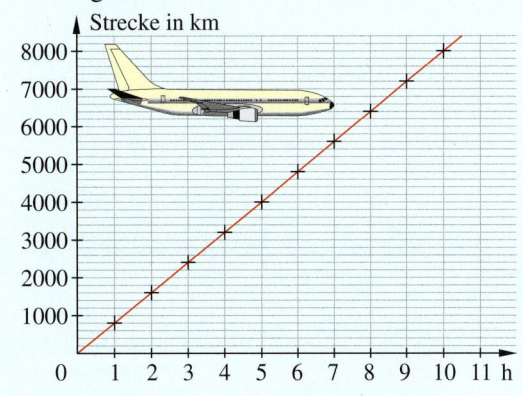

a) Begründe, warum die Zuordnung *Flugdauer → Strecke* proportional ist.
b) Wie viel km legt das Flugzeug in 6 Stunden (3,5 Stunden) zurück?
c) Gib die Dauer für 2 000 km (7 200 km) an.

Indirekt proportionale Zuordnungen
→ Seite 86

6 Tippgemeinschaften bekommen ihren Lottogewinn gemeinsam ausgezahlt. Die Gewinnsumme einer Tippgemeinschaft beträgt 18 144 €.

Anzahl der Mitglieder	4	7	9	15
Gewinn pro Mitglied (in €)				

7 Ein Lexikon besteht aus 20 Bänden mit jeweils 1 000 Seiten.
Wie viele Bände sind für den gleichen Inhalt erforderlich, wenn jeder Band 800 Seiten hat?

7 Die Ballonfahrer Piccard und Jones umrundeten 1999 die Erde in 20 Tagen mit einer Durchschnittsgeschwindigkeit von $97 \frac{km}{h}$.
Wie lange benötigt ein Flugzeug mit $900 \frac{km}{h}$?

Direkt und indirekt proportionale Zuordnungen erkennen
→ Seite 92

8 Sieben Rosen kosten 2,80 €. Wie viel kosten 5 Rosen der gleichen Sorte?

8 In 6 h legt ein Fahrzeug 390 km zurück. Welche Strecke schafft es bei gleicher Fahrweise in 4 h?

9 Mit dem Pkw braucht man mit 50 km/h zum Bahnhof 10 min. Wie lange braucht man zu Fuß mit 5 km/h?

9 In einer Erdölraffinerie werden 9,49 Mio. t Erdöl im Jahr verarbeitet. Wie viel Tonnen sind das täglich?

Lösungen ab Seite 204

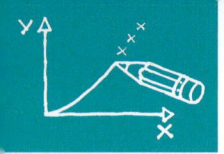

Vermischte Übungen

1 Zeichne jeweils ein Pfeildiagramm. Entscheide, ob die Zuordnung eindeutig, eineindeutig oder mehrdeutig ist.
a) Den Klassenstufen 5 und 6 werden die Klassen deiner Schule zugeordnet.
b) Den 5. und 6. Klassen deiner Schule werden ihre Klassenleiterin oder ihr Klassenleiter zugeordnet.
c) Deiner Klasse werden die Fachlehrer zugeordnet, mit denen du Unterricht hast.

1 Welche Größen werden zugeordnet? Entscheide, ob die Zuordnung eindeutig, eineindeutig oder mehrdeutig ist.
a) Den 5. und 6. Klassen deiner Schule werden die Anzahl der Schüler zugeordnet.
b) Den Schülerinnen und Schülern deiner Klasse wird die letzte Klassenarbeitsnote in Mathematik zugeordnet.
c) $x \rightarrow 6 \cdot x$
d) $x \rightarrow 10 + 3 \cdot x - 12$

2 Ordne die folgenden Eigenschaften und Beispiele. Erstelle daraus ein Lernplakat zum Thema „Direkt und indirekt portionale Zuordnungen". Präsentiere dein Lernplakat vor der Klasse.

- Punkte auf einer Kurve
- Dem Doppelten der Ausgangsgröße wird das Doppelte der zugeordneten Größe zugeordnet.
- 20 Pflücker benötigen zusammen 8 Stunden, um ein Erdbeerfeld abzuernten.
- Dem Doppelten der Ausgangsgröße wird die Hälfte der zugeordneten Größe zugeordnet.
- quotientengleich
- Gerade durch Ursprung
- produktgleich
- 500 g Erdbeeren kosten 1,95 €.

x	1	2	5
y	10	5	2

x	1	2	5
y	2	4	10

3 Gebt Beispiele aus dem Alltag an und entscheidet jeweils, um welche Art von Zuordnung es sich handelt. Begründet eure Entscheidung.
a) Je mehr …, desto teurer …
b) Je größer …, desto kleiner …
c) Verdoppelt sich …, so verdoppelt sich ….
d) Viertelt sich …, so vervierfacht sich ….

4 Tee wird zu 1,75 € je 100 g verkauft. 
a) Erstelle im Heft eine Zuordnungstabelle für 100 g; 200 g; …; 1 000 g.
b) Stelle die Zuordnung in einem Koordinatensystem dar und verbinde die Punkte.
c) Lies die Preise für 150 g; 250 g; …; 950 g im Koordinatensystem ab.
d) Was kosten 2,3 kg Tee? Berechne.

4 An zwei benachbarten Ständen auf einem Markt werden rechteckige Pizzaschnitten vom Blech verkauft.
a) Welche Pizzaschnitte ist preiswerter?
b) Was würde Pizza *Tutti* kosten, wenn sie die Größe von Pizza *Forte* hätte?

Pizza Tutti 9,00 € 
Pizza Forte 9,60 €
15 cm × 15 cm
16 cm × 20 cm

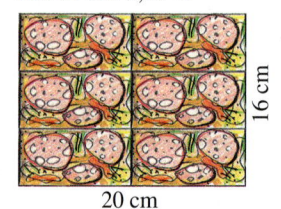

5 Kosten für ein Fahrgeschäft: 4 € für vier Chips, 1,20 € für einen Chip.
a) Du erhältst von deinen Eltern 8 € (10 €, 11 €, 12 €). Wie oft kannst du maximal fahren?
b) Deine Eltern erlauben dir, dreimal zu fahren. Kannst du sie davon überzeugen, dich öfter fahren zu lassen?
c) Bewerte die Preisgestaltung. Würdest du etwas verbessern?

1 Chip 1,20 €; 4 Chips 4 €; 6 Chips 5 €; 8 Chips 7 €

Zuordnungen im Alltag Vermischte Übungen

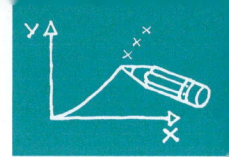

6 Übertrage und ergänze die Tabelle im Heft.

a)
Fahrtdauer (in min)	Strecke (in km)
30	12
1	
80	

b)
Anzahl	Preis (in €)
25	120
1	
15	

6 Jana hat auf der Klassenfahrt Fotos gemacht. Für 36 Abzüge hat sie 2,88 € bezahlt. Was kosten die Fotos für ihre Mitschüler?

Name	Anzahl der Fotos	Preis in €
Martin	13	
Tim	7	
Hanna	10	
Nils	4	
Leni	14	

7 Beantworte die Fragen mithilfe des Dreisatzverfahrens.
a) Eine Gießmaschine in einer Kerzenfabrik stellt in drei Stunden 30 000 Kerzen her. Wie viele Kerzen stellt sie in einer Schicht von acht Stunden her?
b) Eine Eismaschine stellt in drei Stunden 108 000 Portionen her. Wie viel Eis wird in einer Woche (38 Stunden) hergestellt?
c) Zuckerwattemaschinen können in drei Stunden 1 110 Portionen herstellen. Wie viele Portionen Zuckerwatte sind das in einem Monat (160 Stunden)?

7 Familie Hansen renoviert ihre Wohnung. Es werden drei verschiedene Tapeten gekauft. 
(A) Drei Rollen von Tapete A kosten 40,80 €. Es werden fünf Rollen benötigt.
(B) Acht Rollen von Tapete B haben 79,20 € gekostet. Eine Rolle wird zurückgegeben.
(C) Tapete C kostet 6 € mehr als Tapete A. Es werden sieben Rollen benötigt.
Wie viel Geld gibt Familie Hansen insgesamt für die 19 Rollen Tapete aus?

8 In der belgischen Stadt Malmedy wird jedes Jahr ein Riesenomelett gebacken. Dabei werden 10 000 Eier verbraucht. Wie viele Personen können davon essen, wenn acht Eier für ein Omelett für vier Personen reichen?

9 Claus unternimmt eine 4-tägige Radtour. Er hat für jeden Tag 12 € Taschengeld dabei.
a) Wie viel könnte er jeden Tag ausgeben, wenn die Tour 3 Tage dauern würde?
b) Wie viele Tage könnte die Tour dauern, wenn er für jeden Tag nur 8 € Taschengeld plant.
c) Was bedeutet das Produkt der zugeordneten Größen?

9 Eine Busfahrt kostet bei 28 Teilnehmern jeden 15,00 €.
Drei Teilnehmer sind krank und können nicht mitfahren.
a) Wie viel muss jetzt jeder bezahlen, wenn die Kosten nur unter den mitfahrenden Teilnehmern aufgeteilt werden?
b) Wie viele nahmen an der Fahrt teil, wenn jeder 21,00 € bezahlen muss.

10 Eine vierköpfige Familie verbraucht durchschnittlich 280 Liter Wasser am Tag.
a) Wie viel Liter Wasser werden etwa in einer Woche (7 Tage) verbraucht?
b) Wie viel Liter Wasser verbraucht jeder durchschnittlich an einem Tag?
c) Um wie viel Liter senkt sich der Wasserverbrauch pro Woche in der Familie, wenn täglich 20 Liter eingespart werden.

Zuordnungen im Alltag Vermischte Übungen

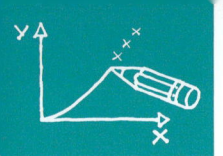

11 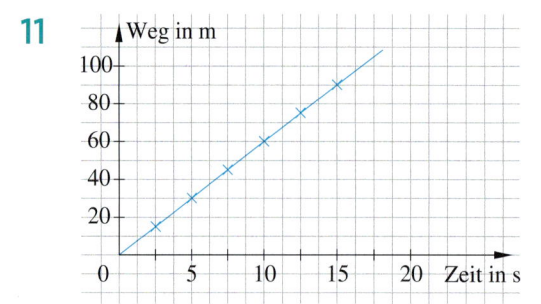
a) Beschreibe das Weg-Zeit-Diagramm.
b) Lies fünf Wertepaare ab und trage diese in eine Tabelle ein.
c) Besteht direkte oder indirekte Proportionalität? Begründe.

11 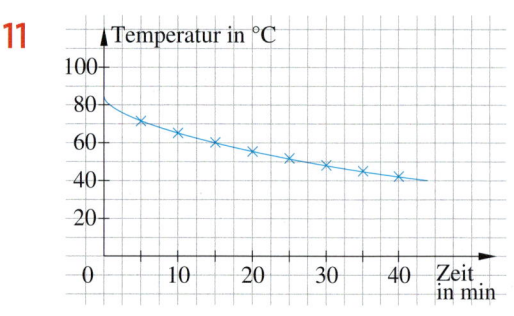
a) Beschreibe das Abkühlen des Wassers.
b) Lies fünf Wertepaare ab und trage diese in eine Tabelle ein.
c) Besteht direkte oder indirekte Proportionalität? Begründe.

12 Zu Fuß 
Alexander und Kira joggen mit einem Schrittzähler, an dem die gelaufene Strecke in Schritten, in Metern und in Kilometern abgelesen werden kann.
a) Alexander hat eine Schrittweite von 0,75 m eingegeben. Wie viele Meter ergeben sich nach 1 000 (2 000; 3 000) Schritten?
b) Welche Strecke hat Kira nach 1 000 (2 000; 3 000) Schritten zurückgelegt, wenn ihre Schrittweite 0,70 m beträgt?

13 In der Luft 
In Am 25. Juli 1909 überflog der Franzose Louis Bleriot als Erster den Ärmelkanal. Für die Strecke von Calais nach Dover benötigte er mit seinem Flugzeug rund 28 Minuten bei einer Geschwindigkeit von 85 $\frac{km}{h}$.
In welcher Zeit würde ein Hubschrauber dieselbe Strecke mit einer Durchschnittsgeschwindigkeit von 160 $\frac{km}{h}$ zurücklegen?

14 Du kannst den Umfang und den Flächeninhalt eines Quadrats ausrechnen, wenn du die Seitenlänge kennst.
a) Erstelle eine Tabelle für die Zuordnung *Seitenlänge a (in cm)* → *Umfang u (in cm)*. Die Seitenlängen sollen 1 cm, 2 cm, 3 cm, …, 10 cm sein.
Stelle die Zuordnung in einem Koordinatensystem dar.
b) Erstelle eine Tabelle für die Zuordnung *Seitenlänge a (in cm)* → *Flächeninhalt A (in cm²)*.
Stelle die Zuordnung in einem Koordinatensystem dar.
c) Vergleiche die beiden Zuordnungen. Welche der Zuordnungen ist direkt proportional. Begründe.

15 Viele verschiedene Rechtecke haben einen Flächeninhalt von 24 m².
a) Übernimm für die Zuordnung *Seite a* → *Seite b* die Tabelle und ergänze.
b) Stelle die Zuordnung in einem Koordinatensystem dar.

Seite a	2 m	2,4 m	3 m	4 m	4,8 m	6 m
Seite b						

Zusammenfassung

Zuordnungen untersuchen
→ Seite 74

Zuordnungen weisen jedem Objekt aus einem Bereich ein oder mehrere Objekt aus einem anderen Bereich zu. Wir unterscheiden, die Zuordnung ist

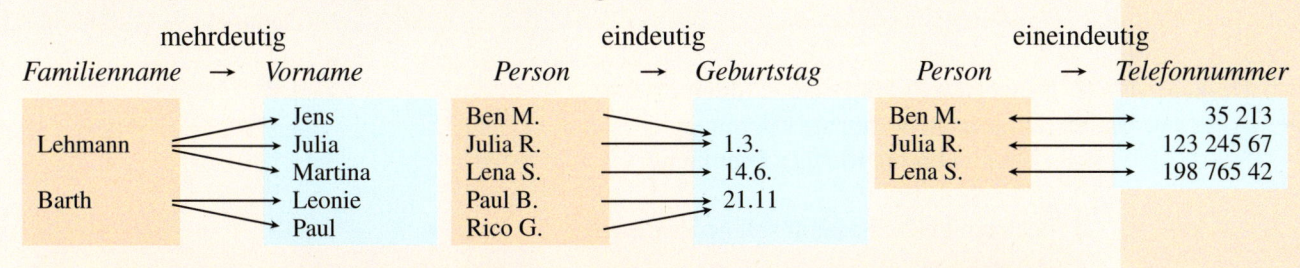

mehrdeutig	eindeutig	eineindeutig
Familienname → Vorname	Person → Geburtstag	Person → Telefonnummer
Lehmann → Jens, Julia, Martina	Ben M. → 1.3.	Ben M. ↔ 35 213
Barth → Leonie, Paul	Julia R. → 1.3.	Julia R. ↔ 123 245 67
	Lena S. → 14.6.	Lena S. ↔ 198 765 42
	Paul B. → 21.11	
	Rico G. → 21.11	

Zuordnungen darstellen
→ Seite 78

Die entsprechend zugeordneten Werte bilden zusammen ein **Wertepaar**.
Zuordnungen lassen sich mit einer Wortvorschrift, in einer Tabelle, mit einem Pfeildiagramm und im Koordinatensystem **darstellen**.

Direkt proportionale Zuordnungen
→ Seite 82

Wenn die Werte des Ausgangsbereichs **verdoppelt** werden, **dann** werden auch die entsprechenden Werte des geordneten Bereichs **verdoppelt**.

Diese Zuordnung ist **quotientengleich**.
0,18 € : 2 min = 0,09 €/min
0,81 € : 9 min = 0,09 €/min

Dreisatz
:2 (2 min → 0,18 €) :2
   (1 min → 0,09 €)
·9 (9 min → 0,81 €) ·9

Das Bild im **Koordinatensystem** ist eine Gerade durch den Koordinatenursprung

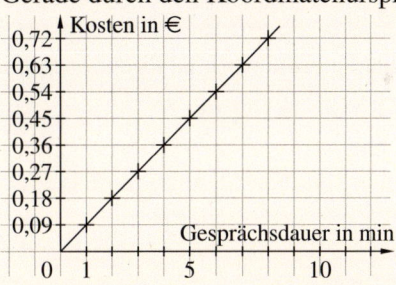

Indirekt proportionale Zuordnungen
→ Seite 86

Wenn die Werte des Ausgangsbereichs **verdoppelt** werden, **dann** werden auch die entsprechenden Werte des geordneten Bereichs **halbiert**.

Diese Zuordnung ist **produktgleich**.
2 · 300 € = 600 €
5 · 120 € = 600 €

Dreisatz
:3 (3 Projekte → 200 €) ·3
   (1 Projekte → 600 €)
·5 (5 Projekte → 120 €) :5

Die Punkte im Koordinatensystem liegen auf einer Kurve, der **Hyperbel**.

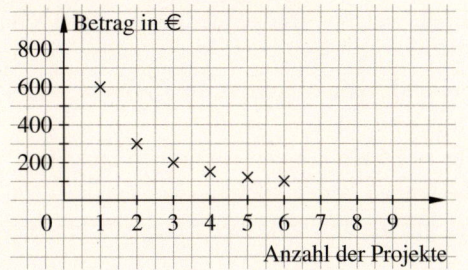

Zuordnungen im Alltag

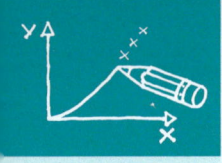

Teste dich!

3 Punkte

1 Ist die Zuordnung eindeutig, eineindeutig oder mehrdeutig? Begründe.

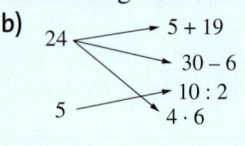

a) → Viereck / Dreieck

b) 24 → 5 + 19; 30 − 6; 10 : 2; 4 · 6 ← 5

c) Anzahl Semmeln → Preis
2 Semmeln → 80 ct
5 Semmeln → 2 €
7 Semmeln → 2,80 €

2 Punkte

2 Nenne jeweils ein Beispiel für eine …
a) … direkt proportionale Zuordnung.
b) … indirekt proportionale Zuordnung.

3 Punkte

3 In einem Fußballstadion soll neuer Rasen verlegt werden.
a) Welche Größen werden einander zugeordnet?
b) Ergänze die Tabelle im Heft.

Zeit (in h)	1	2	3	4	5
Fläche (in m²)	500				

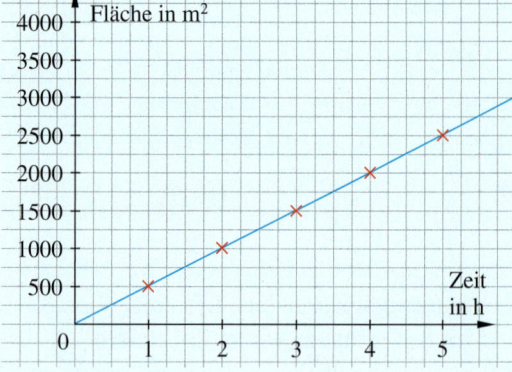

c) Wie lange wird benötigt, um 8000 m² Rasen zu verlegen?

2 Punkte

4 Ergänze so, dass die Zuordnung
a) direkt proportional

x	1	2	3	4	5
y	1,40				

b) indirekt proportional ist.

x	1	2	3	5	7
y		$4\frac{1}{2}$			

4 Punkte

5 Welche der Zuordnungen ist direkt proportional bzw. indirekt proportional? Begründe.

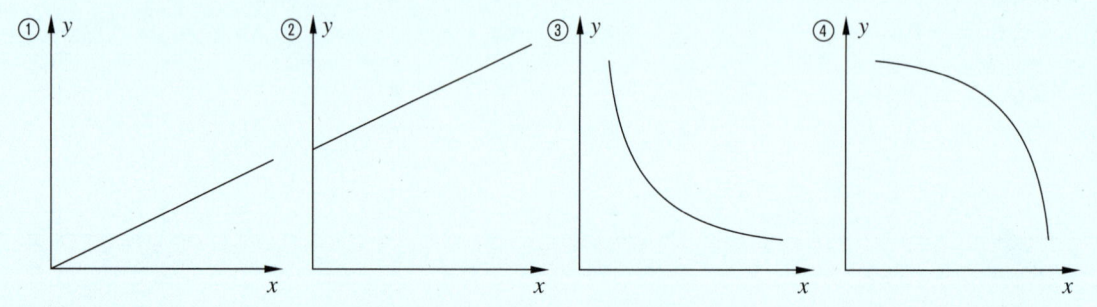

4 Punkte

6 Familie Andert und Familie Berger sind 720 km mit ihren Autos in den Urlaub gefahren.
a) Familie Andert verbrauchte 54 l Benzin, Familie Berger 63 l. Berechne für beide Autos den Verbrauch von Benzin auf 100 km.
b) Familie Andert benötigte 9 h für die Strecke, Familie Berger 7,2 h. Berechne für beide Familien, welche Strecke sie durchschnittlich pro Stunde fuhren.

3 Punkte

7 Noel und Aylin machen eine Radtour. Wenn sie 12 Tage unterwegs sind, können sie täglich 20 € ausgeben.
a) Wie viel Geld können sie täglich ausgeben, wenn sie 16 Tage fahren wollen?
b) Wie lange können sie unterwegs sein, wenn sie täglich 30 € ausgeben möchten?
c) Was gibt das Produkt der zugeordneten Werte an?

Gold: 20–21 Punkte, Silber: 17–19 Punkte, Bronze: 13–16 Punkte   Lösung ab Seite 204

Winkel und Dreiecke darstellen

Obwohl das Dreieck eine der einfachsten geometrischen Flächen darstellt, gibt es erstaunlich viele Formen. Dieses Bild zeigt jede Menge unterschiedlicher Dreiecke. Du kannst sie nach der Länge der Seiten, der Winkelgröße oder der Farbe unterscheiden. Findest du zwei absolut gleiche Dreiecke?

Winkel und Dreiecke darstellen

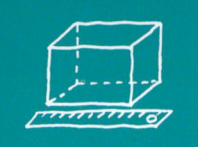

Noch fit?

Einstieg

1 Winkelarten
Ergänze die Lücken im Heft.
a) Ein rechter Winkel hat eine Größe von ■.
b) Ein Winkel, der kleiner als 90° ist, heißt ■.
c) Ein Winkel α mit 90° < α < 180° heißt ■.
d) Ein überstumpfer Winkel ist größer als ■.
e) Ein 180°-Winkel heißt ■.

2 Winkel messen
a) Miss die Größe der Winkel α, β und γ.
b) Gib die jeweilige Winkelart an.

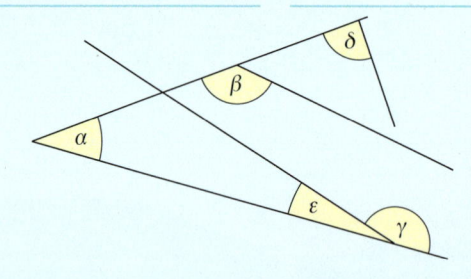

3 Winkel zeichnen
Zeichne zu jedem der folgenden Winkel ein Beispiel und gib seine Größe an.
a) spitzer Winkel
b) rechter Winkel
c) stumpfer Winkel
d) überstumpfer Winkel

4 Dreiecke zeichnen
Zeichne die Punkte in ein Koordinatensystem. Verbinde sie zu einem Dreieck ABC.
Gib jeweils ohne zu messen an, welche Winkelarten innerhalb des Dreiecks vorkommen.
a) $A(2|1)$; $B(6|1)$; $C(4|5)$
b) $A(1|2)$; $B(7|1)$; $C(4|3)$

5 Winkelgrößen bestimmen
Gib jeweils ohne zu messen die Größe des Winkels α an.
a) 70° α
b) α 72°
c) 33° α

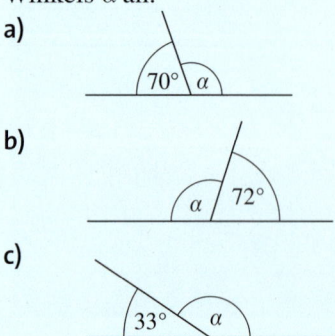

Aufstieg

1 Winkelarten
Schreibe in deinem Heft alle Winkelarten und ihre Eigenschaften auf.
Zeichne zu jeder Winkelart ein Beispiel.

2 Winkel messen
a) Schätze zunächst die Größe aller Winkel.
b) Miss dann ihre Größe, gib die Winkelart an.

3 Winkel zeichnen
Zeichne die Winkel in dein Heft.
Gib jeweils die Winkelart an.
a) $\alpha = 90°$
b) $\beta = 52°$
c) $\gamma = 127°$
d) $\delta = 232°$

4 Dreiecke zeichnen
Verbinde die Punkte $A(2|2)$; $B(6|4)$; $C(3|4)$ im Koordinatensystem zum Dreieck ABC.
a) Gib die Winkelarten im Dreieck an.
b) Zeichne im Koordinatensystem ein Dreieck mit drei spitzen Winkeln und gib die Koordinaten der Eckpunkte an.

5 Winkelgrößen bestimmen
Gib ohne zu messen jeweils die Größe der Winkel an.
a) 153° α
b) 40° β 12°
c) 30° γ_2 γ_1
d) δ 100°

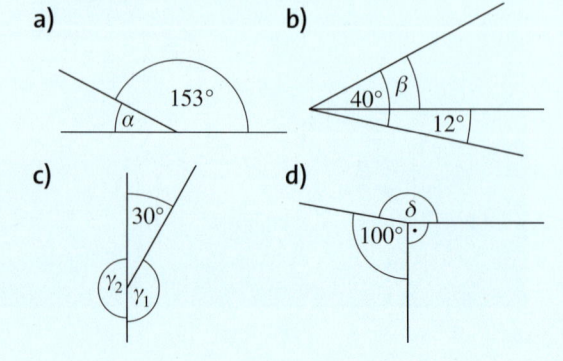

Winkel und Dreiecke darstellen Winkelbeziehungen erkennen

Winkelbeziehungen erkennen

Entdecken

1 Rechts findest du einen Ausschnitt aus dem Stadtplan von Dresden.
Die Straßen kreuzen sich in unterschiedlichen Winkeln. 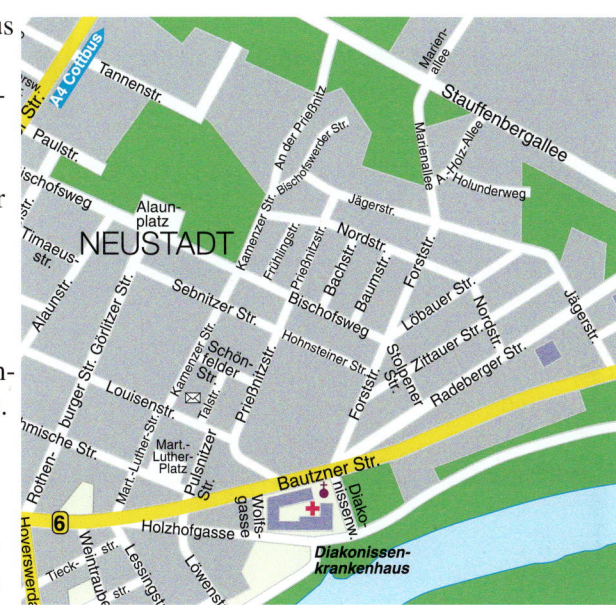
a) Wie viele unterschiedliche Winkel findest du an der Kreuzung Stolpener Straße und Bischofsweg? Wie ist es an der Kreuzung Forststraße und Nordstraße?
Was fällt dir im Vergleich auf?
b) Miss mit deinem Geodreieck die Winkel an den beiden Kreuzungen aus a). Musst du wirklich alle Winkel messen?
c) Miss an einer anderen Kreuzung einen Winkel. Finde dort so viele Winkelgrößen wie möglich ohne Messen heraus.
d) Bestimme ohne weiteres Messen die Winkelgrößen an benachbarten Kreuzungen. An welchen Stellen gelingt das nicht?

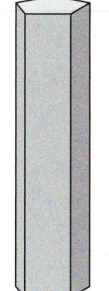

SCHON GEWUSST?
Städte, die geplant entstanden sind, haben meistens viele gerade Straßen und gleiche Kreuzungswinkel. Bei natürlich gewachsenen Städten findet man viele verschiedene Kreuzungswinkel und wenig geradlinige Straßen.

2 Manchmal kann man Winkel nicht direkt messen. Bei einer Säule z. B. kann man die Innenwinkel β nicht messen.
Celine und Marcel haben mithilfe von Holzleisten zwei Möglichkeiten gefunden, wie man den Winkel trotzdem messen kann.
Erkläre, wie sie vorgegangen sind.

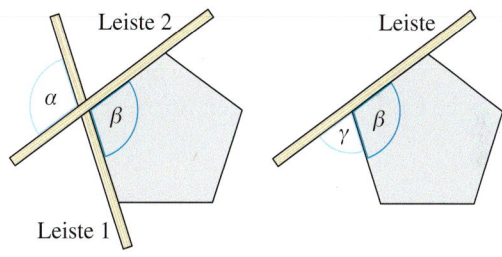

So misst Celine den gesuchten Winkel.

Marcel benötigt nur **eine** Holzleiste.

3 Manche Winkelgrößen kann man nur mit einem Trick herausfinden.
Bestimme die Böschungswinkel α und β beim unten gezeichneten Gartenteich. Natürlich muss dein Geodreieck dabei außerhalb des Erdbodenbereichs bleiben.
Finde in der Zeichnung mehrere Möglichkeiten, die Böschungswinkel herauszubekommen.

TIPP
Das Geodreieck darf ruhig auch mal nass werden.

HINWEIS
Bei einem Gartenteich aus Teichfolie darf der Böschungswinkel nicht größer als 45° sein.

103

Winkel und Dreiecke darstellen **Winkelbeziehungen erkennen**

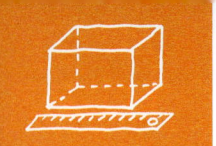

Verstehen

Überall in der Natur und in der Technik finden wir Winkel.
Manche Winkel kann man nicht direkt messen, weil sie nicht erreichbar sind.
Oft kann man ihre Größe bestimmen, indem man andere Winkel zu Hilfe nimmt.

Shanghai-Sutong Bridge    *Norfolk-Tanne*

An einer Kreuzung zweier Geraden entstehen immer vier Winkel.

Beispiel 1
$\alpha = \gamma$,
denn α und γ sind Scheitelwinkel.

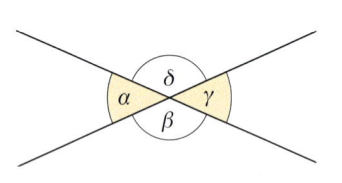

Merke Winkel, die sich an einer Geradenkreuzung **gegenüberliegen**, sind **gleich groß**.

Die gegenüberliegenden Winkel nennt man **Scheitelwinkel**.

Beispiel 2
$\alpha + \beta = 180°$,
denn α ist Nebenwinkel von β.

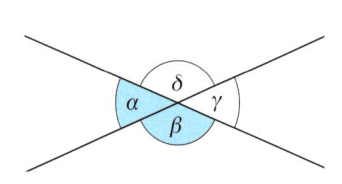

Merke Winkel, die an einer Geradenkreuzung **nebeneinanderliegen**, ergeben zusammen einen **180°-Winkel**.

Die nebeneinanderliegenden Winkel nennt man **Nebenwinkel**.

Wenn zwei parallele Geraden von einer dritten Gerade geschnitten werden, so entstehen zwei gleiche Geradenkreuzungen. Insgesamt findest du an diesen Kreuzungen acht Winkel.

Beispiel 3
$\alpha = \beta$, denn α und β sind Stufenwinkel.

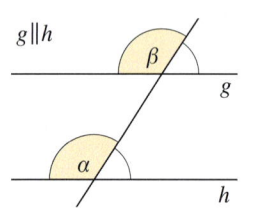

Merke An benachbarten Geradenkreuzungen aus zwei Parallelen sind die Winkelverhältnisse identisch.

Dabei sind einander entsprechende Winkel **gleich groß**.

Diese Winkel nennt man **Stufenwinkel**.

HINWEIS
*So argumentierst du mathematisch:
„α und β sind Stufenwinkel. Also sind α und β gleich groß.
β und δ sind Scheitelwinkel. Also sind β und δ gleich groß.
Dann müssen auch α und δ gleich groß sein."*

Beispiel 4
$\alpha = \delta$, denn α und δ sind Wechselwinkel.

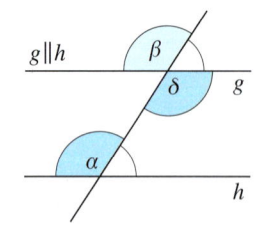

Merke Aus der Kombination der Winkelbeziehungen Stufenwinkel und Scheitelwinkel ergibt sich ein neues Paar **gleich großer** Winkel.

Diese Winkel nennt man **Wechselwinkel**.

So kannst du auch prüfen, ob zwei Geraden parallel sind: Schneide die Geraden mit einer dritten Gerade und vergleiche die Winkelgrößen an den entstandenen Geradenkreuzungen miteinander.

Winkel und Dreiecke darstellen **Winkelbeziehungen erkennen**

Üben und anwenden

1 Diese Andreaskreuze findet man an Bahnübergängen.
a) Der obere Winkel des ersten Andreaskreuzes (Deutschland) misst 60°. Bestimme die anderen Winkelgrößen. Warum funktioniert das mit nur einer bekannten Größe?
b) Skizziere das zweite Andreaskreuz (Österreich) in deinem Heft. Zeichne je ein Paar von Scheitel-, Neben-, Stufen- und Wechselwinkeln ein.

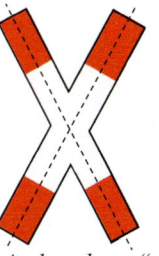

„Andreaskreuz": Deutschland
„Andreaskreuz": mehrgleisige Bahnübergänge Österreich 

NACHGEDACHT
Im linken Andreaskreuz gibt es insgesamt zwei Paare von Scheitelwinkeln und vier Paare von Nebenwinkeln. Welche sind das?

2 Gib die Größe der markierten Winkel an.

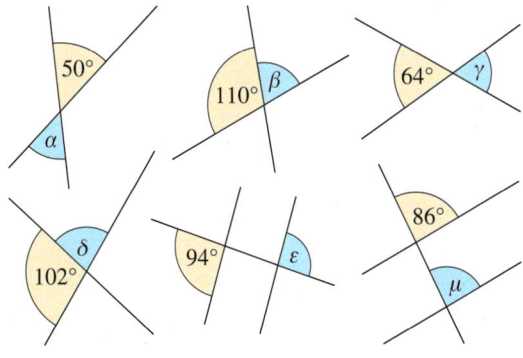

50°, α ; 110°, β ; 64°, γ ; δ, 102° ; 94°, ε ; 86°, μ

2 Gib die Größe der markierten Winkel an.

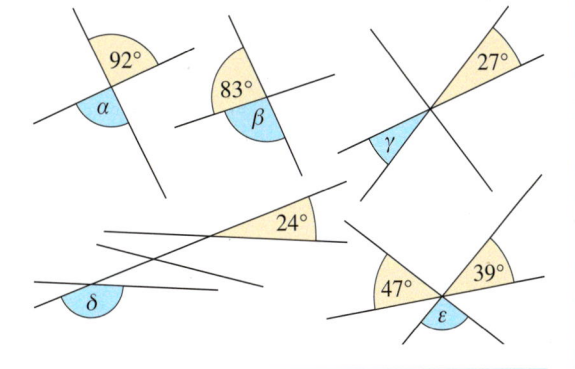

92°, α ; 83°, β ; 27°, γ ; 24°, δ ; 47°, 39°, ε

3 Übertrage das Fachwerkmuster möglichst genau in dein Heft. Finde je ein Paar von Scheitelwinkeln, Nebenwinkeln, Stufenwinkeln und von Wechselwinkeln.

3 Übertrage das Fachwerkmuster möglichst genau in dein Heft.
Welche Winkelgrößen kannst du ohne zu messen *nicht* bestimmen?

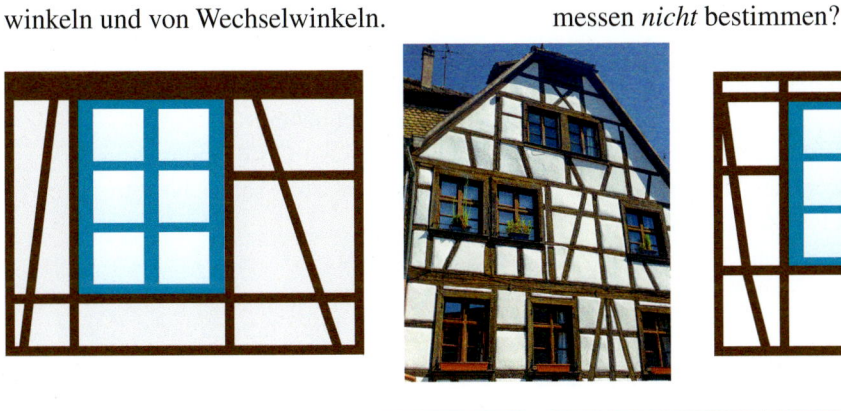

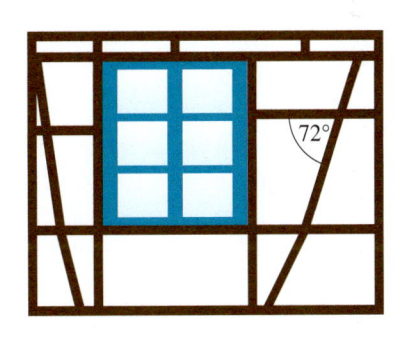

72°

4 Zeichne mit vier Geraden ein Trapez wie rechts gezeigt. Bestimme mit dem Geodreieck die Größe aller Innenwinkel. *Achtung*: Kein Teil deines Geodreiecks darf dabei in den farbigen Bereich hineinragen.

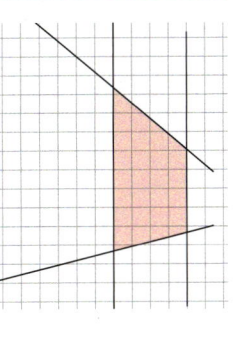

4 Zeichne mit vier Geraden ein Trapez wie rechts gezeigt. Bestimme mit dem Geodreieck die Größe aller Innenwinkel. *Achtung*: Kein Teil deines Geodreiecks darf dabei in den farbigen Bereich hineinragen.

105

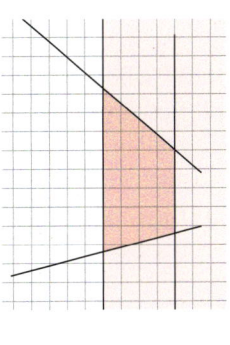

Winkel und Dreiecke darstellen — Winkelbeziehungen erkennen

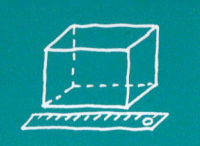

5 Vervollständige die Aussagen zum abgebildeten Treppengeländer in deinem Heft.
a) α_1 ist Nebenwinkel von ▪ und Scheitelwinkel zu ▪.
b) β_1 und ▪ sind Stufenwinkel.
c) γ_2 und ▪ sind Wechselwinkel.
d) α_2 und ▪ sind Stufenwinkel.

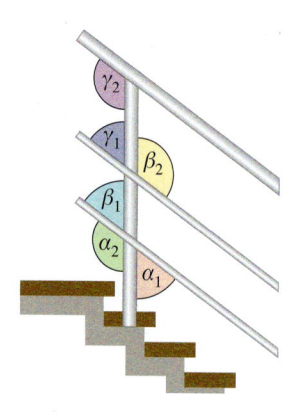

5 Vervollständige die Aussagen zum abgebildeten Treppengeländer in deinem Heft.
a) β_2 ist Nebenwinkel von ▪ und Wechselwinkel von ▪.
b) β_1 und γ_1 sind ein Paar ▪.
c) β_1 und α_1 sind gleich groß, weil ▪.
d) γ_2 und ▪ ergeben zusammen 180°.

ZUM WEITERARBEITEN
Finde in Aufgabe 6 jeweils eine Begründung.

6 Vervollständige die Tabelle im Heft. Die Farben beziehen sich auf das Treppengeländer aus Aufgabe 5.

	α_1	α_2	β_1	β_2	γ_1	γ_2
a)	20°		20°			
b)			36°			
c)		135°				
d)						129°
e)					17°	

7 Prüfe, ob die folgenden Aussagen richtig oder falsch sind. Zeichne, falls möglich, ein Beispiel zur Begründung deiner Antwort.
a) Der Nebenwinkel eines rechten Winkels ist ebenfalls ein rechter Winkel.
b) Ein stumpfer Winkel hat immer einen stumpfen Nebenwinkel.
c) Ein spitzer Winkel hat immer einen spitzen Scheitelwinkel.
d) Addiert man zur Größe eines beliebigen Winkels die Größe seines Nebenwinkels und seines Scheitelwinkels, so ist das Ergebnis immer größer als 180°.

7 Prüfe, ob die folgenden Aussagen richtig oder falsch sind. Zeichne, falls möglich, ein Beispiel zur Begründung deiner Antwort.
a) Der Wechselwinkel eines rechten Winkels ist immer ein rechter Winkel.
b) Ein stumpfer Winkel hat immer einen spitzen Stufenwinkel.
c) Ein überstumpfer Winkel kann keinen Nebenwinkel haben.
d) Addiert man zur Größe eines Winkels α zweimal die Größe seines Nebenwinkels β, so gilt: $\alpha + 2\beta = 360° - \alpha$

8 Die Fliesen für das Bad müssen schräg abgeschnitten werden.
a) Miss die Größe des roten und des grünen Winkels. Was fällt dir auf?
b) Beschreibe, an welchen Stellen der grüne Winkel noch zu finden ist.
c) Begründe: $\alpha + \beta = 180°$

8 Die Fliesen für die Küche müssen schräg abgeschnitten werden. Der rot markierte Winkel misst 123°. Die Größe des grün markierten Winkels muss an der Schneidemaschine eingestellt werden.
a) Auf welche Gradzahl muss man die Maschine einstellen?
b) Begründe, wie man die Größe des grünen Winkels bestimmen kann.

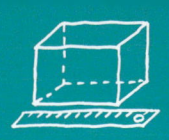

Dreiecke untersuchen

Entdecken

1 In Giebeln und Dachgauben findet man oft Fenster mit unterschiedlichen Formen.

a) Aus welchen geometrischen Formen bestehen die Fenster?
b) Welche Vorteile hat es, nicht nur rechteckige Fenster im Giebel einzubauen?
c) Entwirf ein eigenes Fenster für einen Dachgiebel.

2 👥 Arbeitet zu zweit oder in Kleingruppen.
Betrachtet die folgenden Dreiecke.

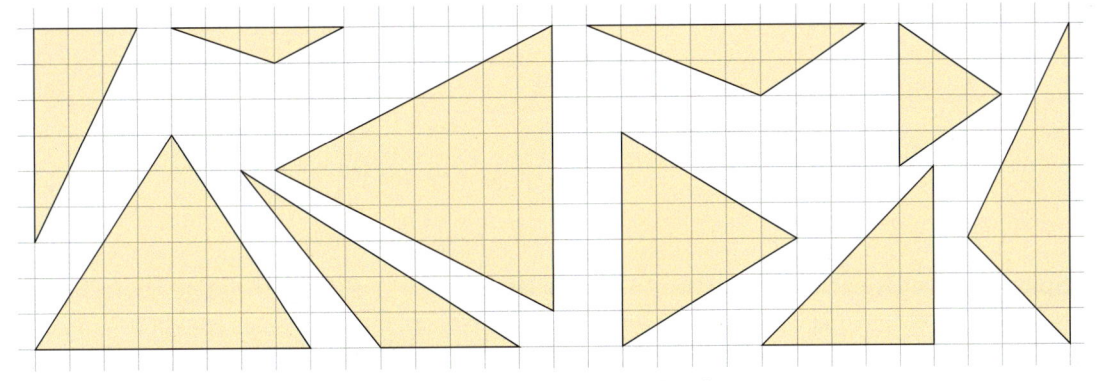

a) Zeichnet die Dreiecke auf Kästchenpapier und schneidet sie aus.
b) Überlegt gemeinsam, nach welchen geometrischen Merkmalen ihr die Dreiecke sortieren könnt. Sortiert die Dreiecke dann nach ihren Eigenschaften.
c) Erstellt ein Plakat, auf das ihr die verschiedenen Dreiecke geordnet aufklebt.
Vielleicht könnt ihr den einzelnen Dreiecksformen schon Bezeichnungen geben.

3 Du hast fünf Strohhalme in den nebenstehenden Längen zur Verfügung, aus denen du unterschiedliche Dreiecke bilden kannst.

a) Lege drei Möglichkeiten, bei denen ein Dreieck zustande kommt. Schreibe jeweils die Längen der drei verwendeten Stücke in dein Heft
b) Lege drei Möglichkeiten, bei denen ein Deieck *nicht* gebildet werden kann. Schreibe jeweils die Längen der drei verwendeten Stücke in dein Heft
c) Finde heraus, wann eine Dreiecksbildung möglich ist und wann nicht.
Schreibe deine Vermutung auf.

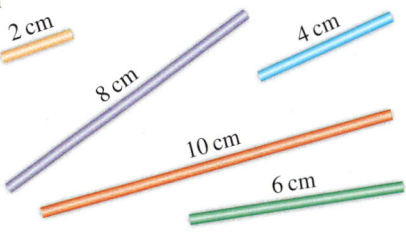

HINWEIS
Du kannst auch Holzstäbchen verwenden.

Winkel und Dreiecke darstellen Dreiecke untersuchen

Verstehen

Aus farbigen Strohhalmen legen Justin, Celina und Eric verschiedene Dreiecksformen.

Merke Dreiecke können nach ihren **Seitenlängen** eingeteilt werden:

Unregelmäßige Dreiecke haben drei verschieden lange Seiten.

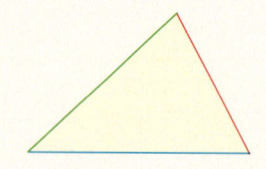

Gleichschenklige Dreiecke haben zwei gleich lange Seiten. Im gleichschenkligen Dreieck gibt es besondere Bezeichnungen.

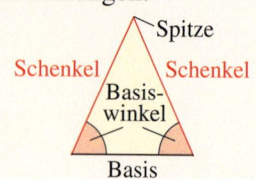

Spitze
Schenkel   Schenkel
Basiswinkel
Basis

Gleichseitige Dreiecke haben drei gleich lange Seiten.

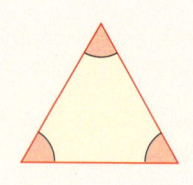

Es gibt auch andere Möglichkeiten, wie Dreiecke eingeteilt werden können.

Merke Dreiecke können nach ihren **Winkelgrößen** eingeteilt werden:

Spitzwinklige Dreiecke haben drei spitze Winkel.

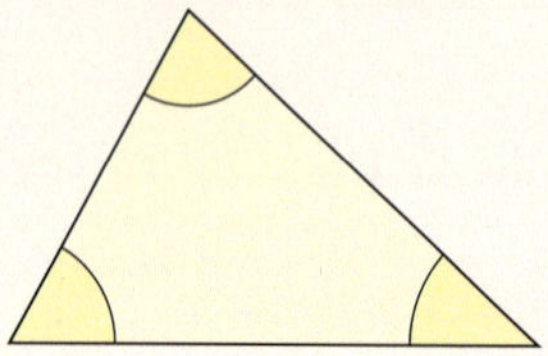

Rechtwinklige Dreiecke haben einen rechten Winkel.

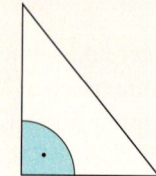

Stumpfwinklige Dreiecke haben einen stumpfen Winkel.

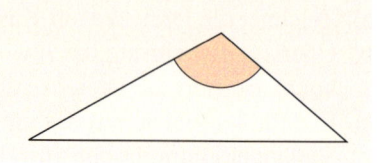

ZUR INFORMATION
Bei einem gleichschenkligen Dreieck sind die Basiswinkel gleich groß, bei einem gleichseitigem Dreieck sind sogar alle Winkel gleich.

In der Mathematik werden die Eckpunkte, die Seiten und die Winkel eines Dreiecks immer gleich bezeichnet.

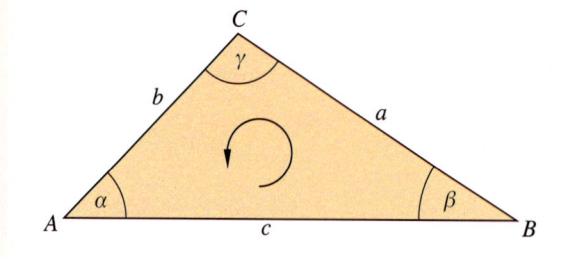

Die **Eckpunkte** werden (entgegen dem Uhrzeigersinn) mit Großbuchstaben bezeichnet.

Die **Seiten** werden mit Kleinbuchstaben bezeichnet: die Seite a liegt dem Punkt A gegenüber, die Seite b dem Punkt B, die Seite c dem Punkt C.

Die **Winkel** werden mit kleinen griechischen Buchstaben bezeichnet: der Winkel α gehört zum Eckpunkt A, der Winkel β zum Eckpunkt B, der Winkel γ zum Eckpunkt C.

HINWEIS
$\triangle ABC$ steht für ein Dreieck mit den Eckpunkten A, B und C.

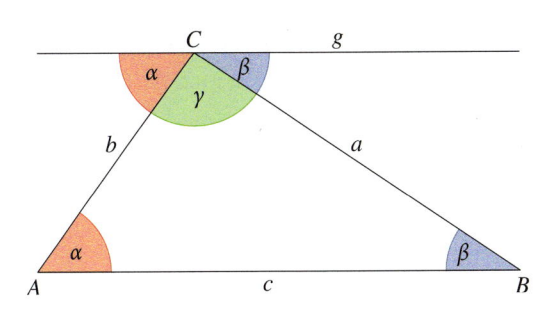

Winkel und Dreiecke darstellen   Dreiecke untersuchen

Die Gerade g ist parallel zur Dreiecksseite c.
Gleichfarbige Winkel sind gleich groß, weil es Stufenwinkel sind.
Wie du siehst, ergeben die drei verschiedenen Winkel zusammen einen gestreckten Winkel. Diese Zeichnung kannst du für jedes beliebige Dreieck anfertigen, der folgende Satz ist also immer gültig.

Merke In jedem Dreieck ist die Summe der Innenwinkelgrößen gleich 180°.
(Innenwinkelsatz für Dreiecke)

Kurz geschrieben: $\alpha + \beta + \gamma = 180°$

Beispiel 1

Wenn von einem Dreieck zwei Ecken abgeschnitten werden und an die dritte Seite angelegt werden, kannst du einen gestreckten Winkel erzeugen.

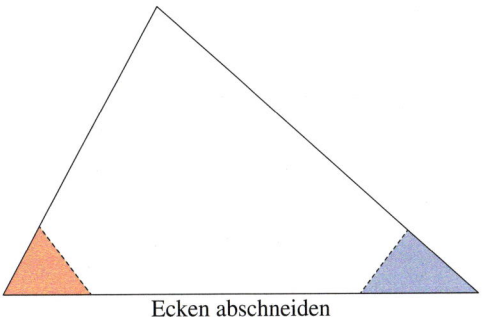

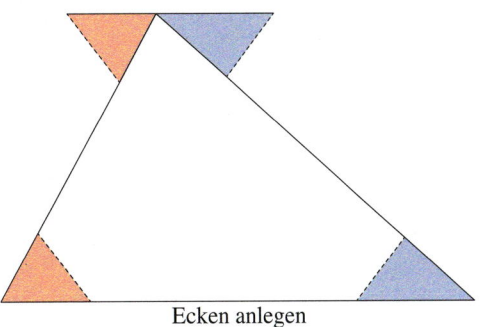

Ecken abschneiden   Ecken anlegen

Außerdem können die Beziehungen zwischen den Längen eines Dreiecks und zu der Größe der Innenwinkel beschrieben werden.

Merke In jedem Dreieck ist die Summe von zwei Seiten immer größer als die dritte Seite.
(Dreiecksungleichung)

Merke In jedem Dreieck liegt der größeren von zwei Seiten stets der größere Winkel gegenüber.
(Seiten-Winkel-Relation)

Beispiel 2

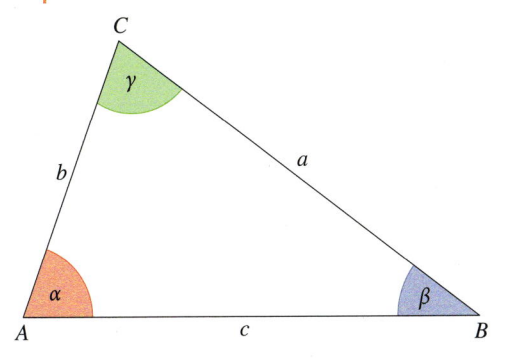

Im Dreieck ABC gilt:
$a + b > c$
$a + c > b$
$b + c > a$
Der größte Winkel ist α, also ist a auch die größte Seite.
Da b kleiner als c ist, ist auch β kleiner als γ.

Winkel und Dreiecke darstellen Dreiecke untersuchen

Üben und anwenden

1 Gib an, welche Dreiecke falsch beschriftet sind. Berichtige.
a) b) c) d)

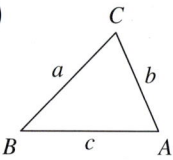

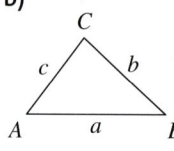

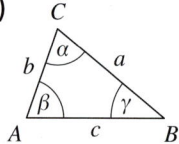

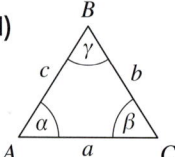

1 Zeichne die Dreiecke ab und vervollständige die Beschriftungen zu △ABC.
a) b) c) d)

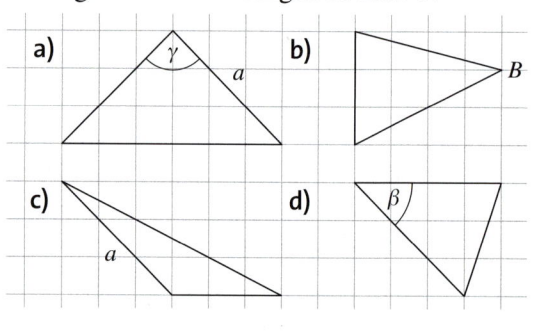

2 Betrachte die Dreiecke. Fülle die Tabelle ohne zu messen im Heft aus.

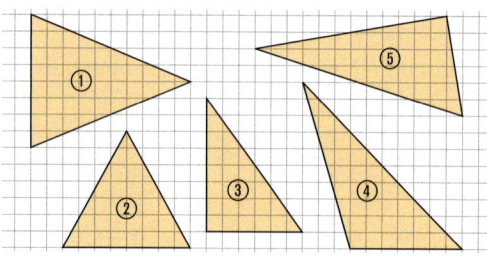

	①	②	③	④	⑤
spitzwinklig	✓				
rechtwinklig	−				
stumpfwinklig	−				
gleichschenklig					
gleichseitig					
unregelmäßig					

3 Schreibe jeweils die Dreiecksart nach Seiten *und* nach Winkeln auf.
Beispiel
Dreieck 1: unregelmäßig, rechtwinklig

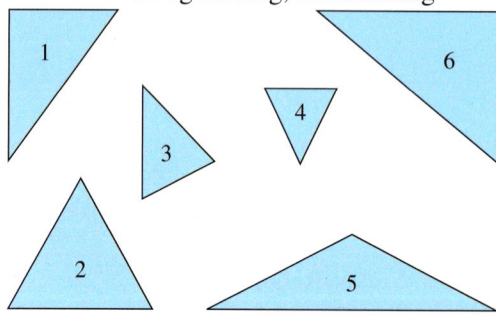

3 Finde Dreiecke in dieser Figur.
a) Notiere jeweils zwei gleichschenklige und zwei unregelmäßige Dreiecke.
Beispiel
gleichschenkliges Dreieck: △ABH
b) Notiere jeweils zwei spitzwinklige, zwei rechtwinklige und zwei stumpfwinklige Dreiecke. 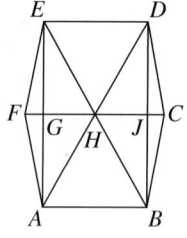

4 Zeichne die Figuren ab und spiegele sie an der Spiegelachse (blaue Linie). Betrachte die durch die Spiegelung entstandenen Dreiecke. Welche Sonderformen erkennst du?
a) b) c) d) 60°

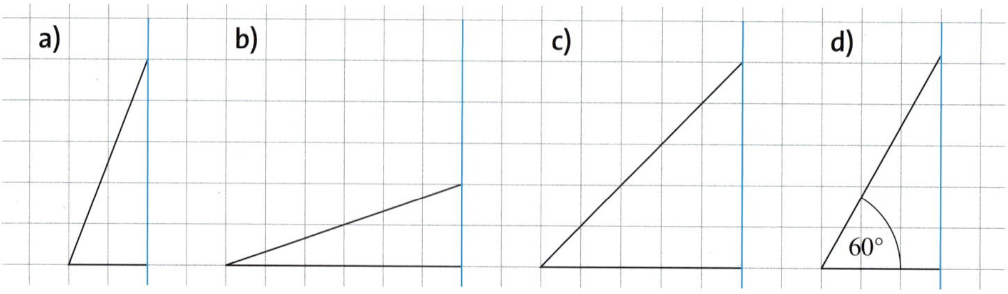

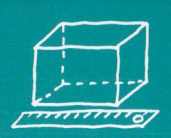

Winkel und Dreiecke darstellen Dreiecke untersuchen

5 Übertrage das Dreieck in dein Heft und zeichne die Symmetrieachsen ein.

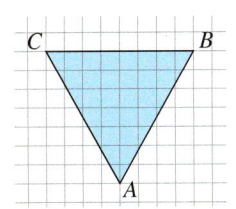

5 Übertrage die Dreiecke in ein Koordinatensystem. Trage alle Symmetrieachsen ein.
a) $A(2|1)$; $B(8|2,5)$; $C(3,5|7)$
b) $A(3|8,5)$; $B(1|4,5)$; $C(5|2,5)$
c) $A(9,5|3)$; $B(8|6,5)$; $C(4,5|8)$

ERINNERE DICH
Die Symmetrieachse (Spiegelgerade) zerlegt eine Figur in zwei Teile, die man deckungsgleich übereinanderklappen kann.

6 Durch Falten eines gleichschenkligen Dreiecks kann man die Symmetrieachse finden.
Beschreibe die beiden Dreiecke, die dabei entstehen.

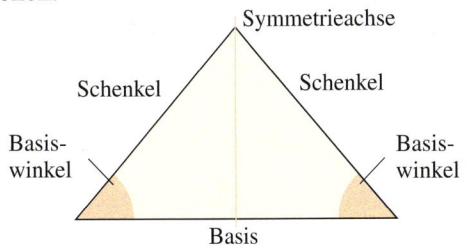

6 Suche Dreiecke in der Figur.
a) Wie viele gleichseitige (gleichschenklige, unregelmäßige) Dreiecke gibt es?
b) Wie viele spitzwinklige (rechtwinklige, stumpfwinklige) Dreiecke findest du?

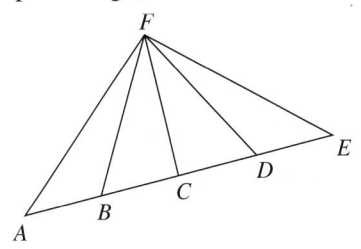

7 In der Tabelle sind Dreiecke nach ihren Symmetrieeigenschaften geordnet.
Übertrage die Tabelle ins Heft und fülle die Tabelle mit den entsprechenden Dreiecken aus.

Form \ Winkelart	spitzwinklig	rechtwinklig	stumpfwinklig	Anzahl der Symmetrieachsen
gleichseitig		–	–	3
gleichschenklig		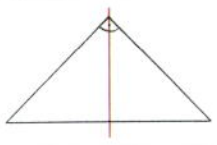		1
unregelmäßig				keine

8 Stellt auf dem Schulhof die verschiedenen Dreiecksformen dar. Überlegt euch vorher, welche Hilfsmittel ihr benötigt, damit die Dreiecke möglichst exakt werden. Fotografiert die verschiedenen Dreiecksformen.

9 Welche Behauptung ist richtig, welche falsch? Prüfe jeweils zeichnerisch.
a) Ein rechtwinkliges Dreieck kann auch zwei rechte Winkel haben.
b) Ein Dreieck mit drei gleich langen Seiten hat auch drei gleich große Winkel.
c) Wenn ein Dreieck zwei gleich große Winkel hat, dann ist es gleichschenklig.

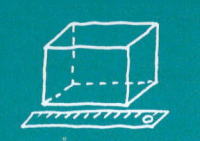

Winkel und Dreiecke darstellen Dreiecke untersuchen

HINWEIS
Beachte, dass die Zeichnungen in Aufgabe **10** nicht maßstäblich sind.

10 Ermittle die Größe der fehlenden Winkel.
a) [Dreieck mit Winkeln 72°, 45° und α]
b) [Dreieck mit Winkeln 34°, 90° und β]

10 Ermittle die Größe der fehlenden Winkel.
a) [gleichschenkliges Dreieck mit a = b, Winkel 56° an der Spitze, α und β als Basiswinkel]
b) [sich kreuzende Geraden mit Winkeln δ, γ, ε, 57°, 45°]

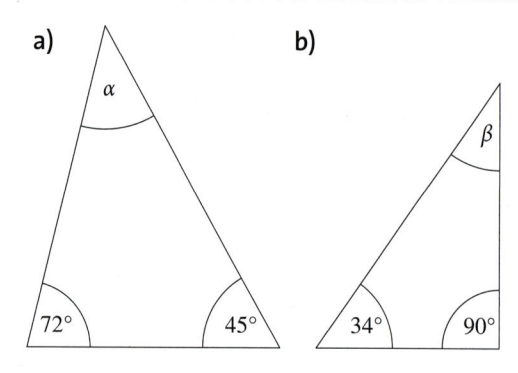

11 Gib für die folgenden Dreiecke die Dreiecksart nach Winkeln an.
a) α = 75°   β = 25°
b) α = 60°   γ = 80°
c) β = 40°   γ = 50°
d) α = 110°   β = 90°

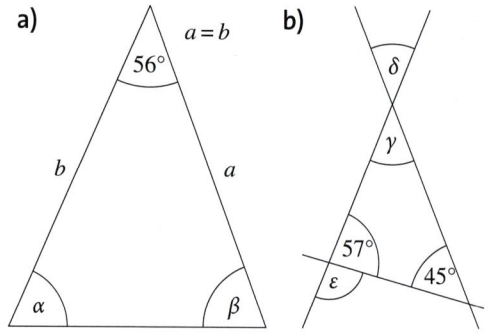

11 Gib für die folgenden Dreiecke die Dreiecksart nach Winkeln und nach Seiten an.
a) α = 43°   β = 74°
b) α = 77°   γ = 26°
c) β = 27°   γ = 46°
d) α = 73°   β = 17°

12 Schneide 5 mm breite Papierstreifen mit folgenden Längen aus:
3 cm; 5 cm; 6 cm; 8 cm; 9 cm; 10 cm
a) Überlege, welche Streifen du nicht zu einem Dreieck zusammensetzen kannst.
b) Überprüfe deine Entscheidung.
c) Setze mit dem 6 cm langen Streifen und je zwei weiteren drei verschiedene Dreiecke zusammen. Gib an, welche Dreiecksart du erhalten hast.

13 Begründe, warum die folgenden Dreiecke nicht konstruierbar sind.
a) a = 3 cm;   b = 9 cm;   c = 6 cm
b) a = 4 cm;   β = 70°;   γ = 110°
c) a = 3 cm;   b = 5 cm;   α = 90°
d) a = 5 cm;   b = 3 cm;   c = 10 cm
e) b = 3 cm;   c = 6 cm;   α = 190°
f) α = 30°;   β = 60°;   γ = 90°

13 Begründe, warum die folgenden Dreiecke nicht konstruierbar sind.
a) a = 22 cm; b = 9 mm;   c = 15 cm
b) a = 4 cm;   α = 88°;   β = 124°
c) a = 2 cm;   b = 25 mm;   α = 104°
d) a = 5 cm;   b = 20 mm;   c = 9 cm
e) b = 9 cm;   c = 80 mm;   γ = 95°
f) α = 43°;   β = 86°;   α = 129°

14 Übernehme die Tabelle in dein Heft.

	α	β	γ	Vergleiche.					
				α und β	α und γ	β und γ	a und b	a und c	b und c
(1)	52°	64°							
(2)	110°		60°						
(3)		100°			α = γ				
(4)							a = b	a = c	b = c
(5)		25°	105°						
(6)	92°	125°							

a) Ergänze die Tabelle für die Dreiecke ABC.
b) Gib für die Dreiecke die Dreieckart an.

Dreiecke konstruieren

Entdecken

1 Celina und Linus möchten gern wissen, wie hoch der Baum in ihrem Garten ist. Dazu peilen sie in genau 10 Meter Entfernung vom Baum dessen Spitze an. Sie messen einen Winkel von 34°.
Ermittle mithilfe einer maßstäblichen Zeichnung (1 cm entspricht einem Meter) die Höhe des Baums.

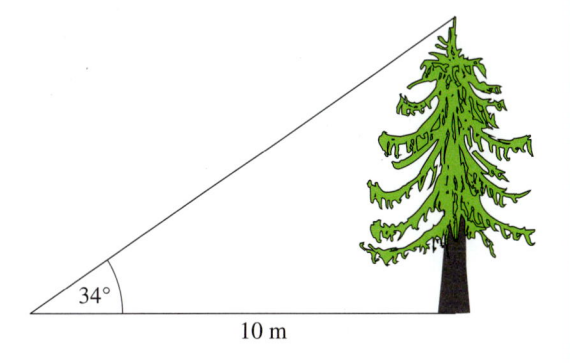

2 Marie soll als Hausaufgabe ein Dreieck zeichnen.
Da sie in der letzten Mathestunde gefehlt hat und es allein nicht schafft, lässt sie sich von ihrer Freundin Susan per Telefon die Konstruktion genau beschreiben.

> Zuerst musst du Strecke $\overline{AB}$ mit 6,5 cm zeichnen. Dann in Punkt A den Winkel $\alpha = 42°$ antragen. Zeichne jetzt die Seite b mit 4,7 cm. Dann musst du die Punkte C und B verbinden und du bist fertig. Denke daran das Dreieck zu beschriften.

a) Skizziere das Dreieck und markiere darin die gegebenen Größen.
b) Zeichne das Dreieck nach Susans Beschreibung ins Heft.

3 Die Konstruktionsbeschreibung für das Dreieck ist durcheinander geraten.
Bringe die Kärtchen in die richtige Reihenfolge und konstruiere aus den Angaben ein Dreieck mit den Seitenlängen 4 cm, 5 cm und 7 cm.
👥 Vergleiche dein Ergebnis mit deiner Nachbarin oder deinem Nachbarn.
Was fällt euch auf?

- Zeichne um den einen Endpunkt der Strecke einen vollständigen Kreis mit dem Radius 5 cm.
- Vervollständige zu einem Dreieck.
- Zeichne eine Strecke von 7 cm Länge.
- Zeichne um den anderen Endpunkt der Strecke einen vollständigen Kreis mit dem Radius 4 cm.

4 Zeichne zwei Punkte M_1 und M_2 mit einem Abstand von 5 cm zueinander ins Heft.
a) Ziehe um beide Mittelpunkte M_1 und M_2 jeweils einen Kreis mit dem Radius 4 cm.
b) Wiederhole die Zeichnung, aber dieses Mal mit dem Radius 2,5 cm und dann mit dem Radius 1,5 cm.
Was fällt dir auf?

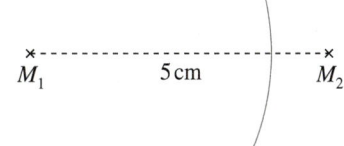

Winkel und Dreiecke darstellen — Dreiecke konstruieren

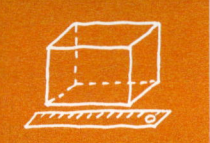

Verstehen

Claudio möchte wissen, ob die Dreiecke gleich sind. Dazu schneidet er sie zuerst aus. Dann versucht er, sie durch Drehen, Verschieben und Umklappen übereinander zu legen.
Passen sie genau, nennt man die Dreiecke **deckungsgleich** oder **kongruent**.

> **Merke** Wenn Dreiecke in den drei Seitenlängen und der Größe ihrer drei Winkel übereinstimmen, dann nennt man sie **zueinander kongruent** (Zeichen: ≅).

HINWEIS
Eine **Planfigur** ist eine einfache Zeichnung. Die gegebenen Stücke werden farbig hervorgehoben, auf genaue Maße darf man verzichten.

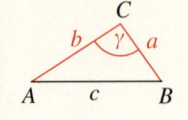

Um Dreiecke **eindeutig** zeichnen zu können, müssen nicht alle drei Seitenlängen und alle drei Winkelgrößen gegeben sein.

Beispiel 1 Im $\triangle ABC$ sind $a = 5{,}3$ cm, $b = 3{,}7$ cm und $\gamma = 105°$ gegeben.

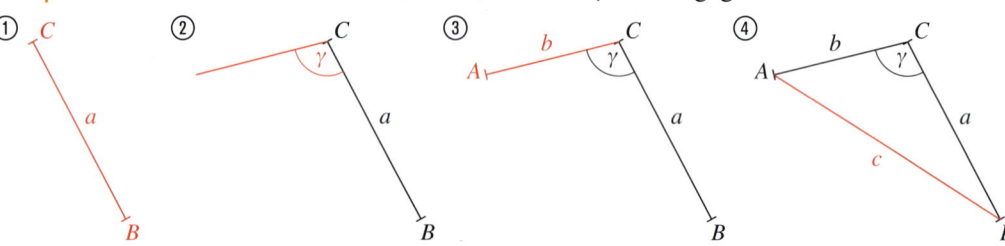

① Zeichne $a = 5{,}3$ cm.
② Zeichne in C an a den Winkel $\gamma = 105°$ an.
③ Verlängere den Schenkel von γ auf $b = 3{,}7$ cm. Endpunkt ist A.
④ Verbinde A und B.

> **Merke** Wenn Dreiecke in zwei Seiten und dem eingeschlossenen Winkel übereinstimmen, dann sind sie kongruent (**Kongruenzsatz SWS = S**eite-**W**inkel-**S**eite).

Auch bei drei anderen Bestimmungsstücken kann das Dreieck **eindeutig** konstruiert werden.

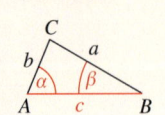

Beispiel 2 Im $\triangle ABC$ sind $c = 4{,}8$ cm, $\alpha = 40°$ und $\beta = 70°$ gegeben.

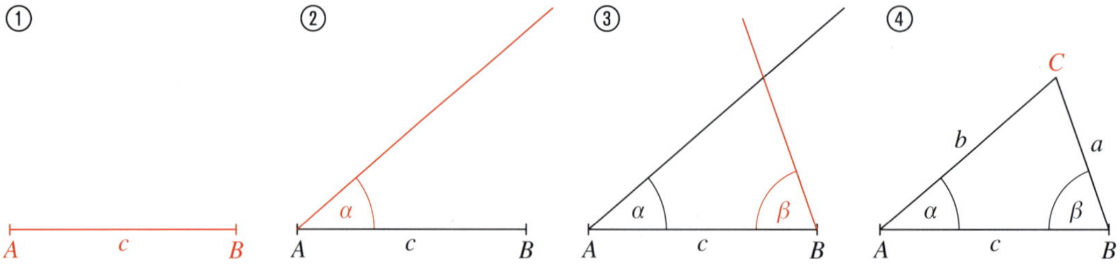

PLANFIGUR

① Zeichne $c = 4{,}8$ cm mit den Eckpunkten A und B.
② Zeichne in A an c den Winkel $\alpha = 40°$ an.
③ Zeichne in B an c den Winkel $\beta = 70°$ an.
④ Schnittpunkt der beiden Schenkel a und b ist C.

Alle Dreiecke, die nach diesen drei Angaben gezeichnet sind, haben gleiche Form und Größe. Auch die übrigen drei Bestimmungsstücke (a, b, γ) sind in diesen Dreiecken gleich groß.

> **Merke** Wenn Dreiecke in einer Seite und den beiden anliegenden Winkeln übereinstimmen, dann sind sie kongruent (**Kongruenzsatz WSW = W**inkel-**S**eite-**W**inkel).

Winkel und Dreiecke darstellen Dreiecke konstruieren

Henry möchte eine Landkarte von Sachsen maßstäblich abzeichnen.
Er beginnt mit der Lage von drei großen Städten zueinander und misst die Verbindungslinien der Städte:
$\overline{PG} = 6{,}8\,\text{cm}$; $\overline{GL} = 5{,}8\,\text{cm}$; $\overline{LP} = 3{,}1\,\text{cm}$

Aus den drei Längen kann er das Städtedreieck zeichnen, denn zur Konstruktion dieses Dreiecks genügen drei Angaben.

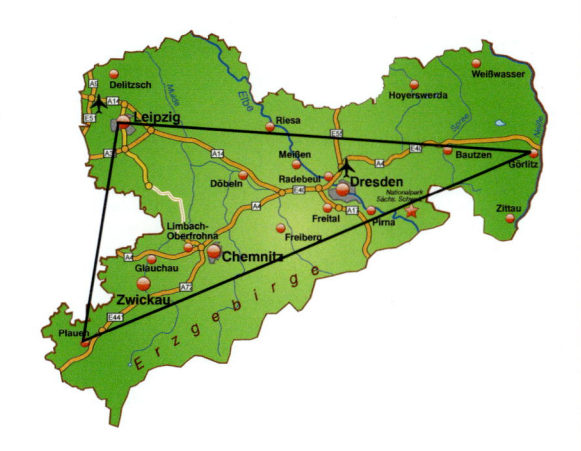

Beispiel 1
Im ΔABC sind $a = 1{,}6\,\text{cm}$; $b = 2{,}9\,\text{cm}$ und $c = 3{,}9\,\text{cm}$ gegeben.

PLANSKIZZE

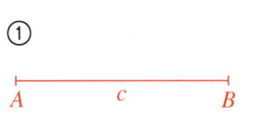

① Zeichne $c = 3{,}9\,\text{cm}$ mit den Eckpunkten A und B.

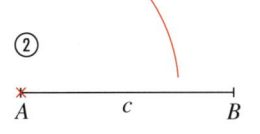

② Zeichne den Kreisbogen um A mit dem Radius $b = 2{,}9\,\text{cm}$.

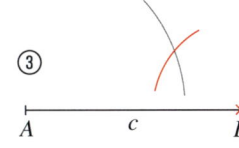

③ Zeichne den Kreisbogen um B mit dem Radius $a = 1{,}6\,\text{cm}$.

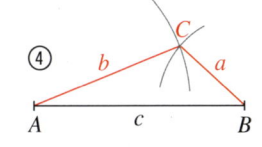

④ Schnittpunkt der beiden Kreisbögen ist C. Verbinde A mit C und B mit C und beschrifte die Seiten.

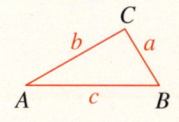

Alle Dreiecke, die nach diesen drei Angaben gezeichnet sind, haben gleiche Form und Größe. Auch die übrigen drei Bestimmungsstücke (α, β, γ) sind in diesen Dreiecken gleich groß.

> **Merke** Wenn Dreiecke in allen drei Seiten übereinstimmen, dann sind sie kongruent (**Kongruenzsatz SSS = S**eite-**S**eite-**S**eite).

Auch aus folgenden drei Bestimmungsstücken kann das Dreieck eindeutig konstruiert werden.

Beispiel 2
Im ΔABC sind $c = 3{,}2\,\text{cm}$; $\alpha = 30°$ und $a = 3{,}5\,\text{cm}$ gegeben.

PLANSKIZZE

① Zeichne $c = 3{,}2\,\text{cm}$ mit den Eckpunkten A und B.

② Zeichne in A an c den Winkel $\alpha = 30°$.

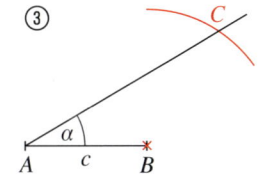

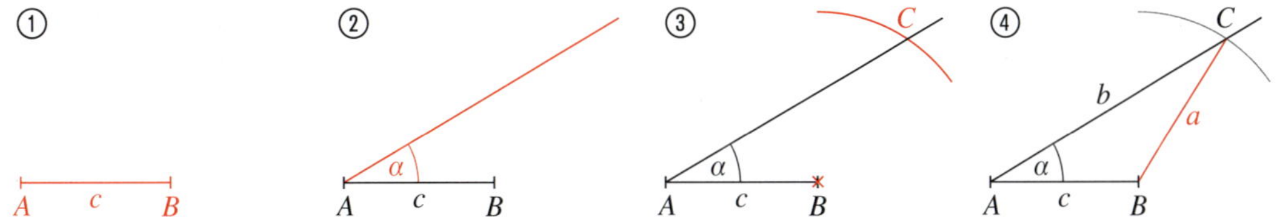

③ Zeichne den Kreisbogen um B mit dem Radius $a = 3{,}5\,\text{cm}$. Schnittpunkt des Kreisbogens mit dem Schenkel von b ist C.

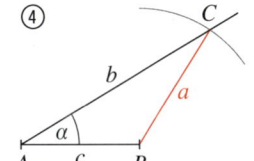

④ Verbinde B mit C und beschrifte die Seiten.

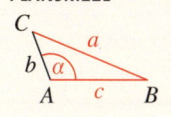

> **Merke** Wenn Dreiecke in zwei Seiten und dem Winkel übereinstimmen, der der längeren Seite gegenüber liegt, dann sind sie kongruent (**Kongruenzsatz SsW = S**eite-**s**eite-**W**inkel).

HINWEIS
Bei der Abkürzung **SsW** wird die kürzere Seite mit dem kleinen „s" bezeichnet.

115

Winkel und Dreiecke darstellen Dreiecke konstruieren

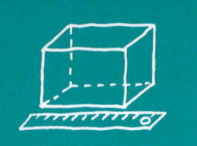

Üben und anwenden

1 Welche Dreiecke sind kongruent? Miss drei geeignete Größen.

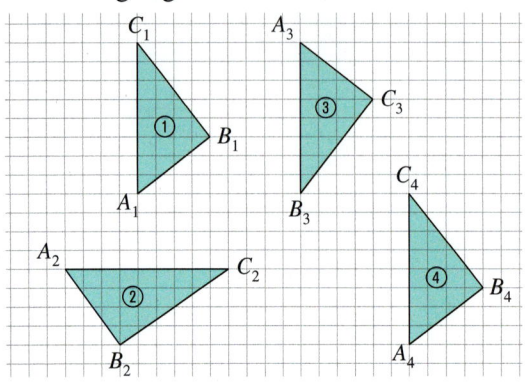

1 Übertrage $\triangle ABC$ und den Punkt C' in dein Heft.

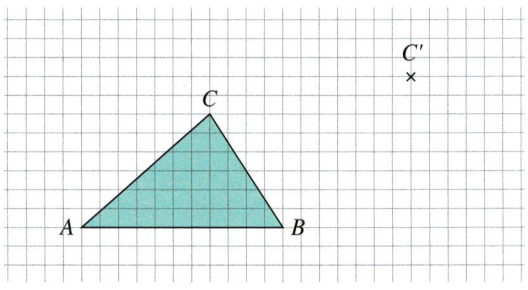

Verschiebe so, dass C auf C' liegt und das neue $\triangle A'B'C'$ kongruent zu $\triangle ABC$ ist.

2 Ordne folgende Angaben den Planskizzen ① bis ⑥ zu. Eine Planskizze bleibt übrig.
a) $a = 3{,}6\,\text{cm}$; $\gamma = 90°$; $\beta = 60°$
b) $b = 5\,\text{cm}$; $\beta = 50°$; $\gamma = 45°$
c) $a = b = c = 4{,}3\,\text{cm}$
d) $\alpha = \gamma = 65°$; $c = 7\,\text{cm}$
e) $\alpha = 25°$; $\beta = 111°$; $\gamma = 34°$

2 Erstelle Planskizzen.
Um welche besonderen Dreiecke handelt es sich jeweils?
a) $a = 6\,\text{cm}$; $a = b = c$
b) $b = 5{,}9\,\text{cm}$; $\alpha = 40°$; $\alpha = \gamma$
c) $\gamma = 90°$; $a = 5\,\text{cm}$; $c = 7\,\text{cm}$
d) $b = c = 4{,}5\,\text{cm}$; $\gamma = 55°$

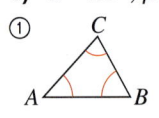

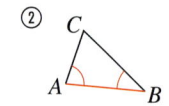

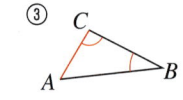

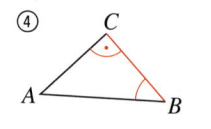

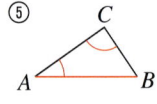

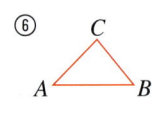

3 Zeichne das Dreieck ABC. Fertige zunächst eine Planskizze an.
a) $a = 4\,\text{cm}$; $\gamma = 60°$; $\beta = 85°$
b) $c = 6\,\text{cm}$; $\alpha = 45°$; $\beta = 76°$
c) $a = 8\,\text{cm}$; $\gamma = 92°$; $\beta = 27°$
d) $b = 6{,}7\,\text{cm}$; $\alpha = 80°$; $\gamma = 50°$

3 Zeichne das Dreieck ABC. Fertige zunächst eine Planskizze an.
a) $c = 3{,}9\,\text{cm}$; $\alpha = 52°$; $\beta = 82°$
b) $c = 4{,}2\,\text{cm}$; $\alpha = 100°$; $\beta = 45°$
c) $a = 6{,}2\,\text{cm}$; $\beta = 37°$; $\gamma = 74°$
d) $b = 5{,}4\,\text{cm}$; $\alpha = 65°$; $\gamma = 79°$

4 Zeichne das Dreieck ABC und beschreibe, wie du vorgegangen bist.
a) $c = 4\,\text{cm}$; $\alpha = 90°$; $\beta = 60°$
b) $a = 2{,}4\,\text{cm}$; $\beta = \gamma = 80°$
c) $b = 7\,\text{cm}$; $\alpha = 35°$; $\gamma = 95°$

4 Zeichne das Dreieck ABC und beschreibe, wie du vorgegangen bist.
a) $a = 3{,}5\,\text{cm}$; $\beta = 123°$; $\gamma = 23°$
b) $b = 5{,}9\,\text{cm}$; $\gamma = 55°$; $\alpha = 55°$
c) $c = 6{,}5\,\text{cm}$; $\alpha = 43°$; $\beta = 57°$

5 Zeichne die Figur aus einem Quadrat und vier zueinander kongruenten Dreiecken ab. Die folgenden Bestimmungsstücke der gelben Dreiecke sind gegeben:
$c = 5{,}3\,\text{cm}$; $\alpha = 59°$; $\beta = 31°$.
a) Beschreibe, wie du beim Zeichnen vorgegangen bist.
b) Gibt es eine möglichst geschickte Lösung? Vergleicht eure Ergebnisse untereinander.

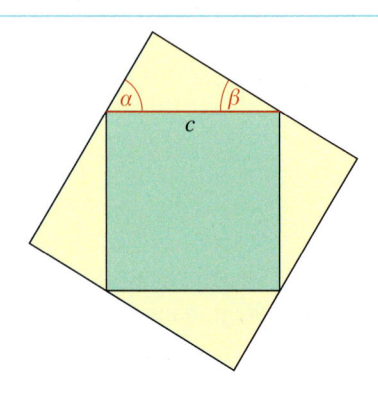

Winkel und Dreiecke darstellen Dreiecke konstruieren

6 Zeichne das Dreieck *ABC*.
a) $b = 6{,}5$ cm; $c = 9{,}3$ cm; $\alpha = 83°$
b) $a = 3{,}5$ cm; $c = 4{,}2$ cm; $\beta = 57°$
c) $b = 2{,}1$ cm; $c = 6{,}2$ cm; $\alpha = 79°$
d) $a = 3{,}4$ cm; $b = 3{,}9$ cm; $\gamma = 65°$

7 Zeichne das gleichschenklige Dreieck.
a) $c = 4{,}9$ cm; $\alpha = 71°$; es gilt $a = b$
b) $a = 6{,}3$ cm; $\gamma = 48°$; es gilt $c = b$
c) $b = 5{,}2$ cm; $\alpha = 35°$; es gilt $a = c$
d) $b = 6{,}1$ cm; $\alpha = 25°$; es gilt $b = c$
e) $a = 5{,}6$ cm; $\gamma = 50°$; es gilt $a = b$
f) $c = 4{,}9$ cm; $\alpha = 67°$; es gilt $b = c$

8 Das Dreieck *ABC* soll gezeichnet werden.
a) Bringe die Konstruktionsschritte in die richtige Reihenfolge.

① Kreisbogen um *C* mit $\overline{BC} = a = 5{,}2$ cm zeichnen.

② $\overline{AC} = b = 4$ cm zeichnen.

③ *A* und *B* verbinden.

④ Winkel $\gamma = 33°$ in Punkt *C* an Seite *b* antragen.

b) Konstruiere das Dreieck.
c) Miss alle Seiten und Winkel.

9 Wie weit sind die beiden Messlatten voneinander entfernt? Löse die Aufgabe mit einer maßstabsgerechten Zeichnung.

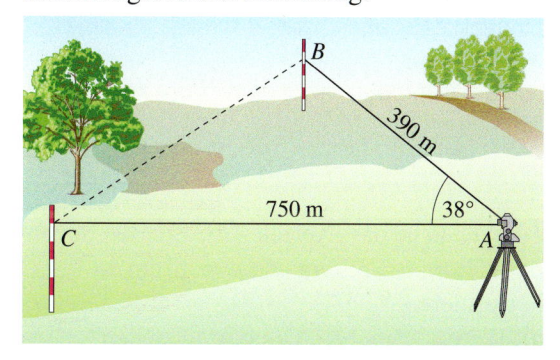

6 Zeichne das Dreieck *ABC*.
a) $a = 2{,}7$ cm; $c = 7{,}5$ cm; $\beta = 15°$
b) $b = 5{,}4$ cm; $c = 5{,}4$ cm; $\alpha = 45°$
c) $a = 5{,}6$ cm; $b = 2{,}8$ cm; $\gamma = 60°$
d) $a = b = 4$ cm; $\alpha = \beta = 60°$

7 Zeichne das Dreieck *ABC* und gib eine Konstruktionsbeschreibung an.
a) $b = 3{,}8$ cm; $c = 4{,}4$ cm; $\alpha = 60°$
b) $b = 5{,}2$ cm; $c = 6{,}1$ cm; $\alpha = 90°$
c) $a = 3{,}5$ cm; $c = 6{,}4$ cm; $\beta = 37°$
d) $a = 2$ cm; $b = 5$ cm; $\gamma = 115°$
e) $a = 33$ mm; $b = 36$ mm; $\gamma = 85°$

8 Zeichne diese Figur, die aus acht rechtwinkligen Dreiecken besteht. Beginne mit dem kleinsten Dreieck. Bei genauer Konstruktion muss die längste Seite im größten Dreieck 3 cm lang sein. Prüfe, wie genau du konstruiert hast.

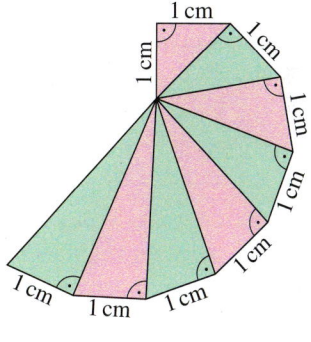

9 Die Schenkel einer aufklappbaren Leiter sind jeweils 2,20 m lang. Klappt man die Leiter auf und stellt sie hin, beträgt der Öffnungswinkel zwischen den Schenkeln 60°.
a) Zeichne zuerst eine Planfigur.
b) Wie hoch reicht die Leiter?
c) Wie weit stehen die Füße auseinander?

ZUR INFORMATION
Zu einer kom-pletten geome-trischen Lösung gehören:
– Planfigur
– Zeichnung
– Konstruktionsbeschreibung

ERINNERE DICH
Der Maßstab 1:10 bedeutet: 1 cm im Bild sind 10 cm in Wirklichkeit.

10 Die Klasse 7 b erhält die Aufgabe, aus $\alpha = 37°$, $\beta = 82°$ und $\gamma = 61°$ ein Dreieck zu zeichnen. Beim Vergleichen mit seinen Nachbarn stellt Noah fest, dass jeder ein anderes Dreieck gezeichnet hat.
a) Zeichnet ein Dreieck nach den Angaben und vergleicht untereinander.
b) Sucht eine Begründung für die unterschiedlichen Lösungen.

117

Winkel und Dreiecke darstellen — Dreiecke konstruieren

ZUM WEITERARBEITEN
Notiere in deinem Merkheft häufig verwendete Konstruktionsbefehle mit einer passenden Zeichnung.

11 Konstruiere das Dreieck ABC. Wie bist du dabei vorgegangen?
a) $a = 7\,\text{cm}$; $b = 4\,\text{cm}$; $c = 5\,\text{cm}$
b) $a = 6\,\text{cm}$; $b = 4\,\text{cm}$; $c = 8\,\text{cm}$
c) $a = 5,4\,\text{cm}$; $b = 3,7\,\text{cm}$; $c = 6,5\,\text{cm}$
d) $a = 6,1\,\text{cm}$; $b = 6,5\,\text{cm}$; $c = 4,4\,\text{cm}$

11 Konstruiere das Dreieck ABC und gib eine Konstruktionsbeschreibung an.
a) $a = 4,5\,\text{cm}$; $b = 3,5\,\text{cm}$; $c = 5,5\,\text{cm}$
b) $a = 7,1\,\text{cm}$; $b = 5,2\,\text{cm}$; $c = 42\,\text{mm}$
c) $a = 22\,\text{mm}$; $b = 6,7\,\text{cm}$; $c = 7,3\,\text{cm}$
d) $a = 48\,\text{mm}$; $b = 5,2\,\text{cm}$; $c = 0,5\,\text{dm}$

12 Konstruiere das Dreieck ABC. Betrachte die Seitenlängen und gib die Dreiecksart an.
a) $a = 8\,\text{cm}$; $b = c = 5\,\text{cm}$
b) $a = c = 6\,\text{cm}$; $b = 5\,\text{cm}$
c) $a = b = c = 4\,\text{cm}$
d) $a = 10\,\text{cm}$; $b = 5\,\text{cm}$; $c = 7\,\text{cm}$

12 Konstruiere das Dreieck ABC. Was für ein Dreieck entsteht jeweils?
a) $a = b = 6,2\,\text{cm}$; $c = 4,6\,\text{cm}$
b) $a = c = 3,7\,\text{cm}$; $b = 5,9\,\text{cm}$
c) $a = b = c = 5,3\,\text{cm}$
d) $a = 4,8\,\text{cm}$; $b = 6\,\text{cm}$; $c = 3,6\,\text{cm}$

13 Konstruiere die Dreiecke ABC und ABD nach der Konstruktionsbeschreibung.
1. Zeichne $c = 4,5\,\text{cm}$.
2. Zeichne um A einen Kreis ($b = 6\,\text{cm}$).
3. Zeichne um B einen Kreis ($a = 3\,\text{cm}$).
4. Die Kreise schneiden sich in C und D.
5. Verbinde C mit A und mit B, ebenso D.

13 Konstruiere das Dreieck ABC nach dieser Kurzbeschreibung:
1. $\overline{AC} = 4,5\,\text{cm}$ zeichnen
2. Kreisbogen um A mit $c = 5\,\text{cm}$
3. Kreisbogen um C mit $a = 4,2\,\text{cm}$
4. Schnittpunkt ist B
5. ABC verbinden

NACHGEDACHT
Zeichne ein gleichseitiges Dreieck mit $a = 5\,\text{cm}$ in dein Heft.
Hast du genügend Bestimmungsstücke gegeben? Begründe.

14 Zeichne das Windrad in dein Heft. Das Windrad besteht aus acht zueinander kongruenten Dreiecken.
1. Beginne mit den grünen Flächen.
2. Ergänze anschließend die gelben Flächen.

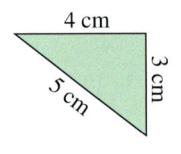

15 Zeichne den Stern in dein Heft.
Beginne so:
Zeichne das gleichseitige Dreieck ABC mit $\overline{AB} = 12\,\text{cm}$ und dann das gleichseitige Dreieck DEF mit $d = 4\,\text{cm}$.

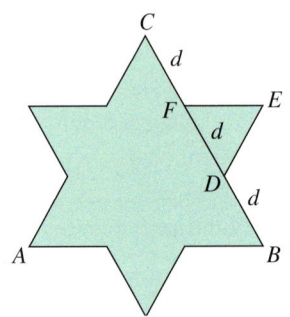

15 Zeichne den Stern in dein Heft.
Beginne so:
Zeichne die Geraden g und h ($g \perp h$). Zeichne dann das Dreieck ABC mit $\overline{AC} = 5,1\,\text{cm}$, $\overline{AB} = 2,4\,\text{cm}$ und $\overline{BC} = 3,8\,\text{cm}$.

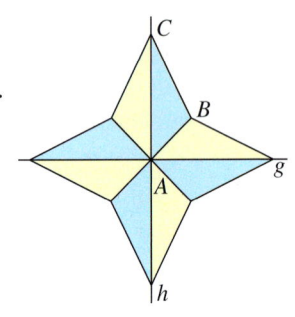

16 Versuche das Dreieck ABC mit $a = 6\,\text{cm}$, $b = 3\,\text{cm}$ und $c = 2\,\text{cm}$ zu konstruieren. Beginne mit der längsten Seite.
a) Warum ist dies nicht möglich?
b) Wie muss die Seitenlänge von a geändert werden, damit sich ein Dreieck ergibt?
c) Was muss für die längste Seite gelten, damit sich ein Dreieck aus drei Seitenlängen konstruieren lässt?

16 Versuche das Dreieck ABC mit den Seiten $a = 2,7\,\text{cm}$, $b = 3,3\,\text{cm}$ und $c = 7,2\,\text{cm}$ zu konstruieren.
a) Warum kann kein Dreieck entstehen?
b) Formuliere, was erfüllt sein muss, damit man aus drei Seitenangaben ein Dreieck zeichnen kann.
c) Ändere beim Dreieck ABC eine Seitenlänge, sodass sich ein Dreieck ergibt.

Winkel und Dreiecke darstellen Dreiecke konstruieren

17 Fertigt jeweils eine Planskizze an.
Welcher Winkel muss angegeben werden, damit eine Kongruenz nach SsW vorliegt?
a) $a = 3{,}6$ cm; $c = 4{,}8$ cm
b) $b = 8{,}9$ cm; $c = 6{,}7$ cm
c) $b = 3{,}4$ cm; $a = 11{,}3$ cm
d) $a = 6{,}3$ cm; c $= 6{,}5$ cm

18 Konstruiere das Dreieck ABC mit $b = 6$ cm, $c = 4$ cm und $\beta = 95°$.
Beachte die Planskizze.
Erstelle eine Konstruktionsbeschreibung.

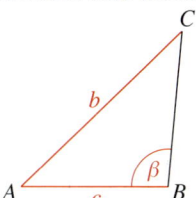

18 Prüfe, ob der Winkel gegeben ist, der der größeren Seite gegenüberliegt. Falls ja, konstruiere das Dreieck.
Fertige zu einem Dreieck eine Konstruktionsbeschreibung an.
a) $a = 7$ cm; $b = 4{,}8$ cm; $\beta = 73°$
b) $c = 4{,}3$ cm; $a = 6{,}9$ cm; $\alpha = 37°$
c) $b = 3{,}4$ cm; $c = 11{,}3$ cm; $\beta = 104°$
d) $a = 6{,}3$ cm; $c = 6{,}5$ cm; $\gamma = 54°$

19 Zeichne das Dreieck ABC.
a) $a = 3{,}8$ cm; $c = 5{,}4$ cm; $\gamma = 70°$
b) $a = 3{,}9$ cm; $b = 6{,}4$ cm; $\beta = 54°$
c) $b = 4{,}2$ cm; $c = 4{,}7$ cm; $\gamma = 40°$

19 Zeichne das Dreieck ABC.
a) $a = 2{,}8$ cm; $c = 2$ cm; $\alpha = 87°$
b) $b = 33$ mm; $c = 40$ mm; $\gamma = 66°$
c) $a = 50$ mm; $c = 91$ mm; $\gamma = 122°$

20 Betrachte die Angaben des Dreiecks ABC. Entscheide, ob es eindeutig konstruierbar ist. Falls ja, konstruiere das Dreieck ABC.
a) $a = 3{,}7$ cm; $c = 4{,}9$ cm; $\gamma = 72°$
b) $c = 4{,}8$ cm; $b = 5{,}2$ cm; $\gamma = 55°$
c) $b = 4{,}5$ cm; $a = 3{,}7$ cm; $\beta = 68°$
d) $a = 3{,}5$ cm; $c = 5{,}6$ cm; $\alpha = 30°$
e) $b = 6{,}3$ cm; $c = 3{,}7$ cm; $\beta = 95°$
f) $c = 6{,}3$ cm; $a = 4{,}7$ cm; $\alpha = 27°$

20 Konstruiere nur die Dreiecke, die eindeutige Angaben nach SsW haben.
a) $b = 1{,}7$ cm; $c = 2{,}5$ cm; $\beta = 38°$
b) $a = 4{,}5$ cm; $b = 8$ cm; $\beta = 26°$
c) $a = 3{,}2$ cm; $c = 5{,}4$ cm; $\alpha = 31°$
d) $a = 1{,}4$ cm; $c = 2{,}8$ cm; $\gamma = 58°$
e) $b = 51$ mm; $c = 64$ mm; $\gamma = 69°$
f) $a = 79$ mm; $c = 34$ mm; $\alpha = 144{,}5°$

21 Auf welcher Höhe befindet sich die Bergstation der Seilbahn?
Konstruiere ein Dreieck im Maßstab 1 : 100 000 und lies die Höhe ab.
Entnimm alle Angaben der Zeichnung unten.
Tipp:
Beim Maßstab 1 : 100 000 entspricht 1 cm in der Zeichnung 1 km in Wirklichkeit.

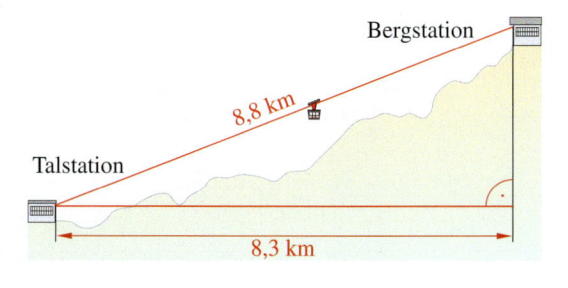

21 Aachen liegt am Dreiländereck, an dem Deutschland an Belgien und die Niederlande grenzt. Auf dem „Dreilandenpunkt" steht der Baudouinturm, von dem man Aachens Dom und Universitätsklinik sehen kann.
In der Karte bilden die Luftlinien vom Turm zum Klinikum und zum Dom einen 41°-Winkel. Klinikum und Dom sind 10,5 km voneinander entfernt, Turm und Klinikum 9 km. 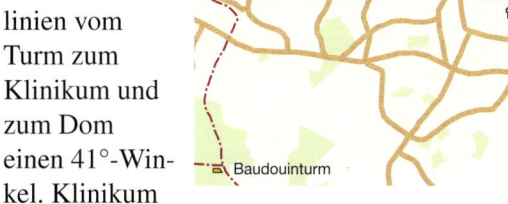 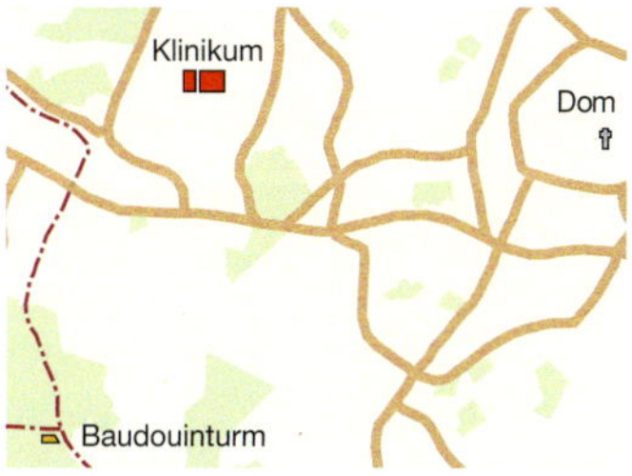
Zeichne das Dreieck verkleinert im Maßstab von 1:100 000 ins Heft und bestimme die Entfernung vom Aussichtsturm zum Dom.

Winkel und Dreiecke darstellen

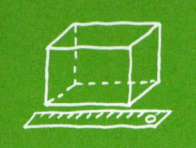

Methode: Dreiecke mit dem Computer konstruieren

Mithilfe eines Computerprogramms kann man ebenso wie auf Papier geometrische Konstruktionen ausführen. Das dazu benötigte Programm ist eine dynamische Geometrie-Software, entsprechend der Anfangsbuchstaben abgekürzt DGS.
Die Arbeit mit einer dynamischen Geometrie-Software bietet Vorteile: Figuren können schnell und genau konstruiert werden, aber auch bewegt und dynamisch verändert werden.
Die fertigen Zeichnungen können gespeichert und ausgedruckt werden.

1 Grundwerkzeuge

Mache dich mit den Werkzeugen des Programms vertraut. Zeichne einige Grundelemente wie Strecke, Kreis oder Dreieck.
Bei einigen Programmen erhältst du, wenn du auf den Rand der Werkzeug-Schaltfläche klickst, weitere Werkzeuge. Probiere die einzelnen Werkzeuge aus.

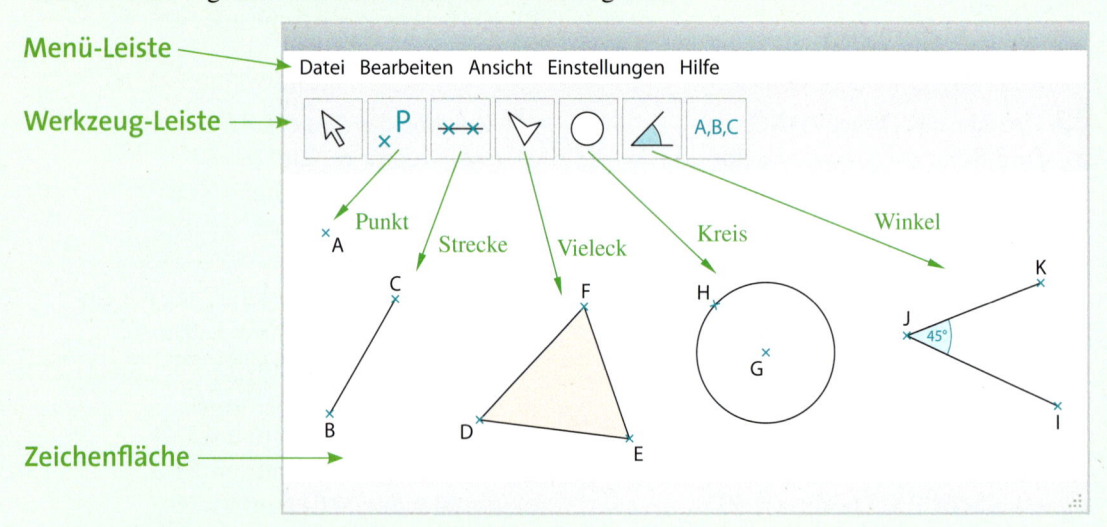

BEACHTE
Bei der Eingabe von Dezimalbrüchen musst du bei einigen Programmen statt des Kommas einen Punkt eingeben.
Beispiel
Für 2,75 cm schreibt man 2.75 in das Dialogfenster.

2 Konstruktion verschiedener Dreiecksarten

a) Führe die Konstruktionsschritte wie im Bild für ein rechtwinkliges Dreieck aus. Notiere in einem Merkheft, welche Werkzeuge des Programms du benutzt hast.
b) Konstruiere ein gleichseitiges und ein gleichschenkliges Dreieck. Notiere jeweils, welche Schritte du im Programm ausgeführt hast.

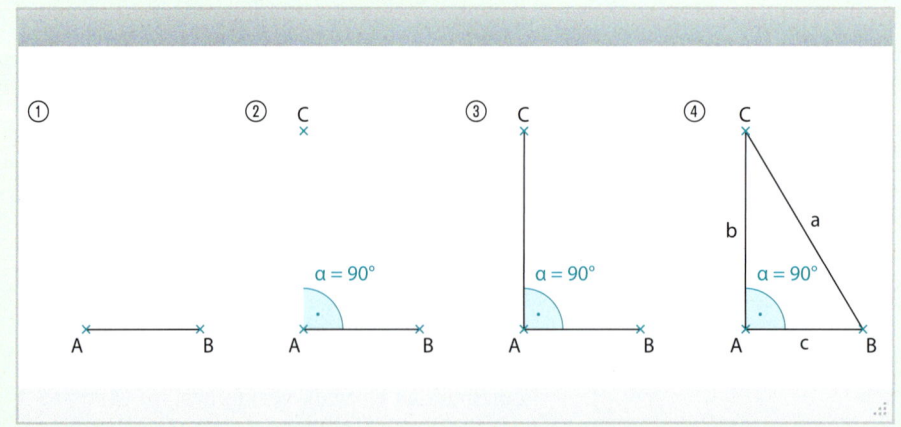

Winkel und Dreiecke darstellen

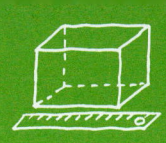

3 Koordinatensystem und Gitterlinien
Auf der Zeichenfläche kann man ein Koordinatensystem und Gitterlinien einblenden.
a) Zeichne das nebenstehende Dreieck über die Eckpunkte ab.
   Welche Dreiecksform ist entstanden?
b) Zeichne weitere Dreiecke mithilfe ihrer Eckpunkte.
   Beschreibe jeweils ihre Form.
   ① $\triangle ABC$ mit
   $A(-4|-2)$, $B(1|3)$, $C(-2|6)$
   ② $\triangle DEF$ mit
   $D(2|3)$, $E(-2|-5)$, $F(6|-5)$
   ③ $\triangle GHI$ mit
   $G(6|4)$, $H(-6|0)$, $I(-1|-1)$

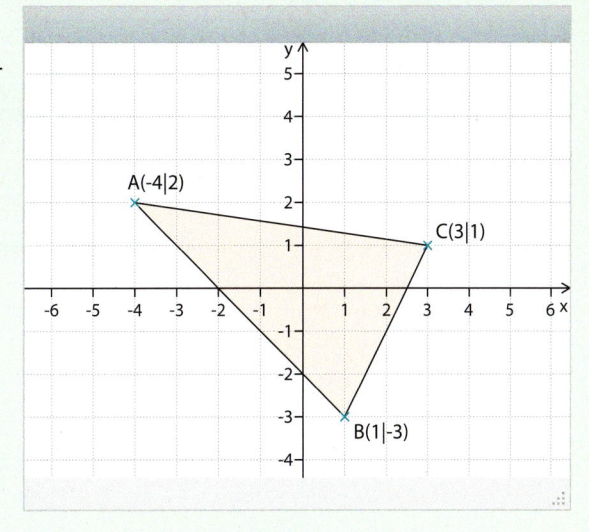

4 Mit dem Zirkel arbeiten
Konstruiere folgende Dreiecke.
a) $a = 4$ cm,
   $b = 5$ cm,
   $c = 7$ cm
b) $a = b = 4,5$ cm,
   $c = 6,3$ cm
c) $a = b = c = 5,3$ cm
d) $a = b = 4,5$ cm,
   $c = 10$ cm
   Was fällt dir auf?

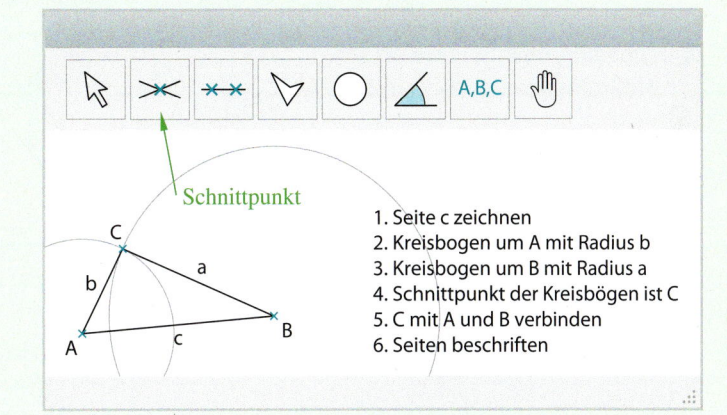

1. Seite c zeichnen
2. Kreisbogen um A mit Radius b
3. Kreisbogen um B mit Radius a
4. Schnittpunkt der Kreisbögen ist C
5. C mit A und B verbinden
6. Seiten beschriften

5 Ergebnisse ausdrucken
a) Konstruiere das Dreieck nachfolgender Kurzbeschreibung und drucke die Zeichnung aus.
   ① $\overline{AC} = 4,7$ cm   ② in Punkt A Winkel $\alpha = 41°$
   ③ von A aus Strahl durch Endpunkt des Schenkels   ④ in Punkt C Winkel $\gamma = 70°$
   ⑤ von C aus Strahl durch Endpunkt des Schenkels
   ⑥ Schnittpunkt der beiden Strahlen ist B   ⑦ Dreieck beschriften (siehe 6)
b) Nach welchem Kongruenzsatz ist das Dreieck konstruiert?

6 Konstruktionen beschriften
a) Konstruiere das Dreieck, beginne mit $\overline{BC}$.
   Benutze das Werkzeug zur Beschriftung, um die Bestimmungsstücke zu benennen.
b) Zeichne und beschrifte das folgende Dreieck:
   $b = 4,2$ cm,
   $a = 6$ cm,
   $\alpha = 43°$

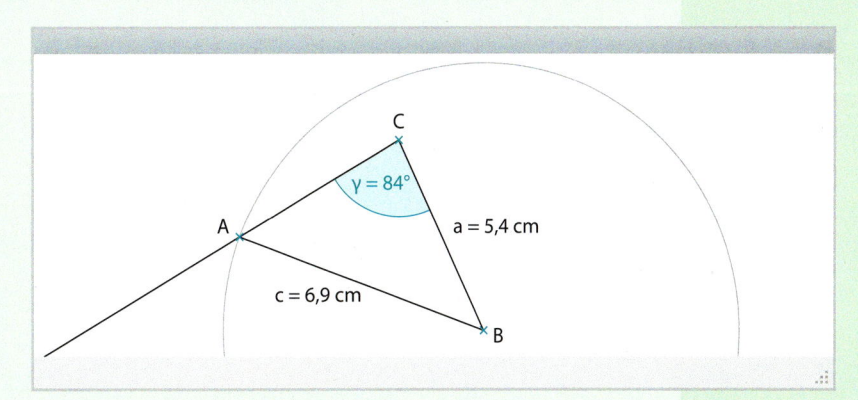

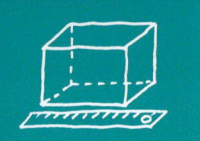

Klar so weit?

→ Seite 104

Winkelbezeichnungen erkennen

1 Betrachte die Geradenkreuzung.
a) Wie heißt der Scheitelwinkel von α?
b) Nenne die Nebenwinkel von β.
c) Berechne β, γ und δ für α = 47°
(α = 55°).

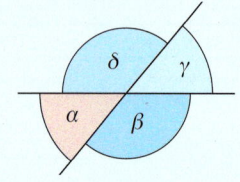

1 Begründe, weshalb die eingefärbten Winkel gleich groß sind.
a) 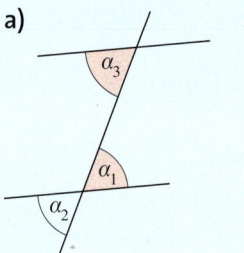
b)

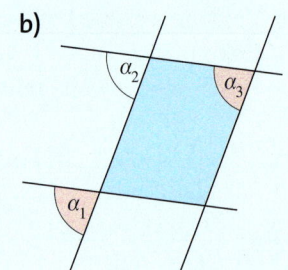

2 Rechts siehst du den Querschnitt eines Deichs.
a) Erkläre, wie die Winkel gemessen wurden.
b) Finde alle Innenwinkel heraus. Erkläre, wie du vorgegangen bist.

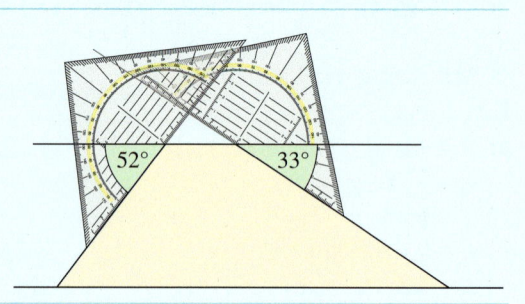

52°   33°

3 Bestimme alle eingezeichneten Winkelgrößen ($\alpha_1 = 23°$).

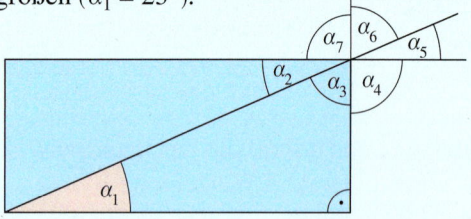

3 Bestimme alle eingezeichneten Winkelgrößen.

$\alpha_1 = 18°$
$\alpha_1 = \alpha_3$

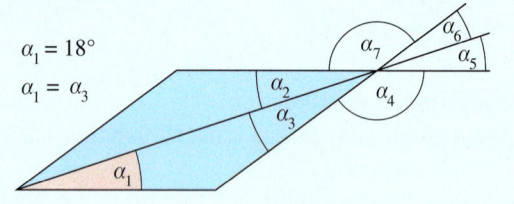

4 Berechne die fehlenden Winkel.
a) γ, 70°, 70°
b) 60°, 60°, β
c) 25°, 125°, β
d) 75°, β

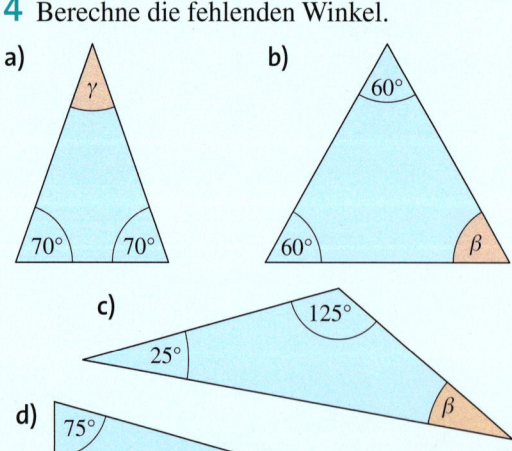

4 Berechne die fehlenden Winkel.
a) γ, 47°, 35°
b) α, 21°, 84°
c) γ_1, 30°, 60°, β
d) q, p, β, 45°, γ_2, γ_1, p = q

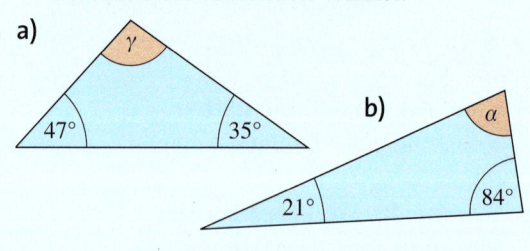

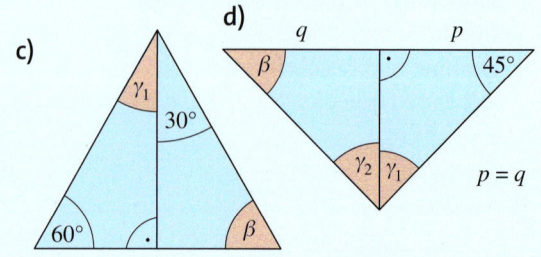

Winkel und Dreiecke darstellen

Dreiecke untersuchen

→ Seite 108

5 Betrachte die Dreiecke. Übertrage die Tabelle in dein Heft und kreuze für jedes Dreieck an, welche Eigenschaften es besitzt.

	①	②	③	④
spitzwinklig				
rechtwinklig				
stumpfwinklig				
gleichschenklig				
gleichseitig				
unregelmäßig				

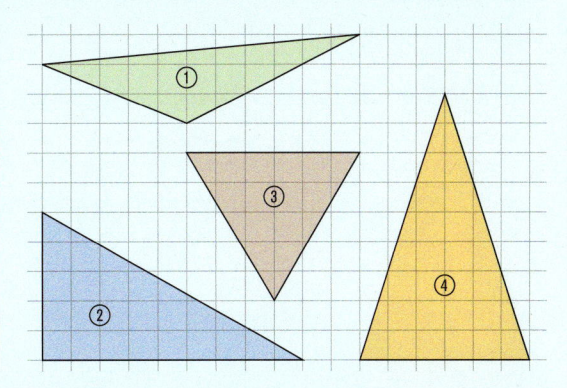

Dreiecke konstruieren

→ Seite 114

6 Zeichne das Dreieck ABC.
a) $a = 4\,\text{cm}$; $\beta = 27°$; $\gamma = 140°$
b) $b = 6,8\,\text{cm}$; $\gamma = 42°$; $\alpha = 80°$

6 Zeichne das Dreieck ABC.
a) $c = 4,9\,\text{cm}$; $\alpha = 61°$; $\beta = 46°$
b) $b = 5,2\,\text{cm}$; $\gamma = 23°$; $\alpha = 126°$

7 Zeichne das Dreieck ABC und beschreibe, wie du vorgegangen bist.
a) $b = 3,8\,\text{cm}$; $c = 4,4\,\text{cm}$; $\alpha = 60°$
b) $a = 3,5\,\text{cm}$; $c = 6,4\,\text{cm}$; $\beta = 35°$

7 Zeichne das Dreieck ABC und beschreibe, wie du vorgegangen bist.
a) $a = 33\,\text{mm}$; $b = 3,6\,\text{cm}$; $\gamma = 87°$
b) $b = c = 5,4\,\text{cm}$; $\alpha = 45°$

8 Welche Dreiecke sind eindeutig konstruierbar, welche nicht? Begründe.

a) $\alpha = 70°$; $\beta = 39°$; $\gamma = 71°$
b) $\alpha = 97°$; $b = 5,7\,\text{cm}$; $c = 9\,\text{cm}$
c) $\beta = 150°$; $a = 7,3\,\text{cm}$; $\gamma = 85°$

9 Konstruiere das Dreieck ABC und gib eine Konstruktionsbeschreibung an.
a) $a = 4,7\,\text{cm}$; $b = 5,2\,\text{cm}$; $c = 3,9\,\text{cm}$
b) $a = 2,8\,\text{cm}$; $b = 5,9\,\text{cm}$; $c = 4,5\,\text{cm}$
c) $a = 5,5\,\text{cm}$; $b = 3,3\,\text{cm}$; $c = 3,6\,\text{cm}$

9 Konstruiere das Dreieck ABC und gib eine Konstruktionsbeschreibung an.
a) $a = 2,4\,\text{cm}$; $b = 7\,\text{cm}$; $c = 7,4\,\text{cm}$
b) $a = 4,8\,\text{cm}$; $b = 5,7\,\text{cm}$; $a = c$
c) $a = b = c = 3,6\,\text{cm}$

10 Zeichne das Dreieck ABC. Fertige zunächst eine Planskizze an.
a) $c = 3\,\text{cm}$; $a = 4,2\,\text{cm}$ und $\alpha = 72°$
b) $c = 3,5\,\text{cm}$; $b = 5,5\,\text{cm}$ und $\beta = 135°$

10 Zeichne das Dreieck ABC. Fertige zunächst eine Planskizze an.
a) $a = 2,7\,\text{cm}$; $c = 5,1\,\text{cm}$ und $\gamma = 101°$
b) $b = 4,7\,\text{cm}$; $a = 3,3\,\text{cm}$ und $\beta = 73°$

11 Konstruiere nur die Dreiecke, die eindeutig konstruierbar sind. Eine Planskizze hilft.
a) $a = 6,3\,\text{cm}$; $b = 4,2\,\text{cm}$; $\gamma = 63°$
b) $c = 4,5\,\text{cm}$; $b = 9,7\,\text{cm}$; $a = 5,1\,\text{cm}$
c) $\alpha = 39°$; $c = 6,7\,\text{cm}$; $a = 4,4\,\text{cm}$
d) $b = 5,1\,\text{cm}$; $c = 6,9\,\text{cm}$; $\gamma = 98°$

11 Konstruiere das Dreieck ABC mit $c = 4\,\text{cm}$, $a = 5,5\,\text{cm}$ und $\alpha = 50°$.
a) Ändere die Länge der Seite a so, dass zwei Dreiecke konstruiert werden können.
b) Mit welchen Längen für a ist das Dreieck gar nicht konstruierbar?

Vermischte Übungen

1 Gib die Größe der benannten Winkel an und begründe.

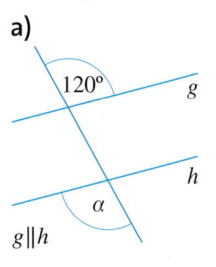

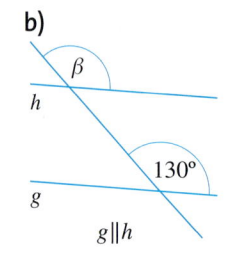

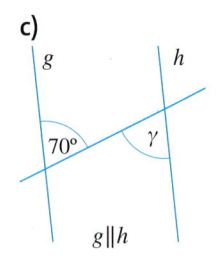

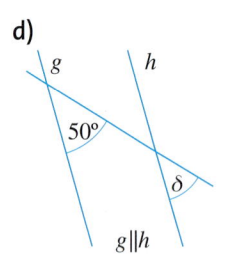

a) 120°, α, g, h, $g \parallel h$

b) β, 130°, g, h, $g \parallel h$

c) 70°, γ, g, h, $g \parallel h$

d) 50°, δ, g, h, $g \parallel h$

1 Betrachte das Parallelogramm.
a) Begründe, warum die rot eingezeichneten Winkel gleich groß sind. Es gibt verschiedene Möglichkeiten.
b) Finde weitere Paare gleich großer Winkel und begründe möglichst unterschiedlich.
c) Berechne die Größe aller eingezeichneten Winkel, wenn $\alpha_1 = 35°$ ist.

2 Suzan hat herausgefunden, wie sie die Winkel in ihrem Zimmer mit Geodreieck und einem Blatt Papier messen kann.
a) Erkläre, wie die Methode von Suzan funktioniert.
b) Welchen Winkel hat die Zimmerecke, wenn Suzan am Geodreieck 97° abliest?
c) Miss mithilfe von Suzans Methode die Winkel in unterschiedlichen Ecken, z. B. in deinem Zimmer.

2 Lotta hat herausgefunden, wie sie einen Winkel in ihrem Zimmer mit Geodreieck und zwei Blättern Papier messen kann.
a) Erkläre, wie die Methode von Lotta funktioniert.
b) Welchen Winkel hat die Zimmerkante, wenn Lotta am Geodreieck 82° abliest?
c) Miss die Winkel unterschiedlicher Außenkanten und Ecken. Wandle Lottas Methode dazu entsprechend ab.

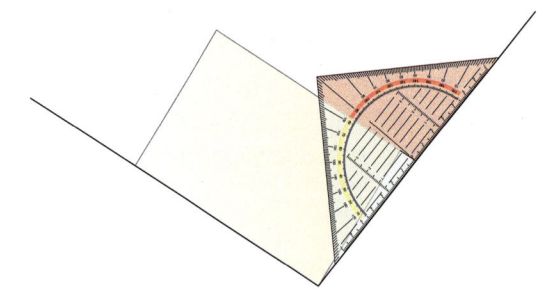

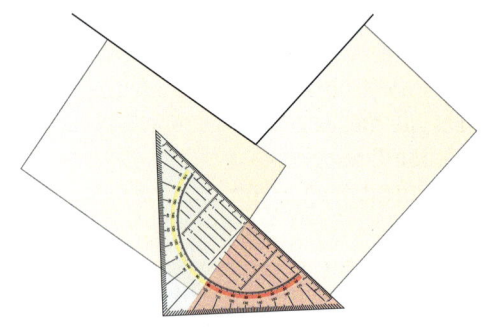

3 Übertrage die Zeichnung in dein Heft. Benenne alle Winkel, die gleich groß sind, mit dem gleichen griechischen Buchstaben und begründe, warum die Winkel gleich groß sein müssen.
Überprüfe dein Ergebnis durch Messen.

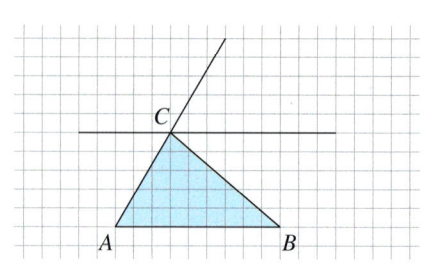

Winkel und Dreiecke darstellen Vermischte Übungen

4 Betrachte die Dreiecke.
a) Sortiere sie nach Winkeln.
b) Sortiere sie nach Seiten.

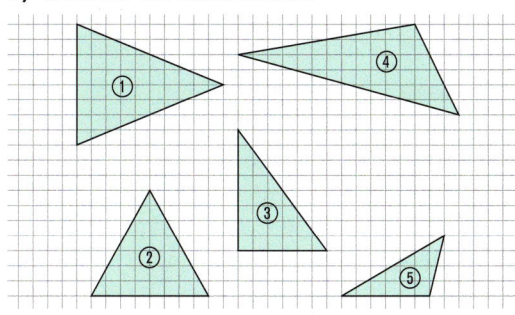

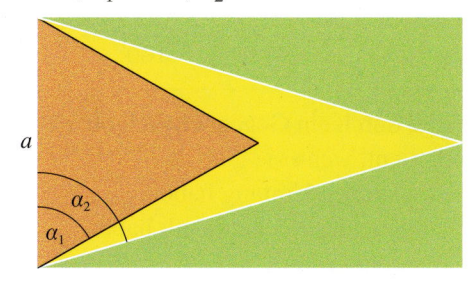

4 Zeichne ein Dreieck, wenn möglich. Wenn nicht, begründe, warum es nicht geht.
a) gleichschenklig, spitzwinklig
b) gleichschenklig, stumpfwinklig
c) gleichseitig, spitzwinklig
d) gleichseitig, rechtwinklig
e) gleichseitig, stumpfwinklig
f) gleichschenklig, rechtwinklig

5 Konstruiere jeweils das Dreieck ABC. Fertige zu einem Dreieck eine Konstruktionsbeschreibung an.
a) $a = 3\,\text{cm}$; $b = 6\,\text{cm}$; $c = 5\,\text{cm}$
b) $c = 5{,}3\,\text{cm}$; $\alpha = 43°$; $\beta = 62°$
c) $b = 2{,}9\,\text{cm}$; $c = 5{,}3\,\text{cm}$; $\alpha = 36°$
d) $a = 4\,\text{cm}$; $b = 6\,\text{cm}$; $\gamma = 47°$
e) $a = 5{,}1\,\text{cm}$; $c = 4{,}5\,\text{cm}$; $\alpha = 55°$
f) $a = b = c = 4{,}8\,\text{cm}$

5 Überprüfe zunächst, dass bei der Konstruktion tatsächlich ein Dreieck entsteht. Zeichne dann das Dreieck ABC ins Heft.
a) $c = 4{,}2\,\text{cm}$; $\alpha = 100°$; $\beta = 45°$
b) $a = 2{,}4\,\text{cm}$; $b = 4{,}7\,\text{cm}$; $c = 3{,}5\,\text{cm}$
c) $a = 3{,}9\,\text{cm}$; $b = 4{,}5\,\text{cm}$; $\gamma = 54°$
d) $c = 4\,\text{cm}$; $b = 5{,}1\,\text{cm}$; $\beta = 85°$
e) $a = 6{,}5\,\text{cm}$; $\alpha = 83°$; $\beta = 54°$
f) $a = 3{,}7\,\text{cm}$; $b = 5{,}8\,\text{cm}$; $c = a$

6 Damit eine Stufenleiter sicher steht, darf der Winkel α nicht größer als 70° sein.
Wie lang muss die Leiter dann mindestens sein, damit sie an einer Hauswand bis in eine Höhe von 4,5 m reicht? Zeichne 2 cm für 1 m.

6 Damit eine Stufenleiter sicher steht, darf der Winkel α nicht größer als 70° sein.
Im Fachhandel werden Leitern in den Längen 4 m, 5 m und 6 m angeboten.
Fertige maßstabsgerechte Zeichnungen an, mit deren Hilfe du bestimmen kannst, bis in welche Höhe jede Leiter bei dem größtmöglichen Neigungswinkel reicht.

7 Das Land Guyana liegt in Südamerika. Die Flagge dieses Landes enthält gleichschenklige Dreiecke.
Zeichne diese Flagge mit den angegebenen Maßen.
$a = 3\,\text{cm}$; $\alpha_1 = 61°$; $\alpha_2 = 74°$

7 Ein Schiff wird von den beiden Orten Juist und Norderney gleichzeitig gesichtet, beide Orte liegen 12 km voneinander entfernt.

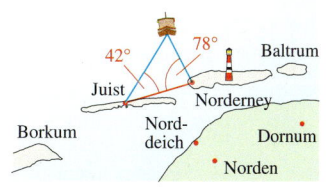

Entnimm die Winkelgrößen der Zeichnung und konstruiere ein entsprechendes Dreieck im Maßstab 1 : 100 000.
Bestimme so, wie weit das Schiff in diesem Moment von den beiden Orten entfernt war.

Winkel und Dreiecke darstellen — Vermischte Übungen

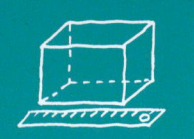

HINWEIS

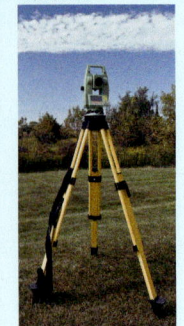

Ein **Theodolit** misst Winkel und wird in der Landvermessung eingesetzt. Er ist auf einem Stativ in einer Höhe von 1,50 m über dem Boden (Augenhöhe) befestigt.

8 Die Höhe eines Bürogebäudes soll vermessen werden.
Dazu wird ein Winkelmessgerät, ein sogenannter Theodolit, in 50 m Entfernung vom Gebäude aufgestellt. Die Messung ergibt einen Winkel von $\alpha = 35°$.

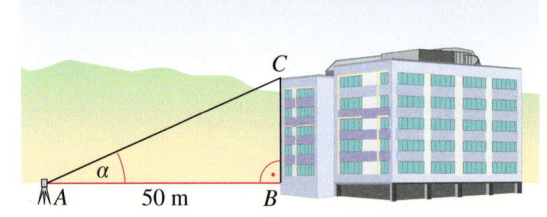

a) Fertige nach der Skizze eine verkleinerte Zeichnung im Maßstab 1 : 500 an.
b) Bestimme aus der Zeichnung die Höhe des Bürogebäudes. Beachte dabei den Hinweis zur Augenhöhe in der Randspalte.

9 Eine Eisenbahngesellschaft plant eine neue Strecke mit einem Tunnel (gestrichelte Linie) durch bergiges Gelände.
Fertige eine maßstabsgetreue Zeichnung an (1 cm entspricht 100 m).
Miss wie lang der Tunnel ist.

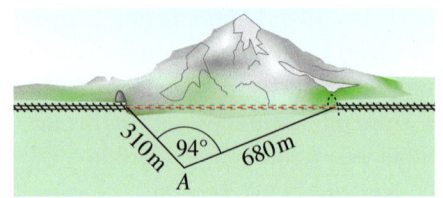

10 Ergänze die dritte Angabe, sodass nach dem angegebenen Kongruenzsatz ein Dreieck eindeutig konstruierbar ist.
a) nach SsW $\quad a = 5{,}4\,\text{cm}; c = 6{,}9\,\text{cm}$
b) nach SSS $\quad a = 4{,}3\,\text{cm}; b = 8{,}9\,\text{cm}$
c) nach WSW $\quad \alpha = 47°; \gamma = 47°$
d) nach SsW $\quad b = 4\,\text{m}; c = 7{,}5\,\text{m}$

8 Die Höhe eines Kirchturms soll bestimmt werden. Dazu wurden zwei geeignete Punkte A und B im Gelände gewählt.

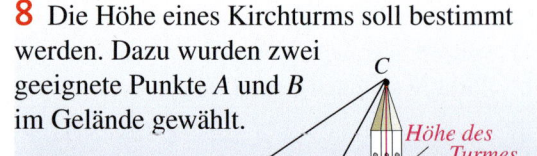

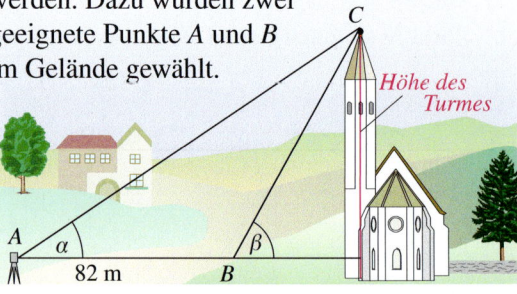

Die Entfernung der Punkte A und B beträgt 82 m. Von A und von B aus wird die Kirchturmspitze angepeilt. Die Messungen ergeben $\alpha = 27°$ und $\beta = 57°$.
Fertige eine verkleinerte Zeichnung im Maßstab 1 : 1 000 und bestimme mithilfe der Zeichnung die Höhe des Turms in Wirklichkeit. Beachte die Augenhöhe.

9 Eine Segelregatta führt vom Hafen um zwei Bojen herum zurück zum Ausgangspunkt. Die Bojen sind 4,9 km voneinander entfernt. Fertige eine maßstabsgetreue Zeichnung an und bestimme die Länge der gesamten Regattastrecke.

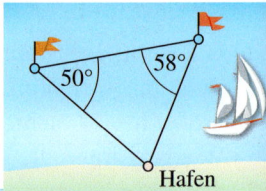

10 Begründe mithilfe der Kongruenzsätze, welche Dreiecke zueinander kongruent sind.
① Dreieck $A_1B_1C_1$:
 $a_1 = 4\,\text{cm}; c_1 = 2\,\text{cm}; \alpha_1 = 100°$
② Dreieck $A_2B_2C_2$:
 $a_2 = 4\,\text{cm}; c_2 = 2\,\text{cm}; \beta_2 = 100°$
③ Dreieck $A_3B_3C_3$:
 $a_3 = 2\,\text{cm}; b_3 = 4\,\text{cm}; \gamma_3 = 100°$
④ Dreieck $A_4B_4C_4$:
 $a_4 = 4\,\text{cm}; b_4 = 2\,\text{cm}; \beta_4 = 100°$
⑤ Dreieck $A_5B_5C_5$:
 $b_5 = 2\,\text{cm}; c_5 = 4\,\text{cm}; \gamma_5 = 100°$

11 Begründe durch einen Kongruenzsatz oder widerlege durch ein Gegenbeispiel, ob die folgenden Aussagen stimmen. Zwei Dreiecke sind kongruent, wenn sie …
a) in allen Winkelgrößen übereinstimmen.
b) den gleichen Umfang haben.
c) in allen Seitenlängen übereinstimmen.
d) den gleichen Flächeninhalt haben.
e) in einer Seitenlänge und zwei Winkelgrößen übereinstimmen.
f) in einer Winkelgröße und einer Seitenlänge übereinstimmen.
g) in zwei Seitenlängen und einer Winkelgröße übereinstimmen.

Winkel und Dreiecke darstellen Vermischte Übungen

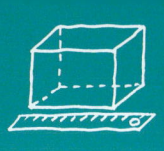

12 Rechts ist ein Teil einer Fachwerkbrücke über den Main in Frankfurt abgebildet. Sina und Mersin wollen die Winkel α und β an der Oberseite der Brücke berechnen. Sie messen dazu die farbig markierten acht Winkel. 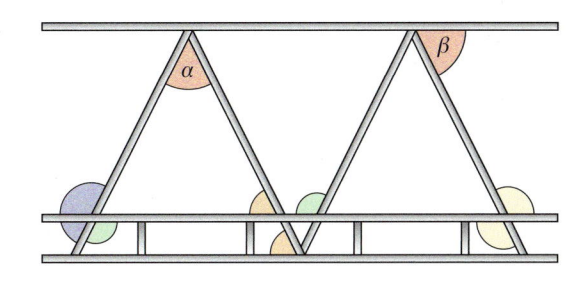
a) Welche Winkelarten findest du in der Zeichnung?
b) Welche unterschiedlichen Winkelpaare an Geradenkreuzungen findest du? Die Winkelpaare sind jeweils in der gleichen Farbe markiert.

13 Briefmarken aus aller Welt
Die meisten Briefmarken sind viereckig, es gibt aber auch Ausnahmen. Schon seit Beginn des vorigen Jahrhunderts werden auch dreieckige Marken herausgegeben.
Bei Sammlern sind solche Marken besonders beliebt, weil sie so selten sind.

a) Vergleiche die abgebildeten Briefmarken. Bestimme jeweils die genaue Dreiecksform.
b) Zeichne die Umrisse der Marken ab. Überlege vorher, welche Maße du benötigst.
c) Briefmarken werden nicht einzeln, sondern auf Bogen gedruckt. Das ist bei rechteckigen Marken einfach (siehe rechts).
Wie aber können die dreieckigen Marken auf einem Druckbogen angeordnet werden?
Überlege dir eine Anordnung, sodass möglichst viele Marken auf einen Bogen passen und möglichst wenige Lücken entstehen. Die Briefmarkenbogen sollen rechteckig sein und 20 cm mal 15 cm messen.
① Beginne mit der Malediven-Marke.
② Skizziere auch Bogen mit den Marken aus der Schweiz und aus Åland.

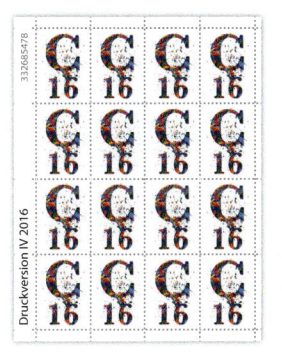

HINWEIS
Entnimm die Maße aus der Abbildung.

Winkel und Dreiecke darstellen

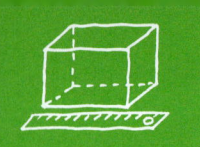

Methode: Mindmapping

1 Mit einer Mindmap (Gedankenkarte) kannst du einen Begriff oder ein Thema strukturiert darstellen, indem du deine Gedanken immer weiter aufgliederst. Dabei kannst du wie folgt vorgehen:
Lege zunächst einen Oberbegriff fest.

Dreiecksarten

Überlege dir eine grobe Unterteilung deines Themas.

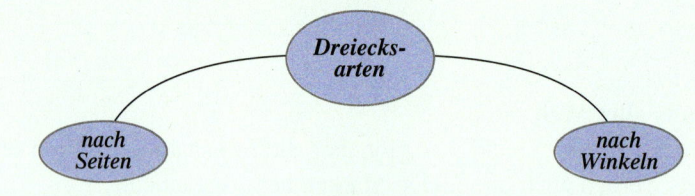

Dreiecksarten — *nach Seiten*, *nach Winkeln*

Verfeinere nun die Gliederung.

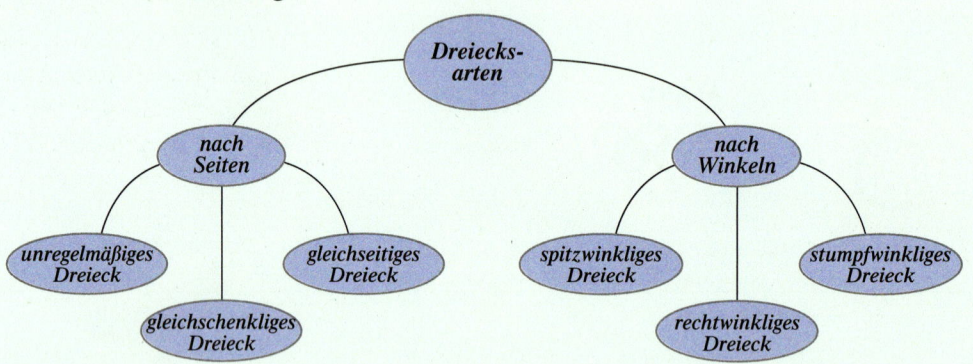

Dreiecksarten
- *nach Seiten*: *unregelmäßiges Dreieck*, *gleichschenkliges Dreieck*, *gleichseitiges Dreieck*
- *nach Winkeln*: *spitzwinkliges Dreieck*, *rechtwinkliges Dreieck*, *stumpfwinkliges Dreieck*

Natürlich könntest du auch noch weitere Ebenen festlegen, wenn dies zum Thema passt.

2 Erläutere einem Mitschüler die Mindmap.

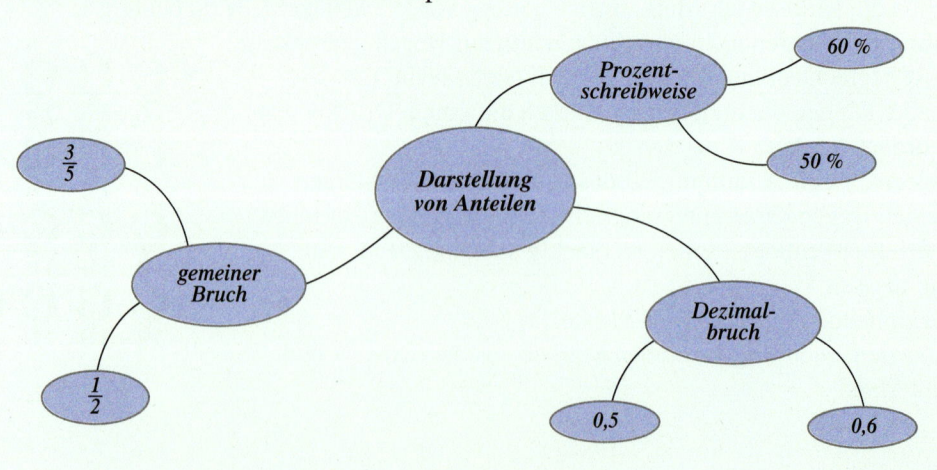

Darstellung von Anteilen
- *Prozentschreibweise*: 60 %, 50 %
- *gemeiner Bruch*: $\frac{3}{5}$, $\frac{1}{2}$
- *Dezimalbruch*: 0,5, 0,6

3 Gestalte eine Mindmap zu einem von dir selbst gewählten Thema. Stelle sie deinen Mitschülern vor. (Wenn du keine Idee hast, hilft dir vielleicht dein Lehrer.)

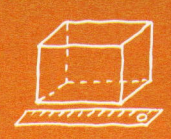

Zusammenfassung

Winkelbeziehungen erkennen

→ Seite 104

An sich schneidenden Geraden bezeichnet man gegenüberliegende Winkel als **Scheitelwinkel** und nebeneinanderliegende Winkel als **Nebenwinkel**.
Scheitelwinkel sind gleich groß, **Nebenwinkel** ergänzen sich zu 180°.
An parallel geschnittenen Geraden gilt:
Stufenwinkel sind immer gleich groß.
Wechselwinkel sind immer gleich groß.

Die Winkelsumme im **Dreieck** beträgt **180°**.

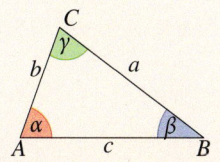

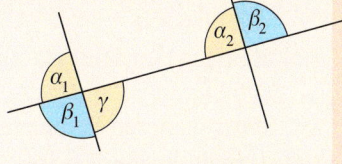

α_1 und γ sind Scheitelwinkel. α_1 und β_1 sind Nebenwinkel. α_1 und α_2 sind Stufenwinkel. β_1 und β_2 sind Wechselwinkel.

Dreiecke untersuchen

→ Seite 108

Dreiecke können nach ihren **Seiten** oder **Winkeln** unterschieden werden.

Eigenschaften nach Seiten			Eigenschaften nach Winkeln		
unregelmäßig: drei verschieden lange Seiten 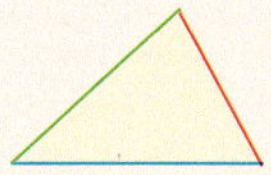	**gleichschenklig**: zwei gleich lange Seiten 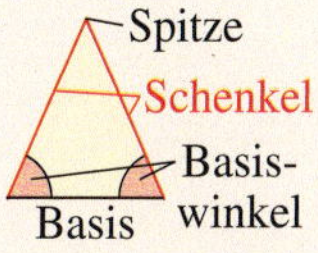	**gleichseitig**: drei gleich lange Seiten 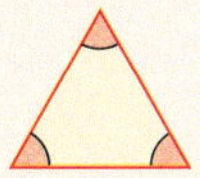	**spitzwinklig**: drei spitze Winkel 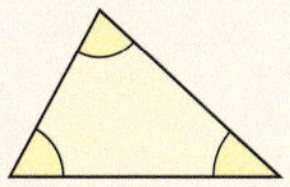	**rechtwinklig**: ein rechter Winkel 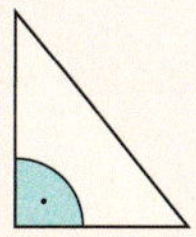	**stumpfwinklig**: ein stumpfer Winkel 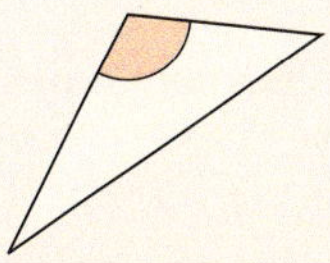

Dreiecke konstruieren

→ Seite 114

Wenn Dreiecke in den drei Seitenlängen und der Größe ihrer drei Winkel übereinstimmen, dann haben sie die gleiche Form und die gleiche Größe. Die Dreiecke sind deckungsgleich. Man nennt sie **zueinander kongruente** Dreiecke (Zeichen: ≅).
Nach den **Kongruenzsätzen** benötigt man jeweils nur **drei Bestimmungsstücke** zum eindeutigen Zeichnen des Dreiecks.

WSW: Eine Seite und die beiden anliegenden Winkel müssen gegeben sein.

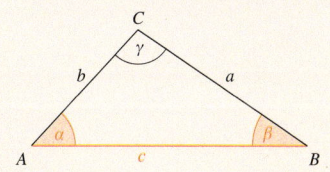

SWS: Zwei Seiten und der eingeschlossene Winkel müssen gegeben sein.

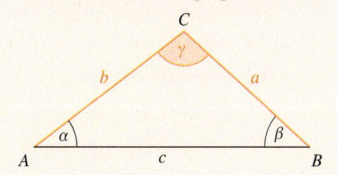

SSS: Drei Seiten müssen gegeben sein.

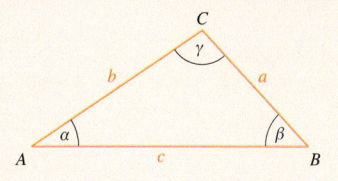

SsW: Zwei Seiten und der Winkel, der der längeren Seite gegenüberliegt, müssen gegeben sein.

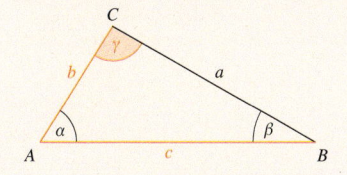

129

Teste dich!

4 Punkte

1 Übertrage die Zeichnung in dein Heft. 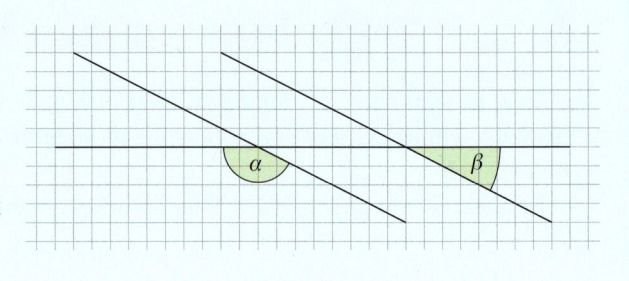
a) Zeichne den Scheitelwinkel von α mit schwarz und einen Nebenwinkel von β mit blau ein.
b) Zeichne den Stufenwinkel von α mit grün und den Wechselwinkel von β mit einer weiteren Farbe ein.
c) Begründe: $α + β = 180°$

4 Punkte

2 Gib die Größe der benannten Winkel an und begründe.

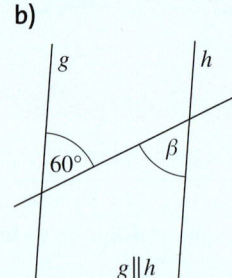

a) 145°, α, g, h, g∥h
b) 60°, β, g, h, g∥h
c) γ, 111°, g, h, g∥h
d) 45°, δ, g, h, g∥h

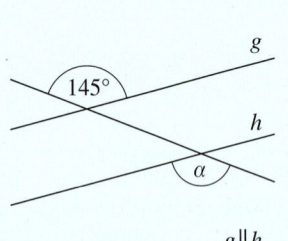

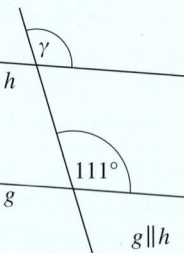

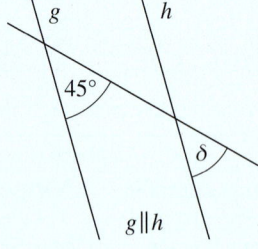

3 Punkte

3 Berechne die fehlenden Winkel.

a) A = 49°, B = 31°, γ = ?
b) C = 93°, α = ?, B = 21,5°
c) C = 3β, A = 20°, B = β

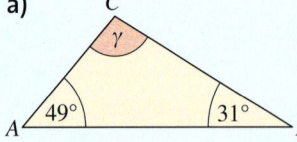

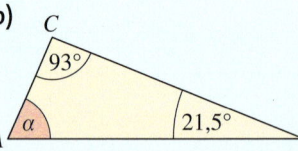

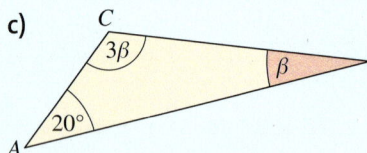

4 Punkte

4 Wahr oder falsch? Entscheide anhand einer Zeichnung.
a) In jedem gleichseitigen Dreieck sind auch alle drei Winkel gleich groß.
b) Jedes spitzwinklige Dreieck ist gleichschenklig.
c) Jedes unregelmäßige Dreieck ist stumpfwinklig.
d) In einem gleichschenkligen Dreieck sind mindestens zwei Winkel gleich groß.

12 Punkte

5 Konstruiere die Dreiecke. Benenne die Dreiecksarten.
Erstelle zuerst eine Planskizze und gib an, welcher Kongruenzsatz vorliegt.

a) $c = 6,3$ cm;
   $b = 4,5$ cm;
   $α = 84°$

b) $a = 4,8$ cm;
   $β = 24°$;
   $γ = 120°$

c) $a = 5,1$ cm;
   $b = 5,5$ cm;
   $c = 3,4$ cm

d) $a = 4,2$ cm;
   $c = 5,5$ cm;
   $γ = 46°$

3 Punkte

6 Begründe, warum nach den folgenden Angaben keine kongruenten Dreiecke gezeichnet werden können.

a) $a = 4,2$ cm;
   $b = 5,5$ cm;
   $α = 46°$

b) $α = 51°$;
   $β = 102°$;
   $γ = 27°$

c) $a = 9,2$ cm;
   $b = 5,5$ cm;
   $c = 3,4$ cm

Gold: 28–30 Punkte, Silber: 25–27 Punkte, Bronze: 18–24 Punkte   Lösungen ab Seite 204

Dreiecke und Vierecke berechnen

Viele Grafiker verwenden geometrische Formen, um außergewöhnliche, oft farbenfrohe, abstrakte Bilder zu gestalten. Sie lassen sich dabei von dem Maler Wassily Kandinsky (1866 – 1944) inspirieren, der diesen Zeichenstil verwendet hat.

Dreiecke und Vierecke berechnen

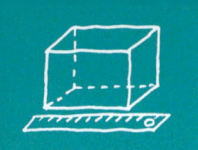

Noch fit?

Einstieg **Aufstieg**

1 Winkelgrößen bestimmen
Gib jeweils die Größe des Winkels an, ohne zu messen.

a) α, 156°   b) 94°, α c) 62°, β, 17°   d) 25°, γ_2, γ_1

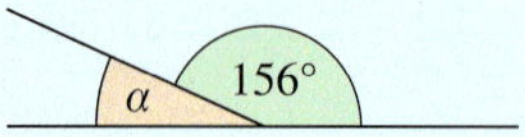

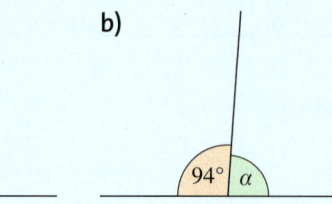

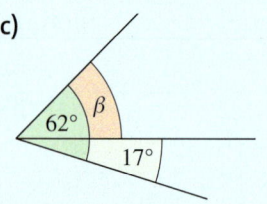

2 Achsensymmetrie
Übertrage die Zeichnung ins Heft und spiegle an der Spiegelgeraden g.

2 Achsensymmetrie
Übertrage die Zeichnung ins Heft und spiegle an der Spiegelgeraden g.

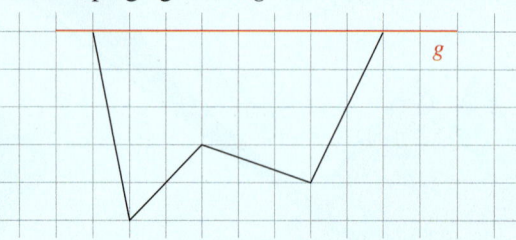

3 Vierecke zeichnen
Übertrage die Vierecke in dein Heft und zeichne jeweils die Diagonalen ein. Welche Dreiecksarten entstehen? Benenne nach Seiten und nach Winkeln.

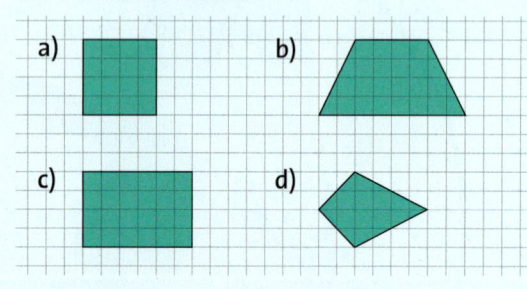

a)   b)   c)   d)

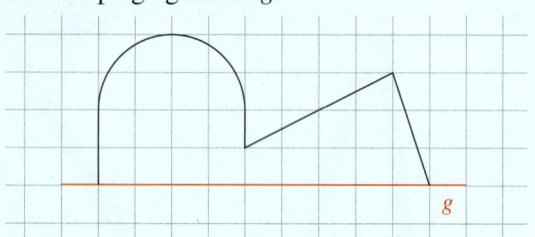

3 Behauptungen prüfen
Welche Behauptung ist richtig, welche ist falsch? Überprüfe zeichnerisch.
a) Ein rechtwinkliges Dreieck kann auch zwei rechte Winkel haben.
b) Ein Dreieck mit drei gleich langen Seiten hat auch drei gleich große Winkel.
c) In einem gleichseitigen Dreieck gibt es vier Spiegelachsen.
d) Bei einem unregelmäßigen Dreieck können zwei Seiten gleich lang sein.
e) Gleichseitige Dreiecke besitzen alle denselben Flächeninhalt.

4 Dreiecke konstruieren
Konstruiere das Dreieck ABC.
a) $b = 5$ cm; $c = 8$ cm; $\alpha = 100°$
b) $a = 6$ cm; $b = 9$ cm; $\gamma = 40°$
c) $a = 2$ cm; $c = 6$ cm; $\beta = 80°$

4 Dreiecke konstruieren
Konstruiere das Dreieck ABC.
a) $a = 2{,}6$ cm; $c = 3{,}9$ cm; $\beta = 43°$
b) $a = b = 4$ cm; $\gamma = 60°$
c) $b = c = 5{,}5$ cm; $\beta = 75°$

5 Kurz und knapp
a) In einem Rechteck sind alle Winkel … .
b) Zwei Geraden sind parallel zueinander, wenn …
c) Zwei Geraden sind senkrecht zueinander, wenn …
d) Die Verbindung gegenüberliegender Eckpunkte im Rechteck nennt man …

Dreiecke und Vierecke berechnen Vierecke beschreiben und zeichnen

Vierecke beschreiben und zeichnen

Entdecken

1 👥 Arbeitet zu zweit.
Partner 1: Zeichne zwei kongruente *gleichschenklige* Dreiecke auf Karton und schneide sie sorgfältig aus.

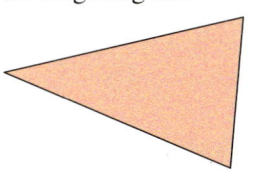

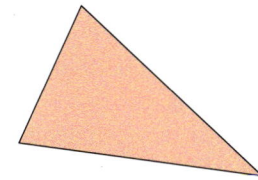

Partner 2: Zeichne zwei kongruente *rechtwinklige* Dreiecke auf Karton und schneide sie sorgfältig aus.

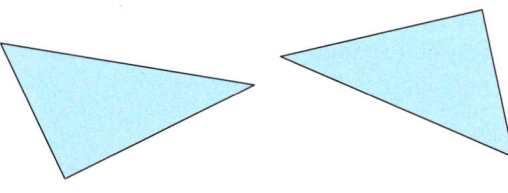

a) Bilde aus deinen zwei Dreiecken so viele unterschiedliche Vierecke wie möglich. Die Seiten müssen aneinander passen. Zeichne die Vierecke in dein Heft.
b) Vergleicht eure verschiedenen Vierecke. Beschreibt, welche eurer Vierecke gemeinsame Eigenschaften haben.

2 Links siehst du einen Ausschnitt aus einem Fliesenornament.
a) Aus wie vielen unterschiedlichen Fliesen besteht das Ornament?
b) Welche der Vierecke aus dem Ornament haben besondere Eigenschaften? Erkläre.
c) Gibt es Fliesen im Ornament, die keine Vierecke sind?

ZUM WEITERARBEITEN
Entwerfe ein eigenes Fliesenornament.

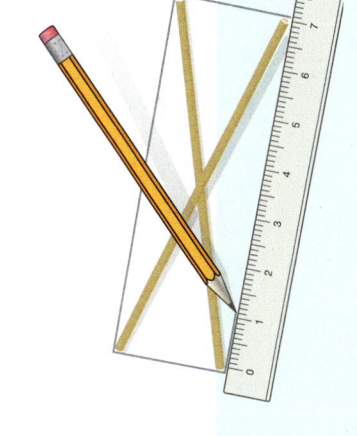

3 👥 Aus zwei sich kreuzenden Spaghetti entsteht ein Viereck, wenn man die Endpunkte miteinander verbindet. Zeichne auf diese Weise Vierecke mit einer Spaghettinudel, die du in zwei Teile zerbrichst.
Untersuche, wie sich das Viereck verändert, …
a) wenn du den Winkel veränderst, in dem sich die Spaghetti kreuzen.
b) wenn du die Lage einer Spaghetti veränderst.
c) wenn du die Länge einer Spaghetti veränderst.
d) Probiere auch Sonderfälle aus (beide Spaghetti sind gleich lang, die Spaghetti kreuzen sich im rechten Winkel). Schreibe deine Entdeckungen auf.

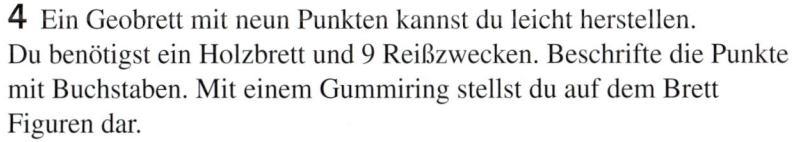

4 Ein Geobrett mit neun Punkten kannst du leicht herstellen. Du benötigst ein Holzbrett und 9 Reißzwecken. Beschrifte die Punkte mit Buchstaben. Mit einem Gummiring stellst du auf dem Brett Figuren dar.
a) Finde so viele verschiedene Vierecke wie möglich.
b) Fertige eine Tabelle an. Beschreibe darin besondere Eigenschaften deiner Vierecke.

Viereck	Besondere Eigenschaften
ACHD	Rechter Winkel bei A
…	…

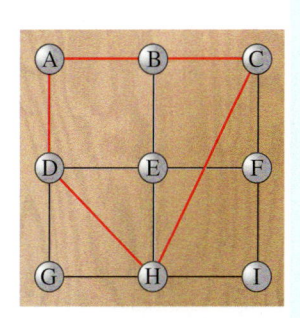

Dreiecke und Vierecke berechnen Vierecke beschreiben und zeichnen

Verstehen

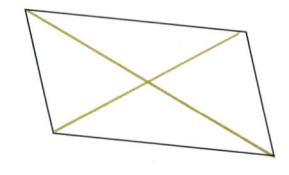

Jana und Chris haben mit Spaghettinudeln verschiedene Vierecke gelegt. Manche dieser Vierecke haben besondere Eigenschaften.

Beispiel 1
Das abgebildete Fenster hat sich verformt. Die Winkel im ursprünglich rechteckigen Fenster haben sich verändert. Ein solches Viereck nennt man Parallelogramm.

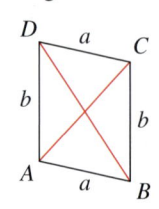

Merke Ein **Parallelogramm** hat folgende Eigenschaften:
– **gegenüberliegende Seiten sind parallel**
– gegenüberliegende Seiten sind gleich lang
– die Diagonalen halbieren sich in ihrem Schnittpunkt, dem Symmetriezentrum

Beispiel 2
Diese Skatkarte ist das „Karo-Ass". Das Viereck nennt man Rhombus.

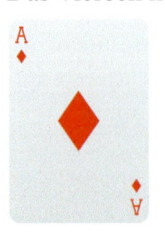

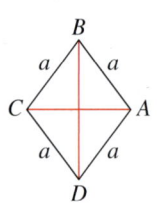

HINWEIS
Die Mehrzahl von Rhombus ist Rhomben. Manchmal werden Rhomben auch als Rauten bezeichnet.

Merke Ein **Rhombus** hat folgende Eigenschaften:
– **alle Seiten sind gleich lang**
– gegenüberliegende Seiten sind parallel
– die beiden Diagonalen stehen senkrecht aufeinander
– die Diagonalen halbieren sich in ihrem Schnittpunkt, dem Symmetriezentrum

Beispiel 3
Einen Flugdrachen kann man aus zwei Leisten, die senkrecht aufeinander befestigt werden, selbst bauen. Ein solches Viereck nennt man Drachenviereck.

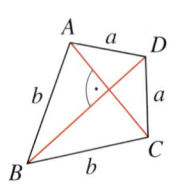

Merke Ein **Drachenviereck** hat folgende Eigenschaften:
– **je zwei benachbarte Seiten sind gleich lang**
– die beiden Diagonalen stehen senkrecht aufeinander
– eine Diagonale ist die Symmetrieachse

Beispiel 4
Ein Staudamm hat in seinem Querschnitt eine besondere Form. Ein solches Viereck nennt man Trapez.

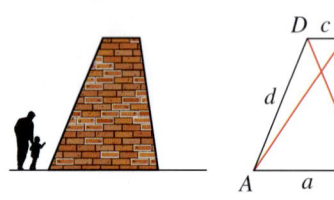

Merke Ein **Trapez** hat folgende Eigenschaften:
– **ein Paar gegenüberliegender Seiten ist zueinander parallel**

Dreiecke und Vierecke berechnen Vierecke beschreiben und zeichnen

Üben und anwenden

1 Welche Vierecksarten kannst du in dem Haus erkennen?

1 Welche Vierecksarten kannst du in dem Tor erkennen?

2 Beschreibe, wo an den abgebildeten Gegenständen Parallelogramme oder Trapeze vorkommen.
a) 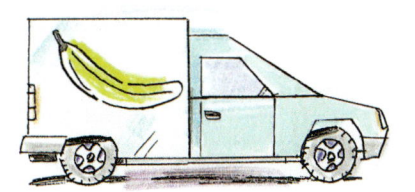
b)

2 Welche Vierecke könnten sich hier versteckt haben?

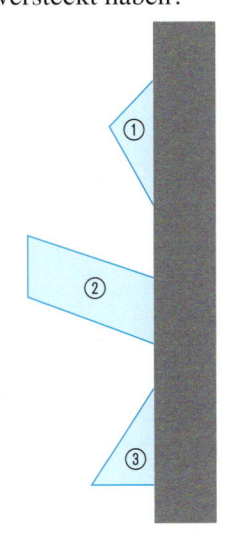

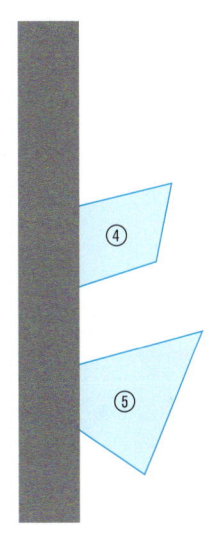

3 Suche in deiner Umgebung nach Vierecken:
Wo findest du Quadrate, Rechtecke, Rhomben, Parallelogramme, Drachen oder Trapeze?

4 Beschreibe, woran du dieses Viereck sicher erkennst.
a) Quadrat
b) Rechteck
c) Rhombus

4 Beschreibe, was du unter folgenden Viereckarten verstehst.
a) Parallelogramm
b) Trapez
c) Drachenviereck

5 Zeichne zu jeder Viereckart zwei Beispiele ins Heft. Beschreibe, wodurch sich die beiden Beispiele unterscheiden.
a) Quadrat
b) Rechteck
c) Rhombus

5 Zeichne zu jeder Viereckart zwei Beispiele ins Heft. Beschreibe, wodurch sich die beiden Beispiele unterscheiden.
a) Parallelogramm
b) Trapez
c) Drachenviereck

ZUM WEITERARBEITEN
Ist das ein Drachenviereck? Begründe.

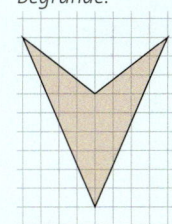

Dreiecke und Vierecke berechnen — Vierecke beschreiben und zeichnen

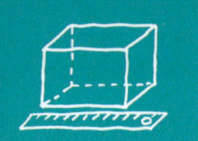

6 Übertrage die Tabelle ins Heft und vervollständige sie.

Eigenschaft	Viereck
zwei Paare parallele Seiten	A, B, D, E
Rechteck	
alle Seiten gleich lang	
zwei verschiedene Seitenlängen	
zwei Seiten gleich lang	
vier Symmetrieachsen	
Parallelogramm	
kein rechter Winkel	

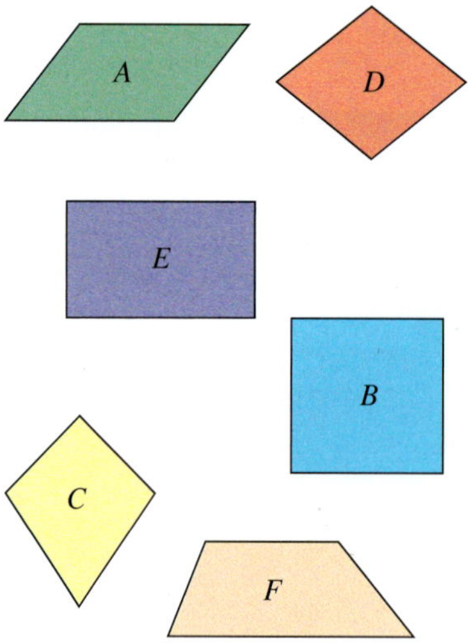

6 Bianca, Marcel, Chris und Michelle unterhalten sich über die links abgebildeten Vierecke. Wer hat recht? Begründe.
a) Bianca: „Da sind fünf Trapeze, drei Drachen und vier Parallelogramme."
b) Marcel: „Ich sehe aber nur sechs verschiedene Vierecke."
c) Chris: „Ich sehe zwei Rechtecke, zwei Parallelogramme und zwei andere Vierecke."
d) Michelle: „Für mich sind da vier Drachen, vier Parallelogramme und vier Trapeze."

7 Das „Haus der Vierecke"

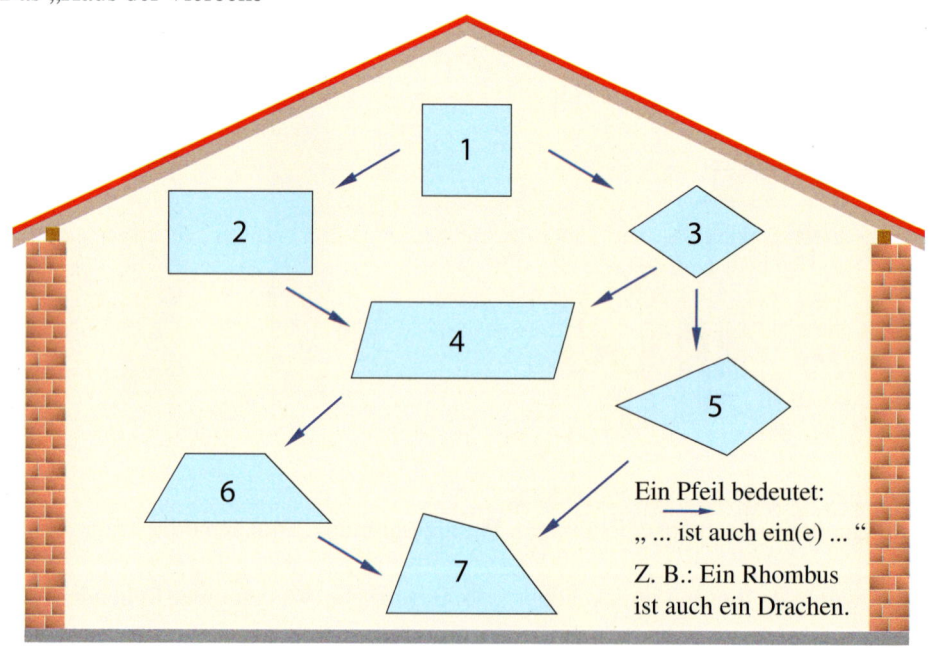

Ein Pfeil bedeutet: „... ist auch ein(e) ... "
Z. B.: Ein Rhombus ist auch ein Drachen.

a) Übertrage die Zeichnung in dein Heft. Zeichne die Symmetrieachsen ein und benenne die Vierecke.
b) Welche Eigenschaften werden vom einen Viereck zum anderen „vererbt"?
   Beispiel Das Rechteck erbt zwei Symmetrieachsen vom Quadrat.
c) Wie kann man aus einem der Vierecke ein anderes erzeugen?
   Beispiel Wenn man ein Quadrat an einer Seite auseinanderzieht, entsteht ein Rechteck.
d) Arbeitet zu zweit: Erstellt Quizfragen zu euren Lösungen aus 7b) oder 7c) und befragt euch gegenseitig. Wer kennt die meisten richtigen Antworten?
   Beispiel Welches Viereck erbt vier rechte Winkel vom Quadrat?

Umfang und Flächeninhalt von Dreiecken

Entdecken

1 Übertrage die Dreiecke ins Heft.

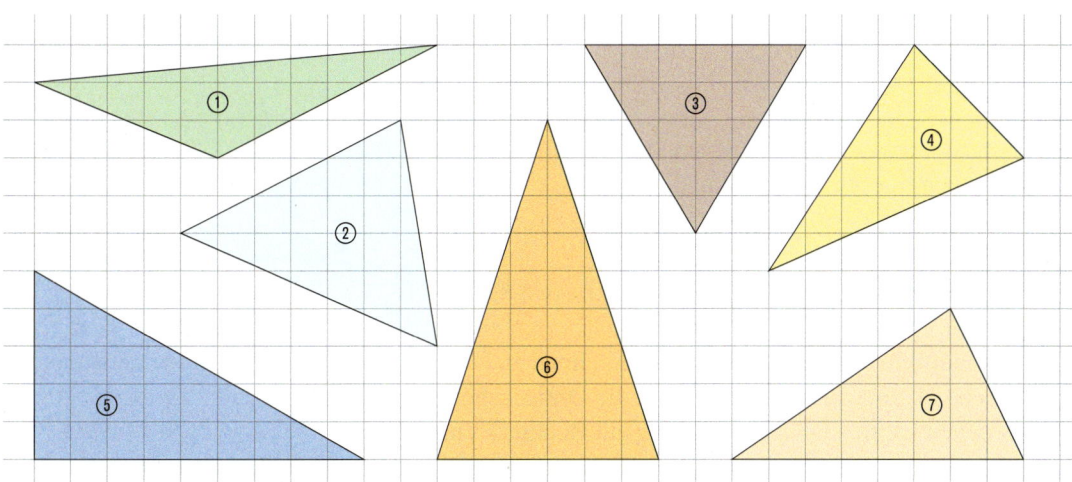

ERINNERE DICH
So werden Dreiecke standardmäßig bezeichnet:

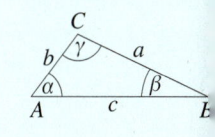

a) Beschrifte die Seiten mit den Buchstaben a, b und c.
b) Miss die Seitenlängen und berechne den Umfang der Dreiecke. Wie bist du vorgegangen?
c) Welche Dreiecke haben zwei oder sogar drei gleich lange Seiten?
   Wie werden diese Sonderformen genannt?
d) Wie könnten die jeweiligen Formeln zur Umfangsberechnung lauten?
   Begründe deine Ergebnisse.

2 Markiere auf einem leeren DIN-A4-Blatt die Seitenmitten und verbinde die Mittelpunkte der längeren Seiten mit dem Mittelpunkt der oberen Seite.
Schneide die kleinen Dreiecke ab und lege sie unten so an, dass ein großes Dreieck entsteht.
Wie könntest du den Flächeninhalt dieses Dreiecks ermitteln?

ZU AUFGABE 2

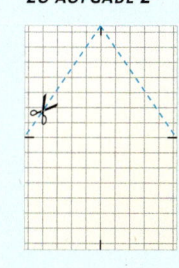

3 👥 Schneidet aus Pappe Dreiecke aus. Versucht jeweils, durch Zerschneiden und Zusammenlegen eines Dreiecks ein Rechteck zu bilden. Wie könntest du den Flächeninhalt ermitteln?

4 👥 Betrachtet die farbigen Dreiecke. Beschreibt Gemeinsamkeiten und Unterschiede. Stellt gemeinsam Vermutungen auf, wie man die Flächeninhalte vergleichen oder gar berechnen kann.

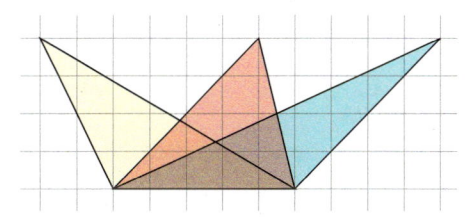

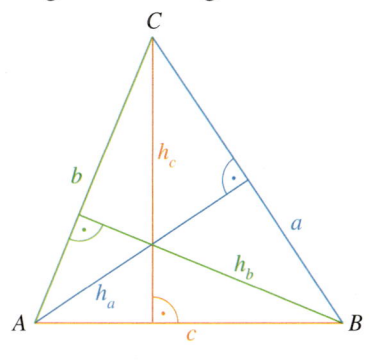

5 Zeichne ein unregelmäßiges spitzwinkliges Dreieck und trage die Höhen h_a, h_b und h_c ein. Achte darauf, dass die Höhen auf ihren jeweiligen Grundseiten senkrecht stehen.
Jetzt miss die Seiten und Höhen aus. Lege eine Tabelle an und trage die gemessenen Längen ein.
Erforsche einen Zusammenhang zwischen Seitenlänge und zugehöriger Höhe.

Seite	Höhe
$a =$	$h_a =$
$b =$	$h_b =$
$c =$	$h_c =$

137

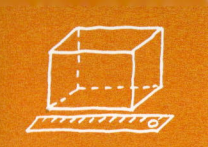

Dreiecke und Vierecke berechnen Umfang und Flächeninhalt von Dreiecken

Verstehen

Tim und Tine starten bei einer Regatta ihres Segelclubs. Sie möchten wissen, welchen Flächeninhalt das Hauptsegel ihres Bootes hat.

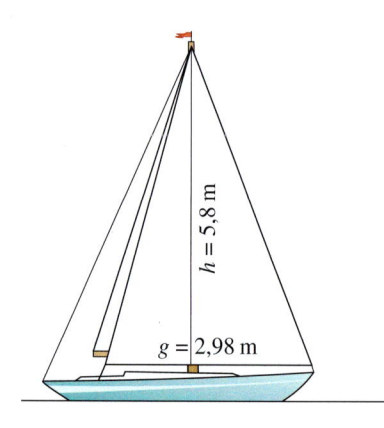

Beispiel 1

Sie messen die Grundseite g und die Höhe h des dreieckigen Segels und rechnen so:

> Fläche: 2,98 · 5,80 : 2 = 8,642

Das Hauptsegel hat einen Flächeninhalt von etwa 8,6 m².

Um den Flächeninhalt eines Dreiecks berechnen zu können, wandelt man es in ein flächengleiches Rechteck um. Zuerst halbiert man die Dreieckshöhe und verschiebt dann die an der Spitze entstandenen kleinen Dreiecke so, dass ein Rechteck entsteht.

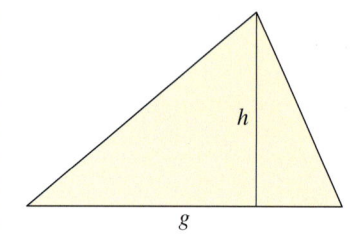

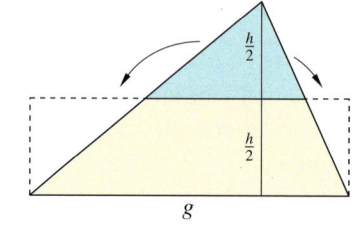

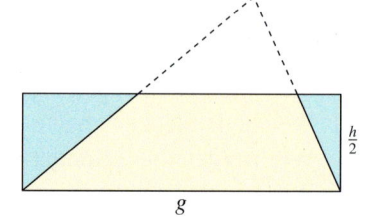

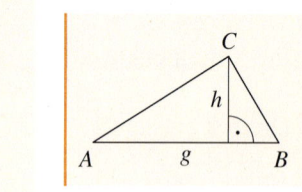

HINWEIS
Jede Dreiecksseite kann Grundseite sein. Entsprechend gibt es zu jeder der Seiten a, b, c die entsprechenden Höhen h_a, h_b, h_c.

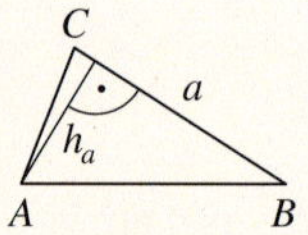

$A = \frac{a \cdot h_a}{2}$

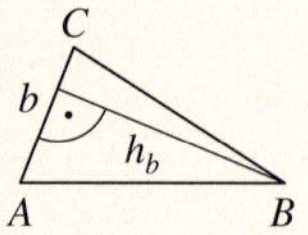

$A = \frac{b \cdot h_b}{2}$

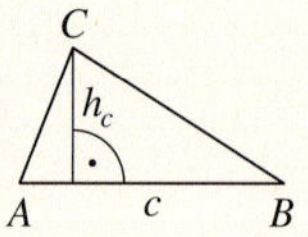

$A = \frac{c \cdot h_c}{2}$

Merke Zur Berechnung des **Flächeninhalts** eines **Dreiecks** benötigt man die Längen der Grundseite g und der Höhe h.

Für den Flächeninhalt des Dreiecks gilt: $A_{Dreieck} = \frac{g \cdot h}{2}$

Zur besseren Haltbarkeit soll das Hauptsegel mit einem Saum versehen werden, der gegen das Ausreißen schützt.
Tim und Tine rechnen aus, wie viel Meter Saum sie dafür benötigen.

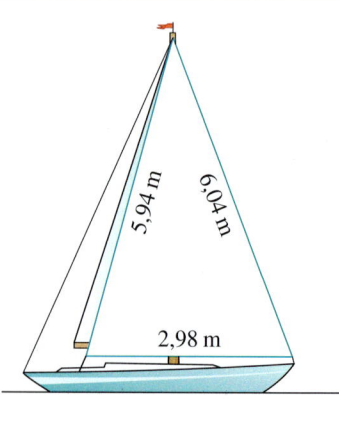

Beispiel 2

Sie messen die Längen aller Dreiecksseiten und addieren sie:
6,04 m + 5,94 m + 2,98 m = 14,96 m ≈ 15 m
Die Länge des Saums beträgt etwa 15 m.

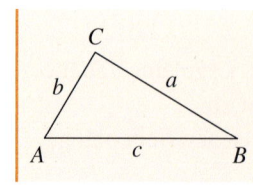

Merke Der **Umfang** eines **Dreiecks** ist die Summe aller Seitenlängen:
$u_{Dreieck} = a + b + c$

Für das gleichschenklige Dreieck gilt: $u = 2a + c$
Für das gleichseitige Dreieck gilt: $u = 3a$

Dreiecke und Vierecke berechnen Umfang und Flächeninhalt von Dreiecken

Üben und anwenden

1 Berechne den Umfang des Dreiecks ABC mit folgenden Maßen.
a) $a = 4\,cm$; $b = 5\,cm$; $c = 3\,cm$
b) $a = 4\,cm$; $b = 2\,cm$; $c = 5\,cm$
c) $a = 3\,mm$; $b = 7\,mm$; $c = 8\,mm$
d) gleichschenkliges Dreieck mit Basis c: $a = b = 3\,cm$; $c = 2\,cm$
e) gleichseitiges Dreieck mit: $a = 6\,dm$

1 Berechne den Umfang des Dreiecks ABC mit folgenden Maßen.
a) $a = 3,4\,cm$; $b = 4,0\,cm$; $c = 2,7\,cm$
b) $a = 2,8\,cm$; $b = 3,1\,cm$; $c = 3,9\,cm$
c) $a = 34\,mm$; $b = 4,5\,cm$; $c = 0,60\,dm$
d) gleichschenkliges Dreieck mit Basis c: $a = 3,3\,cm$; $c = 4,1\,cm$
e) gleichseitiges Dreieck: $a = 5,6\,cm$

2 Berechne die fehlende Seitenlänge des Dreiecks.
a) $u = 13\,cm$; $b = 5\,cm$; $c = 3\,cm$
b) $u = 28\,cm$; $a = 10\,cm$; $b = 7\,cm$
c) $u = 8\,dm$; $b = 2\,dm$; $c = 3\,dm$
d) gleichschenkliges Dreieck mit Basis c: $u = 39\,cm$; $a = b = 19\,cm$
e) gleichseitiges Dreieck mit: $u = 24\,cm$

2 Berechne die fehlende Seitenlänge des Dreiecks.
a) $u = 7,8\,cm$; $b = 3,0\,cm$; $c = 2,7\,cm$
b) $u = 10,5\,cm$; $a = 3,6\,cm$; $b = 4,7\,cm$
c) $u = 2,00\,dm$; $a = 8,2\,cm$; $c = 7,9\,cm$
d) gleichschenkliges Dreieck mit Basis c: $a = 7,4\,cm$; $u = 22,0\,cm$
e) gleichseitiges Dreieck: $u = 11,1\,cm$

3 Dreiecksumfänge vergleichen und berechnen.
a) Mache eine Rangliste der geschätzten Dreiecksumfänge. Beginne beim Geringsten.
b) Zeichne die Dreiecke ins Heft, miss die Seitenlängen aus und ermittle jeden Umfang.
c) Vergleiche deine Schätzung mit dem errechneten Ergebnis aus b).

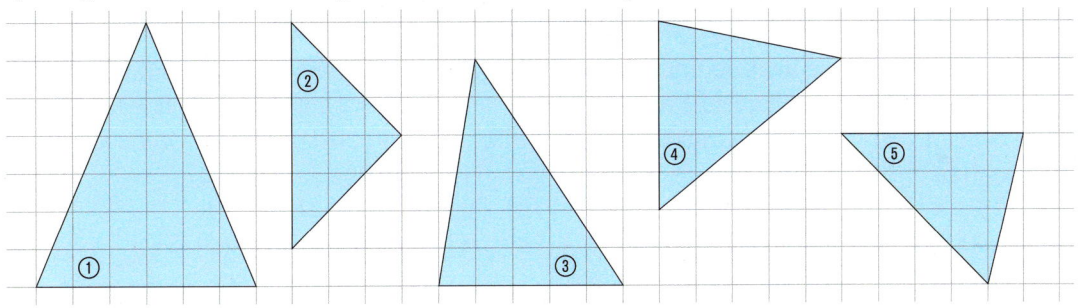

4 Drei Kinder bilden aus einem 20 m langen Seil ein Dreieck. Lea und Jens stehen 5 m auseinander, Lea und Celina 6,5 m.
a) Fertige eine Skizze an.
b) Wie weit sind Jens und Celina voneinander entfernt?
c) Zeichne im Maßstab 1 : 100.

4 Zwischen zwei Bäumen und einem Strommast soll eine Pferdekoppel entstehen. Die Bäume stehen 20,5 m und 16,3 m vom Strommast entfernt. Wie weit sind die beiden Bäume voneinander entfernt, wenn 62,8 m Zaun zum Einzäunen benötigt wurden? Fertige eine Skizze an.

5 Berechne den Flächeninhalt des Dreiecks ABC.
a) $g = 2\,cm$; $h_g = 5\,cm$
b) $g = 12\,cm$; $h_g = 3\,cm$
c) $g = 25\,cm$; $h_g = 8\,cm$
d) $g = 3\,dm$; $h_g = 7\,dm$
e) $g = 2,5\,m$; $h_g = 4,0\,m$

5 Berechne den Flächeninhalt des Dreiecks ABC.
a) $g = 4\,cm$; $h_g = 7\,cm$
b) $g = 26,0\,m$; $h_g = 7,5\,m$
c) $g = 18,2\,cm$; $h_g = 0,104\,m$
d) $g = 80,3\,cm$; $h_g = 1042\,mm$
e) $g = 5,2\,cm$; $h_g = 31\,mm$

ZUM KNOBELN
Nimm sechs Streichhölzer weg, sodass insgesamt drei Dreiecke übrig bleiben.

Findest du mehrere Lösungen?

ERINNERE DICH
Der Maßstab gibt an, um wie viel die Skizze gegenüber dem Original verkleinert wurde. Maßstab 1:100 heißt bspw., dass 1 cm in der Skizze genau 100 cm im Original entsprechen.

Dreiecke und Vierecke berechnen Umfang und Flächeninhalt von Dreiecken

6 Miss alle Seitenlängen und Höhen aus, um das Dreieck mithilfe dieser Werte abzuzeichnen.
a) Ermittle die Werte der Terme $\frac{a \cdot h_a}{2}$, $\frac{b \cdot h_b}{2}$ und $\frac{c \cdot h_c}{2}$.
b) Vergleiche die drei Ergebnisse. Was fällt dir auf?
c) Suche eine Begründung für deine Erkenntnisse und formuliere sie in einem Satz für ein beliebiges Dreieck.
d) Vergleiche dein Ergebnis mit deinen Mitschülern.

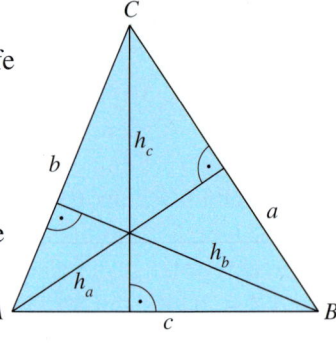

7 Berechne den Flächeninhalt des Dreiecks.
a) $c = 6\,\text{cm}$; $h_c = 4\,\text{cm}$
b) $b = 7\,\text{cm}$; $h_b = 2\,\text{cm}$
c) $a = 8\,\text{cm}$; $h_a = 3\,\text{cm}$
d) $a = 9\,\text{cm}$; $h_a = 12\,\text{cm}$

7 Berechne den Flächeninhalt des Dreiecks.
a) $c = 3{,}5\,\text{cm}$; $h_c = 2{,}1\,\text{cm}$
b) $a = 4{,}6\,\text{cm}$; $h_a = 3{,}6\,\text{cm}$
c) $b = 5{,}8\,\text{cm}$; $h_b = 6{,}6\,\text{cm}$
d) $h_a = 8{,}3\,\text{cm}$; $a = 2{,}9\,\text{cm}$

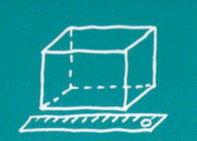

ZU AUFGABE 9

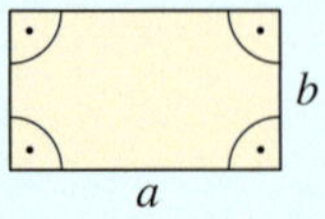

$A_{\text{Rechteck}} = a \cdot b$

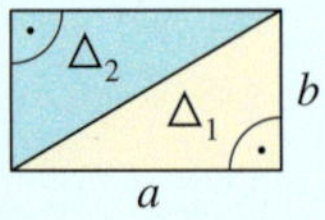

$A_{\triangle_1} = A_{\triangle_2}$

8 Ein Dreieck hat die Maße: $a = 17{,}5\,\text{cm}$; $h_a = 9{,}6\,\text{cm}$; $b = 12{,}3\,\text{cm}$; $h_c = 12{,}6\,\text{cm}$.
a) Berechne den Dreiecksflächeninhalt.
b) Wie groß ist die Höhe auf b?
   Tipp: Gehe von der Dreiecksfläche bei a) aus und errechne h_b.
c) Berechne nun die Seite c. Verfahre ähnlich wie in b).

8 Ergänze fehlende Größen des Dreiecks.

	a)	b)	c)	d)
a	8 m			5,6 cm
h_a		7,0 cm	512 cm	
b	10 m		59 dm	63 mm
h_b		42 cm	350 cm	
A	24 m²	17,85 cm²		16,8 cm²

9 Zeichne die Dreiecke ins Koordinatensystem (1 LE ≙ 1 cm) und berechne ihre Flächeninhalte. Bestimme die Grundseite.
a) $A(0|8)$; $B(6|8)$; $C(1|13)$
b) $D(1|0)$; $E(12|1)$; $F(1|4)$
c) $G(10|5)$; $H(11|11)$; $I(6|11)$

9 Zeichne die Dreiecke ins Koordinatensystem (1 LE ≙ 1 cm) und berechne ihre Flächeninhalte. Bestimme die Grundseite.
a) $A(0|7{,}5)$; $B(6|7{,}5)$; $C(1|6)$
b) $D(1|2)$; $E(7|6{,}5)$; $F(1|5)$
c) $G(11|6)$; $H(11|12)$; $I(9{,}5|12)$

10 Betrachte die Bildfolge in der Randspalte. Für welche Sonderform von Dreiecken gilt die Formel $A_{\text{Dreieck}} = \frac{a \cdot b}{2}$? Wo befinden sich dabei Grundseite und Höhe? Berechne die Flächeninhalte der Dreiecke:
① $a = 6\,\text{cm}$; $b = 8\,\text{cm}$; $c = 10\,\text{cm}$; $\gamma = 90°$
② $a = 5\,\text{cm}$; $b = 13\,\text{cm}$; $c = 12\,\text{cm}$; $\beta = 90°$
③ $a = 25\,\text{cm}$; $b = 7\,\text{cm}$; $c = 24\,\text{cm}$; $\alpha = 90°$
④ $a = 3\,\text{cm}$; $b = 4\,\text{cm}$; $c = 5\,\text{cm}$; $\gamma = 90°$

11 Ermittle die Flächeninhalte der Dreiecke. Miss die benötigten Größen in der Zeichnung.

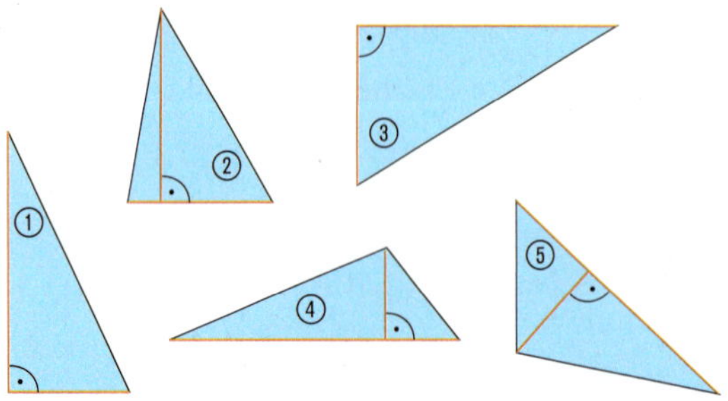

11 Berechne den Flächeninhalt der grünen Fläche. Beschreibe deine Vorgehensweise.

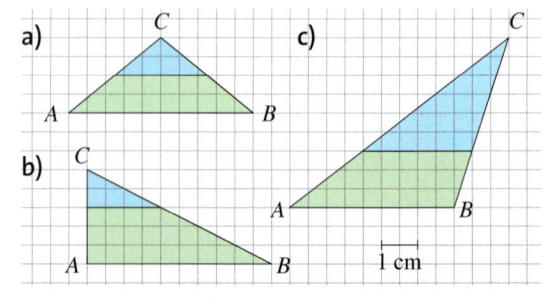

Dreiecke und Vierecke berechnen Umfang und Flächeninhalt von Vierecken

Umfang und Flächeninhalt von Vierecken

Entdecken

1 Miss die Seitenlängen der folgenden Vierecke und berechne ihren Umfang.

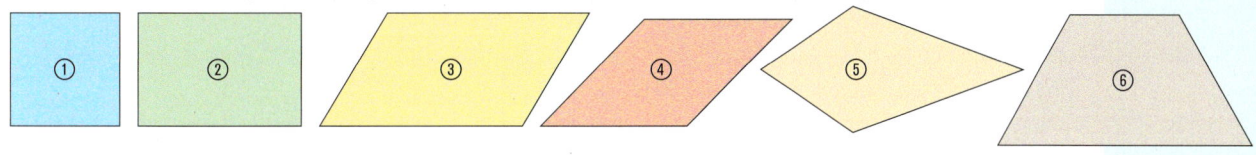

① ② ③ ④ ⑤ ⑥

a) Wie bist du dabei vorgegangen?
b) Zeichne die Vierecke ins Heft und beschrifte sie.
 Bezeichne dabei gleich lange Seiten mit derselben Variablen.
c) Wie könnten die jeweiligen Umfangsformeln lauten? Stelle die Formeln auf.
 Vergleicht und besprecht untereinander eure Ergebnisse.

2 Nadine hat einen Stapel Notizzettel.
Die Fläche vorn ist 5 cm breit und 4 cm hoch.
Sie verschiebt den Stapel seitlich. Es entsteht
als vordere Fläche ein Parallelogramm,
das immer noch eine Höhe von 4 cm besitzt.
Alle Seiten des Parallelogramms sind nun
aber alle 5 cm lang. Vergleiche die Flächeninhalte der vorderen Fläche des Stapels, wenn
er gerade steht und wenn er seitlich ver-
schoben ist. Was fällt dir auf? Überprüfe, ob das
auch für andere Parallelogramme gilt.

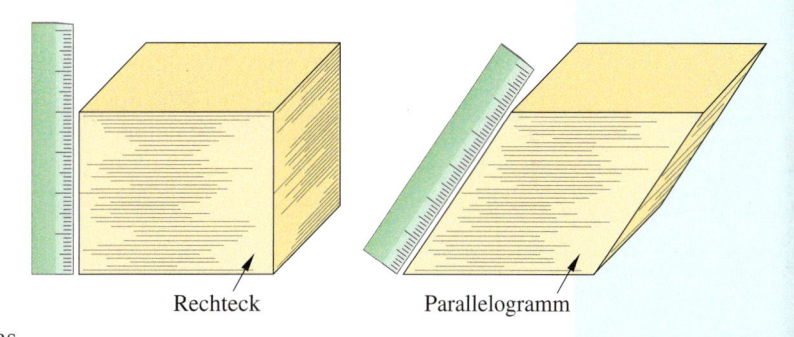

Rechteck   Parallelogramm

3 In Gruppen- und Besprechungsräumen werden häufig Trapeztische eingesetzt.
Deren Tischfläche stellt ein gleichschenkliges Trapez dar.
a) Welche Vorteile haben Trapeztische gegenüber rechteckigen Tischen?
b) Zeichne alle Möglichkeiten, wie man zwei Trapeztische zusammenstellen kann, in dein Heft.
c) Hast du bei einer Figur aus b) eine Idee, wie man den
 Flächeninhalt zweier gleicher Trapeze berechnen kann?
d) Beschreibe, wie du in c) vorgegangen bist.
 Hast du mehrere Lösungswege gefunden?

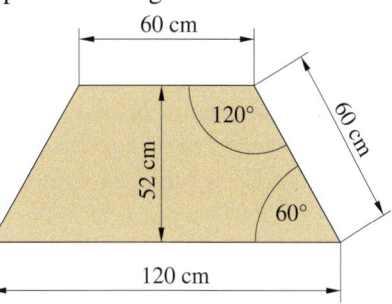

60 cm
120°
60 cm
52 cm
60°
120 cm

TIPP
Nutzt eure
Kenntnisse zur
Flächenberech-
nung bei Recht-
ecken, Parallelo-
grammen und
Dreiecken.

4 Drachenbasteln will gelernt sein. Zeichne und benenne die jeweils entstandenen Vierecke.
a) Armin nimmt zwei gleich lange Leisten,
 markiert deren Mittelpunkte und klebt sie
 dort rechtwinklig zusammen.
b) Benito nimmt zwei verschieden lange
 Leisten, markiert deren Mittelpunkte und
 klebt sie rechtwinklig zusammen.
c) Claudio nimmt zwei verschieden lange
 Leisten, markiert den Mittelpunkt der
 kürzeren und befestigt sie rechtwinklig im oberen Drittel der längeren Leiste.
d) Überlege, wie man für jeden der Drachen den Flächeninhalt ermitteln kann.

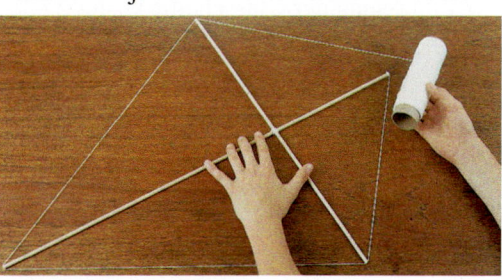

Dreiecke und Vierecke berechnen Umfang und Flächeninhalt von Vierecken

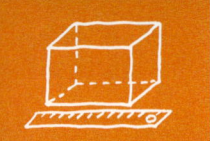

Verstehen

Beim Fußballspielen am Haus landet Sörens Ball genau im mittleren Glaselement des Seitengeländers, sodass dieses zerbricht. Nun muss die parallelogrammförmige Scheibe ersetzt werden.
Pro Quadratmeter kostet das Glas 120 €.

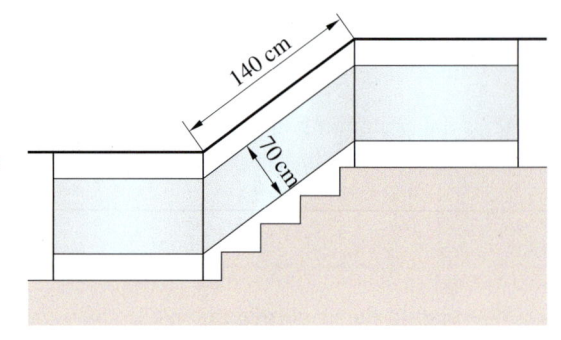

Beispiel 1

Eine Handwerksfirma, die die Reparatur ausführt, berechnet die Unkosten.
Flächeninhalt der Scheibe: 1,40 m · 0,70 m = 0,98 m²
Kosten der Scheibe: 120 € · 0,98 = 117,60 €

Der Glasschaden beläuft sich auf 117,60 €.

Um den Flächeninhalt eines Parallelogramms berechnen zu können, wandelt man es in ein Rechteck um. Dazu trennt man eine dreieckige Teilfläche ab und verschiebt sie.
Dann berechnet man den Flächeninhalt des Rechtecks.

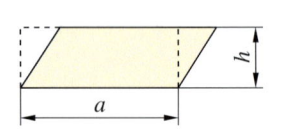

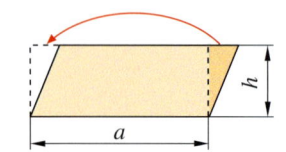

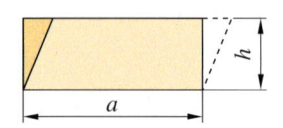

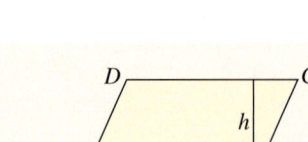

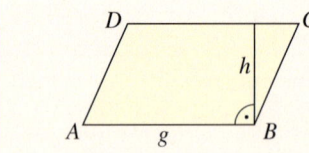

Merke Der **Flächeninhalt** eines **Parallelogramms** ist das Produkt aus Grundseite a und der senkrecht darauf stehenden Höhe h.

$$A_{\text{Parallelogramm}} = a \cdot h$$

Die neue Glasscheibe muss ringsum durch Aluprofile eingefasst werden. Solche Profilstangen kosten pro laufenden Meter 6,50 €. Auch diese Kosten müssen berechnet werden.

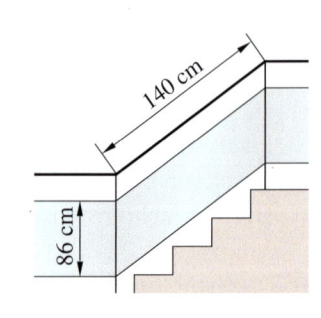

Beispiel 2

Umfang der Scheibe: 2 · 1,40 m + 2 · 0,86 m = 4,52 m
Kosten der Aluprofile: 4,52 m · 6,50 € = 29,38 €

Die Einfassung der Glasscheibe kostet 29,38 €.

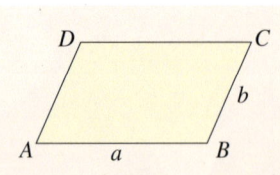

Merke Der **Umfang** eines **Vierecks** ist die Summe der vier Seitenlängen.
Beim **Parallelogramm** berechnet man den Umfang nach der Formel:
$$\begin{aligned} u_{\text{Parallelogramm}} &= a + b + a + b \\ &= 2 \cdot a + 2 \cdot b \\ &= 2\,(a + b) \end{aligned}$$

HINWEIS
Jede Seite eines Parallelogramms kann Grundseite sein. Folglich gibt es zu den Grundseiten a und b die entsprechenden Höhen h_a und h_b.

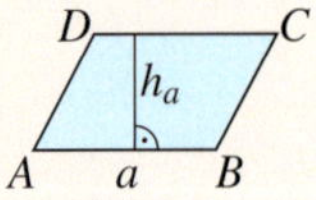

$A = a \cdot h_a$

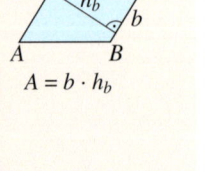

$A = b \cdot h_b$

Dreiecke und Vierecke berechnen Umfang und Flächeninhalt von Vierecken

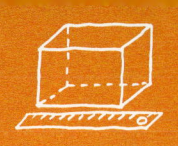

Karol bastelt einen Flugdrachen. Er nimmt zwei Leisten, zieht ein Garn rings um die Enden der Leisten und bespannt die Konstruktion mit bunter Folie.
Jule hat einen gekauften Drachen in Trapezform. Nun wollen beide wissen, welcher Drachen größer ist.

Um die Fläche eines Drachen berechnen zu können, wandelt man ihn in ein flächengleiches Rechteck um. Dies ist möglich, da die Diagonalen den Drachen in vier Teildreiecke teilen. Zwei der entstandenen Teildreiecke trennt man ab und verschiebt sie so, dass ein Rechteck entsteht.

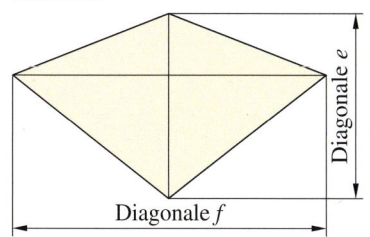

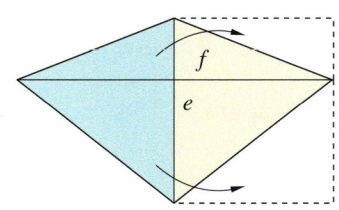

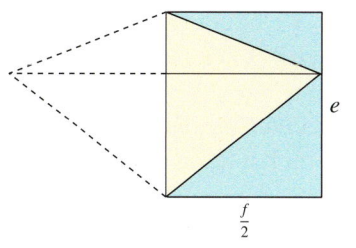

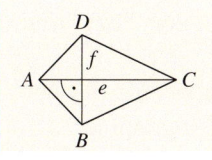

Merke Der **Flächeninhalt** eines **Drachenvierecks** (kurz: Drachen) ist das halbe Produkt der Diagonalen e und f.

$$A_{\text{Drachenviereck}} = e \cdot \frac{f}{2} = \frac{e \cdot f}{2}$$

BEACHTE
Der Rhombus ist ein besonderer Drachen mit vier gleich langen Seiten; daher gilt dieselbe Flächenformel wie beim Drachen.

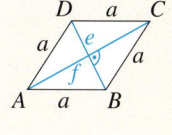

Beispiel 1
Karols Drachen hat Diagonalen von 90 cm und 60 cm. Wie groß ist seine Fläche?
$A = \frac{e \cdot f}{2} = \frac{90\,\text{cm} \cdot 60\,\text{cm}}{2} = 2700\,\text{cm}^2$
Karols Drachen hat eine Fläche von $2700\,\text{cm}^2$.

Auch ein Trapez wird durch Abtrennung und Verschiebung von Teilflächen in ein Rechteck umgewandelt. Dann kann man die Fläche des Rechtecks bestimmen.

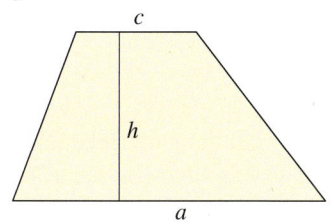

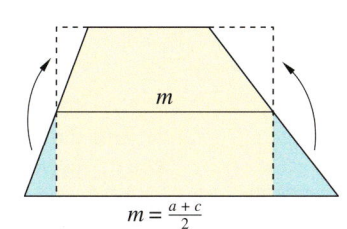

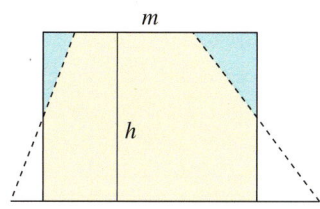

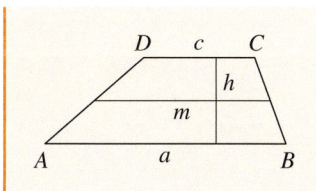

$m = \frac{a+c}{2}$

Merke Der **Flächeninhalt** eines **Trapezes** wird berechnet, indem man die Hälfte der Summe der parallelen Seiten a und c mit der Höhe h multipliziert.

$$A_{\text{Trapez}} = \frac{a+c}{2} \cdot h = m \cdot h$$

HINWEIS
Im Trapez ist die Länge der Mittellinie m genau so groß wie die Hälfte der Summe beider paralleler Seiten a und c:
$m = \frac{a+c}{2}$

Beispiel 2
Jules trapezförmiger Drachen hat parallele Seiten von 80 cm und 20 cm sowie eine Höhe von 60 cm. Wie groß ist seine Fläche?
$A = \frac{a+c}{2} \cdot h_a = \frac{80\,\text{cm} + 20\,\text{cm}}{2} \cdot 60\,\text{cm} = 3\,000\,\text{cm}^2$
Jules Drachen hat eine Fläche von $3\,000\,\text{cm}^2$ und ist somit um $300\,\text{cm}^2$ größer als Karols Drachen.

Dreiecke und Vierecke berechnen — Umfang und Flächeninhalt von Vierecken

Üben und anwenden

1 Zu welcher Viereckart gehören die folgenden Figuren? Wie viele Seiten musst du jeweils mindestens kennen, um ihren Umfang zu bestimmen? Bestimme den Umfang der Figuren.

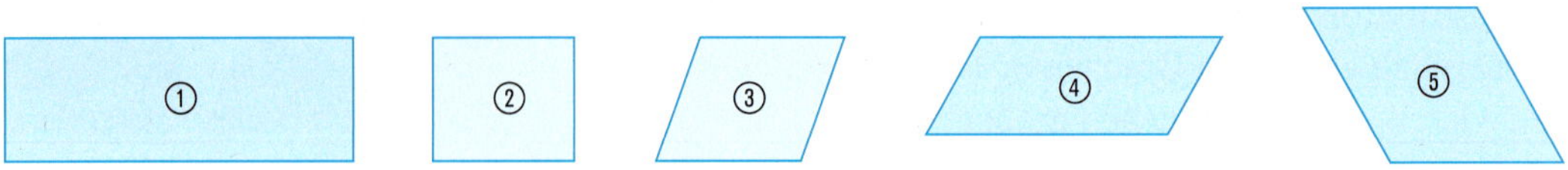

KURZ GESAGT
Statt Flächeninhalt sagt man oft verkürzt nur **Fläche**.

2 Berechne die Fläche des Parallelogramms.
a) $a = 3\,\text{cm}$; $h_a = 12\,\text{cm}$
b) $a = 13\,\text{cm}$; $h_a = 13\,\text{cm}$
c) $b = 64\,\text{cm}$; $h_b = 34\,\text{cm}$
d) $b = 3{,}1\,\text{cm}$; $h_b = 2{,}4\,\text{cm}$

3 Berechne die Fläche des Parallelogramms. Zwei Kästchen entsprechen 1 cm.

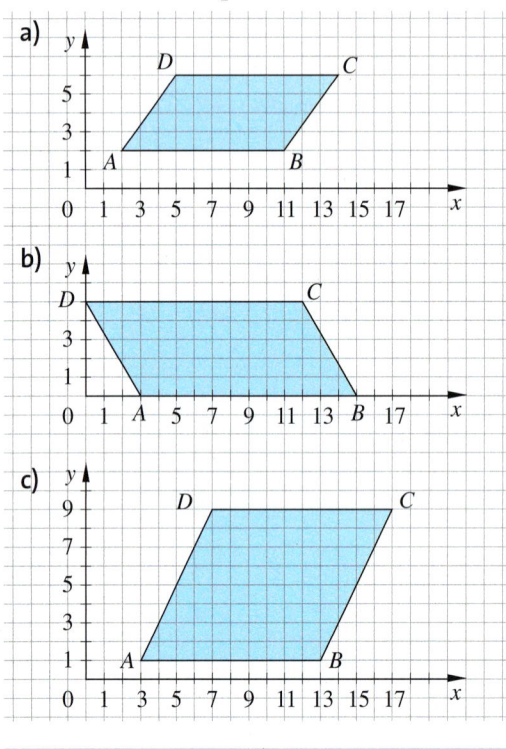

2 Übertrage ins Heft und berechne die fehlenden Größen der Parallelogramme.

	a (in m)	b (in m)	h_a (in m)	u (in m)	A (in m²)
a)	2,6	1,6	1,4		
b)	5,3	2,2			18,55
c)		4,1	2,4	18,2	
d)	3,7			12,6	6,29

3 Zeichne die folgenden Parallelogramme in ein Koordinatensystem in dein Heft. Wähle dazu 1 LE = 1 cm.
Berechne nun jeweils die Höhe, die Fläche und den Umfang der Parallelogramme.

a) A(1|0); B(5|0)
C(4|5); D(8|5)

b) E(10|5); F(14|2)
G(13|2); H(9|5)

c) 2,5 cm; 2 cm; 9,5 cm

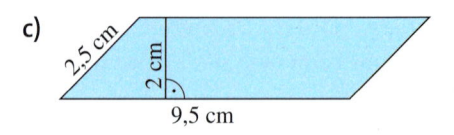

4 Ein Parallelogramm hat den angegebenen Flächeninhalt. Gib jeweils zwei Möglichkeiten für g und h_g an. Zeichne sie.
a) $A = 45\,\text{cm}^2$
b) $A = 66\,\text{cm}^2$
c) $A = 0{,}21\,\text{dm}^2$
d) $A = 1400\,\text{mm}^2$

4 Ermittle das Parallelogramm mit den Angaben $a = 4{,}2\,\text{cm}$, $b = 3{,}1\,\text{cm}$ und $\alpha = 55°$. Berechne Umfang und Flächeninhalt.

5 Berechne den Flächeninhalt jedes Parallelogramms. Was fällt dir auf?

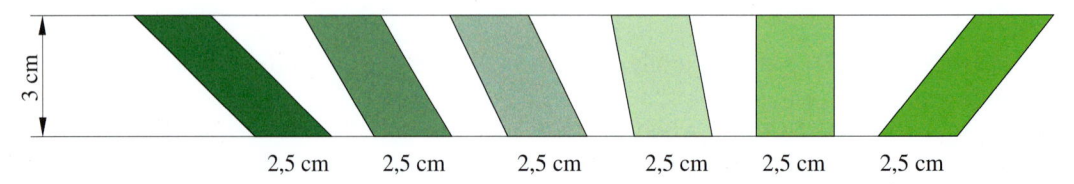

3 cm; 2,5 cm; 2,5 cm; 2,5 cm; 2,5 cm; 2,5 cm; 2,5 cm

Dreiecke und Vierecke berechnen — Umfang und Flächeninhalt von Vierecken

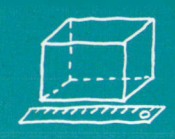

6 In jedes Parallelogramm kann man zwei verschiedene Höhen einzeichnen. Berechne den Flächeninhalt aus der Höhe h_a und der Seite a sowie aus der Höhe h_b und der Seite b.

a) $h_a = 2$ cm; $h_b = 2{,}6$ cm; $b = 2{,}5$ cm; $a = 3{,}25$ cm

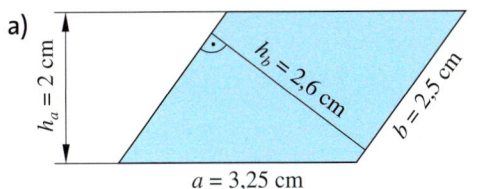

b) $h_a = 28$ mm; $h_b = 42$ mm; $b = 32$ mm; $a = 48$ mm

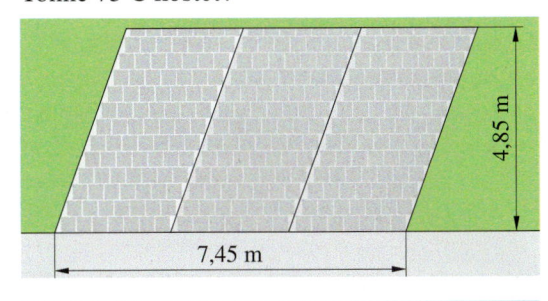

6 Berechne die Flächeninhalte der drei Parallelogramme. Dazu brauchst du jeweils nur zwei Angaben.
Berechne im Aufgabenteil a) und b) die 2. Höhe und im Aufgabenteil c) die 2. Seite.

a) 4,3 cm; 1,5 cm; 4 cm

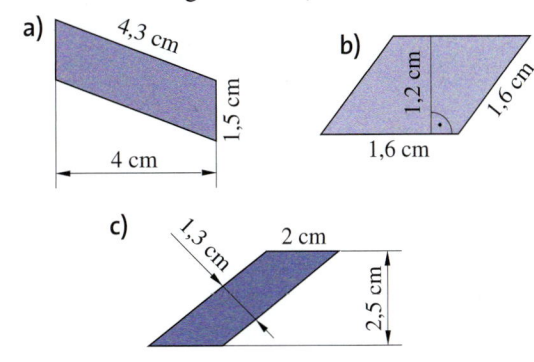

b) 1,2 cm; 1,6 cm; 1,6 cm

c) 1,3 cm; 2 cm; 2,5 cm

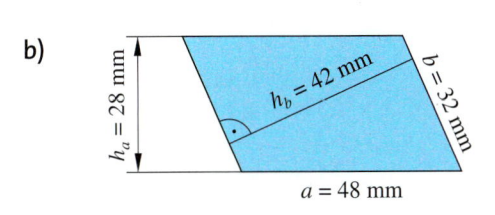

7 Trage die Punkte in ein Koordinatensystem ein und berechne den Flächeninhalt des Parallelogramms $ABCD$. (1 LE ≙ 1 cm)
a) $A(0|0)$; $B(6|0)$; $C(9|5)$; $D(3|5)$
b) $A(2|1)$; $B(7|1)$; $C(9|7)$; $D(4|7)$
c) $A(2|4)$; $B(0|0)$; $C(8|0)$; $D(10|4)$

7 Zeichne Parallelogramme in ein Koordinatensystem, bei denen du den 4. Eckpunkt erst ergänzen musst. Berechne dann Umfang und Fläche. (1 LE ≙ 1 cm)
a) $A(6|1)$; $B(0|5)$; $C(2|5)$; $D(\blacksquare|\blacksquare)$
b) $E(6|1)$; $F(3|4)$; $G(1|4)$; $H(\blacksquare|\blacksquare)$

8 Drei Parkbuchten in der Altstadt sollen Kopfsteinpflaster erhalten. Mit einer Tonne der entsprechenden Steine können etwa 3 m² gepflastert werden. Wie hoch sind die Materialkosten für das Kopfsteinpflaster, wenn eine Tonne 75 € kostet?

(4,85 m; 7,45 m)

8 Ein Baugrundstück hat an der Straße eine Breite von 12 m und eine Tiefe von 22 m. Ein Zaun, der um das gesamte Grundstück führt, ist 74 m lang. Zeichne das Grundstück im Maßstab 1 : 100 und berechne seine Fläche.

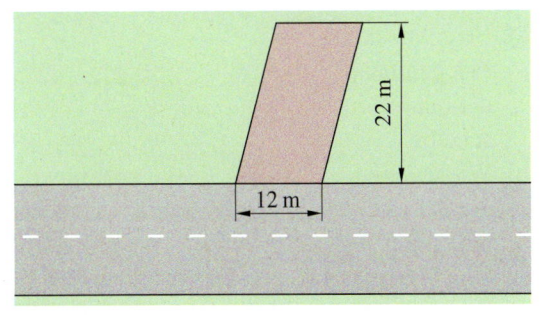

(22 m; 12 m)

9 Berechne den Flächeninhalt des abgebildeten Drachenvierecks.

a) 7 cm; 12 cm

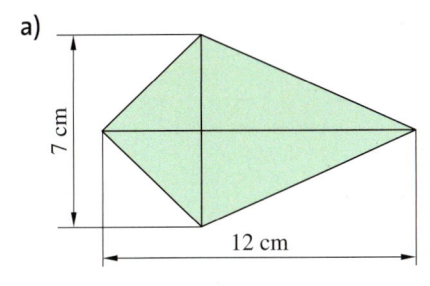

b) 3 cm; 7 cm; 4 cm; 4 cm

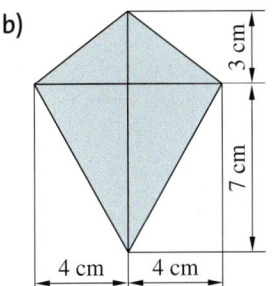

c) 4,1 cm; 2,2 cm

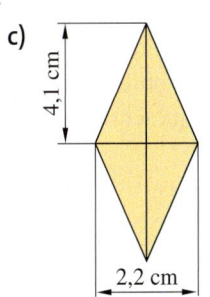

Dreiecke und Vierecke berechnen Umfang und Flächeninhalt von Vierecken

ZU AUFGABE 10
Eine Diagonale eines Drachens kann auch außerhalb liegen.

10 Vergleiche die Flächeninhalte der Drachen. Was stellst du fest? Begründe.

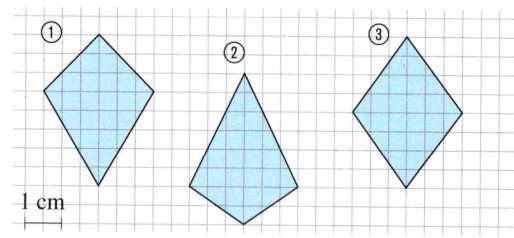

10 Gib den Flächeninhalt der gesamten gelben Fläche an.

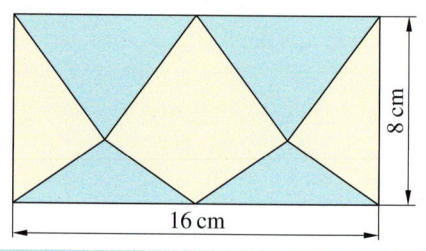

11 Zeichne die Drachen in ein Koordinatensystem (1 LE ≙ 1 cm). Bestimme notwendige Größen und ermittle Fläche und Umfang.
a) $A(2|0)$; $B(10|5)$; $C(2|10)$; $D(0|5)$
b) $A(4|1)$; $B(8|7)$; $C(4|11)$; $D(0|7)$
c) $A(5|0)$; $B(10|3)$; $C(5|8)$; $D(0|3)$
d) $A(0|3)$; $B(3|0)$; $C(6|3)$; $D(3|8)$

11 Zeichne das Drachenviereck nach den angegebenen Maßen. Ermittle den Flächeninhalt.
a) $a = 7$ cm; $b = 4,5$ cm; $\alpha = 65°$
b) $a = 2,5$ cm; $b = 4$ cm; $\beta = 125°$
c) $a = 3,4$ cm; $e = 5$ cm; $\alpha = 58°$
d) $a = 3,6$ cm; $b = 5,1$ cm; $e = 4,4$ cm

ZU AUFGABE 12

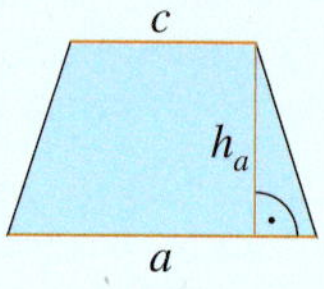

12 Zeichne ein gleichschenkliges Trapez mit den angegebenen Maßen. Berechne anschließend den Flächeninhalt.
a) $a = 5$ cm; $c = 4$ cm; $h_a = 3$ cm; $a \parallel c$
b) $a = 3,5$ cm; $c = 5,6$ cm; $h_a = 4,8$ cm; $a \parallel c$
c)
d)

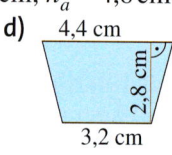

12 Berechne den Flächeninhalt der Trapeze. Zeichne die Trapeze auch ins Heft.
a) $a = 74$ mm; $c = 26$ mm; $h_a = 45$ mm; $a \parallel c$
b) $a = 30$ mm; $c = 3,3$ cm; $h_a = 33$ mm; $a \parallel c$
c) 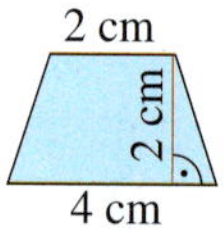
d)

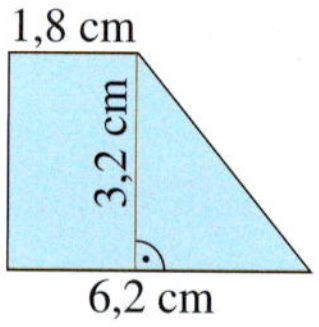

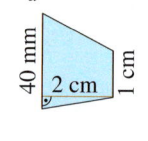

13 Die Scheibe in einem Giebelfenster ist trapezförmig und hat die gegebenen Maße.
a) Berechne den Flächeninhalt der Glasscheibe. 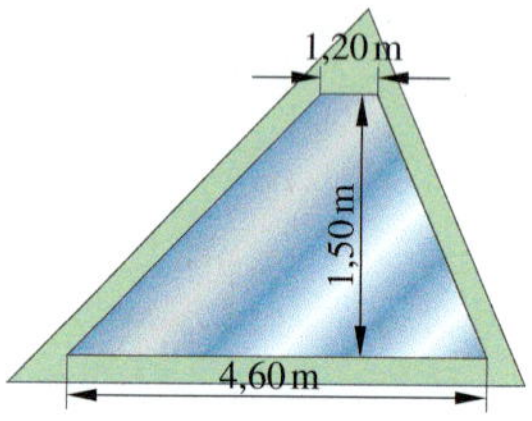
b) Wie teuer ist die Scheibe bei einem Quadratmeterpreis von 142 € und einem Formzuschlag von 20%? Warum nimmt die Glaserei einen Formzuschlag?
c) Zeichne das Trapez mit einem geeigneten Maßstab in dein Heft. Welches Problem stellst du fest, wenn du ein nicht-gleichschenkliges Trapez zeichnen willst?
d) Zeichne das Fenster als gleichschenkliges Trapez in dein Heft. Bestimme den Umfang durch Messen.

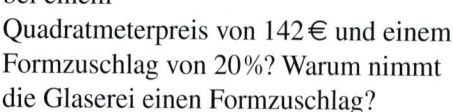

13 Ein Hausdach muss neu gedeckt werden. Der Besitzer möchte sich Kostenvoranschläge einholen. Dafür benötigt er die Größe der Dachfläche.
a) Berechne die Dachfläche.
b) Wie teuer ist das Dach bei einem Preis für Dachziegel von 7 € pro m²? Plane 2% Verschnitt ein.  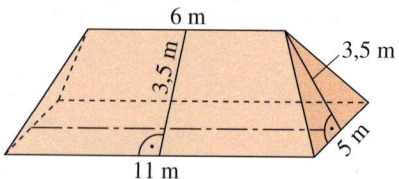

146

Klar so weit?

Vierecke beschreiben

→ Seite 134

1 Gib jeweils alle Drachenvierecke, alle Quadrate, alle Rechtecke und alle Trapeze an. Begründe deine Auswahl mit dem „Haus der Vierecke".

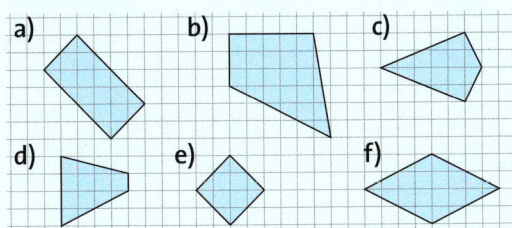

a) b) c) d) e) f)

1 Trage die gegebenen Seiten eines Vierecks mehrfach in dein Heft. Ergänze sie zu besonderen Vierecken. Welche Vierecke aus dem „Haus der Vierecke" kannst du mit welchen vorgegebenen Winkeln darstellen?

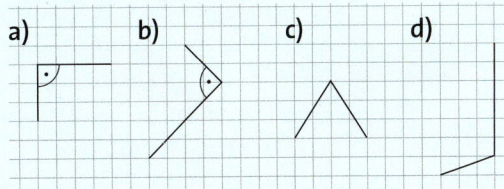

a) b) c) d)

2 Zeichne ein Viereck mit …
a) einem rechten Winkel, das aber kein Quadrat oder Rechteck ist.
b) vier gleich langen Seiten, das aber kein Quadrat ist.
c) nur einer Symmetrieachse, das aber kein Drachen ist.
d) zwei Symmetrieachsen.
e) vier Symmetrieachsen.

2 Zeichne, wenn möglich, ein Viereck mit den angegebenen Eigenschaften bzw. begründe, warum dies unmöglich ist.
a) ein Quadrat, das kein Rechteck ist
b) einen Rhombus, der auch ein Rechteck ist
c) ein Drachenviereck, das auch ein Trapez ist
d) ein Trapez, das auch ein Drachenviereck ist
e) ein Parallelogramm, das achsensymmetrisch ist

3 Wahr oder falsch? Begründe.
a) Jedes Quadrat ist ein Rhombus.
b) Jeder Rhombus ist ein Parallelogramm.
c) Manche Rechtecke sind Quadrate.

3 Wahr oder falsch? Begründe.
a) Es gibt Rhomben, die keine Quadrate sind.
b) Jedes Parallelogramm ist ein Trapez.
c) Manche Drachenvierecke sind Trapeze.

Umfang und Flächeninhalt von Dreiecken

→ Seite 138

4 Zeichne die Dreiecke in ein Koordinatensystem, miss die benötigten Größen und ermittle Umfang und Flächeninhalt. 1 LE ≙ 1 cm
a) $A(3|5)$; $B(8|10)$; $C(3|11)$
b) $D(1|6)$; $E(5|1)$; $F(1|8)$

4 Konstruiere die Dreiecke, miss die benötigten Größen und berechne Umfang und Flächeninhalt.
a) $b = 6{,}4$ cm; $c = 4{,}8$ cm; $\alpha = 112°$
b) $a = 4{,}1$ cm; $b = 6{,}2$ cm; $\gamma = 90°$

5 Zeichne die Dreiecke in dein Heft. Wähle eine Grundseite und die dazugehörige Höhe. Berechne den Flächeninhalt A.

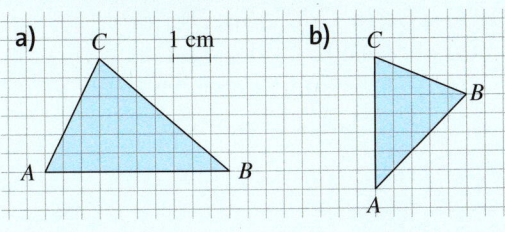

a) b)

5 Berechne aus der Zeichnung die Flächeninhalte der roten und der grünen Fläche. Ein Kästchen entspricht 1 cm.

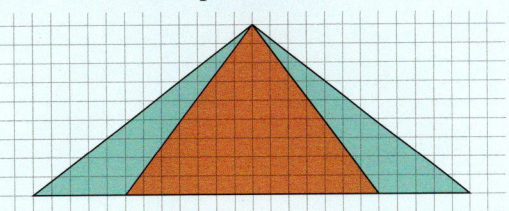

147

Dreiecke und Vierecke berechnen

Umfang und Flächeninhalt von Vierecken

→ Seite 142

HINWEIS
Bei manchen Parallelogrammen verläuft die Höhe außerhalb der Fläche.

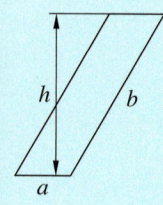

6 Zähle die Kästchen und berechne die Flächeninhalte. Beachte den Maßstab.

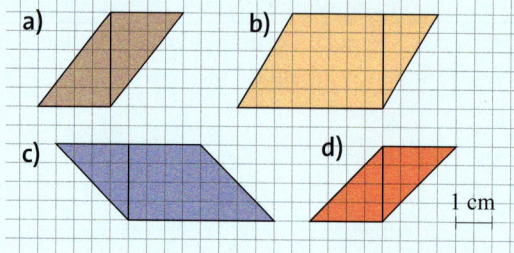

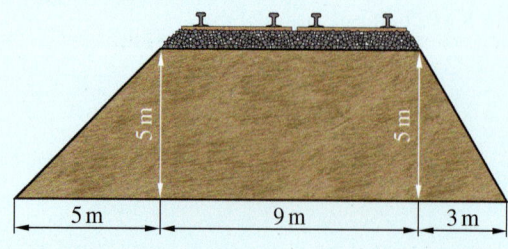

6 Zeichne die Figuren ab und berechne ihre Flächeninhalte.

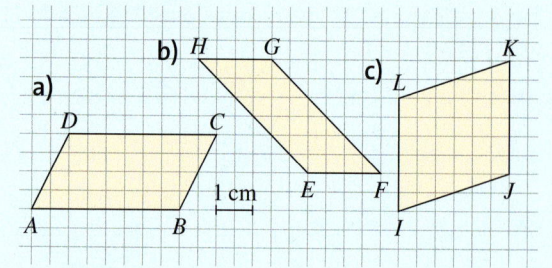

7 Berechne die Fläche der folgenden Parallelogramme:
a) $a = 7{,}2$ cm; $h_a = 4{,}2$ cm
b) $b = 6{,}6$ cm; $h_b = 3{,}1$ cm
c) $a = 3{,}9$ cm; $h_a = 2{,}5$ cm
d) $c = 1{,}2$ m; $h_c = 0{,}5$ m

7 Berechne die Fläche der folgenden Parallelogramme:
a) $a = 6{,}3$ cm; $h_a = 4{,}1$ cm
b) $a = 6{,}1$ cm; $h_a = 28$ mm
c) $b = 5{,}4$ cm; $h_b = 37$ mm
d) $c = 4{,}5$ m; $h_c = 350$ cm

8 Berechne die Flächeninhalte.

8 Berechne die blauen und gelben Flächen.

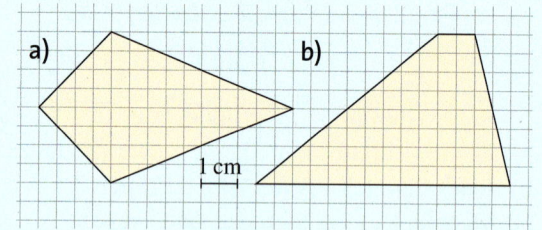

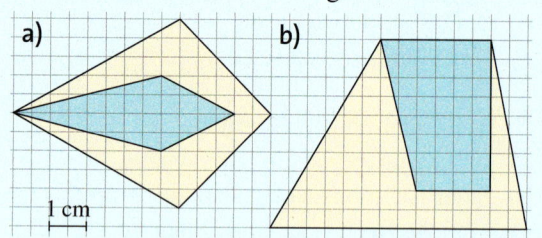

9 Berechne den Flächeninhalt bzw. die fehlende Diagonale der Drachen.
a) $e = 4{,}9$ cm; $f = 3{,}6$ cm
b) $e = 3{,}5$ m; $A = 21$ m²
c) $f = 17{,}5$ dm; $A = 23{,}8$ dm²

9 Berechne die jeweils fehlenden Größen der Drachen.

	a	b	u	e	f	A
a)	3,8 cm	1,9 cm		5 cm	3 cm	
b)	4 m		19 m	8 m		20 m²
c)		28 mm	10 cm		32,5 mm	6,5 cm²

10 Zeichne den Querschnitt des trapezförmigen Bahndammes maßstabsgetreu ins Heft. Ermittle Umfang und Fläche.

10 Zeichne das Trapez in ein Koordinatensystem (1 LE ≙ 1 cm). Bestimme die notwendigen Größen und berechne den Flächeninhalt.
a) $A(1|1)$; $B(6|1)$; $C(5|6)$; $D(3|6)$
b) $A(2|0)$; $B(7|0)$; $C(8|6)$; $D(1|6)$
c) $A(0|0)$; $B(6{,}5|0)$; $C(3{,}5|7{,}5)$; $D(0|7{,}5)$
d) $A(0|0)$; $B(4{,}5|2)$; $C(4{,}5|6)$; $D(0|8)$

Lösungen ab Seite 204

Vermischte Übungen

1 Übertrage die Linien in dein Heft und ergänze sie zu dem angegebenen Viereck. Markiere gleiche Winkel mit dem gleichen griechischen Buchstaben, miss oder berechne die Winkel. Zeichne die Symmetrieachsen ein.

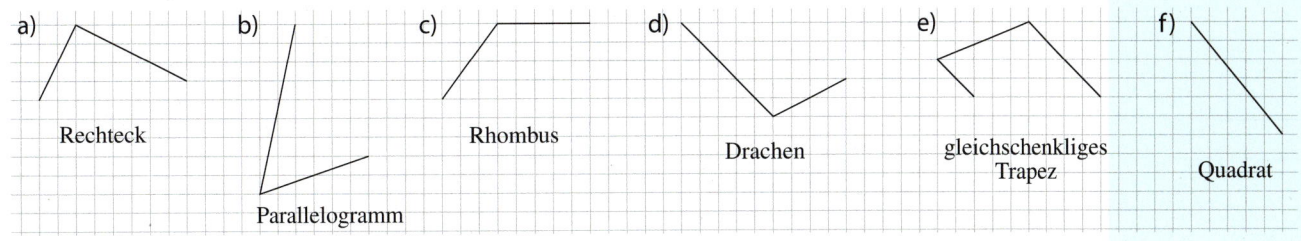

a) Rechteck
b) Parallelogramm
c) Rhombus
d) Drachen
e) gleichschenkliges Trapez
f) Quadrat

2 Zusammenhänge zwischen Vierecken
a) Erläutere die folgende Abbildung:

Trapez – Rechteck – Quadrat

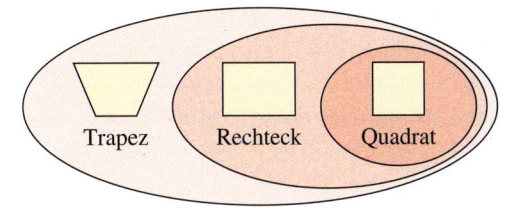

b) Zeichne eine ähnliche Abbildung wie in a) für die drei Begriffe Quadrat, Rhombus und Trapez.

2 Zusammenhänge zwischen Vierecken
a) Erläutere die folgende Abbildung:

Drachenviereck – Rhombus – Quadrat

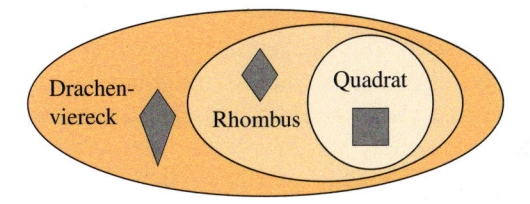

b) Zeichne eine ähnliche Abbildung wie in a) für die drei Begriffe Trapez, Rechteck und Parallelogramm.

3 Berechne den Flächeninhalt der folgenden Dreiecke.
a) $a = 5$ cm $h_a = 4$ cm
b) $c = 4$ cm $h_c = 9$ cm
c) $b = 50$ mm $h_b = 3$ cm
d) $g = 15$ m $h_g = 7$ m

3 Berechne den Flächeninhalt der folgenden Dreiecke.
a) $a = 5{,}2$ cm $h_a = 3$ cm
b) $c = 1{,}4$ cm $h_c = 0{,}9$ cm
c) $b = 500$ mm $h_b = 4{,}3$ cm
d) $g = 15$ m $h_g = 700$ mm

4 Zeichne die Dreiecke ab und beschrifte sie. Ermittle ihren Umfang und ihren Flächeninhalt. (Ein Kästchen ist 1 cm lang und 1 cm breit.)

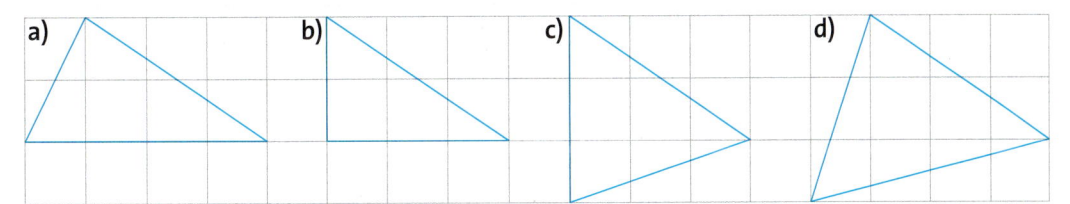

a) b) c) d)

5 Der Eingang eines Zeltes hat die Form eines gleichschenkligen Dreiecks. Er besteht aus 2,00 m² Zeltplane und ist 1,60 m hoch.
a) Berechne, wie breit das Zelt am Boden ist.
b) Von der Spitze des Zelteingangs wird ein Seil gespannt, dass in drei Meter Abstand vom Zelt mit einem Hering eingepflockt wird. Ermittle mithilfe einer maßstäblichen Zeichnung, wie lang das Seil sein muss.

Dreiecke und Vierecke berechnen Vermischte Übungen

6 Die Grundstücke A bis F werden zum Verkauf angeboten. 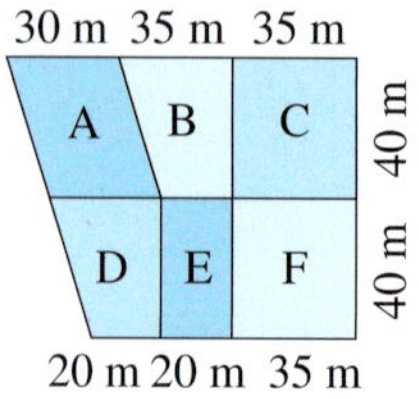
a) Bestimme den Flächeninhalt jedes Grundstücks.
b) Der Grundstückspreis liegt bei 130 € pro m². Familie Meier kann maximal 150 000 € für das Grundstück aufbringen. Welches Grundstück könnte sich die Familie kaufen?
c) Der Besitzer von Grundstück E möchte sein Grundstück vollständig einzäunen. Bestimme die Gesamtlänge des Zauns.

7 Vergleiche die Flächeninhalte der fünf Dreiecke. Was stellst du fest? Begründe.

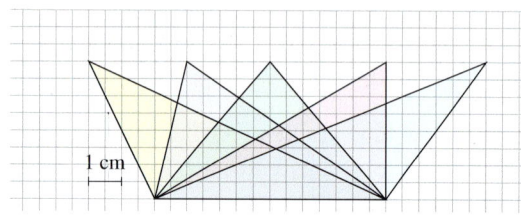

8 Das Haus ist 6,80 m breit und hat eine Giebelhöhe von 5,15 m.

Berechne den gesamten Flächeninhalt des verglasten Häusergiebels.

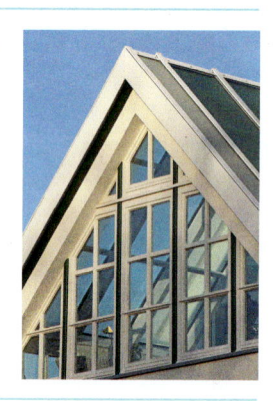

6 Zeichne folgende Vierecke und ermittle ihren Flächeninhalt. Entnimm die fehlenden Maße deiner Zeichnung.
a) gleichschenkliges Trapez:
   $a = 4{,}5$ cm; $c = 3{,}7$ cm; $h = 5{,}1$ cm
b) Rhombus: $e = 6{,}3$ cm; $f = 4{,}8$ cm
c) Parallelogramm:
   $a = 0{,}53$ dm; $b = 0{,}35$ dm; $\gamma = 76°$

7 Gegeben ist ein Parallelogramm mit $a = 5$ cm, $b = 3$ cm und $h_a = 2{,}5$ cm. Verändere die gegebenen Größen des Parallelogramms so, dass …
a) der Umfang verdoppelt wird.
b) der Umfang halbiert wird.
c) der Flächeninhalt verdoppelt wird.
d) der Flächeninhalt halbiert wird.
e) der Umfang 10 % kürzer wird.
f) der Flächeninhalt 150 % des vorherigen einnimmt.

8 Linda geht mit ihrem Sportverein zelten. In Opas Keller findet sie ein altes Zelt. Sie möchte es vorher noch imprägnieren, damit es nicht reinregnet. Wie viele Dosen Imprägnierspray benötigt sie, wenn eine 500-ml-Sprühdose für 5 m² reicht?

9 In einer Tischlerei wurde ein Brett zersägt. Die Stärke des Sägeblattes beträgt 1,5 mm.
a) Berechne die Flächeninhalte der einzelnen Brettabschnitte.
b) Bestimme die ursprünglichen Maße des Brettes. Wie viel Quadratzentimeter des Brettes sind beim Sägen verloren gegangen?
   Welcher Anteil vom ursprünglichen Brett ist verloren gegangen?

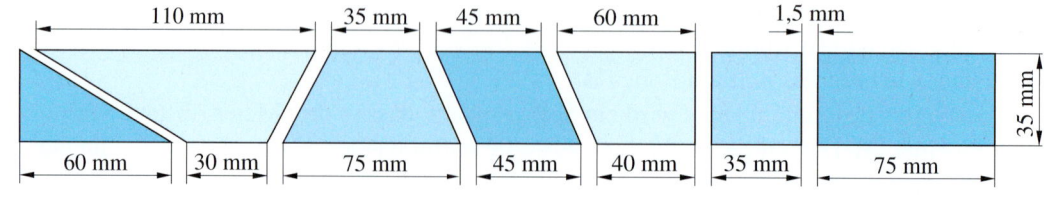

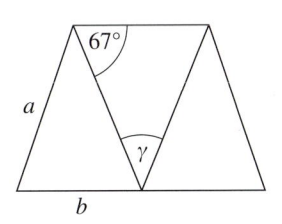

Dreiecke und Vierecke berechnen Vermischte Übungen

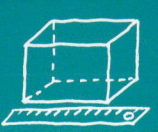

10 Eine Fachwerkbrücke besteht aus 15 gleichschenkligen Dreiecken.
a) Berechne den Winkel γ. Begründe.
b) Gib einen Term für die Gesamtlänge der Fachwerkstreben im abgebildeten Teilstück an und berechne sie für $a = 6{,}4$ m und $b = 5$ m.
c) Wie lautet der Term für die Gesamtlänge der Fachwerkstreben, wenn die Brücke aus 15 solcher dreieckigen Teilstücke besteht?
d) Die Brücke soll gestrichen werden. Pro Meter werden etwa 1/4 Liter Farbe benötigt. 20 Liter Metallschutzfarbe kosten 396 €. Wie viel Euro kostet ein neuer Anstrich der Brücke?

HINWEIS
Jede Dreiecksseite steht für eine Fachwerkstrebe.

11 Berechne die Flächeninhalte der Drachen und vergleiche die Ergebnisse miteinander.

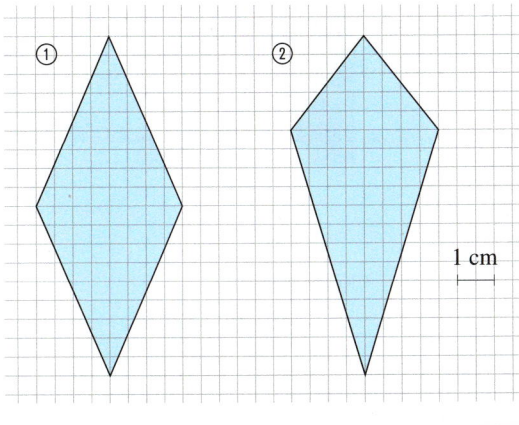

11 Gegeben ist der Flächeninhalt eines Trapezes. Gib immer zwei Möglichkeiten an, wie groß a, c und h sein könnten.
a) $34\,\text{cm}^2$
b) $96\,\text{cm}^2$
c) $450\,\text{mm}^2$
d) 25 ha
e) 330 a
f) $235\,682\,\text{mm}^2$

12 Gegeben ist die Fläche eines Trapezes.
① $A = 42\,\text{cm}^2$
② $A = 54\,\text{cm}^2$
③ $A = 1\,025$ a
④ $A = 4{,}8\,\text{dm}^2$
a) Gib zu jedem Flächeninhalt zwei Möglichkeiten an, wie groß a, c und h sein können. Zeichne beide Trapeze maßstabsgetreu. Sind ihr Umfänge identisch?
b) Wie kann man a) besonders einfach lösen? Was spielt dabei eine Rolle?

12 Konstruiere folgende allgemeine Vierecke.
Fertige zunächst eine Planfigur an.
Ermittle den Flächeninhalt durch Zerlegung in Dreiecke.
Entnimm fehlende Maße deiner Zeichnung.
a) $a = 4{,}5$ cm; $b = 3{,}1$ cm; $c = 3{,}8$ cm; $d = 2{,}6$ cm; $\alpha = 55°$
b) $b = 4{,}6$ cm; $c = 1{,}9$ cm; $d = 5{,}2$ cm; $\beta = 135°$; $\gamma = 76°$

13 Ein Haus soll neu gestrichen werden. Wie viel Quadratmeter Farbe werden für alle Wände des Hauses benötigt? Berechne alle Flächen und addiere sie dann. Vernachlässige Fenster und Türen.

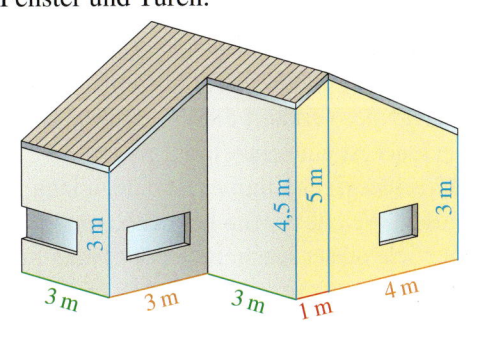

ZU AUFGABE 13
Die Wände, die du nicht siehst haben einen Flächeninhalt von $38\,\text{m}^2$.

13 Ein Fünfeck *ABCDE* hat in einem Koordinatensystem (1 LE ≙ 1 cm) die Eckpunkte $A(0|2)$; $B(4|0)$; $C(6|2)$; $D(5|6)$ und $E(1|5)$.
a) Zeichne das Fünfeck.
b) Zerlege das Fünfeck in geeignete Dreiecke und berechne den Flächeninhalt.

Dreiecke und Vierecke berechnen   Vermischte Übungen

Verbundpflaster

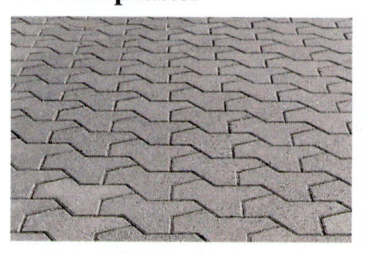

Verbundpflaster finden sich auf vielen befahrbaren Flächen wie Einfahrten, Parkplätzen, Höfen und dergleichen.

14 Ein Pflasterungsprojekt

Bei einem Pflasterungsprojekt muss man wissen, wie viele Steine benötigt werden.
Dazu braucht man den Flächeninhalt der einzelnen Verbundsteine. Dies wollen wir anhand der Modelle „Doppel-T-Verbundstein" und „Sechseck-Wabenstein" berechnen.
Alle Angaben in den Zeichnungen sind in cm gegeben.

a) Zeichne die beiden Modelle in Originalgröße auf je ein DIN-A4-Blatt.
b) Schätze zunächst, welcher Stein die größte Fläche hat. Entnimm dann den Skizzen die notwendigen Angaben und berechne den Flächeninhalt genau.
c) Wie viele Steine jeder Sorte werden pro Quadratmeter benötigt?
d) Auf eine Palette passen 10 Lagen der Sorte „Doppel-T-Verbundsteine", pro Lage sind es 8 Reihen mit je 4 Steinen.
Wie viele Verbundsteine passen auf eine Palette?
e) Wie viele Quadratmeter kann man mit den Steinen einer Palette verlegen?

Doppel-T-Verbundstein
(Maße in cm) 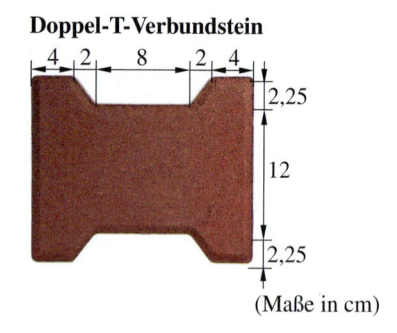

Sechseck-Wabenstein 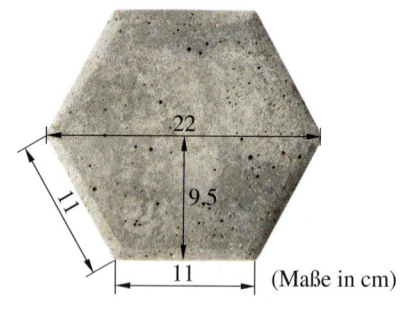
(Maße in cm)

15 Im Fliesenhandel

Ein Fliesenhändler bietet die nebenstehenden Bodenkacheln an. Sie lassen sich gut im Verbund legen.

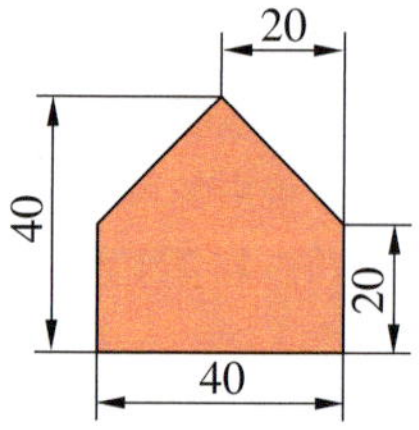

a) Zeichne einen Verbund aus mindestens 10 Fliesen in dein Heft mit Rechenkästchen (ein Rechenkästchen entspricht 10 cm).
b) Berechne die Fläche einer einzelnen Kachel.
c) Der Händler verkauft die Ware für 45 € pro Quadratmeter. Wie teuer ist eine einzelne Kachel?
d) Ein rechteckiges Zimmer ist 5,50 m lang und 3,50 m breit. Das Zimmer soll gekachelt werden. Welche Fläche hat der Raum?
e) Wie viele dieser Kacheln benötigt man mindestens um den Boden des Zimmers auszulegen? Da man Verschnitt, Bruch usw. berücksichtigen muss, bestellt man üblicherweise 10 % mehr Kacheln.
f) Für das Verlegen berechnet der Handwerker 25 € pro Quadratmeter. Wie teuer werden Kauf und Verlegen der Kacheln?
Auf die Gesamtsumme kommen noch 19 % Mehrwertsteuer.

(Maße in cm)

Zusammenfassung

Vierecke beschreiben und zeichnen

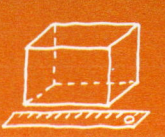

→ Seite 134

Viereckart		Seiten, Winkel	Diagonalen, Symmetrie
Quadrat		gleich lange Seiten; vier rechte Winkel	Diagonalen stehen senkrecht zueinander; vier Symmetrieachsen
Rechteck	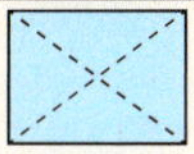	zwei Paare gleich langer, paralleler Seiten; vier rechte Winkel	Diagonalen sind gleich lang und halbieren sich; zwei Symmetrieachsen
Rhombus	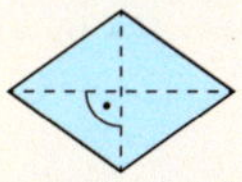	gleich lange Seiten; gegenüberliegende Winkel sind gleich groß	Diagonalen stehen senkrecht zueinander und halbieren sich; zwei Symmetrieachsen
Parallelogramm	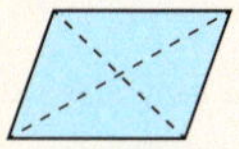	zwei Paar paralleler Seiten; gegenüberliegende Winkel sind gleich groß	Diagonalen halbieren sich; punktsymmetrisch
Trapez	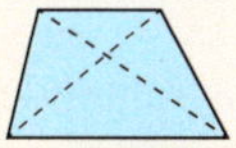	ein Paar paralleler Seiten	nur beim gleichschenkligen Trapez gleich lange Diagonalen und eine Symmetrieachse
Drachenviereck	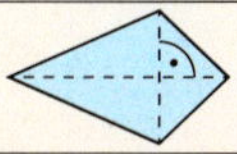	zwei Paare gleich langer benachbarter Seiten	Diagonalen stehen senkrecht zueinander; eine Symmetrieachse

Umfang und Flächeninhalt von Dreiecken

→ Seite 138

Der **Flächeninhalt** eines **Dreiecks** ist die Hälfte des Produktes aus der Grundseite g und der dazugehörigen Höhe h_g.

$$A = \frac{g \cdot h_g}{2}$$
$$A = \frac{6\,\text{m} \cdot 3{,}3\,\text{m}}{2}$$
$$= 9{,}9\,\text{m}^2$$

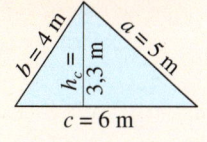

Der **Umfang** eines **Dreiecks** ist die Summe aller Seitenlängen.

$$u = a + b + c$$
$$u = 5\,\text{m} + 4\,\text{m} + 6\,\text{m}$$
$$= 15\,\text{m}$$

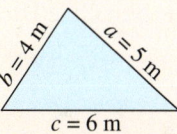

Umfang und Flächeninhalt von Vierecken

→ Seite 142

Der Pfeil ⟶ bedeutet: „… ist auch ein(e) …"

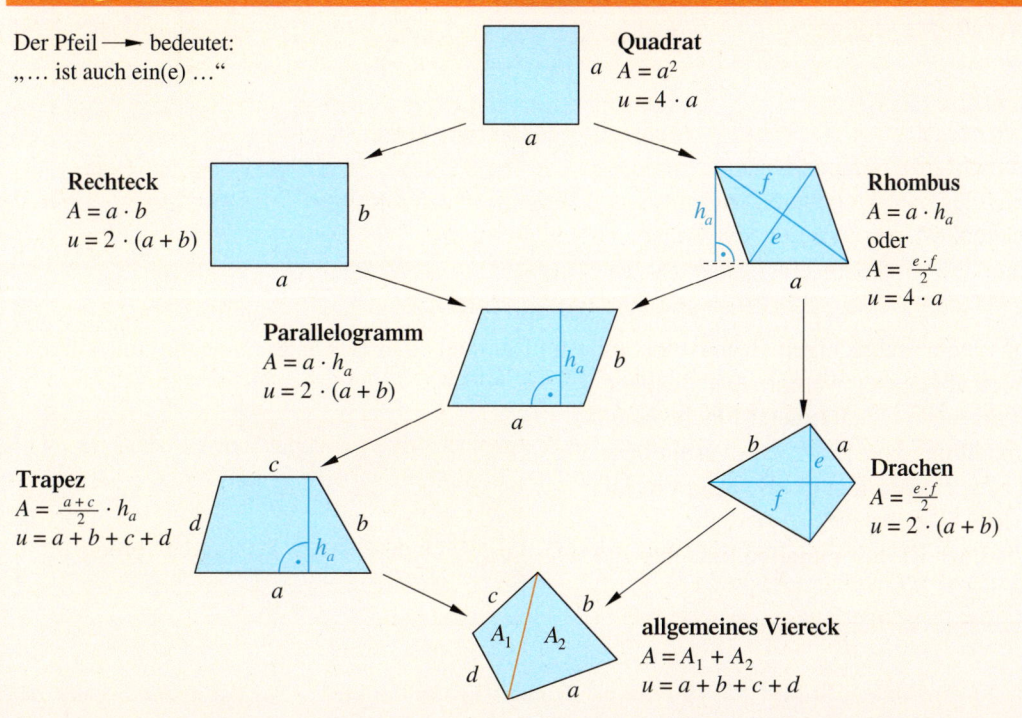

Quadrat
$A = a^2$
$u = 4 \cdot a$

Rechteck
$A = a \cdot b$
$u = 2 \cdot (a + b)$

Rhombus
$A = a \cdot h_a$
oder
$A = \frac{e \cdot f}{2}$
$u = 4 \cdot a$

Parallelogramm
$A = a \cdot h_a$
$u = 2 \cdot (a + b)$

Trapez
$A = \frac{a+c}{2} \cdot h_a$
$u = a + b + c + d$

Drachen
$A = \frac{e \cdot f}{2}$
$u = 2 \cdot (a + b)$

allgemeines Viereck
$A = A_1 + A_2$
$u = a + b + c + d$

Dreiecke und Vierecke berechnen

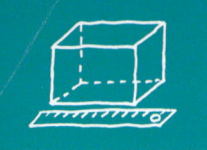

Teste dich!

6 Punkte

1 Welches Viereck wird hier beschrieben? Manchmal gibt es mehr als eine Antwort.
a) vier rechte Winkel
b) genau 2 parallele Seiten
c) gegenüberliegende Winkel sind gleich groß
d) vier gleich lange Seiten
e) vier Symmetrieachsen
f) Diagonalen stehen senkrecht aufeinander

5 Punkte

2 Ergänze die Figuren wie angegeben.

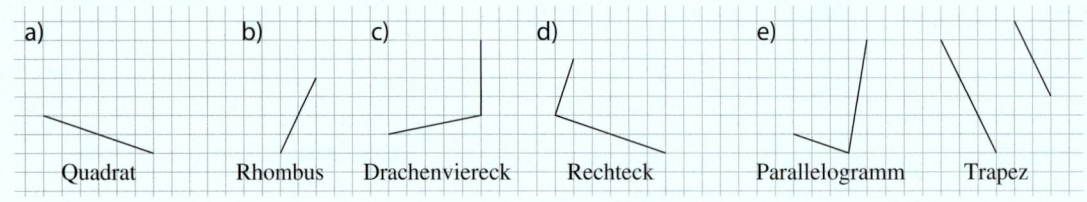

a) Quadrat   b) Rhombus   c) Drachenviereck   d) Rechteck   e) Parallelogramm   Trapez

4 Punkte

3 Berechne den Umfang und den Flächeninhalt der Dreiecke. Miss fehlende Längen nach.

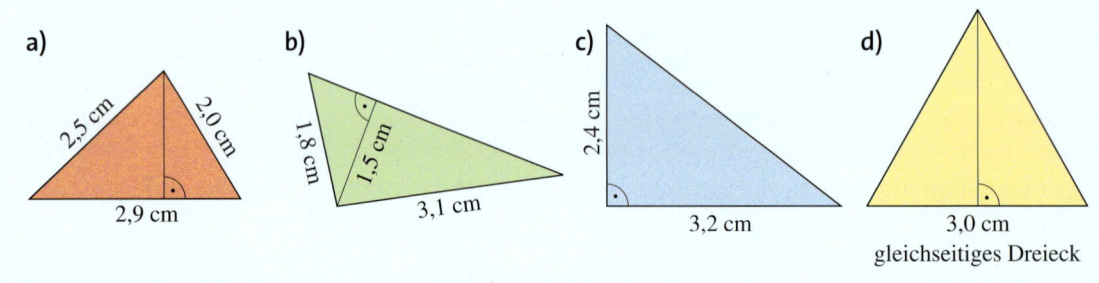

a) Seiten 2,5 cm, 2,0 cm, Basis 2,9 cm
b) 1,8 cm, 1,5 cm, 3,1 cm
c) 2,4 cm, 3,2 cm
d) 3,0 cm gleichseitiges Dreieck

4 Punkte

4 Berechne Umfang und Flächeninhalt der gegebenen Figuren.

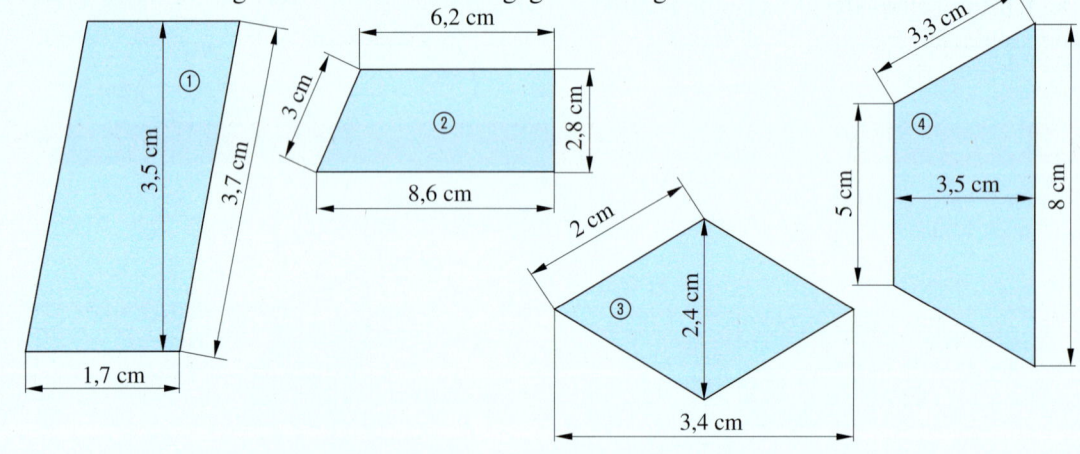

① 3,5 cm, 3,7 cm, 1,7 cm
② 6,2 cm, 3 cm, 2,8 cm, 8,6 cm
③ 2 cm, 2,4 cm, 3,4 cm
④ 3,3 cm, 5 cm, 3,5 cm, 8 cm

2 Punkte

5 Von einem rechteckigen Grundstück muss im Rahmen einer Baumaßnahme ein dreieckiges Teilstück abgegeben werden. Der Besitzer erhält für jeden Quadratmeter Fläche eine Entschädigung von 153 €. Das verbliebene Grundstück verpachtet der Besitzer ein Jahr lang für 8,50 € pro 100 m² pro Jahr.
a) Wie hoch ist die einmalige Entschädigung?
b) Berechne die Jahrespacht.

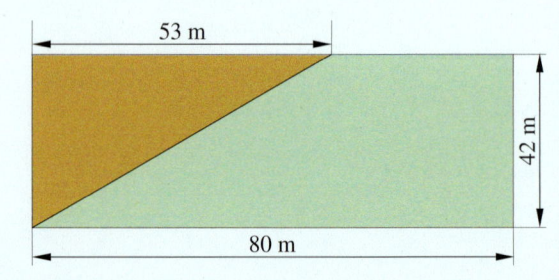

(Grundstück: 80 m × 42 m, Dreieck mit oberer Seite 53 m)

Gold: 20–21 Punkte, Silber: 17–19 Punkte, Bronze: 13–16 Punkte   Lösungen ab Seite 204

Körper darstellen und berechnen

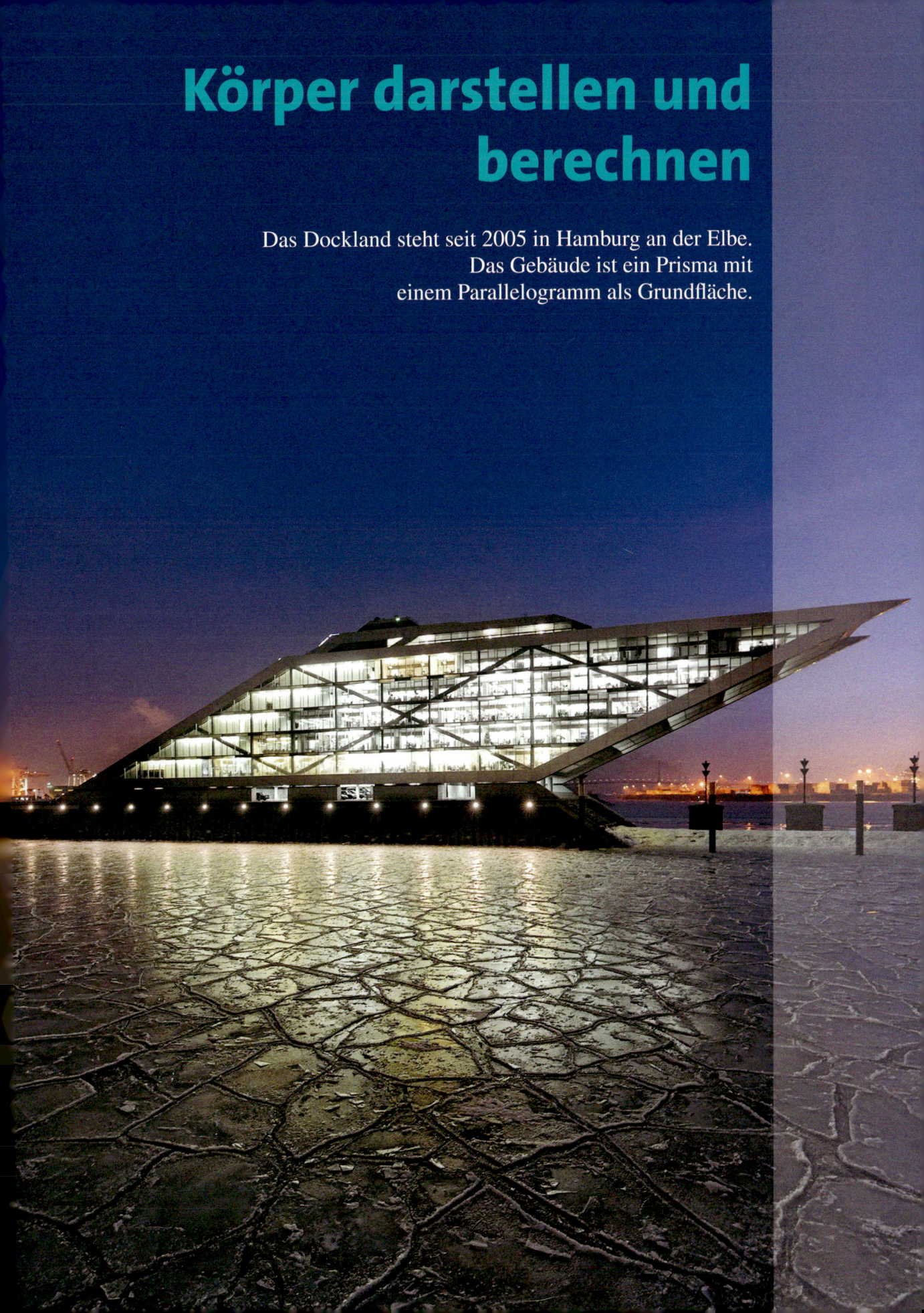

Das Dockland steht seit 2005 in Hamburg an der Elbe. Das Gebäude ist ein Prisma mit einem Parallelogramm als Grundfläche.

Körper darstellen und berechnen

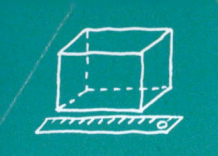

Noch fit?

Einstieg

1 Schrägbild vervollständigen
Übertrage ins Heft und vervollständige zum Schrägbild eines Würfels.

a) b)
1 cm

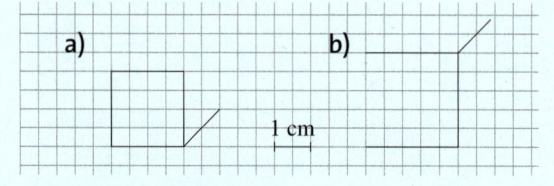

2 Würfelnetz zeichnen
Zeichne zwei verschiedene Netze eines Würfels mit der Kantenlänge $a = 3$ cm.

3 Volumen und Oberfläche
Zeichne das Schrägbild eines Würfels mit einer Kantenlänge von 5 cm.
Berechne das Volumen des Würfels.
Berechne seine Oberfläche.

4 Einheiten umrechnen
Rechne in die in Klammern angegebene Einheit um.
a) 4 cm (mm)
b) 2 500 m (km)
c) 4 cm^2 (mm^2)
d) 300 m^2 (dm^2)
e) 4 cm^3 (mm^3)
f) 9 000 m^3 (dm^3)

Aufstieg

1 Schrägbild vervollständigen
Übertrage ins Heft und vervollständige zum Schrägbild eines Würfels.

a) b)

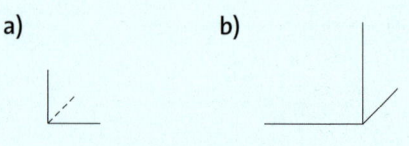

2 Quadernetz zeichnen
Zeichne drei verschiedene Netze eines Würfels mit $a = 4,5$ cm.

3 Volumen und Oberfläche
Zeichne das Schrägbild eines Würfels mit der Kantenlänge $a = 4,2$ cm. Berechne das Volumen und die Oberfläche des Würfels.

4 Einheiten umrechnen
Rechne in die in Klammern angegebene Einheit um.
a) 4,3 cm (dm)
b) 67 mm (cm)
c) 51 cm^2 (dm^2)
d) 382 cm^2 (m^2)
e) 3,8 l (cm^3)
f) 56 cm^3 (mm^3)

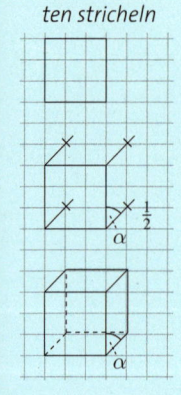

5 Umfänge und Flächeninhalte verschiedener Figuren
Bestimme die Umfänge und Flächeninhalte der folgenden Flächen.
Miss die notwendigen Maße der Figuren in der Zeichnung nach.

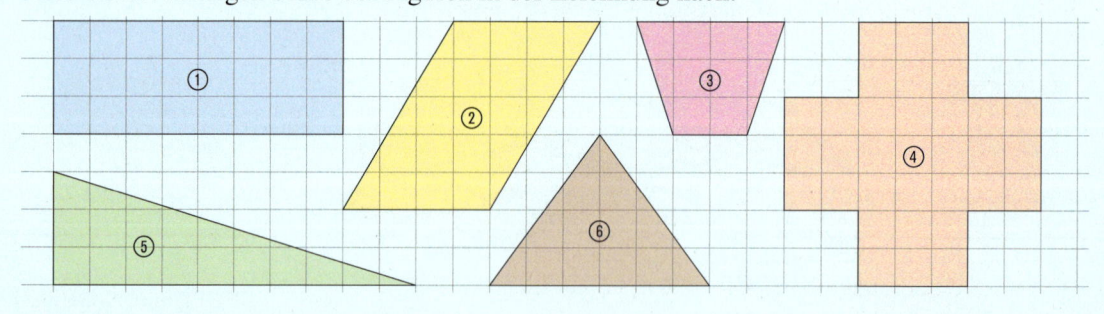

① ② ③ ④ ⑤ ⑥

6 Kurz und knapp
a) Nenne die Eigenschaften eines Parallelogramms.
b) Ist $0,24 : 0,6 = 24 : 6$? Begründe.
c) Beschreibe, wie du den Flächeninhalt des Dreiecks ⑤ in Aufgabe 5 berechnen kannst.
d) Gib die Flächengrößen Ar und Hektar in m^2 und km^2 an.

ERINNERE DICH
Zeichnen eines **Schrägbildes**:
– Vorderseite zeichnen
– nach hinten verlaufende Kanten z. B. mit halber Länge und $α = 45°$ antragen
– verdeckte Kanten stricheln

Prismen erkennen und beschreiben

Entdecken

1 Betrachtet die abgebildeten Verpackungen.
a) Nennt Gemeinsamkeiten und Unterschiede der Verpackungen.
b) Saskia behauptet, dass die Verpackungen hauptsächlich aus Rechtecken bestehen. Kann das sein? Begründet und diskutiert darüber.
c) Nennt weitere Dinge aus eurer Umgebung (z. B. andere Verpackungen, Möbel und Gebäude), die eine ähnliche Form besitzen.

ZUM WEITERARBEITEN
Überlege, warum die Hersteller solche Formen als Verpackungen verwendet haben.

2 Welcher Körper passt nicht in die Reihe? Begründet eure Auswahl.

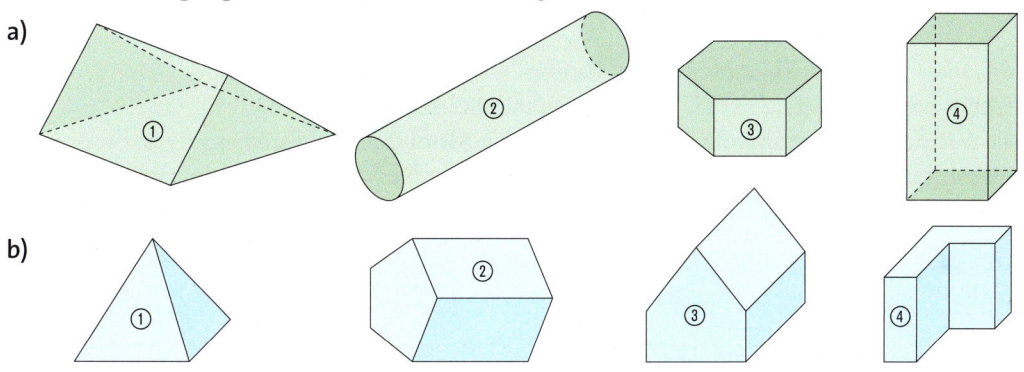

a)

b)

3 Karl zerschneidet einige Verpackungen und erhält dadurch folgende Netze.

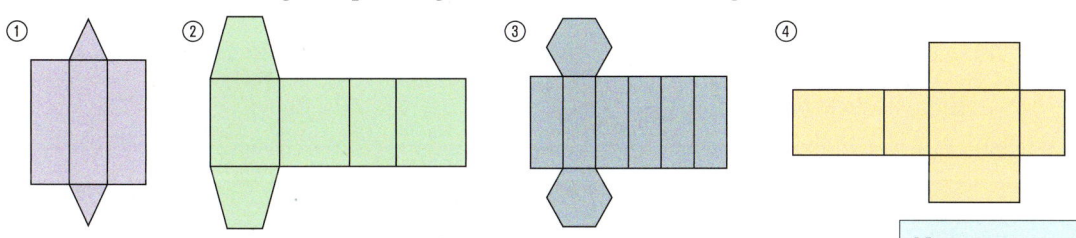

a) Kannst du erkennen, um welche Körper aus Aufgabe 1 es sich handelt? Findest du sie dort wieder?
b) Wie viele Kanten, Ecken und Flächen haben die einzelnen Körper der abgebildeten Netze? Welche Flächen im Netz sind jeweils gleich groß?
c) Erstelle selber ein Netz eines Würfels mit der Kantenlänge $a = 5$ cm. Vergleiche dein Netz mit denen deiner Mitschüler. Was stellst du fest?
d) Erstelle einen Steckbrief über einen Körper deiner Wahl auf einem Plakat. Präsentiere dein Ergebnis in der Klasse.

Name:
Anzahl der Flächen:
Anzahl der Kanten:
Grund- und Deckfläche:
Wo kommt dieser Körper im Alltag vor?
Netz:

Körper darstellen und berechnen Prismen erkennen und beschreiben

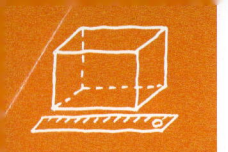

Verstehen

Die meisten Verpackungen sind quaderförmig.
Um nicht so gewöhnlich auszusehen und schnell wiedererkannt zu werden, nutzen viele Hersteller besondere Verpackungsformen.

Hierzu werden manchmal Prismen mit verschiedenen Grundflächen verwendet.

BEISPIEL 1
Dreiecksprisma
Schrägbild: *Körpernetz:*

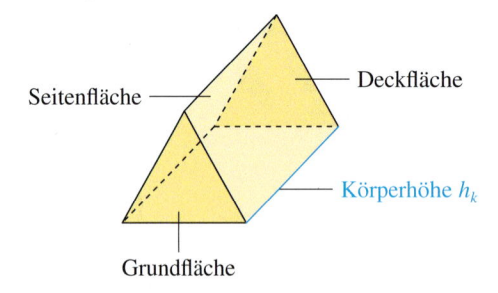

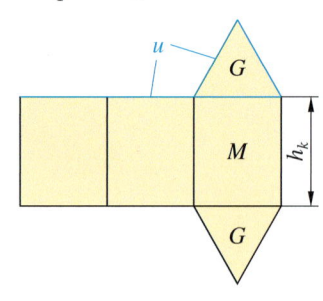

ERINNERE DICH
Kongruent bedeutet deckungsgleich.

> **Merke** Ein Prisma hat folgende Eigenschaften:
> – Grund- und Deckfläche sind kongruent und parallel zueinander.
> – Die Seitenflächen sind Rechtecke, sie bilden den **Mantel M** des Prismas.
> – Der Abstand zwischen Grund- und Deckfläche ist die **Körperhöhe h_k** des Prismas.

Der Name des Prismas ist abhängig von der Eckenanzahl von Grund- und Deckfläche. Ist die Grundfläche ein Dreieck (Viereck, …), dann heißt das Prisma Dreiecksprisma (Vierecksprisma, …). Hat das Prisma als Grund- und Deckfläche ein Rechteck, so ist der Körper ein Quader.

> **Merke** Ein Quader wird durch sechs rechteckige Flächen begrenzt.

Bei einem Quader kann jedes Paar aus sich gegenüberliegenden Seitenflächen die Grund- und die Deckfläche bilden.

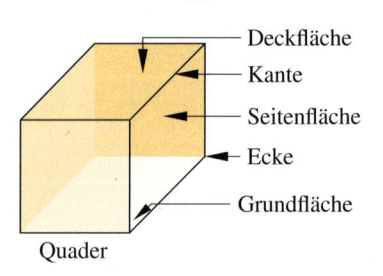

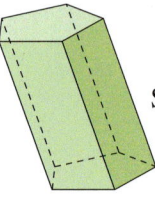

Stehen die Seitenflächen eines Prismas nicht senkrecht auf der Grund- und Deckfläche, so spricht man von einem **schiefen Prisma**.

HINWEIS
In diesem Kapitel werden nur gerade Prismen berechnet.

Körper darstellen und berechnen Prismen erkennen und beschreiben

Üben und anwenden

1 Welche der Körper sind Prismen?
Stehen sie auf der Grundfläche oder liegen sie auf einer Seitenfläche? Begründe.

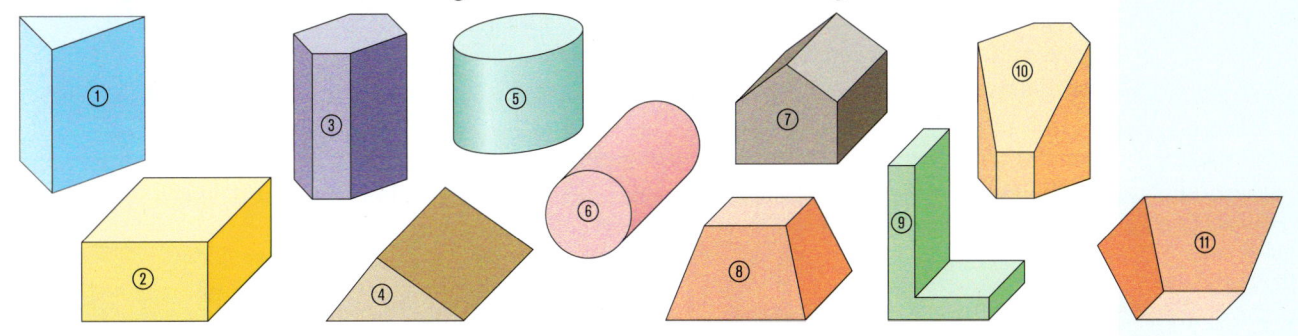

2 Handelt es sich bei dem Schuttcontainer bzw. den Goldbarren um Prismen? Begründe.

2 Wenn man aufmerksam durch Wohngebiete geht, kann man sehr unterschiedliche Hausformen entdecken.
Die verschiedenen Dachformen haben sogar eigene Namen:

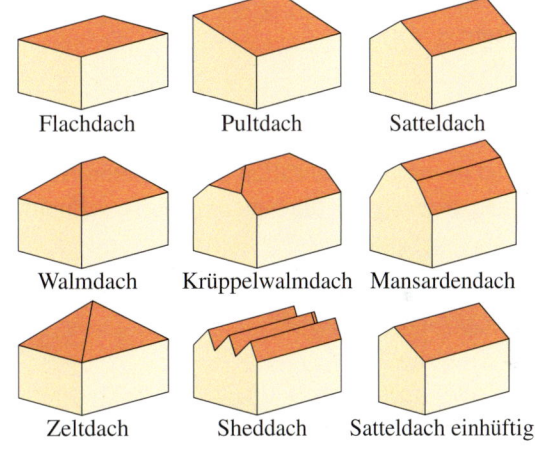

Flachdach — Pultdach — Satteldach
Walmdach — Krüppelwalmdach — Mansardendach
Zeltdach — Sheddach — Satteldach einhüftig

Welche Häuser sind Prismen? Benenne ihre Dachformen. Begründe.

3 Die Ecken des Prismas mit dreieckiger Grundfläche sind rot und die Kanten grün gefärbt. 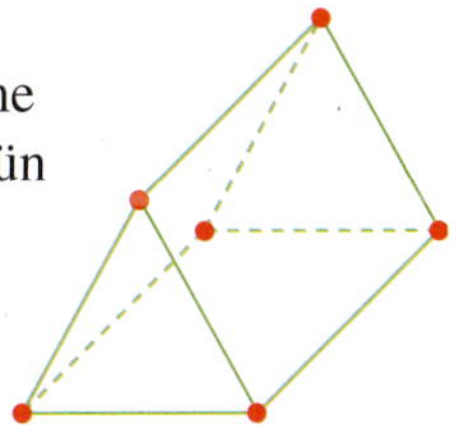
a) Wie viele Ecken, Kanten und Flächen hat das Prisma mit dreieckiger Grundfläche?
b) Wie viele Ecken, Kanten und Flächen hat ein Prisma mit fünfeckiger Grundfläche?
c) Erstelle ein Kantenmodell aus Knete mit Holzspießen.

3 Wie verhält sich die Anzahl der Ecken, Kanten und Flächen bei Prismen? Ergänze.

a)

Grundfläche des Prismas	Anzahl am Prisma		
	Ecken	Kanten	Flächen
Dreieck	6		
Viereck		12	
Fünfeck			7
Sechseck			
Siebeneck			
Achteck			

b) Wähle ein Prisma und erstelle dazu ein Kantenmodell aus Knete mit Holzspießen.

159

Körper darstellen und berechnen — Prismen erkennen und beschreiben

4 Übertrage das Netz auf kariertes Papier und schneide es aus. Kennzeichne Grund- und Deckfläche sowie die Mantelfläche mit verschiedenen Farben. Trage auch die Körperhöhe h_k ein.
Überprüfe durch Zusammenfalten, ob ein Prisma entsteht.

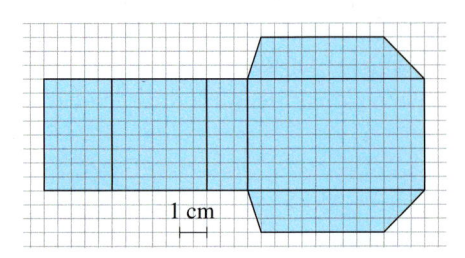

HINWEIS ZU **5 b)**
Die Grundfläche ist nicht eindeutig.

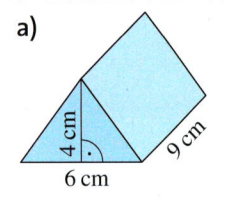

5 Zeichne ein Netz des Prismas.
a) b) 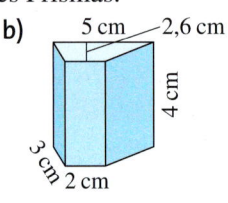 5 cm, 2,6 cm, 4 cm, 3 cm, 2 cm, 4 cm, 6 cm, 9 cm

5 Zeichne ein Netz des Prismas.
a) 2,3 cm, 1,2 cm, 2 cm, 1 cm b) 4 cm, 1 cm, 5,5 cm, 3 cm

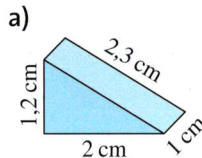

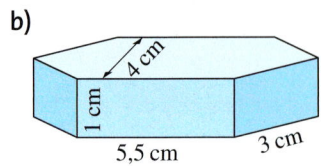

6 Übertrage das Netz. Schneide es aus und falte es zum Prisma.
Maße in cm

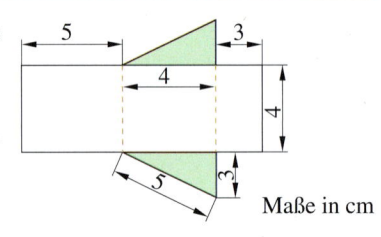

6 Übertrage das Netz. Schneide es aus und falte es zum Prisma.
Maße in cm

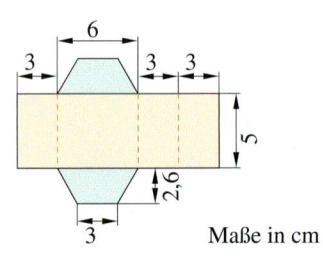

7 Ist es möglich, aus allen abgebildeten Netzen Prismen zu falten? Begründe.
Ergänze ansonsten die Netze im Heft, schneide sie aus und falte sie zu Prismen.

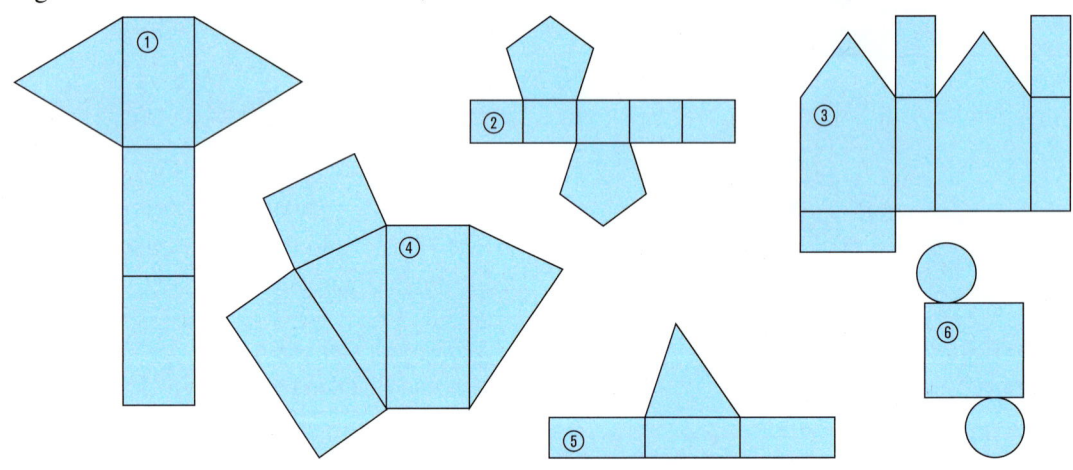

8 Sind die Aussagen wahr? Begründe.
a) Jedes Prisma hat mindestens drei Rechtecke als Seitenflächen.
b) In einem Prisma sind Deck- und Seitenflächen parallel.
c) In einem Prisma steht die Grundfläche senkrecht auf allen Seitenflächen.
d) Es gibt kein Prisma mit 10 Ecken.

8 Sind die Aussagen wahr? Begründe.
a) Ein Prisma besitzt immer mehr Ecken als Kanten.
b) Bei einem Quader kann man nicht genau sagen, ob er auf der Grund- oder Seitenfläche steht.
c) Es gibt kein Prisma, das doppelt so viele Ecken wie Flächen besitzt.

Körper darstellen und berechnen

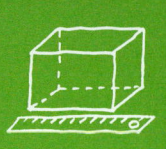

Methode: Schrägbilder von Quadern zeichnen

Bevor ein Architekt ein Haus baut, zeichnet er zunächst einen Entwurf.
In der **Vorderansicht** zeichnet er das Haus von vorne, in der **Seitenansicht** von der Seite. Mithilfe eines **Schrägbilds** kann man sich das ganze Haus besser vorstellen.

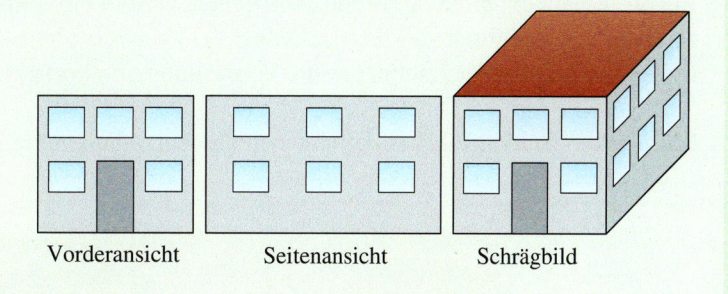

Vorderansicht   Seitenansicht   Schrägbild

Ein **Schrägbild** vermittelt einen guten räumlichen Eindruck von einem Körper.

Das Schrägbild eines Quaders mit den Seiten $a = 4$ cm, $b = 5$ cm und $c = 3$ cm kann nach den folgenden Regeln gezeichnet werden:

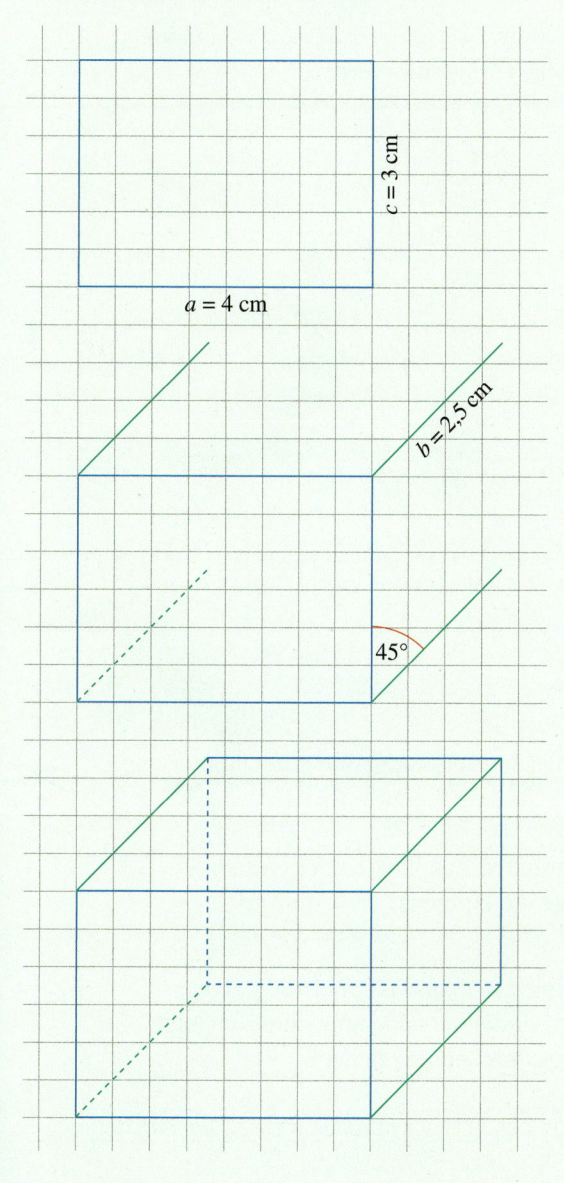

1. Zuerst wird die Vorderseite des Quaders in **Originalgröße** gezeichnet:

   $a = 4$ cm und $c = 3$ cm

2. Die nach hinten verlaufenden Kanten werden an den Ecken der Vorderseite in einem Winkel von **45°** und in **halber Länge** angetragen.

   $b = \frac{1}{2} \cdot 5$ cm $= 2{,}5$ cm

   HINWEIS
   Auf Karopapier kann man die nach hinten verlaufenden Kanten entlang der Kästchendiagonalen zeichnen. Nutze ansonsten dein Geodreieck.

3. Die Eckpunkte werden verbunden. Alle verdeckten Kanten werden **gestrichelt** gezeichnet.

161

Körper darstellen und berechnen

Methode: Schrägbilder von Prismen zeichnen

Bevor Verpackungen in die Produktion gehen, erstellt ein Verpackungsdesigner zunächst einen zeichnerischen Entwurf der Verpackung.
In der **Vorderansicht** zeichnet er die Verpackung von vorne, in der **Seitenansicht** von der Seite.
Mithilfe des **Schrägbilds** kann man sich die ganze Verpackung besser vorstellen.

Vorderansicht — Seitenansicht — Gesamtansicht

Schrägbild eines Dreiecksprismas zeichnen

Das Schrägbild eines Dreiecksprismas mit den Seiten $a = 3\,\text{cm}$; $b = 3\,\text{cm}$; $c = 3\,\text{cm}$ und $h_k = 12\,\text{cm}$ kann nach den bereits bekannten Regeln gezeichnet werden.

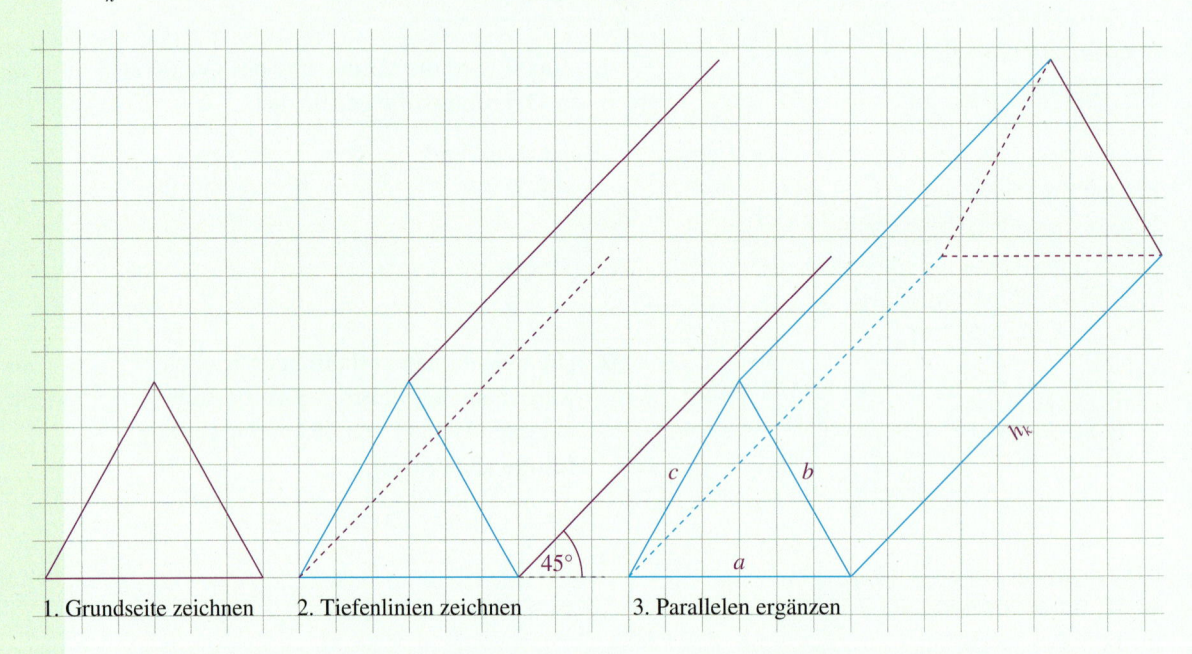

1. Grundseite zeichnen   2. Tiefenlinien zeichnen   3. Parallelen ergänzen

1. Zuerst wird die Grundseite des Dreiecksprismas in **Originalgröße** gezeichnet:
   $a = 3\,\text{cm}$; $b = 3\,\text{cm}$ und $c = 3\,\text{cm}$

2. Die nach hinten verlaufenden Kanten werden in den Eckpunkten der Grundseite in einem Winkel von **45°** und in **halber Länge** angetragen:
   $h_k = \frac{1}{2} \cdot 12\,\text{cm} = 6\,\text{cm}$

   Alle nach hinten verlaufenden Kanten sind gleich lang und parallel zueinander. Somit werden die anderen Kanten durch eine Parallelverschiebung eingezeichnet. Aufgepasst: Alle verdeckten Kanten werden **gestrichelt** gezeichnet.

3. Die Eckpunkte werden verbunden. Die Kanten des Dreieckprismas werden beschriftet.

Oberflächeninhalt von Quadern berechnen

Entdecken

1 👥 Nehmt eine leere, quaderförmige Verpackung, die ihr von zu Hause mitgebracht habt.

Berechnet die gesamte Verpackungsfläche:
– Schneidet die Verpackung so auf, dass ein Quadernetz entsteht.
– Zerschneidet das Quadernetz, bis die sechs Begrenzungsflächen einzeln vor euch liegen.
– Sortiert die Rechtecke.
Was fällt euch auf?

2 Die Theater-AG bereitet eine neue Aufführung vor. Für das Bühnenbild brauchen sie eine große Kiste. Die Kiste soll 120 cm breit, 180 cm hoch und 60 cm tief sein.
Die Schülerinnen und Schüler wollen die Kiste aus Presspappe herstellen und anschließend farbig bemalen.
Wie viel Quadratmeter Presspappe müssen sie mindestens kaufen?

3 Trinkpäckchen werden häufig in Zehnerpackungen angeboten. Die 10 Päckchen (jedes ist 6 cm lang, 4 cm breit und 8,5 cm hoch) werden in Folie eingeschweißt, um sie besser transportieren zu können.
Überlegt, wie viele Möglichkeiten es gibt, die 10 Trinkpäckchen anzuordnen. Skizziert alle Möglichkeiten.
Ihr könnt die verschiedenen Möglichkeiten auch mit 10 Streichholzschachteln nachbauen.

4 Die Siegertreppe soll farbig gestrichen werden.

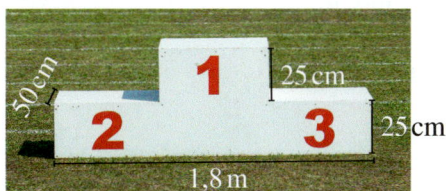

a) Zeichne das Netz des Körpers. Markiere alle Flächen, die gestrichen werden.
b) Wie groß ist die zu streichende Fläche?

ZUM WEITERARBEITEN
zu Aufgabe **2**
Wie viel Farbe benötigen sie, um alle äußeren Kistenwände zu bemalen? Erkundigt euch nach möglichen Farben, ihren Preisen und der Fläche, die man damit streichen kann.

ZUM WEITERARBEITEN
zu Aufgabe **3**
Vergleicht den Folienverbrauch bei den verschiedenen Verpackungsmöglichkeiten. Bei welcher Verpackungsmethode ist er am niedrigsten?

Körper darstellen und berechnen   Oberflächeninhalt von Quadern berechnen

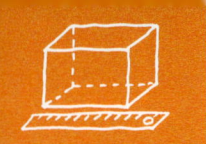

Verstehen

Laura beklebt eine quaderförmige und eine würfelförmige Schachtel mit Geschenkpapier.
Wie groß ist die Fläche, die Laura beklebt?

Die erste Schachtel ist quaderförmig.

Bei einem Quader besteht die Oberfläche aus drei verschiedenen Rechtecken, die jeweils zweimal vorkommen.

Zuerst berechnet man die Größe der drei verschiedenen Begrenzungsflächen des **Quaders**:

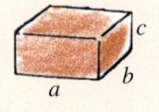

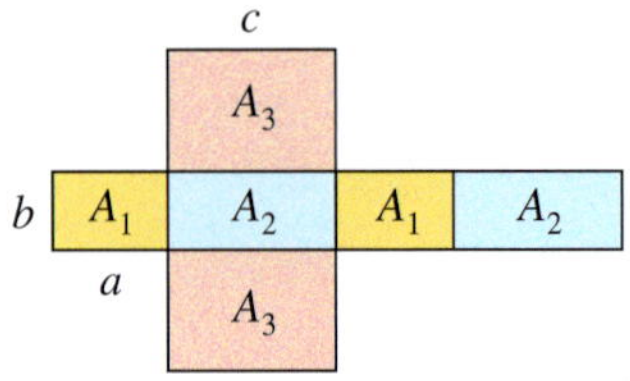

A_1: $a \cdot b = 25 \cdot 15\,\text{cm}^2 = 375\,\text{cm}^2$

A_2: $b \cdot c = 15 \cdot 35\,\text{cm}^2 = 525\,\text{cm}^2$

A_3: $a \cdot c = 25 \cdot 35\,\text{cm}^2 = 875\,\text{cm}^2$

Der Flächeninhalt aller Begrenzungsflächen beträgt:

$A_1 \;+\; A_2 \;+\; A_3 \;+\; A_1 \;+\; A_2 \;+\; A_3 \;=$
$375\,\text{cm}^2 + 525\,\text{cm}^2 + 875\,\text{cm}^2 + 375\,\text{cm}^2 + 525\,\text{cm}^2 + 875\,\text{cm}^2 = 3\,550\,\text{cm}^2$

Jede Begrenzungsfläche kommt zweimal vor. Daher kann man die Rechnung kürzer schreiben:
$2 \cdot (375\,\text{cm}^2 + 525\,\text{cm}^2 + 875\,\text{cm}^2) = 2 \cdot 1\,775\,\text{cm}^2 = 3\,550\,\text{cm}^2$

Der Oberflächeninhalt der quaderförmigen Schachtel beträgt $3\,550\,\text{cm}^2$.

Die zweite Schachtel ist würfelförmig.

Laura berechnet die Größe einer Begrenzungsfläche des **Würfels**:

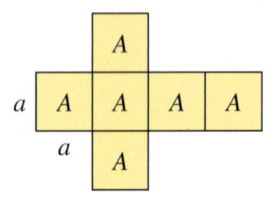

A: $a \cdot a = 30 \cdot 30\,\text{cm}^2 = 900\,\text{cm}^2$

Laura berechnet den Flächeninhalt der Begrenzungsflächen:

$A \;+\; A \;+\; A \;+\; A \;+\; A \;+\; A \;=$
$900\,\text{cm}^2 + 900\,\text{cm}^2 + 900\,\text{cm}^2 + 900\,\text{cm}^2 + 900\,\text{cm}^2 + 900\,\text{cm}^2 = 5\,400\,\text{cm}^2$

Alle sechs Begrenzungsflächen sind gleich groß, also kann man die Rechnung kürzer notieren:
$6 \cdot 30 \cdot 30\,\text{cm}^2 = 6 \cdot 900\,\text{cm}^2 = 5\,400\,\text{cm}^2$

Merke Der **Oberflächeninhalt** A_O eines Körpers ist die Summe der Flächeninhalte seiner Begrenzungsflächen.

Oberfläche des Quaders
$A_O = 2 \cdot a \cdot b + 2 \cdot a \cdot c + 2 \cdot b \cdot c$
  oder kürzer
$A_O = 2 \cdot (a \cdot b + a \cdot c + b \cdot c)$

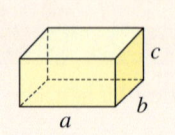

Oberfläche des Würfels
$A_O = 6 \cdot a \cdot a$
  oder kürzer
$A_O = 6 \cdot a^2$

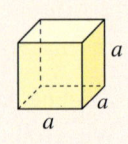

Körper darstellen und berechnen Oberflächeninhalt von Quadern berechnen

Üben und anwenden

1 Berechne den Oberflächeninhalt der Quader.

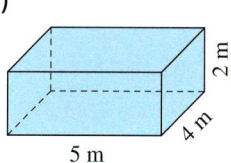

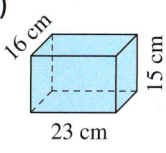

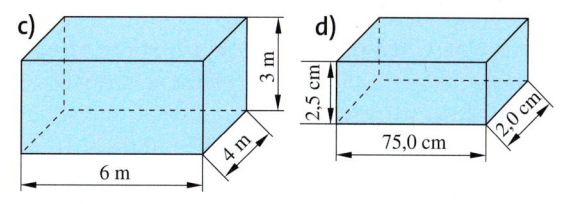

a) 5 m × 4 m × 2 m
b) 23 cm × 16 cm × 15 cm
c) 6 m × 4 m × 3 m
d) 75,0 cm × 2,0 cm × 2,5 cm

2 Berechne den Oberflächeninhalt der Quader mit den folgenden Kantenlängen.

a) $a = 4$ cm
$b = 6$ cm
$c = 3$ cm

b) $a = 2$ cm
$b = 10$ cm
$c = 7$ cm

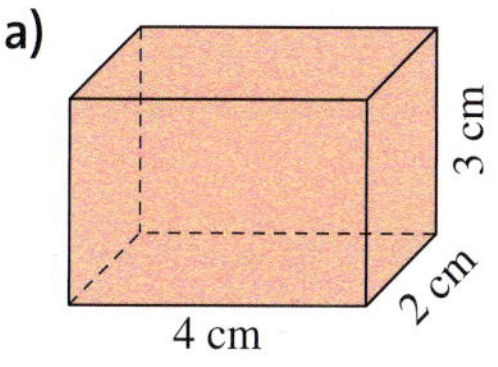

c) $a = 5,0$ mm
$b = 3,0$ mm
$c = 8,5$ mm

2 Berechne den Oberflächeninhalt der Quader mit den folgenden Kantenlängen.

a) $a = 9$ cm
$b = 7$ cm
$c = 10$ cm

b) $a = 12$ mm
$b = 15$ mm
$c = 2$ cm

c) $a = 15,0$ cm
$b = 1,5$ dm
$c = 2,0$ mm

3 Berechne den Oberflächeninhalt der Quader.

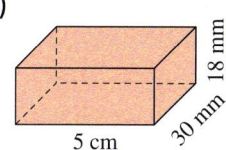

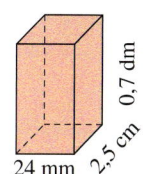

a) 4 cm × 2 cm × 3 cm
b) 6 cm × 5 cm × 3 cm

3 Berechne den Oberflächeninhalt der Quader.

a) 5 cm × 30 mm × 18 mm
b) 24 mm × 2,5 cm × 0,7 dm

4 Berechne jeweils den Oberflächeninhalt der Würfel.

a) $a = 3$ cm
b) $a = 10$ cm
c) $a = 20$ dm
d) $a = 15$ mm
e) $a = 37$ m
f) $a = 12$ dm

4 Berechne jeweils den Oberflächeninhalt der Würfel.

a) $a = 2,5$ m
b) $a = 12,3$ cm
c) $a = 0,5$ dm
d) $a = 1000$ mm

5 Zeichne das Netz in dein Heft. Berechne den Oberflächeninhalt des Quaders. Alle Seitenlängen kannst du an **deiner** Zeichnung messen.

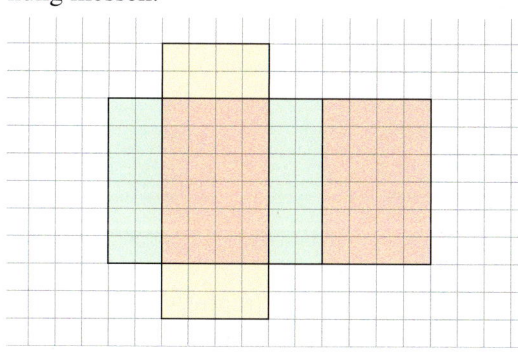

5 Berechne den Oberflächeninhalt der Quader. Entnimm die Maße der Zeichnung.

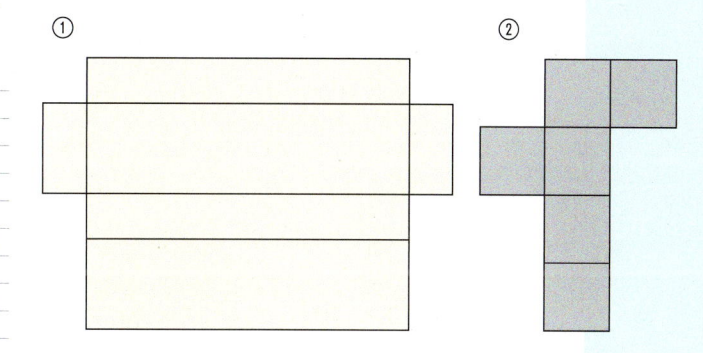

① ②

6 👥 Arbeitet zu zweit. Beschreibt, wie man den Oberflächeninhalt von diesem aus Würfeln zusammengesetzten Körper berechnen kann.
Vergleicht euer Ergebnis in der Klasse.

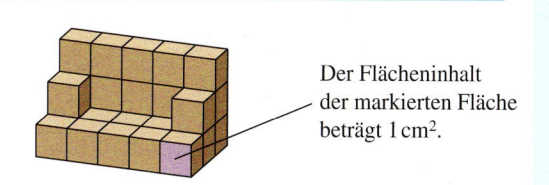

Der Flächeninhalt der markierten Fläche beträgt 1 cm².

HINWEIS
Du kannst auch versuchen, diesen Körper nachzubauen.

165

Körper darstellen und berechnen — Oberflächeninhalt von Quadern berechnen

7 Viele Waren werden mit Containerschiffen verschickt. Container haben die Form eines Quaders. Die Container haben Kantenlängen von $a = 6{,}0$ m, $b = 2{,}5$ m und $c = 2{,}5$ m. Um die Container vor Rost zu schützen, werden sie außen mit Rostschutzfarbe gestrichen. 1 l Rostschutzfarbe reicht für 6 m².
Wie viel Farbe benötigt man für den Rostschutzanstrich eines Containers?

8 Berechne den Oberflächeninhalt der Würfel. Entnimm die Maße den Netzen.

a) 3 cm

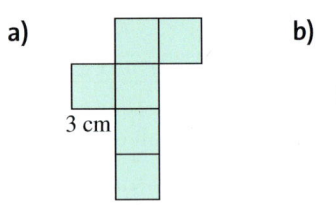

b) 1,2 cm

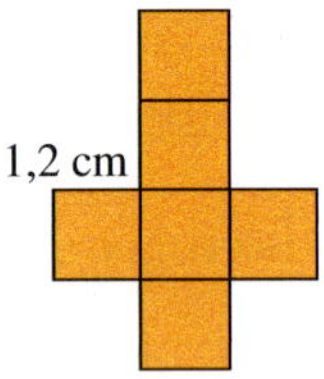

8 Jasmin möchte einen leeren Karton mit Spiegelfolie bekleben. Der Karton ist 20 cm lang, 6 cm breit und 8 cm hoch.
a) Wie viel cm² Spiegelfolie braucht sie?
b) Braucht sie genauso viel Spiegelfolie, wenn sie statt des großen Kartons zwei kleine Kartons beklebt, die 10 cm lang, 6 cm breit und 8 cm hoch sind? Begründe.

9 Sucht quaderförmige Verpackungen wie Cornflakesverpackungen, Waschmittelkartons oder Verpackungen von Seifen und bestimmt deren Oberflächeninhalt. Verwendet jeweils eine sinnvolle Einheit für den Oberflächeninhalt.

10 Herr Ritter möchte eine quaderförmige Truhe bauen. Die Wände, der Boden und der Deckel sind aus Holz.
Wie viel m² Holz muss er mindestens kaufen, wenn die Truhe 90 cm lang, 50 cm breit und 50 cm hoch sein soll?

10 Die Schüler der 6 c sollen einen Würfel mit der Kantenlänge 3,5 dm mit roter Farbe anstreichen. Die Unterseite soll nicht gestrichen werden.
Genügt eine Farbdose, die für 1 m² reicht?

11 Berechne den Oberflächeninhalt der Werkstücke (Maße in cm).

HINWEIS zu 11
Jede Seitenfläche, die man anstreichen könnte, gehört zum Oberflächeninhalt des Werkstücks.

11 Die abgebildeten Körper sind aus Würfeln zusammengesetzt. Die Würfel haben eine Kantenlänge von 1 cm.
Bestimme den Oberflächeninhalt der Körper.

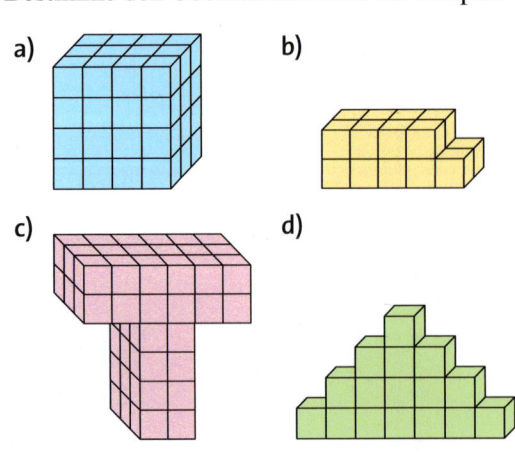

a) b) c) d)

166

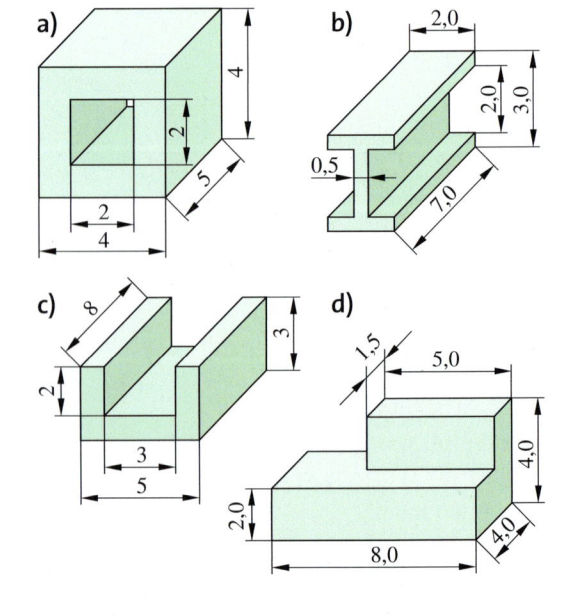

Volumen von Quadern berechnen

Entdecken

1 Aus Zentimeterwürfeln sollen größere Würfel gebaut werden.
a) Wie viele Zentimeterwürfel werden jeweils benötigt, wenn man größere Würfel mit der angegebenen Kantenlänge herstellen möchte? Ergänze die Tabelle.

Kantenlänge	2 cm	3 cm	4 cm	5 cm	6 cm
Anzahl der Zentimeterwürfel					

b) Celina behauptet, dass sie einen Würfel bauen kann, der aus genau 500 Zentimeterwürfeln besteht. Überprüfe, ob das stimmen kann.
c) Welche Kantenlänge hat ein Würfel, der aus 1000 Zentimeterwürfeln zusammen gebaut wurde?

2 Mit Steckwürfeln kann man verschiedene Körper herstellen.
a) Wie viele Steckwürfel werden für den Körper aus Aufgabe 1 benötigt?
Erläutere, wie du beim Bestimmen der Anzahl der Steckwürfel vorgegangen bist.
b) Baue oder skizziere verschiedene Quader, die aus 12, 24 oder 36 Steckwürfeln bestehen.
Gib jeweils die Anzahl der Steckwürfel in der Länge, Breite und Höhe an.
c) Vergleicht eure Ergebnisse aus b) untereinander.
Wie viele verschiedene Quader lassen sich jeweils finden?

3 Margarinestücke haben eine Kantenlänge von 10 cm.
Sie sollen in einen Karton, der 50 cm lang,
40 cm breit und 20 cm hoch ist, verpackt
werden.
a) Wie viele Stücke passen in den Karton?
Erkläre, wie sie gestapelt werden müssen.
b) Ein Margarinestück wiegt 500 g.
Wie viel Kilogramm Margarine können
in dem Karton transportiert werden?

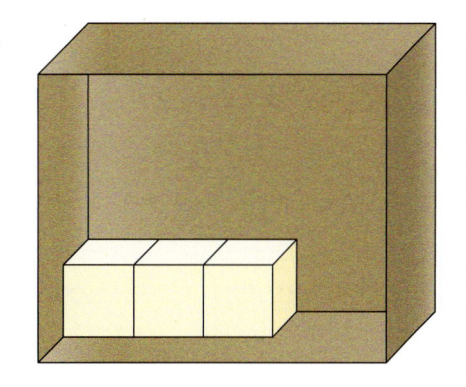

4 Vorgefertigte Pakete werden mit verschiedenen Maßen angeboten.
Üblich sind z. B. die folgenden Maße (Länge, Breite, Höhe):
– Paket 1: 22,5 cm × 14,5 cm × 3,0 cm
– Paket 2: 45,0 cm × 35,0 cm × 20,0 cm
– Paket 3: 37,5 cm × 30,0 cm × 13,5 cm
– Paket 4: 25,0 cm × 17,5 cm × 10,0 cm
a) 👥 Bestimmt den Inhalt, das Volumen der einzelnen Pakete, indem ihr mit gerundeten Werten arbeitet.
b) Stellt die Pakete der Größe nach dar. Beginnt mit dem Paket mit dem kleinsten Volumen.
c) Maria behauptet, dass das Paket 2 doppelt so groß ist wie das Paket 3. Hat sie recht? Begründet.

Körper darstellen und berechnen Volumen von Quadern berechnen

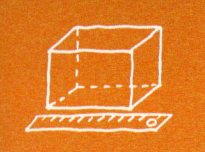

Verstehen

David und Jelena vergleichen einen Quader und einen Würfel. Sie fragen sich, ob beide Kästchen gleich groß sind. Dazu füllen sie beide Kästchen mit Zentimeterwürfeln.
In jedes Kästchen passen 64 Zentimeterwürfel, also sind sie gleich groß.

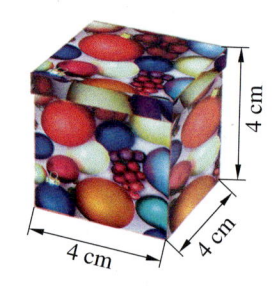

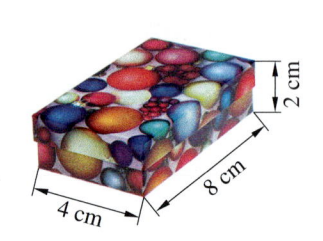

> **Merke** Der **Rauminhalt** eines Körpers wird auch **Volumen** genannt. Das Volumen gibt die Größe eines Körpers an. Können zwei Körper mit gleich vielen, gleich großen Teilkörpern ausgelegt werden, so haben sie dasselbe Volumen.

Das Volumen wird durch Vergleich mit Einheitskörpern gemessen. Als Einheitsvolumen eignen sich besonders gut Würfel, zum Beispiel mit der Kantenlänge 1 m oder 1 cm.

> **Merke** Wandelt man **Volumenmaße** in eine benachbarte Volumeneinheit um, so ist die **Umrechnungszahl 1 000**.

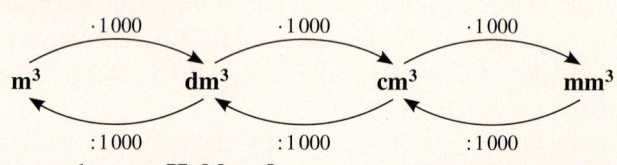

$$m^3 \xrightarrow{\cdot 1000} dm^3 \xrightarrow{\cdot 1000} cm^3 \xrightarrow{\cdot 1000} mm^3$$
(umgekehrt $:1000$)

HINWEIS
Wird eine Größe in eine kleinere Maßeinheit umgerechnet, dann vergrößert sich die Maßzahl und umgekehrt.

Für Flüssigkeiten verwendet man **Hohlmaße**.
1 Liter (l) hat 1 000 Milliliter (ml).
Volumenmaße und Hohlmaße können nach der Tabelle ineinander umgerechnet werden.

Volumenmaß	Hohlmaß
1 dm³	1 l
1 cm³	1 ml

Margarinewürfel mit einer Kantenlänge von 1 dm werden in einem Karton verpackt.
Der Karton ist 5 dm lang, 3 dm breit und 2 dm hoch.

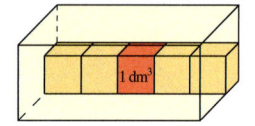

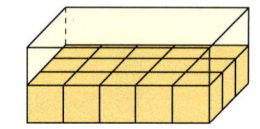

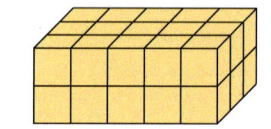

Der Karton kann mit 3 Reihen mit jeweils 5 Margarinewürfeln ausgelegt werden. Es passen 2 Lagen übereinander.

Der Karton hat ein Volumen von $5 \cdot 3 \cdot 2 \cdot \boxed{1\,dm^3} = 30\,dm^3$.

HINWEIS
„Länge mal Breite mal Höhe" ergibt das Volumen eines Quaders.

> **Merke**
> Das **Volumen V eines Quaders** wird mit der Formel $V = a \cdot b \cdot c$ berechnet. 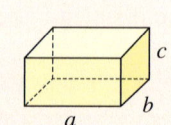
>
> Das **Volumen V eines Würfels** wird mit der Formel $V = a \cdot a \cdot a = a^3$ berechnet.

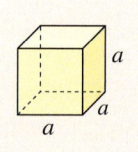

Körper darstellen und berechnen Volumen von Quadern berechnen

Üben und anwenden

1 Aus wie vielen Würfeln bestehen diese Körper? Ordne sie nach der Größe ihres Volumens. Beginne mit dem Kleinsten.

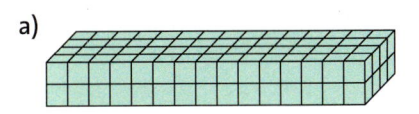

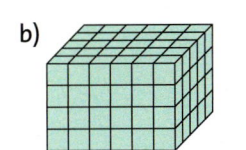

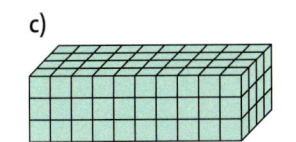

a)

b)   c)

1 Gib das Volumen des abgebildeten Körpers in Kubikzentimeter (cm^3) an. Jeder Teilwürfel hat die Kantenlänge 1 cm.

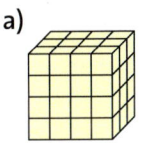

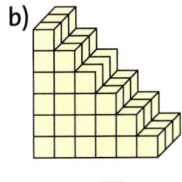

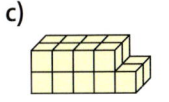

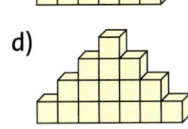

a)   b)

c)   d)

ZUM WEITERARBEITEN
Wie viele Zentimeterwürfel fehlen am Dezimeterwürfel?

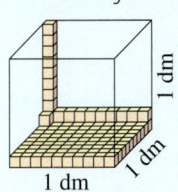

2 Wie viele kleine Würfel benötigt man, um aus ihnen den großen Würfel zusammenzusetzen?

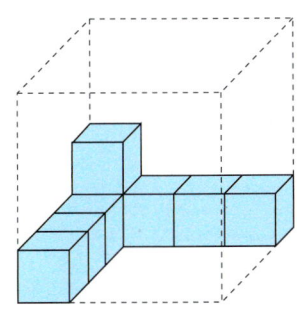

2 Wie viele Würfel mit der Kantenlänge 1 cm benötigt man, um mit ihnen den Quader zu füllen?

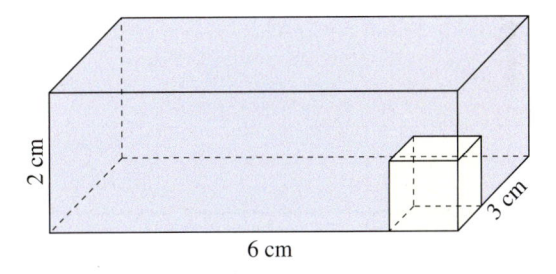

3 Schätze, welche der folgenden Angaben für das Volumen sinnvoll sind.
a) Mathematikschulbuch (60 cm^3; 600 cm^3; 6000 cm^3)
b) Streichholzschachtel (3 cm^3; 12 cm^3; 30 cm^3)
c) Badewanneninhalt (40 l; 100 l; 140 l)
d) ein Stück Würfelzucker (30 cm^3; 10 cm^3; 3 cm^3)
e) eine 500-Gramm-Packung Salz (420 cm^3; 4 dm^3; 4 m^3)
f) ein Schuhkarton (9 dm^3; 90 cm^3; 900 cm^3)
g) ein Stück Butter (2 m^3; 210 cm^3; 200 mm^3)

4 👥 Arbeitet zu zweit. Sucht quaderförmige Verpackungen wie Lebensmittelverpackungen, Schuhkartons oder Verpackungen von Seifen und bestimmt deren Volumen. Verwendet jeweils eine sinnvolle Einheit für das Volumen.

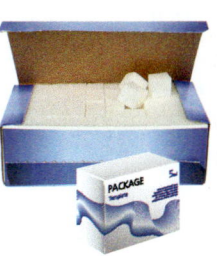

Körper darstellen und berechnen — Volumen von Quadern berechnen

5 Ordne die folgenden Einheiten den Größen Flächeninhalt oder Volumen zu.
cm²; hl; s; km³; Quadratmeter; mm²; l; km²; m³

6 In welcher Volumeneinheit würdest du das Volumen der folgenden Körper angeben?
a) Schwimmbecken
b) Tischtennisplatte
c) Weinfass
d) Schulbuch
e) Getränkekasten
f) Sperrmüllcontainer
g) Fernseher
h) Getränkebüchse

7 Übertrage die Stellenwerttafel ins Heft und rechne mit ihrer Hilfe um.
Beispiel 5 dm³ = ▢ cm³

dm³			cm³			mm³		
H	Z	E	H	Z	E	H	Z	E
		5						
		5	0	0	0			

5 dm³ = 5 000 cm³

a) 18 dm³ = ▢ cm³
b) 33 cm³ = ▢ mm³
c) 10 cm³ = ▢ mm³
d) 125 cm³ = ▢ mm³
e) 15 dm³ = ▢ cm³
f) 350 dm³ = ▢ cm³

8 Rechne in die nächstkleinere Einheit um.
a) 2,5 dm³
b) 8,8 cm³
c) 15,4 cm³
d) 20,8 cm³
e) 40,04 dm³
f) 102,005 dm³
g) 6,025 5 dm³
h) 0,875 cm³

9 Berechne das Volumen der Quader.
a) 5 cm, 6 cm, 4 cm
b) 3,9 dm, 4,2 dm, 8,5 dm

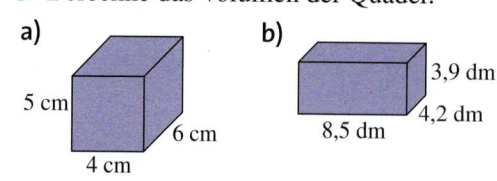

10 Berechne das Volumen der Quader in Kubikzentimeter (cm³). Welche Quader haben dasselbe Volumen?
a) $a = 4$ cm, $b = 5$ cm, $c = 6$ cm
b) $a = 3$ cm, $b = 6$ cm, $c = 6$ cm
c) $a = 2$ cm, $b = 5$ cm, $c = 12$ cm
d) $a = 6$ cm, $b = 3$ cm, $c = 12$ cm

5 Ordne die folgenden Einheiten den Größen Flächeninhalt oder Volumen zu.
mm²; cl; h; cm³; Quadratdezimeter; cm²; hl; dm²; mm³

6 Schätze das Volumen der Gegenstände.
a) Saftglas
b) Wassereimer
c) Umzugskarton
d) Kaffeebüchse
e) Handy
f) Karton Fertiggericht
g) Büchse Fertiggericht
h) mittlerer Kochtopf

7 Rechne mithilfe einer Stellenwerttafel in die angegebene Einheit um.
a) 4 dm³ (cm³)
b) 50 cm³ (mm³)
c) 39 m³ (dm³)
d) 108 m³ (dm³)
e) 75 cm³ (mm³)
f) 88 m³ (dm³)
g) 65 m³ (dm³)
h) 34 dm³ (cm³)
i) 80 cm³ (mm³)
j) 1 047 cm³ (mm³)

8 Fülle die Tabelle im Heft aus.

	dm³	cm³	mm³
a)	44,8		
b)		2 005,2	
c)			120 080
d)	125,05		
e)		0,75	
f)			555,55

9 Berechne das Volumen der Quader. Achte auf die Einheiten.
a) 50 cm, 20 cm, 3 dm
b) 30,0 mm, 2,0 cm, 0,4 dm

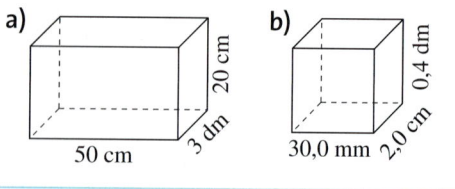

10 Berechne das Volumen der Quader. Sortiere die Ergebnisse der Größe nach.
a) $a = 5$ cm, $b = 7$ cm, $c = 8$ cm
b) $a = 12$ cm, $b = 9$ cm, $c = 4,5$ cm
c) $a = 4$ m, $b = 20$ dm, $c = 300$ cm
d) $a = 2,5$ m, $b = 1,5$ m, $c = 0,5$ m

HINWEIS
zu Aufgabe **6** Du kannst dir zur Hilfe eine Stellenwerttafel ins Heft zeichnen.

ZUM WEITERARBEITEN
Ein Würfel hat ein Volumen von 27 000 cm³. Wie lang sind seine Kantenlängen?

Körper darstellen und berechnen Volumen von Quadern berechnen

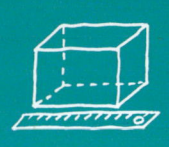

11 Wie groß ist das Volumen eures Klassen- oder Fachraums?
a) Fertigt eine Skizze an und wählt passende Messinstrumente aus.
b) Schätzt zunächst die Größe des Raums.
c) Überlegt, welche Maße ihr ermitteln müsst und führt jede Messung mehrfach durch.
d) Diskutiert die Genauigkeit eurer Messwerte.
e) Berechnet das Volumen eures Raums und präsentiert euer Ergebnis in einem kleinen Vortrag.
f) Vergleicht euer Ergebnis mit den Ergebnissen der anderen Gruppen und diskutiert mögliche Unterschiede.

12 Übertrage die Tabelle in dein Heft und vervollständige sie.

	Länge	Breite	Höhe	Volumen
a)	2 cm	3 cm	4 cm	
b)		3 m	2 m	30 m³
c)	3 dm		7 dm	21 dm³
d)	5 cm	7 cm		210 cm³
e)	5 cm	0,6 dm	0,4 dm	

12 Übertrage die Tabelle und berechne die fehlenden Angaben im Heft.

	Länge	Breite	Höhe	Volumen
a)	6,6 cm	5,2 cm	2,9 cm	
b)		2 cm	1,5 dm	90 cm³
c)	50 cm		120 cm	300 dm³
d)	7,2 cm	7,5 dm		54 dm³
e)	1,2 dm	13 cm	3,4 dm	

13 Wie ändert sich das Volumen eines Würfels, wenn man die Kantenlängen verdoppelt? Stelle eine Vermutung auf und überprüfe sie am Beispiel von Würfeln mit den Kantenlängen $a = 4$ m und $a = 6$ m.

13 Wie ändert sich das Volumen eines Würfels, wenn seine Kantenlängen verdoppelt werden?
Wie ändert sich das Volumen, wenn sie halbiert werden?

14 Berechne.
a) Ein Würfel hat ein Volumen von 8 cm³. Wie lang ist eine Kante?
b) Ein Würfel hat ein Volumen von 64 cm³. Martin meint, dass die Kante des Würfels 5 cm lang ist. Hat er recht? Begründe.

14 Berechne jeweils die Länge der fehlenden Kante des Quaders.
a) $a = 6$ cm; $b = 4$ cm; $V = 72$ cm³
b) $a = 5$ mm; $c = 8$ mm; $V = 800$ mm³
c) $b = 60$ mm; $c = 7$ cm; $V = 504$ cm³
d) $a = b = 90$ dm; $V = 8100000$ cm³

15 Berechne das Volumen der zusammengesetzten Körper.
a)
b)

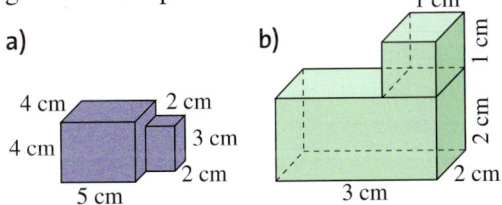

15 Berechne das Volumen der zusammengesetzten Körper (Maße in cm).
a)
b)

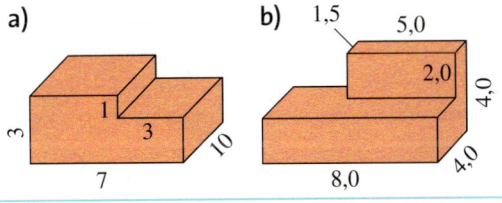

16 Arbeitet zu zweit. Berechnet das Volumen der Körper. Die Maße sind in cm angegeben.
a) 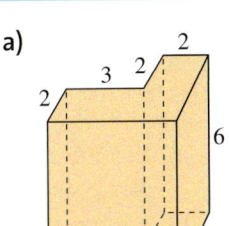 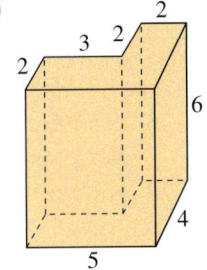
b)

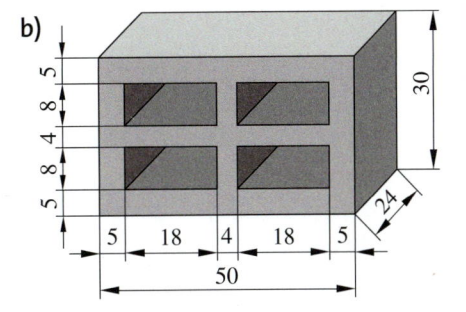

Körper darstellen und berechnen

Klar so weit?

→ Seite 158

Prismen erkennen und beschreiben

1 Wie heißen die Körper, die hier abgebildet sind?

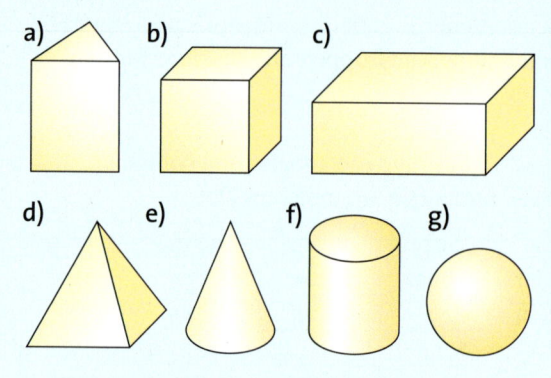

a) b) c)

d) e) f) g)

1 Welche Körperformen erkennst du?

2 Körperformen im Alltag
a) Welche Körperformen haben folgende Gegenstände?
Schuhkarton, Apfelsine, Eistüte, Ziegelstein, CD, Telefonbuch, Würfelzucker, 1-€-Münze, Seifenblase, Schultüte
b) Nenne zu jeder Körperform ein weiteres Beispiel.

2 Ermittle für einen Quader, ein Dreiecksprisma und eine Kugel die Anzahl der Ecken, Kanten und Flächen.
a) Welcher Körper hat besonders viele und welcher besonders wenige Ecken bzw. Kanten und Flächen?
b) Welcher Körper hat drei Flächen, zwei Kanten und keine Ecke?

3 Stammen die abgebildeten Schrägbilder alle von demselben Quader? Begründe.

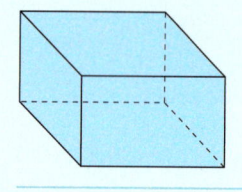

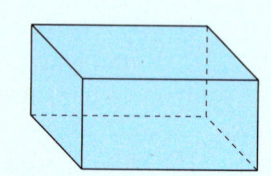

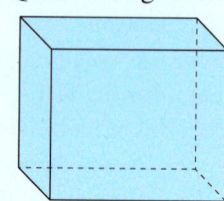

4 Zeichne das Netz der abgebildeten Verpackung.

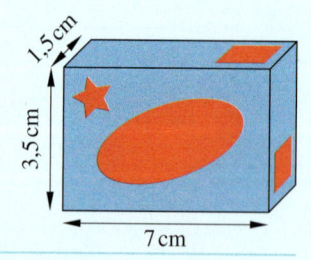

(1,5 cm, 3,5 cm, 7 cm)

4 Bei einem Würfel haben jeweils zwei gegenüberliegende Seiten zusammen die Augensumme 7.
Skizziere zwei verschiedene Netze des Würfels und zeichne die Augenzahlen ein.

5 Ein Würfel hat eine Kantenlänge von 2 cm.
a) Zeichne mindestens drei unterschiedliche Netze des Würfels in dein Heft.
b) Kann man beim Zeichnen eines Körpernetzes die Teilflächen beliebig aneinanderzeichnen?

5 Ein Quader hat die folgenden Seitenlängen: $a = 3{,}5$ cm, $b = 5{,}2$ cm und $c = 4{,}8$ cm.
a) Zeichne mindestens drei unterschiedliche Netze des Quaders ins Heft.
b) Worauf musst du beim Zeichnen achten?

Körper darstellen und berechnen

Oberflächeninhalt von Quadern berechnen

→ Seite 164

6 Das ist das Netz eines Quaders. Entnimm der Zeichnung die notwendigen Maße und berechne den Oberflächeninhalt.

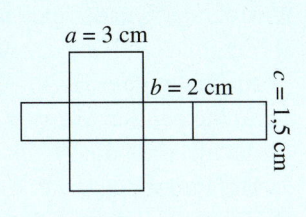

$a = 3$ cm
$b = 2$ cm
$c = 1,5$ cm

6 Berechne den Oberflächeninhalt des Quaders.

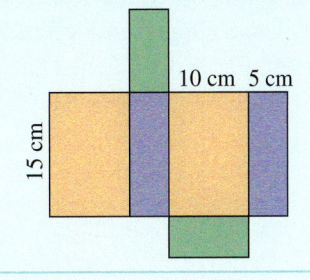

10 cm 5 cm
15 cm

7 Vergleiche den Oberflächeninhalt der Körper durch Abzählen oder Berechnen.

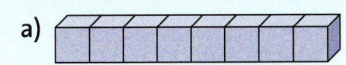

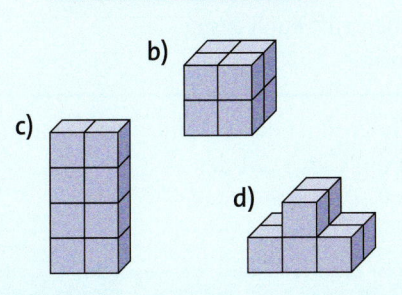

a)
b)
c)
d)

7 Berechne den Oberflächeninhalt der Werkstücke. Entnimm die Maße der Zeichnung.

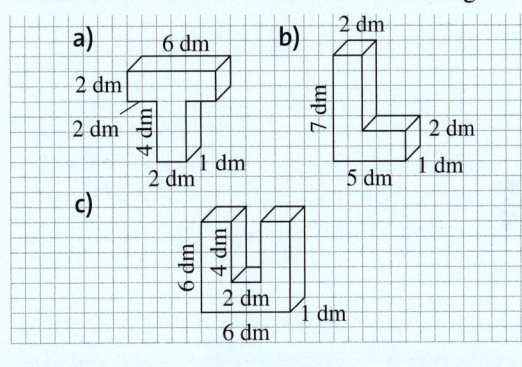

a) 6 dm, 2 dm, 2 dm, 4 dm, 2 dm, 1 dm
b) 2 dm, 7 dm, 2 dm, 5 dm, 1 dm
c) 6 dm, 4 dm, 2 dm, 6 dm, 1 dm

Volumen von Quadern berechnen

→ Seiten 168

8 Berechne das Volumen.

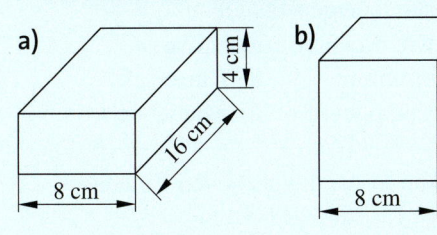

a) 4 cm, 16 cm, 8 cm
b) 8 cm, 8 cm, 8 cm

8 Berechne die fehlenden Angaben des Quaders im Heft.

	Länge	Breite	Höhe	Volumen
a)		20 mm	15 mm	7 500 mm³
b)	34 cm	20 cm	6 cm	
c)	2,3 m	310 cm		4 278 m³
d)	4 dm		1,3 m	780 dm³

9 Guinness-Rekord: Der kleinste und leichteste Farbfernseher der Welt besitzt die Abmessungen 60 mm × 91 mm × 24 mm. Welches Volumen hat er?

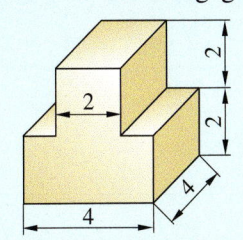

9 Ein Quader mit einer quadratischen Grundfläche hat ein Volumen von 240 cm³. Wie lang könnten die Seitenlängen der Grundfläche sein? Gib ganzzahlige Längen an.

10 Berechne das Volumen des Körpers. Alle Maße sind in cm angegeben.

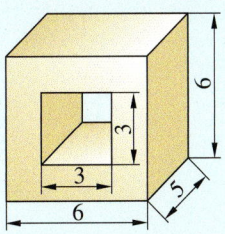

2, 2, 2, 4, 4

10 Berechne das Volumen des Körpers. Alle Maße sind in cm angegeben.

6, 3, 3, 5, 6

Lösungen ab Seite 204

Vermischte Übungen

1 Du siehst das Netz eines Quaders. Entnimm die Maße der Zeichnung. Zeichne ein passendes Schrägbild in dein Heft. Färbe die Flächen entsprechend ein.

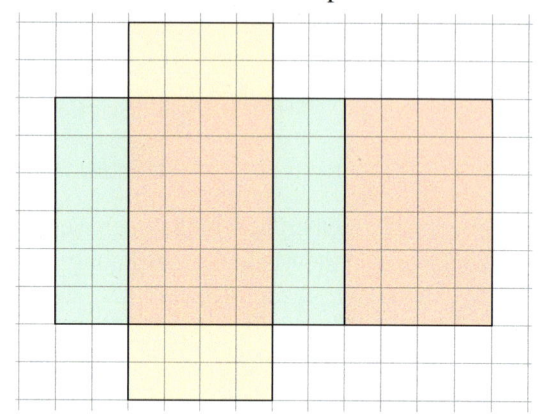

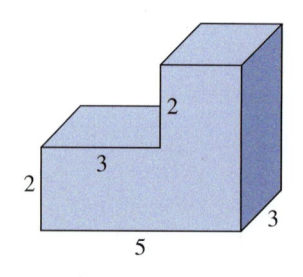

1 Suche dir in dem Zimmer, in dem du dich befindest, einen kleinen Körper, der einem Würfel oder Quader gleicht, wie z.B ein Buch.
a) Zeichne ein Netz des Körpers mit Originalmaßen in dein Heft.
  Achte bei der Auswahl deines Körpers darauf, dass die Zeichnung noch in dein Heft passt.
b) Zeichne zu deinem Netz ein passendes Schrägbild.
c) Färbe im Netz und im Schrägbild alle sich entsprechenden Flächen mit der gleichen Farbe. Überprüft euch gegenseitig.

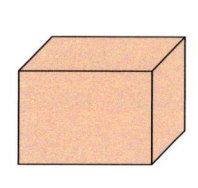

2 Welcher Sandkasten hat das größte Volumen? Ordne die Kästen nach der Größe ihres Volumens.

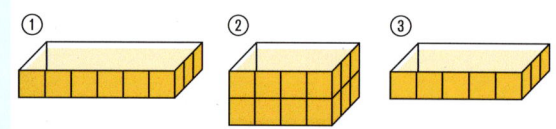

2 Wie groß ist das Volumen der Schachtel, wenn die Karos auf den Außenseiten eine Kantenlänge von 1 cm haben? Schätze zunächst und überprüfe dann mit einer Rechnung.

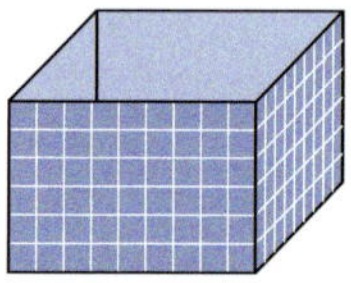

3 Miss die folgenden Gegenstände aus. Berechne ihren Oberflächeninhalt.
a) Butterstück   b) Schuhkarton
c) Streichholzschachtel d) Zimmertür
e) Kühlschrank   f) Trinkpäckchen

3 Wie groß ist ungefähr die Oberfläche der folgenden Gegenstände? Erkläre, wie du vorgegangen bist.
a) Radiergummi   b) Rucksack
c) Federmäppchen d) Mathebuch

4 Rechne mithilfe einer Stellenwerttafel in die angegebene Einheit um.
a) 4 dm³   (cm³)   b) 50 cm³   (mm³)
c) 39 m³   (dm³)   d) 108 m³   (dm³)
e) 75 cm³   (mm³)   f) 88 m³   (dm³)
g) 65 m³   (dm³)   h) 34 dm³   (cm³)

4 Schreibe in der angegebenen Einheit.
Beispiele 1,5 dm³ = 1 500 cm³
           750 cm³ = 0,75 dm³
a) 2,5 dm³ = ■ cm³   b) 4,52 dm³ = ■ cm³
c) 0,075 dm³ = ■ cm³   d) 75 cm³ = ■ dm³
e) 5 cm³ = ■ dm³   f) 1 800 cm³ = ■ dm³

5 Berechne das Volumen und den Oberflächeninhalt des Werkstücks. Alle Maße sind in cm angegeben.

5 Berechne das Volumen und den Oberflächeninhalt des Werkstücks. Alle Maße sind in cm angegeben.

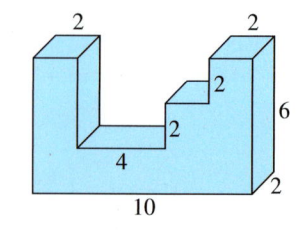

6 Familie Wachter hat in ihrem Garten einen rechteckigen Pool, der komplett gefliest ist. Er ist 6 m lang und 5 m breit.
Der 1,80 m tiefe Pool wird bis 20 cm unter dem Rand mit Wasser gefüllt.
a) Wie viel Quadratmeter Fliesen wurden gebraucht, um den Pool innen komplett zu fliesen?
b) Wie viel Kubikmeter Wasser wurden eingelassen, um das Becken bis zu dieser Höhe zu befüllen?
c) Herr Wachter ist im Liegestuhl eingeschlafen und wird wach, als der Pool überläuft. Wie viel Liter Wasser sind zu viel im Becken?

6 Ein Becken im Freibad in Wernsdorf wird, bevor die Saison beginnt, komplett innen gereinigt.
Das Becken ist 25 m lang, 15 m und 250 cm tief.
a) Wie groß ist die zu reinigende Fläche?
b) Ein Zwölftel der Fliesenfläche muss ausgetauscht werden.
Wie groß ist diese Fläche?

7 Mit einer Schleuse werden Höhenunterschiede im Flusslauf ausgeglichen.
Die Schleuse für Sportboote ist 30 m lang, 8 m breit und 10 m tief.
Um den Wasserspiegel in der Schleuse um vier Meter anzuheben, benötigt man 15 min.
a) Zeichne das Schrägbild dieser Schleuse in einem geeigneten Maßstab.
b) Wie viel Kubikmeter Wasser gelangen in den 15 min in die Schleuse?
c) Wie viel Liter Wasser strömen in einer Minute in die Schleuse?

8 Die Wetterkunde-AG hat ein Regenmessgerät gebaut und meldet: „Gestern stand das Regenwasser 12 mm hoch."
Wie viel Liter Regenwasser fielen auf 1 m² Bodenfläche?

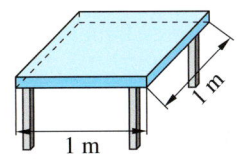

8 Ermittle über einen Wetterdienst z. B. im Internet die durchschnittliche Niederschlagsmenge pro Jahr in deinem Heimatort.
Berechne, wie viel Liter Wasser insgesamt auf 1 m² gefallen sind.

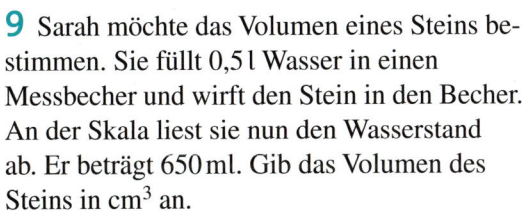

9 Sarah möchte das Volumen eines Steins bestimmen. Sie füllt 0,5 l Wasser in einen Messbecher und wirft den Stein in den Becher. An der Skala liest sie nun den Wasserstand ab. Er beträgt 650 ml. Gib das Volumen des Steins in cm³ an.

9 Florian möchte das Volumen eines Wassertropfens bestimmen.
a) Erkläre, wie er das machen könnte.
b) Sein Vater behauptet, dass ein tropfender Wasserhahn täglich 100 l Wasser verbraucht. Kann das stimmen? Begründe.

HINWEIS
zu Aufgabe **9**
Wandle zuerst die Einheiten um.

10 Volumenberechnung einmal anders.
Erkläre, wie die beiden Mädchen ihr Volumen vergleichen. Welches Volumen hat Anna?

Körper darstellen und berechnen Vermischte Übungen

Wir ziehen um

Bei einem Umzug muss man alle Einrichtungsgegenstände gut verpacken, damit sie beim Transport nicht beschädigt werden. In Baumärkten oder bei Umzugsunternehmen kann man dafür spezielle Umzugskartons kaufen.
Ein Umzugsunternehmen bietet einzelne Umzugskartons oder ein Set für den Umzug an.

Set für 37,50 €	
10×	Bücherkarton bis 30 kg
10×	Universalkarton bis 30 kg
1×	Luftpolsterfolie Kurzrolle 40 cm breit, 5 m lang

Universalkarton bis 30 kg Material: Wellpappe Farbe: braun		$L \times B \times H$ 60 cm × 35 cm × 35 cm
	ab 1 Stück	ab 30 Stück
Preis	2,05 €	1,40 €

Bücherkarton bis 30 kg Material: Wellpappe Farbe: braun			$L \times B \times H$ 40 cm × 35 cm × 35 cm
	ab 1 Stück	ab 20 Stück	ab 80 Stück
Preis	1,75 €	1,55 €	1,45 €

11 Vergleiche den Set-Preis mit den Preisen für die einzelnen Kartons.
a) Wie viel Geld spart man, wenn man ein Set statt alle enthaltenen Teile einzeln kauft?
b) Für einen größeren Umzug werden mindestens 30 Bücherkartons und 30 Universalkartons benötigt. Sollte man drei Sets nehmen oder die Kartons einzeln bestellen?

12 In Umzugskartons passt eine Menge hinein.
a) Gib das Volumen der Bücherkartons und der Universalkartons in cm³, in dm³ und in l an.
b) Wie groß ist das Volumen aller Kartons eines Sets zusammen?
Welches Gewicht können sie maximal aufnehmen?

13 Vergleiche mit deinem Mathematikbuch.
a) Schätze zuerst, wie viele Bücher in der Größe deines Mathematikbuchs in einen Bücherkarton passen.
b) Miss nun Länge, Breite und Dicke deines Mathematikbuchs und berechne, wie viele Bücher dieser Größe man in etwa in einen Bücherkarton packen kann.
c) Bestimme das Gewicht deines Mathematikbuchs und berechne, wie schwer der Bücherkarton dann wird.
d) Skizziere, wie man die Bücher in den Karton stapeln kann. Finde verschiedene Möglichkeiten und vergleiche sie.

14 Mit Luftpolsterfolie kann man Umzugsgut vor Schäden und Schmutz schützen. Sie wird auf 40 cm breiten Rollen verkauft. Auf einer Rolle befinden sich 5 laufende Meter Folie.
Max hat ein Aquarium mit den folgenden Maßen: 80 cm × 35 cm × 40 cm. Vor dem Umzug soll das Aquarium in Luftpolsterfolie eingepackt werden. 
a) Zeichne ein Netz des Aquariums und berechne seinen Oberflächeninhalt in m².
b) Wie viel Meter Folie muss man mindestens abschneiden, um das Aquarium mit einer Schicht Folie zu umwickeln?
c) Max möchte auch seinen Scanner mit Luftpolsterfolie schützen. Der Scanner hat die Maße: Länge 45 cm, Breite 30 cm, Höhe 10 cm. Reicht der Rest der Folie, um den Scanner zu verpacken?

Zusammenfassung

Prismen erkennen und beschreiben

→ Seite 158

Prismen sind Körper, deren Grund- und Deckfläche parallel und deckungsgleich zueinander sind.
Die Seitenflächen sind Rechtecke und bilden den **Mantel M** des Prismas.
Der Abstand zwischen Grund- und Deckfläche ist die **Körperhöhe** h_k des Prismas.

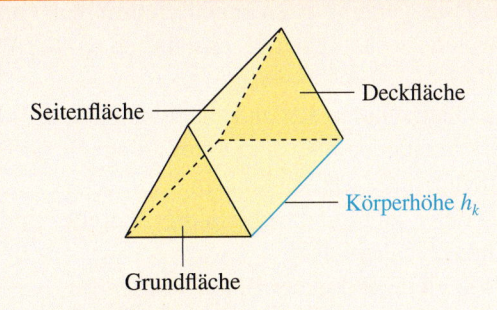

Ein Quader wird durch sechs rechteckige Flächen, den **Seitenflächen**, begrenzt.
Die gegenüberliegenden Seiten bilden die **Grund-** und die **Deckfläche**.

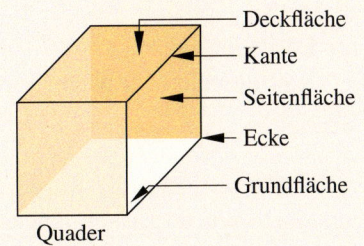

Eine zusammenhängende Abwicklung aller Begrenzungsflächen eines Körpers nennt man auch **Körpernetz**.
Zu einem Körper gibt es verschiedene Netze.

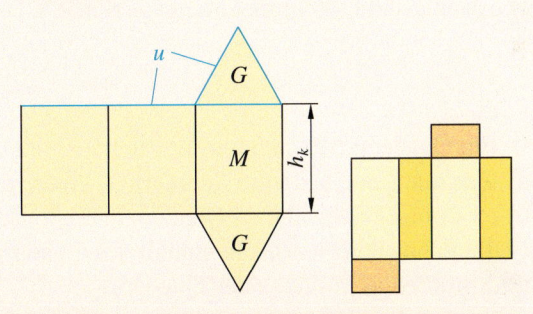

Oberflächeninhalt von Quadern berechnen

→ Seite 164

Oberflächeninhalt A_O: Quader
$A_O = 2 \cdot a \cdot b + 2 \cdot a \cdot c + 2 \cdot b \cdot c$
oder kürzer
$A_O = 2 \cdot (a \cdot b + a \cdot c + b \cdot c)$

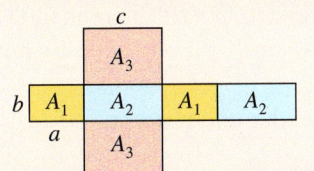

Würfel
$A_O = 6 \cdot a \cdot a$
oder kürzer
$A_O = 6 \cdot a^2$

Vergleichen und Messen von Körpern

→ Seiten 168

Wandelt man **Volumenmaße** in eine benachbarte Volumeneinheit um, so ist die **Umrechnungszahl 1 000**.

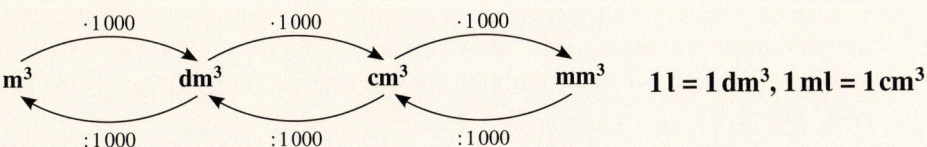

m³ ⇄ dm³ ⇄ cm³ ⇄ mm³   (· 1 000 / : 1 000)

$1 l = 1 dm^3$, $1 ml = 1 cm^3$

Für Flüssigkeiten werden **Hohlmaße** verwendet. 1 Liter hat 1 000 Milliliter.

Das **Volumen V eines Quaders** wird mit der Formel $V = a \cdot b \cdot c$ berechnet.

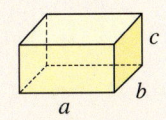

Das **Volumen V eines Würfels** wird mit der Formel $V = a \cdot a \cdot a = a^3$ berechnet.

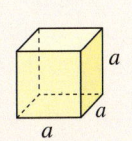

Körper darstellen und berechnen

Teste dich!

2 Punkte   **1** Vergleiche Quader und Würfel.
a) Gib die gemeinsamen Eigenschaften von Quader und Würfel an.
b) Welche zusätzlichen Eigenschaften hat der Würfel?

3 Punkte   **2** In einem Garten stehen Betonelemente, die als Sitzmöglichkeit oder auch als Stellmöglichkeit für Blumenschalen genutzt werden können.
a) Zerlege die Grundfläche in drei Vierecke und berechne ihren Flächeninhalt.
b) Wie viel Kubikmeter Beton wurden für dieses Betonelement verarbeitet?
Vergleicht eure Lösungswege.
c) Wie schwer ist das Betonelement, wenn 1 m³ Beton 1200 kg wiegt?

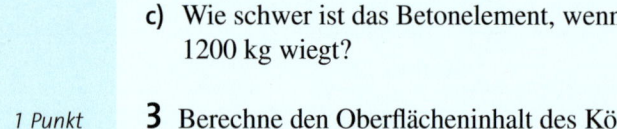

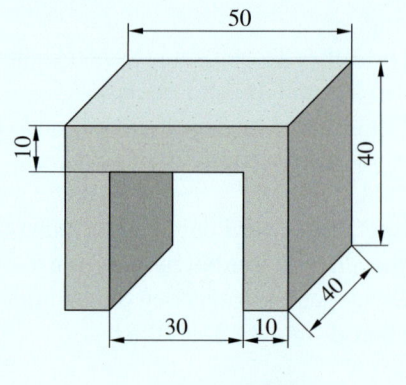

1 Punkt   **3** Berechne den Oberflächeninhalt des Körpers, der aus einem Quader und einem Würfel zusammengesetzt ist. Die Maße sind in Zentimeter angegeben.

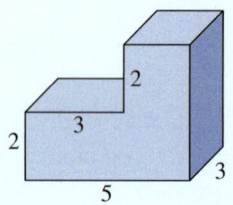

4 Punkte   **4** Ein Quader ist 20 cm lang, 12 cm hoch und 8 cm tief.
a) Zeichne den Quader im Schrägbild. Wähle einen geeigneten Maßstab.
b) Zeichne ein Netz dieses Quaders in einem selbstgewählten Maßstab.
c) Berechne den Oberflächeninhalt des Quaders.
d) Ermittle das Volumen des Quaders.

2 Punkte   **5** Ein Quader hat die folgenden Maße.
Berechne das Volumen V und den Oberflächeninhalt O des Quaders.
a) $a = 3\,cm$; $b = 5\,cm$; $c = 4\,cm$ b) $a = 3{,}5\,dm$; $b = 15\,cm$; $c = 2{,}5\,dm$

1 Punkt   **6** Zerlege den Körper in Quader und berechne so das Volumen des Prismas.
Die Maße sind in Zentimetern angegeben.

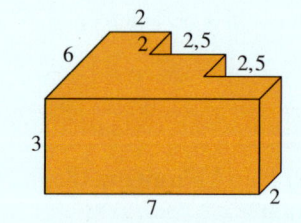

3 Punkte   **7** Für den Bau eines Hauses wird eine 19 cm dicke Betonplatte gegossen. Wie viel Kubikmeter Beton werden benötigt, wenn die Grundfläche des Hauses 51 m² beträgt? Runde auf eine Stelle nach dem Komma.

4 Punkte   **8** Parfüm ist häufig aufwändig verpackt. Gib jeweils das Volumen der Schachtel an und vergleiche es mit der Angabe auf der Verpackung.

Gold: 19–20 Punkte, Silber: 16–18 Punkte, Bronze: 12–15 Punkte   Lösungen ab Seite 204

Mathematik im Alltag

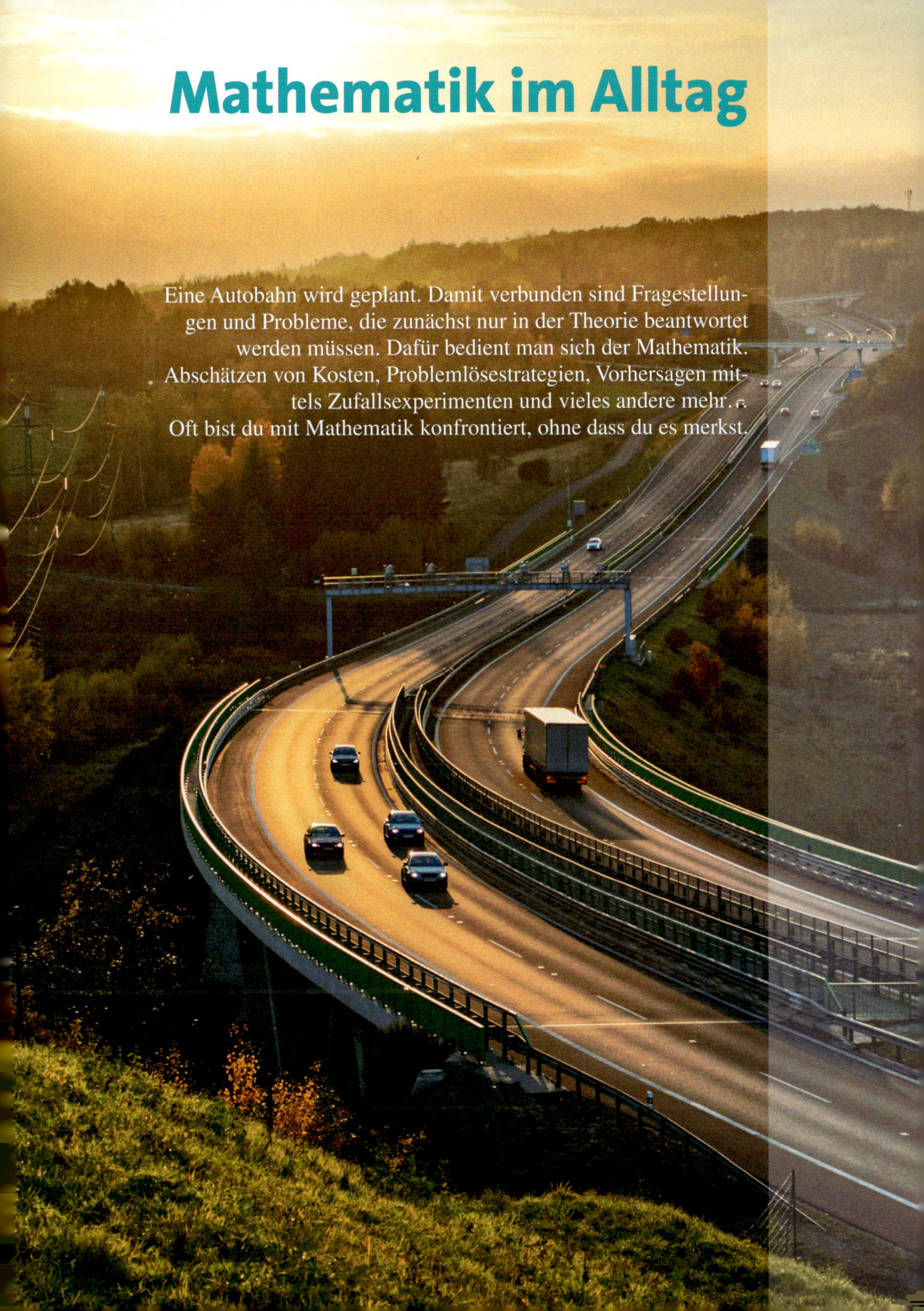

Eine Autobahn wird geplant. Damit verbunden sind Fragestellungen und Probleme, die zunächst nur in der Theorie beantwortet werden müssen. Dafür bedient man sich der Mathematik. Abschätzen von Kosten, Problemlösestrategien, Vorhersagen mittels Zufallsexperimenten und vieles andere mehr.
Oft bist du mit Mathematik konfrontiert, ohne dass du es merkst.

Mathematik im Alltag

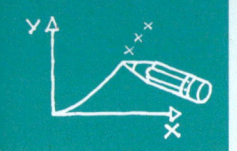

Noch fit?

Einstieg | Aufstieg

1 Vielecke erkennen
Suche in dem Muster verschiedene Vielecke. Benenne die jeweilige Vielecksart.

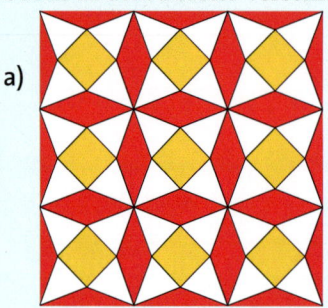

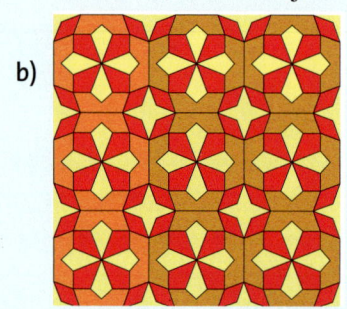

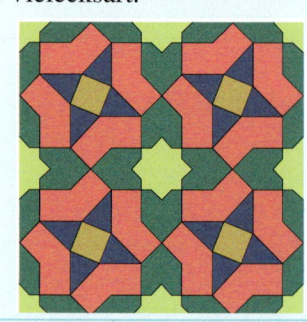

a) b) c)

2 Zahlenrätsel
Welche Zahl ist das?
a) Eine Zahl vermindert um 27 ist 16.
b) Die Summe der Zahl mit 19 ergibt 83.
c) Der dritte Teil einer Zahl ist 12.

2 Zahlenrätsel
Welche Zahl ist das?
a) Das Doppelte einer Zahl vermehrt um 3 ist 15.
b) Der Quotient aus 54 und dieser Zahl ist 3.

3 Zieleinlauf
Ken, Finn und Leon spielen Darts gegeneinander.
Gib alle Möglichkeiten an, wie die drei die Plätze 1, 2 und 3 belegen können.

3 Zieleinlauf
Ken, Finn, Marc, Leon und Swen starten bei einem BMX-Event.
Gib alle Möglichkeiten an, wie die fünf die Plätze 1, 2 und 3 belegen können.

4 Logik
Ergänze die fehlenden Ziffern.

$$\begin{array}{r} 456 \\ +2\blacksquare 1 \\ \hline \blacksquare 47 \end{array} \qquad \begin{array}{r} \blacksquare 248 \\ -96\blacksquare \\ \hline \blacksquare 85 \end{array} \qquad \begin{array}{r} \blacksquare 92 \cdot \blacksquare \\ \hline 1536 \end{array} \qquad 4\blacksquare 8\blacksquare : 3 = 1429$$

5 Würfelturm
Wie viele kleine Würfel fehlen mindestens noch, damit ein Quader entsteht?
a) b) c)

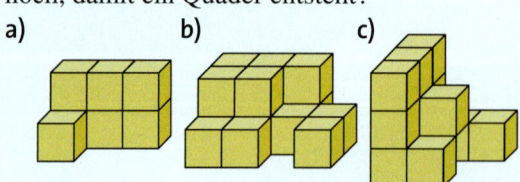

5 Würfelturm
Wie viele kleine Würfel fehlen mindestens noch, damit ein großer Würfel entsteht?
a) b) c)

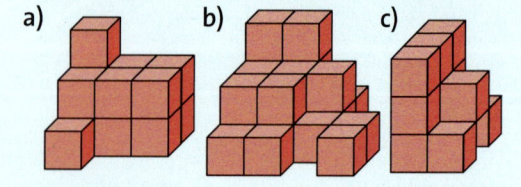

6 Größen
Welche Größe wird in der Maßeinheit angegeben.
a) Meter b) Kilogramm
c) Quadratmeter d) Tonne
e) Liter f) Minute

6 Größen
Welche Größe wird in der Maßeinheit angegeben.
a) Gramm b) Dezitonne
c) Sekunde d) Hektar
e) Milliliter f) Kilometer

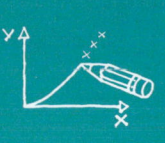

Probleme mathematisch lösen

Entdecken

1 Hier siehst du die Abfahrtspisten in einem Skigebiet. Jörg möchte alle möglichen Wege von der Bergbaude bis zur Talstation probieren. Wie viele Möglichkeiten hat Jörg?

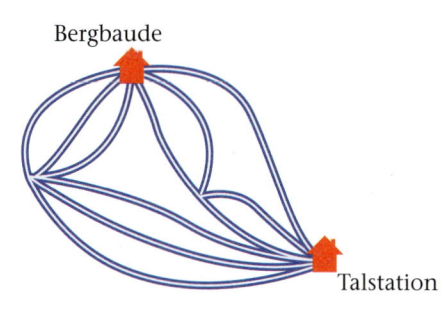

2 Vor Ken und Marc liegen Buchstabenkarten.
a) Wie viele Möglichkeiten gibt es, die Buchstaben R, T und O aneinander zu reihen?
b) Wie viele sinnvolle Wörter können aus den Buchstaben R, S, T und O gebildet werden?
c) Beschreibe, wie ihr die Aufgaben a) und b) gelöst habt.

3 Frau Heine plant für ihren Verein eine Wanderung mit Start und Ziel am gleichen Ort. Am Start der Wanderung müssen Parkmöglichkeiten bestehen.
Die Wanderung soll mindestens 8 h aber höchstens 10 h dauern.
In dieser Zeit soll eine Pause von 75 min enthalten sein.
Die Wanderzeiten für Teilabschnitte kann Frau Heine der Karte entnehmen.

Gebt Frau Heine Empfehlungen für die Wanderung.

4 Die Abbildung zeigt den Grundriss eines Parks mit zwei Gebäuden und einem Teich.
a) Bestimme den Flächeninhalt des gesamten Parks. Gib diesen in Hektar an.
b) Bestimme die Flächeninhalte der beiden Gebäude.
c) Welche Fläche nimmt der Teich ein? Erkläre dein Vorgehen.

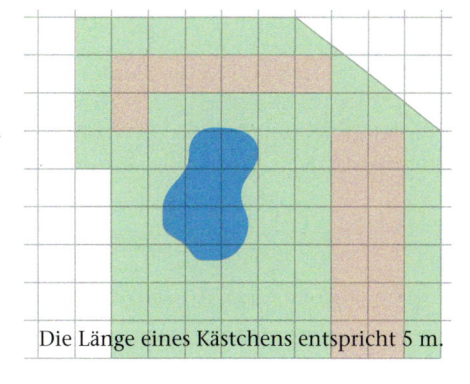

Die Länge eines Kästchens entspricht 5 m.

5 Jana: Meine Eltern haben mir von ihrer Reise ein Andenken mitgebracht.
Maria: Wo waren deine Eltern?
Jana: Das fällt mir gerade nicht ein.
Maria: Beschreibe, wie sieht das Andenken aus.
Jana: Der Gegenstand besteht aus Stein und hat 5 Ecken. Die Seitenflächen sind dreieckig und eine Fläche ist ein Quadrat.
a) Welchen Gegenstand könnte Jana als Andenken erhalten haben?
b) Wohin verreisten Janas Eltern vermutlich?

Mathematik im Alltag Probleme mathematisch lösen

Verstehen

Michael, Sven und Nico überlegen, in welcher Reihenfolge sie klettern und wie viele verschiedene Möglichkeiten es dafür gibt.

Bei der Lösung eines Problems ist es nicht sinnvoll, die Reihenfolgen durch wahlloses Probieren herauszufinden. Man kann Reihenfolgen doppelt aufgeschrieben oder vergessen haben. Deshalb ist es günstig, systematisch vorzugehen.

> **Merke** Probleme kann man durch **systematisches Probieren** lösen.

Beispiel 1
Schreibe alle möglichen Reihenfolgen auf, wie Michael (M), Sven (S) und Nico (N) starten können. Nutze die alphabetische Reihenfolge der Anfangsbuchstaben.
Nimm an: (1) Michael beginnt. M N S   oder   M S N
(2) Nico beginnt. N M S   oder   N S M
(3) Sven beginnt   S M N   oder   S N M
Es gibt also sechs verschiedene Reihenfolgen.

Im Bild sind mehr als drei Personen. Will man die Reihenfolgen für 4, 5, … Personen bestimmen, kann man die Lösung des Problems auf das bekannte Verfahren aus Beispiel 1 zurückführen.

> **Merke** Eine Aufgabe kann man durch **Zerlegen in Teilprobleme** lösen. Dann kann man die Teilaufgaben **auf Bekanntes zurückführen**.

ZUM WEITERARBEITEN
Du kannst das Achteck auch in andere Teilflächen zerlegen. Der Flächeninhalt bleibt gleich.

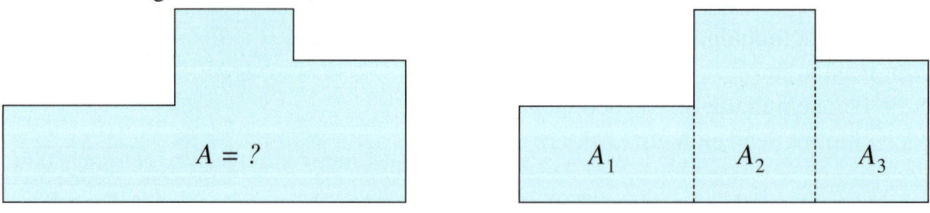

Beispiel 2
Für den Flächeninhalt A des Achtecks ist dir keine Formel bekannt. Zerlegst du das Achteck in drei rechteckige Teilflächen, kannst du die Formel $A = a \cdot b$ für Rechtecke nutzen.

$A_1 = 20\,\text{mm} \cdot 16\,\text{mm}$ $\qquad A_2 = 25\,\text{mm} \cdot 28\,\text{mm}$ $\qquad A_3 = 16\,\text{mm} \cdot 21\,\text{mm}$
$\underline{A_1 = 320\,\text{mm}^2}$ $\qquad \underline{A_2 = 700\,\text{mm}^2}$ $\qquad \underline{A_3 = 336\,\text{mm}^2}$

$A = A_1 + A_2 + A_3$
$A = 320\,\text{mm}^2 + 700\,\text{mm}^2 + 336\,\text{mm}^2$
$\underline{A = 1\,356\,\text{mm}^2}$

Der Flächeninhalt des Achtecks beträgt $13{,}56\,\text{cm}^2$.

Üben und anwenden

1 Ein Lagerverwalter hat Nägel einer Sorte in Kisten verpackt zu je 6 kg, 8 kg und 15 kg. Eine Abteilung des Werkes fordert bei ihm 50 kg Nägel an.
a) Muss der Lagerverwalter eine der Kisten öffnen, um der Abteilung die bestellten 50 kg Nägel zu liefern?
b) Wie kann der Lagerverwalter 30 kg, 40 kg, 60 kg und 100 kg Nägel zusammenstellen? Gib verschiedene Zusammenstellungen an, wenn möglich.

ZUM WEITERDENKEN
FERMI-Aufgaben sind Problemlöseaufgaben, deren Ergebnisse nur durch Annahmen abgeschätzt werden können.

2 Juana sortiert ihre fünf Buntstifte in die Federtasche ein. Wie viele Möglichkeiten hat sie, die Stifte nebeneinander anzuordnen?

2 Ein Hotel hat 30 Zimmer mit insgesamt 50 Betten. Es gibt Einbett- und Zweibettzimmer. Wie viele Einbettzimmer hat das Hotel?

3 Eine Familie hat sechs Söhne. Jeder Sohn hat zwei Schwestern. Wie viele Kinder hat die Familie?

3 Welche Großbuchstaben sind in Druckschrift achsensymmetrisch?

4 Übertrage die Figuren ins Heft.
a) Zerlege das Parallelogramm in zwei zueinander kongruente Dreiecke.
b) Zerlege das gleichseitige Dreieck in vier zueinander kongruente gleichseitige Dreiecke.
c) Zerlege die dritte Figur in vier zueinander kongruente Trapeze.
d) Zerlege das Quadrat in vier zueinander kongruente rechtwinklige Dreiecke.

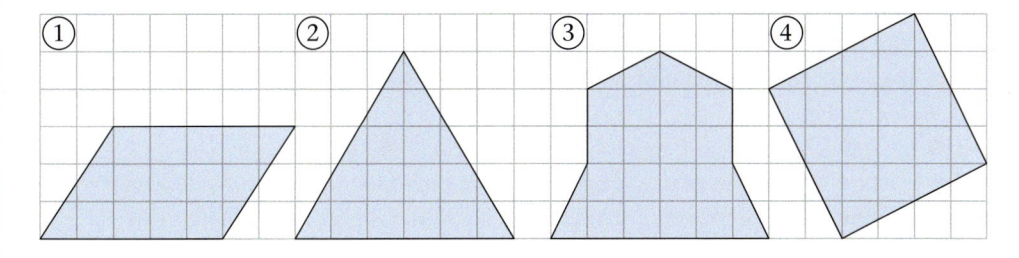

5 Tom hat in einer Kinderzeitschrift einen Bastelbogen für eine Burg gefunden. Aus welchen Körpern wird die Burg zusammengesetzt?

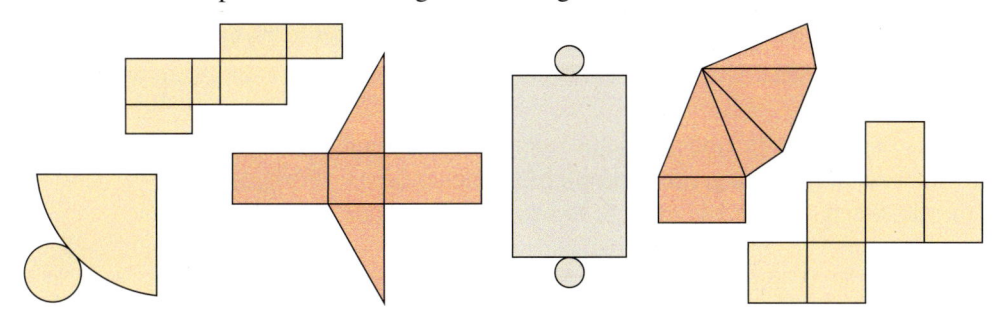

ZUM WEITERARBEITEN
Zeichne eine Burg, die aus den Teilen der Aufgabe 5 entstehen kann. Ihr könnt auch ein Modell einer solchen Burg herstellen.

Mathematik im Alltag

Thema: Mathematische Spiele

Miteinander und gegeneinander Spielen

Seit mindestens 4 000 Jahren wird gespielt, dies beweisen Grabbeigaben. Im Grab des Pharao Tutanchamun fand man u.a. ein Senet-Brettspiel. Spiele können sehr unterschiedlich sein. Sie verändern sich oder werden neu erfunden. Von „einem Spiel" gibt es mit der Zeit manchmal sehr unterschiedliche auch länderspezifische Varianten. Einige Spiele existieren im Großformat auf Spielplätzen und in Parks, im Kleinformat als Reisespiel oder auch als digitale Variante.

Mensch ärgere dich nicht

Der Münchner Joseph Friedrich Schmidt (1871 – 1948) erfand 1906 dieses Spiel durch Vereinfachung des indischen Spiels „Pachisi".
Er verschenkte Tausende seiner Spiele 1914 an die Lazarette des ersten Weltkriegs. Damit begann der Siegeszug dieses Spiels. Seit den zwanziger Jahren des vorigen Jahrhunderts hat Schmidt Spiele aus Berlin das „Mensch ärgere dich nicht" über 80 Millionen Mal verkauft.
Informiert euch über die Spielregeln. Welche Varianten zu diesen Spielregeln sind dir bekannt?

Vieles hängt bei diesem Spiel vom Zufall ab. Man kann seine Siegchancen aber erhöhen, wenn man Spielsituationen richtig analysiert.

1 Du hast zwei Spielfiguren im Spiel und würfelst eine 4 (● → eigener Stein; ● → gegnerischer Stein; ○ → leeres Feld).
Situation 1 ○ ● ● ○ ● ○ ○ ○   Situation 2 ○ ● ● ○ ○ ○ ○ ● ○
a) Situation 1 – Wie viele Chancen zum „Schmeißen" hat dein Gegner im nächsten Zug?
b) Situation 2 – Wie viele Chancen zum „Schmeißen" hat dein Gegner im nächsten Zug?

2 Du hast zwei Spielfiguren im Spiel und würfelst eine 5 (● → eigener Stein; ● → gegnerischer Stein; ○ → leeres Feld; ○ → gegnerisches Startfeld).
Stein 1 ● ● ○ ○ ○ ○ ● ○   Stein 2 ○ ● ○ ○ ○ ● ○ ○
a) Die Gegner hat noch eine Spielfigur in der Startposition. Erkläre, wie du setzen würdest.
b) Die Gegner hat keine Spielfigur mehr in der Startposition. Erkläre, wie du setzen würdest.

3 Auf dem Spielplan siehst du eine mögliche Spielsituation. Deine Figuren sind die blauen [gelben, grünen, roten]. Mit welcher der Figuren ziehst du, wenn du eine 1 [2, 3, 4, 5, 6] würfelst. Begründe.

4 👥 Es gibt zahlreiche Weiterentwicklungen und Varianten des Spiels.
Informiert euch über Varianten des Spiels. Stellt diese euch gegenseitig vor.

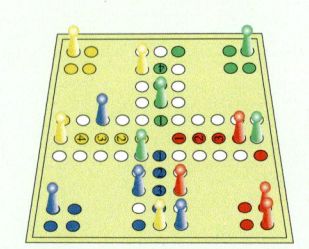

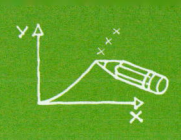

Mastermind – brich den Code

Mordechai Meirovitz erfand 1970 Mastermind, ein Logik-Spiel für zwei Personen.

Der „Codemaker" M wählt als Code eine Folge von vier farbigen Steckern. Ihm stehen sechs Farben zur Verfügung. Das Wiederholen von Farben ist erlaubt. Der „Codebreaker" B muss nun die Farbkombination erraten.

Nach jedem Versuch antwortet M mit schwarzen und weißen Steckern. Schwarz bedeutet, dass Farbe und Position eines Steckers richtig erraten sind. Stimmt die Farbe, aber nicht die Position eines Steckers, wird dies mit Weiß angezeigt.

Ziel ist es, mit möglichst wenigen Versuchen den Code zu knacken.

5 Für jüngere Spieler werden oft vereinfachte Regeln festgelegt. Der Code besteht aus zwei Steckern. Ihr spielt mit den Farben Orange, Gelb und Blau. Dann gibt es neun Codes, wenn Farbwiederholung erlaubt ist.

a) Male die neun verschiedenen Codes auf.
b) Du hast als Codemaker festgelegt: 🟠🟠. Dein Mitspieler vermutet: 🔵🟡. Was antwortest du?
c) Du hast als Codemaker festgelegt: 🟡🔵. Dein Mitspieler vermutet: 🟠🔵. Was antwortest du?

6 Der Code besteht aus vier Steckern. Ihr spielt mit den Farben Blau, Gelb, Grün, Orange, Rot und Violett. Farbwiederholung ist nicht erlaubt.

a) In dieser Spielvariante gibt es $6 \cdot 5 \cdot 4 \cdot 3 = 360$ Codes. Erkläre.
b) Wie muss der Codemaker antworten?

c) Der Mathematiker Knuth hat herausgefunden, dass jeder Code mit maximal fünf Versuchen zu knacken ist. Dazu muss man optimal auf die Antworten reagieren. Finde die Codes.

7 Der Code besteht aus vier Steckern. Ihr spielt mit den Farben Blau, Gelb, Grün, Orange, Rot und Violett. Farbwiederholung ist erlaubt.

a) Wie viele Codes gibt es? Erkläre.
b) Welchen Code hat sich der Codemaker ausgedacht?

Mathematik im Alltag

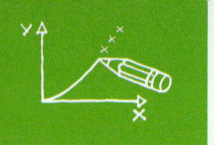

Türme von Hanoi

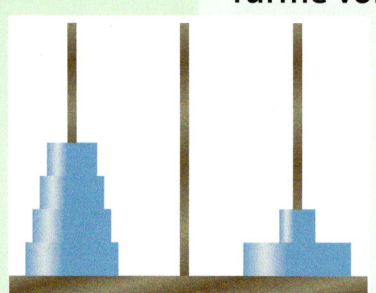

Der französische Mathematiker Édouard Lucas (1842 – 1891) erfand 1883 die folgende Geschichte.
Im großen Tempel von Benares, der die Mitte der Welt darstellt, sind drei Diamantnadeln befestigt. Die Priester sind Tag und Nacht damit beschäftigt, die 64 Scheiben von einer Diamantnadel auf eine andere zu setzen. Ein Priester darf nur eine Scheibe so umsetzen, dass sich nie eine kleinere Scheibe unter einer größeren befindet. Zu Beginn des Spiels sind alle Scheiben auf einer Diamantnadel gestapelt. Ziel ist es, alle Scheiben auf einer anderen Diamantnadel von unten groß nach oben klein zu stapeln.

8 Auf der linken Nadel sind drei Scheiben. Setze diese drei Scheiben nach den beschriebenen Regeln auf eine andere Nadel um.
a) Skizziere dein schrittweises Vorgehen.
b) Wie viele Schritte sind mindestens notwendig?
c) Wie viele Schritte sind mindestens notwendig, wenn das Spiel mit 4 oder 5 Scheiben gespielt wird?

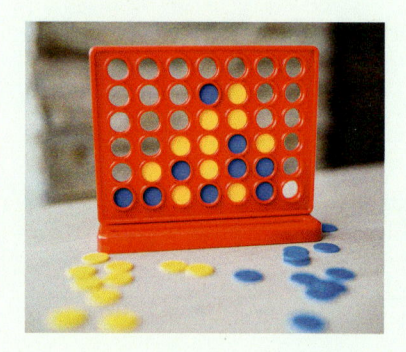

Vier gewinnt

In den 80er Jahren des letzten Jahrhunderts entwickelten Howard Wexler und Ned Strongin dieses Strategie-Spiel für zwei Personen.
Als Reisespiel sehr beliebt, besteht es aus einem senkrechten Gitter, in das farbige Chips eingeworfen werden.
Sieger ist, wer nach abwechselndem Einwurf eines Chips zuerst vier Chips senkrecht, waagerecht oder diagonal in einer Reihe platziert hat.

9 In den dargestellten Spielsituationen ist Blau am Zug. Bei richtiger Spielweise gewinnt immer Blau.
a) Eine mögliche Fortsetzung in a) ist
6 – 3 – 7. Welche Fortsetzung führt ebenfalls in drei Zügen zum Sieg für Blau?
b) Löse die anderen Spielsituationen.
c) Welche Situationen solltest du vermeiden? Welche Situationen solltest du anstreben?

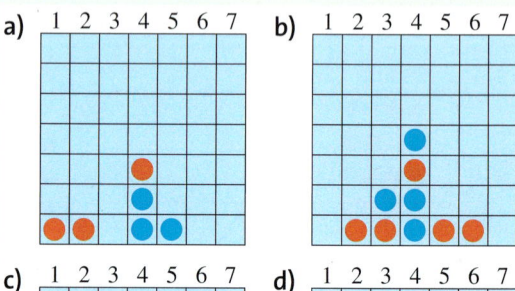

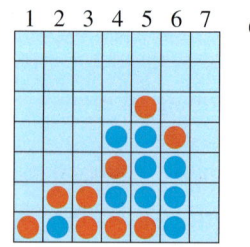

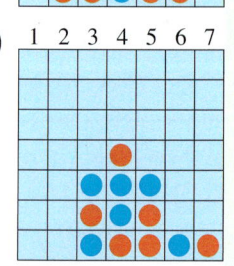

Zum Weiterarbeiten
Nehmt euch ein Spiel und verändert es. Ihr könnt euch auch ein eigenes Spiel ausdenken.

10 Hier wurden einige Spiele vorgestellt. Du kennst sicherlich weitere bzw. hast andere Spiele auch zu Hause.
a) Stellt euer Lieblingsspiel in der Klasse vor.
b) Bildet Gruppen und spielt eure Lieblingsspiele.

Mathematik im Alltag

Thema: Baukunst

Du kannst dich der Baukunst nicht entziehen. Jedes Gebäude, jede Straße, jede Brücke…, die durch Menschen entworfen, geplant, gestaltet und konstruiert wurde, gehört dazu. Man bezeichnet diese auch als Architektur.
Die Architektur veränderte sich im Laufe der Zeit, weist regionale Besonderheiten auf und besteht aus den unterschiedlichsten Materialien.

Baukörper

1 Die Bauklötzer haben die Form mathematischer Körper. 
a) Nenne die Körper, die als Bauklötze abgebildet sind.
b) Beschreibe mithilfe der mathematischen Körper zwei der abgebildeten Gebäude.
c) Vergleiche die Gebäude miteinander. Nenne Gemeinsamkeiten und Unterschiede, die du erkennen kannst.

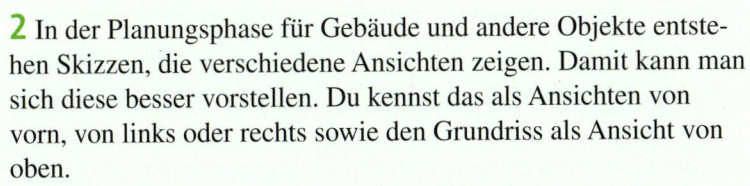

2 In der Planungsphase für Gebäude und andere Objekte entstehen Skizzen, die verschiedene Ansichten zeigen. Damit kann man sich diese besser vorstellen. Du kennst das als Ansichten von vorn, von links oder rechts sowie den Grundriss als Ansicht von oben.
a) Zeichne die Ansicht von vorn der Stiftskirche Gernrode.
b) Wie könnte das moderne Wohnhaus im Bild rechts aussehen? Skizziere einen Grundriss und drei weitere mögliche Ansichten.

Kirchen, wie die Stiftskirche Gernrode, bezeichnet man von der Form her als Basilika. Den typischen Grundriss bildet ein von Westen nach Osten ausgerichtetes Kreuz, das mit der Zeit immer exakter und regelmäßiger wurde.

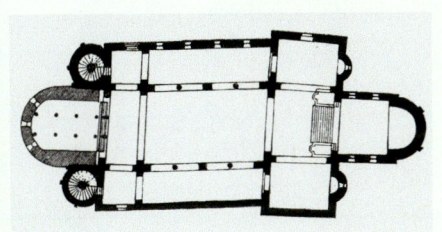

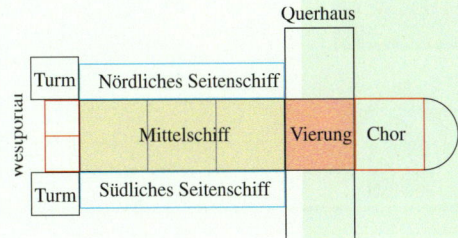

3 Die Vierung bildet das Grundmaß für den Kirchenbau (siehe Abbildung). Diese soll ein Quadrat mit einer Seitenlänge von 10 m sein.
a) Vergleiche den Grundriss der Stiftskirche Gernrode mit dem vereinfachten Grundriss. Erkläre, wie du den Grundriss auf dem Foto der Kirche erkennen kannst.
b) Zeichne eine Seitenansicht der Stiftskirche Gernrode.
c) Gib an, wie lang und wie breit die Kirche ist.
d) Zeichne den Grundriss einer Basilika so, dass 1 cm in der Zeichnung 5 m im Original entsprechen.

Mathematik im Alltag

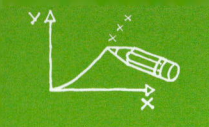

Bogenformen und Maßwerk

Fenster, Türen, Brücken und andere Verzierungen an Bauobjekten haben eine geschwungene Form, die auch als Bogenform bezeichnet wird. Je nach geschichtlicher Epoche und Region unterscheiden sie sich.

4 Hier sind fünf häufig vorkommende Bogenformen dargestellt.

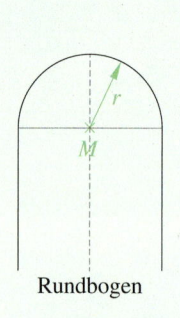

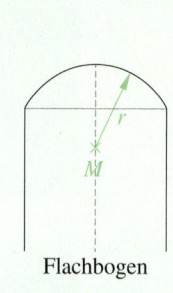

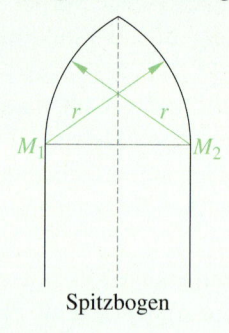

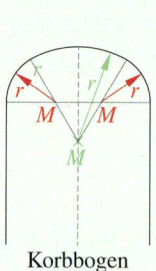

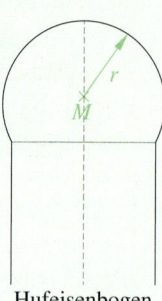

Rundbogen   Flachbogen   Spitzbogen   Korbbogen   Hufeisenbogen

a) Ordne die Bogenformen den Bauwerken auf den Fotos oben zu. Beschreibe, wo am Gebäude diese zu finden sind.
b) Zeichne einen Rundbogen für ein 2 m breites Eingangstor. Ein Zentimeter in deiner Zeichnung soll 50 cm im Original entsprechen.
c) Zeichne die anderen vier Bogenformen. Beschreibe wie du vorgehst.

Die Fenster gotischer Kirchen sind mit einem Spitzbogen abgeschlossen. Schaut man näher hin, sind diese oft reich verziert. Diese Verzierungen nennt man Maßwerk und können mithilfe von Kreisen entworfen werden. Auf den Fotos kann man den Dreipass und den Vierpass gut erkennen. Das Fensterglas ist meistens sehr bunt.

5 Zeichne nach der Schrittfolge den Dreipass.

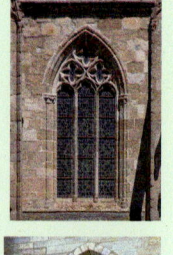

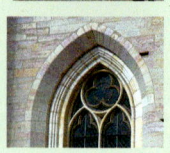

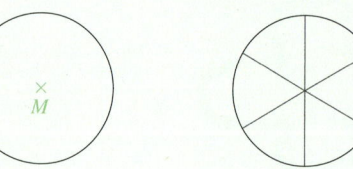

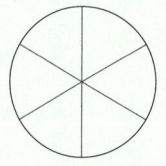

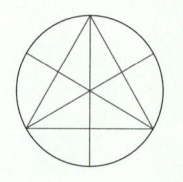

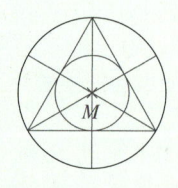

Kreis um M, $r = 5$ cm

in Sechstel einteilen

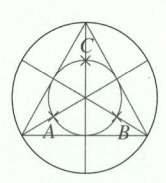

gleichseitiges Dreieck einzeichnen

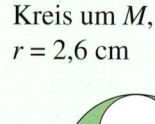

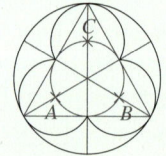

Kreis um M, $r = 2,6$ cm

Schnittpunkte A, B und C markieren

Kreise um A, B und C; $r = 2,4$ cm

Kreisbögen nachzeichnen

Maßwerk farblich gestalten

Mathematik im Alltag

Dachformen
Ein Gebäude erhält sein typisches Aussehen unter anderem durch die Form des Daches. Auch hier kannst du mathematische Körper erkennen.

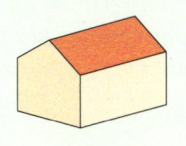

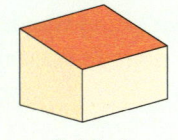

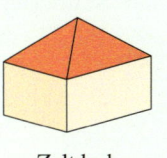

Satteldach Pultdach Mansarddach Tonnendach Zeltdach

6 Die abgebildeten Häuser können gedanklich in Teilkörper zerlegt werden. Das Haus mit dem Satteldach besteht aus einem Quader und einem dreiseitigen Prisma.
a) Beschreibe das Haus mit Pultdach mithilfe mathematischer Körper.
b) Zerlege die restlichen Häuser gedanklich in mathematische Körper. Nenne diese. Beschreibe, wie die Körper zusammengesetzt werden müssen.

Skelettbauweise
Ende des 19. Jahrhundert gewannen Stahl und Gusseisen an Bedeutung in der Architektur. Damit konnten größere und höhere Gebäude errichtet werden. Von Baukunst sprach man nicht, da es meistens reine Zweckbauten waren. Stahl und Gusseisen bilden das tragende Gerüst des Bauwerkes, wie ein Skelett. Die einzelnen Bauteile werden durch eine Vielzahl an Nieten verbunden.
Ein berühmtes Beispiel für diese Architektur ist der Eiffelturm in Paris. Er wurde anlässlich der Weltausstellung 1889 erbaut.

7 Die Art und Weise der Anordnung einzelnen Bauteile aus Stahl oder Gusseisen verleiht den Gebäuden, Brücken oder Türmen die Stabilität.
a) Welche geometrischen Formen erkennst du in den Detailaufnahmen der Brücke und des Eiffelturms.
b) Nenne ein Bauwerk aus deiner Region, das in dieser Bauweise entstanden ist. Benenne die verwendeten geometrischen Formen.
c) Erkläre, welche Gemeinsamkeit diese Bauwerke mit dem Umgebindehaus auf Seite 189 haben.
d) Fotografiere einen Freileitungsmast in deiner Umgebung. Warum bilden die verbundenen Bauteile am häufigsten Dreiecke? Erkläre.

Projekt
8 Die Formen von Bauwerken und die verwendeten Materialien haben sich im Laufe der Zeit verändert. Auch gibt es regional typische Merkmale.
Gestalte eine Präsentation zum Thema: „Bauwerke meines Heimatortes als mathematische Figuren und Körper".
Beantworte für dich die folgenden Fragen:
– Wie möchte ich das Thema präsentieren? Wandzeitung, digitale Präsentation, Modell
– Welches Bauwerk (welche Bauwerke) aus meiner Umgebung sind geeignet?
– Worauf möchte ich meinen Schwerpunkt legen?
– Wie bekomme ich entsprechendes Bildmaterial unter Beachtung des Urheberrechts und des Datenschutzes.
– Wann möchte ich was machen bis zum Abgabetermin?

Mathematik im Alltag

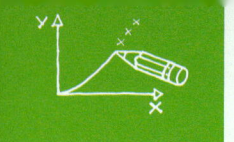

Thema: Digitale Präsentation – PowerPoint

Heute hält Maja einen Kurzvortrag über „Besonderen Linien im Dreieck". In der Vorbereitung hat sie überlegt, wie sie den Vortrag anschaulich und damit interessant gestalten kann. Bilder an die Tafel heften oder doch durch die Klasse geben? Eine Wandzeitung vielleicht? Wir haben doch die Technik – warum nicht eine digitale Präsentation mit Power-Point!

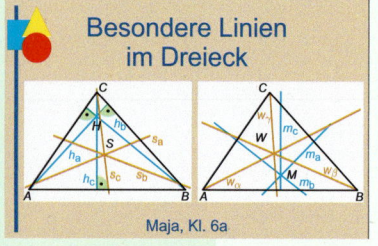

Besondere Linien im Dreieck
Maja, Kl. 6a

- Was kann eine digitale Präsentation?
  Unterstützt das Gesagte durch Texte und Bilder.
  Bezieht Videos, Apps und weitere Dokumente ein.

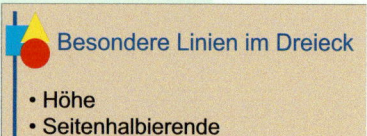

Besondere Linien im Dreieck
- Höhe
- Seitenhalbierende
- Mittelsenkrechte
- Winkelhalbierende

- Was bedeutet gutes Design?
  Design lenkt nicht vom Inhalt ab.
  Farben für Hintergrund und Schrift stehen im Hell-Dunkel-Kontrast.
  Verwenden gut lesbarer Schriftarten – keine Schreibschrift.
  Schriftgröße ist mindestens 24 pt.
  Die gesamte Präsentation hat ein einheitliches Design.

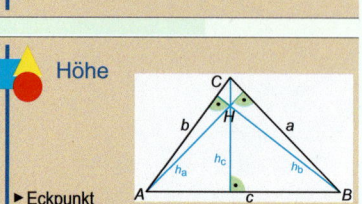

Höhe
▶ Eckpunkt
▶ Senkrecht auf gegenüberliegender Seite
▶ gemeinsamer Schnittpunkt H
▶ Flächeninhalt berechnen

- Was gehört zu einer digitalen Präsentation?
  Titelseite: Thema, Autor, Bild zur Einstimmung auf das Thema
  Gliederung: Reihenfolge der inhaltlichen Schwerpunkte
  Inhaltsseiten: Gliederungsüberschrift, 3 bis 5 Stichpunkte, 1 bis 2 Bilder
  Quellenangabe: Materialien anderer Personen nach festgelegten Regeln angeben

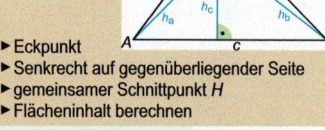

- Gut gestaltete Seite sind:

  | aus der Ferne gut lesbar | übersichtlich | informtiv | verständlich |

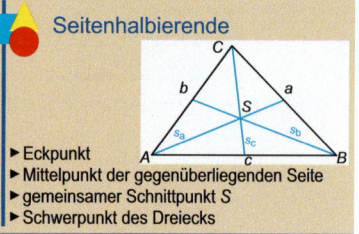

Seitenhalbierende
▶ Eckpunkt
▶ Mittelpunkt der gegenüberliegenden Seite
▶ gemeinsamer Schnittpunkt S
▶ Schwerpunkt des Dreiecks

- Was ist noch zu beachten?
  Texte selbst formulieren.
  Urheber- und Nutzungsrechte bei Bildern und Texten beachten.
  Animationen von Übergängen sparsam benutzen.

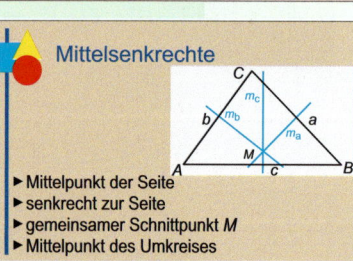

Mittelsenkrechte
▶ Mittelpunkt der Seite
▶ senkrecht zur Seite
▶ gemeinsamer Schnittpunkt M
▶ Mittelpunkt des Umkreises

1 Schau dir die Folien zum Thema „Besondere Linien im Dreieck" an.
a) Welche Informationen fehlen in der Präsentation?
b) Wie werden Quellen angegeben?
c) Überlege dir, was im Vortrag zu den Folien 1, 2 und 3 gesagt werden kann.

2 Nutze ein Programm zur Erstellung digitaler Präsentationen.
a) Welches Design passt zu einem Vortrag in Mathematik, in Geschichte oder in Musik.
b) Erkunde, wie du ein Design selbst entwickeln (kreieren) kannst.

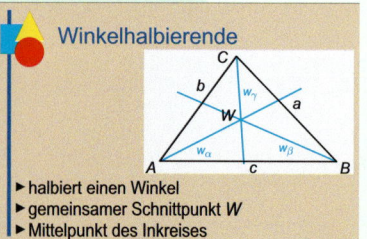

Winkelhalbierende
▶ halbiert einen Winkel
▶ gemeinsamer Schnittpunkt W
▶ Mittelpunkt des Inkreises

3 Gestalte eine digitale Präsentation zu mathematischen Objekten in deiner Umgebung.
① Thema festlegen
② Gliederung (Inhalt der Seiten) überlegen, Material sammeln
③ Design auswählen
④ Seiten mit Inhalten füllen, Quellen nicht vergessen!

Zufallsexperimente

Entdecken

1 Verkehrsbeobachtung
Die Klasse 6c beobachtet an zwei Tagen für 10 min den Verkehr vor ihrer Schule.

a) Die Gruppe am Montag notiert die Fahrzeuge der Reihe nach.
Pkw, Motorrad, Pkw, Lkw, Fahrrad, Motorrad, Pkw, Pkw, Pkw, Lkw, Lkw, Pkw, Motorrad, Pkw, Fahrrad, Pkw, Pkw, Lkw, Motorrad, Pkw
Übertrage die Tabelle in dein Heft und vervollständige diese.

Fahrzeugart	Pkw	Lkw	Motorrad	Fahrrad
Anzahl				

Welche Fahrzeuge konnten die Schüler am Montag am häufigsten und welche am wenigsten beobachten?

b) Die Gruppe am Dienstag notiert, wie viele Personen in einem Pkw sitzen. Sie tragen alles in eine Tabelle ein.

Anzahl Personen	1	2	3	4	5
Anzahl Fahrzeuge	⊮⊮ I	⊮ II	IIII	II	

Stelle die Zuordnung *Anzahl Personen* → *Anzahl Fahrzeuge* in einem Säulendiagramm dar. Wie viele Personen saßen durchschnittlich in einem Pkw?

2 Würfelexperiment
Es gibt mittlerweile eine ganze Reihe von sogenannten „Spielwürfeln", die auch mehr als sechs Flächen haben und nicht nur mit den Zahlen 1 bis 6 beschriftet sind.

a) Wählt euch zwei verschiedene „Spielwürfel" aus. Welche Ergebnisse sind jeweils möglich, wenn der „Spielwürfel" einmal geworfen wird?
Werft jeden „Spielwürfel" 30-mal.
Übertrage die Tabelle mit der entsprechenden Anzahl von Spalten in dein Heft und trage ein.

mögliche Ergebnisse				
Anzahl				

Gib, wenn möglich, das kleinste und das größte mögliche Ergebnis an.
Veranschauliche deine Ergebnisse in zwei Säulendiagrammen. Vergleiche diese.

b) Wähle zwei Würfel mit den Augenzahlen 1 bis 6.
Werfe beide Würfel gleichzeitig 30-mal.
Notiere jeweils die Summe der beiden Augenzahlen.
Gib die kleinste und die größte mögliche Augensumme an.
Stellt das Ergebnis in einem Säulendiagramm dar.

c) Vergleicht die Ergebnisse der drei Würfelexperimente und deren Darstellung im Säulendiagramm.

Mathematik im Alltag Zufallsexperimente

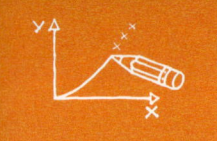

Verstehen

Die Schüler der Klasse 6b notieren ihre Beobachtungen. Sie können sich vorher überlegen, welche Fahrzeuge vorbeikommen, aber nicht die Reihenfolge. In einem Pkw sitzt mindestens eine Person, der Fahrer. Maximal dürfen es fünf Personen sein.

> **Merke** Einen Vorgang, der mehrere mögliche Ergebnisse hat und dessen Ergebnis vor Ablauf nicht vorhersagbar ist, nennt man **Zufallsversuch** oder **Zufallsexperiment**.

Beispiel 1
Die Gruppe „Montag" notiert nacheinander: Pkw, Motorrad, Pkw, Lkw, Fahrrad usw.

> **Merke** Als **Urliste** wird das nacheinander und fortlaufende Notieren der Beobachtungsergebnisse bezeichnet.

Beispiel 2
Die Gruppe „Dienstag" erstellt eine Tabelle.

Anzahl Personen	1	2	3	4	5
Anzahl Pkw	⫼⫼⫼⫼ ⫼⫼⫼⫼ ⫼⫼	⫼⫼⫼⫼ ⫼⫼	⫼⫼⫼⫼	⫼⫼	

> **Merke** Als **Strichliste** bezeichnet man das Erfassen der Beobachtungsergebnisse mittels Tabelle und Strichen. Übersichtlich ist die Fünferbündelung ⫼⫼⫼⫼.

Sie erkennen, dass in sieben Pkw zwei Personen sitzen, in vier Pkw drei Personen und in zwei Pkw sogar vier Personen. Am häufigsten sitzt nur der Fahrer in einem Pkw, genau zwölfmal.

> **Merke** Das am häufigsten beobachtete Ergebnis ist der **Modalwert**.

Beispiel 3
Eine dritte Gruppe erfasst die Körpergröße von Mitschülern.
Für ihre Gruppe ermitteln sie folgende Urliste:
152 cm, 159 cm, 148 cm, 152 cm, 120 cm

kleinster Schüler → 120 cm; x_{min} = 120 cm
größter Schüler → 159 cm; x_{max} = 159 cm

> **Merke** Den kleinsten erfassten Wert nennt man **Minimum** (Formelzeichen x_{min}).
> Den größten erfassten Wert nennt man **Maximum** (Formelzeichen x_{max}).

Wie groß sind die Schüler durchschnittlich?

$\bar{x} = \dfrac{152 \text{ cm} + 159 \text{ cm} + 148 \text{ cm} + 152 \text{ cm} + 120 \text{ cm}}{5}$

$\bar{x} = \dfrac{730 \text{ cm}}{5}$

$\bar{x} = 146 \text{ cm}$

> **Merke** Das **arithmetische Mittel** gibt einen Durchschnittswert an. Es ist die Summe aller Werte durch die Anzahl der Werte.

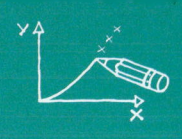

Üben und anwenden

1 Ist ein Zufallsversuch beschrieben? Welche Ergebnisse sind möglich?
a) Einmaliges Werfen einer 5-Cent-Münze.
b) Einmaliges Werfen eines Spielwürfels.
c) Monat des ersten Weihnachtsfeiertages.
d) Stoppen der Wartezeit an einer Kasse.
e) Beobachten der Fallrichtung eines Steins.

1 Ist ein Zufallsversuch beschrieben? Welche Ergebnisse sind möglich?
a) Werfen eines „Spielwürfels" mit den Zahlen 1 bis 8.
b) Gleichzeitiges Werfen einer 5-Cent- und einer 10-Cent-Münze.
c) Monat, in dem Karfreitag liegt.

2 Klara lernt in der Klasse 6a. Die Klasse beobachtete 45 min den Straßenverkehr und erstellte nebenstehende Strichliste.
a) Ermittle die absolute Häufigkeit jeder Fahrzeugart.
b) Gib den Modalwert an.

Pkw	ℍℍ ℍℍ ℍℍ ℍℍ ℍℍ ℍℍ III
Lkw	ℍℍ ℍℍ ℍℍ IIII
Fahrrad	ℍℍ ℍℍ ℍℍ ℍℍ IIII
Motorrad	ℍℍ III
Bus	ℍℍ I

3 Schüler erfassten die Anzahl der Personen in vorbeifahrenden Pkws.

Personen	1	2	3	4	5
Pkw	ℍℍ ℍℍ ℍℍ	ℍℍ I	ℍℍ III	III	I

a) Gib die absoluten Häufigkeiten an.
b) Gib den Modalwert an.
c) Gib das Minimum der Stichprobe an.

3 Schüler erfassten die Anzahl von Personen in vorbeifahrenden Kleinbusen.

Personen	7	5	6	4	3
Fahrzeuge	II	ℍℍ I	ℍℍ II	III	I

a) Gib die absoluten Häufigkeiten an.
b) Gib den Modalwert an.
c) Gib das Maximum der Stichprobe an.
d) Wie viele Personen saßen durchschnittlich in einem Kleinbus?

4 Max und Leon haben die Anzahl der Geschwister erfragt und fortlaufend aufgeschrieben.
Anzahl Geschwister   3, 0, 1, 2, 0, 2, 0, 2, 0, 1, 1, 0, 0, 1, 0, 2,
          1, 2, 0, 0, 2, 0, 1, 1, 0, 2, 1, 2, 1, 2, 2, 3
a) Ermittle die absoluten Häufigkeiten für die Anzahl der Geschwister. Fertige eine Tabelle an.
b) Gib das Minimum und das Maximum der Stichprobe an.
c) Gib den Modalwert an.
d) Berechne das arithmetische Mittel der Anzahl der Geschwister.

5 Ein Würfel mit farbigen Flächen (gelb, rot, blau, weiß, schwarz und orange) wird 50-mal geworfen. Diese Urliste entsteht.
B O S B W S W B R O R R B
O G B B R B G S W R R O R
W B G O B O W G B R G W
O O W S B S O S G W G S
a) Bestimme die absoluten Häufigkeiten.
b) Gib den Modalwert an.
c) Zeichne ein Säulendiagramm.

5 Ein Würfel mit farbigen Flächen (rot, blau, grün und orange) wird 50-mal geworfen. Diese Urliste entsteht.
B O G B B G B B R O R R B
O G B B R B G O B R R O R
B B G O B O B G B R G B
O O B G B G O G G B G G
a) Bestimme die absoluten Häufigkeiten.
b) Gib den Modalwert an.
c) Zeichne ein Streifendiagramm.

Mathematik im Alltag Zufallsexperimente

6 Sandra, Juliane und Jessica betreuen zum Schulfest den Stand mit dem Glücksrad. In Vorbereitung auf das Schulfest, beraten sie die Verteilung der Preise.
Jessica: „In unserer Schule sind rund 230 Schüler. Wenn jeder zweimal dreht, benötigen wir ungefähr 500 Preise."
Juliane: „Die Chancen, mit der die einzelnen Farben gedreht werden, sind doch unterschiedlich. Wir sollten einen Hauptpreis festlegen."
Sandra: „Ich denke, dass der Hauptpreis für …"
a) Setzt die Unterhaltung als Rollenspiel fort.
b) Vergleicht eure Fortsetzung mit anderen Gruppen in der Klasse.

7 Klara und Thomas überprüfen, wie schwer jeweils 5 Äpfel in einer Tüte sind.
Klara erhält folgende Ergebnisse:
195 g, 190 g, 201 g, 212 g, 205 g.
Thomas bestimmte folgende Massen:
207 g, 188 g, 199 g, 194 g 209 g.
a) Wie schwer sind die 5 Äpfel jeweils zusammen?
b) Wie schwer ist durchschnittlich ein Apfel?
c) Gib das Minimum und das Maximum der Masse eines Apfels an.

7 Es liegen Beutel mit Äpfeln vor, deren Masse jeweils bestimmt wurde.
Beutel 1: 212 g, 179 g, 199 g, 195 g, 205 g
Beutel 2: 197 g, 199 g, 203 g, 205 g, 207 g
Beutel 3: 200 g, 203 g, 197 g, 195 g, 205 g
Beutel 4: 197 g, 197 g, 203 g, 205 g, 193 g
a) Gib das Minimum und das Maximum der Masse eines Apfels je Beutel und insgesamt an.
b) Ermittle die durchschnittliche Masse eines Apfels je Beutel und insgesamt.
c) Ermittle den Modalwert der Stichprobe.

8 Im Alltag ist es manchmal notwendig und nützlich, Daten zu sammeln.
a) Sammle Zeitungsausschnitte, deren Inhalt sich auf eine Sammlung von Daten bezieht.
b) Informiert euch, wie Daten gesammelt und erfasst werden.
c) Informiert euch, was beim Sammeln und Erfassen von Daten beachtet werden muss.
d) Veranschaulicht eure Ergebnisse in Form einer Wandzeitung.

9 Befrage die Mitschüler in deiner Klasse nach folgenden Daten.
(A) Körpergröße
(B) Lieblingsfarbe
a) Erfasse die Antworten in einer Urliste.
b) Ermittle den Modalwert und wenn möglich jeweils Minimum und Maximum.
c) Veranschauliche die Daten mithilfe verschiedener Diagramme.

9 Befrage die Mitschüler in deiner Klasse nach folgenden Daten.
(A) Anzahl Geschwister
(B) Lieblingsbuch
a) Wähle eine geeignete Form zum Erfassen der Daten.
b) Ermittle Modalwert, Minimum und Maximum der Stichproben.
c) Veranschauliche die Daten.

10 Sina notiert wöchentlich die Ausgaben für Nahrungsmittel in ihrer Familie. Für September und Oktober entstanden diese beiden Urlisten.
  Sep: 175,60 €; 198,75 €; 165,66 €; 188,25 €
  Okt: 170,66 €; 164,69 €; 163,25 €; 160,13 €
a) Berechne das arithmetische Mittel der wöchentlichen Ausgaben je Monat. Vergleiche.
b) Bestimme das Minimum und das Maximum der wöchentlichen Ausgaben für den gesamten Zeitraum.

Mathematik im Alltag

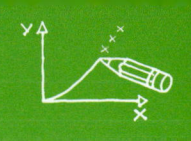

Thema: Wetterbeobachtung

Die Wetterberichte im Fernsehen, im Radio, in der Zeitung oder als App sind nicht mehr wegzudenken. Die Vorhersagen sind doch recht genau. Auch wenn das Wetter an dem Ort, an dem du dich gerade befindest, ab und zu anders ist. Wie entsteht so eine Wettervorhersage?

Rund 190 Mitgliedsstaaten der Weltorganisation für Meteorologie (WMO) liefern regelmäßig Informationen, die zu Lande, zu Wasser, in der Luft und im Weltraum erhoben wurden. Diese Daten werden gesammelt und hochleistungsfähige Supercomputer berechnen mittels Wettermodellen die Wettervorhersagen.

1 Auf dem Foto ist das Messfeld der Klimareferenzstation Potsdam zu sehen. Hier werden u. a. Lufttemperatur und Luftfeuchte, Luftdruck, Niederschlag, Windrichtung sowie Windgeschwindigkeit erfasst.
a) Wer betreibt Wetterstationen und sammelt die Daten?
b) Informiere dich, in welchen Maßeinheiten die genannten Daten erfasst werden.
c) Die Fotos zeigen die folgenden Messgeräte: ① Lamellenschutzhütte, ② 2D-Ultraschall-Anemometer, ③ Ombrometer, ④ Pyranometer und ⑤ Ceilometer. Informiere dich, welche Wetterdaten mit welchem Messgerät erhoben werden.

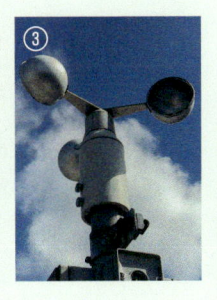

Messfelder sind ein kleiner Baustein im Rahmen der weltweiten Erfassung von Wetter- und Klimadaten.

Hobby-Meteorologen haben ein persönliches Interesse am Wettergeschehen vor Ort. Ihre Daten protokollieren sie in einem Wettertagebuch. So können sie das Wetter, auch mehrerer Jahre, miteinander vergleichen.

Wettertagebuch: Max Mustermann		Sachsendorf			300 m ü NN		
Datum (2020)	02.03.	03.03.	04.03.	05.03.	06.03.	07.03.	08.03.
Uhrzeit	11:00	11:00	11:00	11:00	11:00	11:00	11:00
Temperatur (in °C)	5,2	4,6	6,1	6,4	7,5	2,2	9,1
Luftfeuchtigkeit (in %)	81	76	35	76	53	35	68
Luftdruck (in hPa)	995,3	996,5	1009,2	1004,3	991,5	1011,4	1018,7
Regen (in l/m²)	0,0	0,7	0,0	0,0	0,0	0,0	0,7
Windrichtung	NW	NNW	SSO	S	SSO	NNW	SSO
Wind (in km/h)	1,8	0,8	1,6	5,9	5,1	2,6	4,1
Windstärke nach Beaufort-Skala	1 leichter Zug	0 Windstille	1 leichter Zug	2 leichte Brise	1 leichter Zug	1 leichter Zug	1 leichter Zug

Mathematik im Alltag

2 Schaue dir das Wettertagebuch einer Woche (Seite 195) an.
a) Welche Daten sind erfasst?
b) Veranschauliche, wie sich die Temperatur im Verlauf der Woche verändert, hat.
Lies aus dem Diagramm ab: Wann sank die Temperatur am stärksten?
Wann stieg sie am stärksten?
c) Stelle die Veränderung des Luftdrucks innerhalb der Woche in einem Säulendiagramm dar. Hebe den höchsten und den niedrigsten gemessenen Wert hervor.
d) Was bedeuten die Abkürzungen in der Zeile Windrichtung?
e) Welche Messinstrumente sind für das Sammeln der einzelnen Wetterdaten notwendig?

3 In Aufgabe 1 sind Messinstrumente genannt, die in der professionellen Wetterbeobachtung genutzt werden.
Welche Messinstrumente kannst du zuhause nutzen, um die Temperatur, den Regen und den Luftdruck zu messen.

4 Einen einfachen Windmesser kannst du dir selbst bauen.
Du benötigst die in der Materialliste aufgezählten Sachen.

Materialliste:
– Bastelkarton A4
– 1 Strohhalm
– 1 Holzstab
– 1 Tischtennisball
– 1 m Schnur
– Laminierfolie
– Klebstoff
– Vorlage – Messplatte

Werkzeuge/Hilfsmaterial:
– Lineal, Geodreieck
– Bleistift und Farben
– Schere, Nadel

Schritt 1 – Messplatte anfertigen

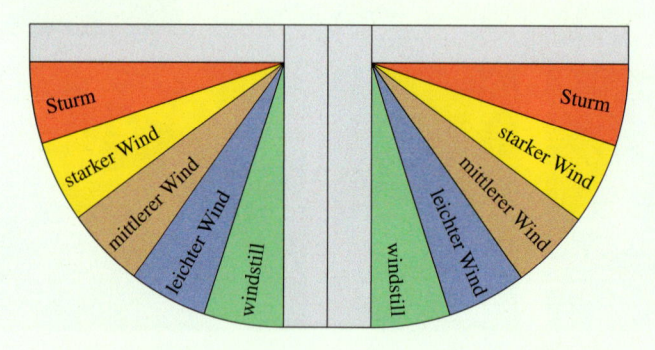

A Übertrage die Vorlage für die Messplatte auf Bastelkarton.
B Schneide die Messplatte aus.
C Falte die Messplatte in der Mitte so, dass auf beiden Seiten die Windstärke abgelesen werden kann.
D Laminiere die Messplatte, damit diese Wetterfest ist.

Schritt 2 – Windmesser zusammenbauen

A Der Tischtennisball wird mit einer Nadel (oder einem Nagel) durchstochen. Dann die Schnur durch beide Löcher fädeln und am unteren Ende mit einem stabilen Knoten sichern.
B In der Ecke, in der alle farbigen Messsegmente zusammentreffen, ein Loch in die Messplatte stechen. Das andere Ende der Schnur durch das Loch fädeln und verknoten.
C Den Trinkhalm an der Messplatte befestigen.
D Den Holzstab in die Erde stecken und den Trinkhalm darüber schieben. Die Messplatte gegen verrutschen sichern.

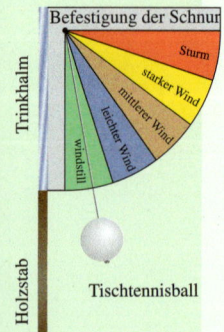

Schritt 3 – Windmesser testen
Teste, bevor du den Windmesser für die Wetterbeobachtung einsetzt,
– ob der Stab sicher in der Erde steckt und
– ob die Messplatte gegen Verrutschen gesichert ist.

Mathematik im Alltag

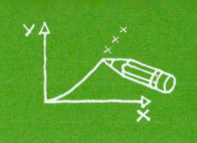

Die Beobachtungen am Himmel und in der Natur sind ebenfalls bedeutsam in der langjährigen Einschätzung des Wetters. Menschen, die auf das Wetter angewiesen sind, wie zum Beispiel Landwirte, können recht genau anhand von Wolken das Wetter in ihrem Umfeld vorhersagen. Neben der Wolkenbedeckung sind auch die Wolkenarten von Bedeutung.

5 Die Fotos zeigen Cumulus-, Cirrus- und Haufenwolken sowie Nimbostratus.
a) Informiere dich, welches Wetter mit diesen Wolken verbunden ist.
b) Wie schätzt du die Wolkenbedeckung auf den vier Fotos ein? Gib diese als Bruch an.
c) In Wetterkarten werden die unterschiedlichen Wolkenarten mit Symbolen dargestellt? Welches Symbol könnte für welche Wolkenart stehen?

d) Entwirf eigene Symbole für weitere Wolkenarten und Wettererscheinungen.

6 Erstelle ein Wettertagebuch über einen längeren Zeitraum, jedoch mindestens für eine Woche.
a) Bereite deine Wetterbeobachtung vor:
   A Lege einen Beobachtungsstandort und einen Zeitpunkt fest, an dem du jeden Tage die Werte ablesen und das Wetter beobachten kannst.
   B Besorge dir die notwendigen Messgeräte.
      – Thermometer zum Messen der Temperatur
      – Regenmesser zum Erfassen der Regenmengen
      – Windmesser zum Erfassen der Windstärke
   C Bestimme an deinem Beobachtungstandort die Himmelsrichtungen.
   D Lege für dein Wettertagebuch eine Tabelle an.

Wettertagebuch erstellt von		in			.... m ü NN		
Datum (2020)							
Wochentag							
Uhrzeit							
Temperatur (in °C)							
Luftdruck (in hPa)							
Regen (in l/m^2)							
Windrichtung							
Windstärke							
Wolkenart							

b) Beobachte das Wetter und trage die Daten in die Tabelle ein.
c) Werte deine Wetterbeobachtung aus.
   A Veranschauliche in Säulendiagrammen die Temperaturen, den Luftdruck und den Regen.
   B Ermittle Maximal- und Minimalwerte für Temperatur, Luftdruck und Regen.
   C Erstelle eine Präsentation zu den Ergebnissen deiner Wetterbeobachtung. Stelle dabei auch die landschaftliche Umgebung deines Beobachtungsstandortes dar.
d) Vergleicht eure gesammelten Daten innerhalb der Klassen. Benennt Ursachen für Unterschiede hinsichtlich der beobachteten Werte.

Mathematik im Alltag

Klar so weit?

→ Seite 182

Probleme mathematisch Lösen

1 Ein dreistelliger Code besteht aus diesen drei Bildsymbolen ✳ ♥ ◇.
a) Jedes Symbol kommt im Code nur einmal vor. Notiere alle möglichen Codes.
b) Jedes Symbol kann an jeder Stelle im Code auftreten. Wie viele verschiedene Codes sind möglich?

2 Jana zeichnet eine achsensymmetrische Figur. Diese Figur hat vier Ecken und zwei Symmetrieachsen. Skizziere mindestens eine solche Figur.

3 Marc kauft 10 Stifte zu je 1,99 €; 5 Hefte zu je 0,19 € und einen Zeichenblock zu 2,49 €. Er möchte mit den gesparten Münzen bezahlen. Gib eine Möglichkeit an, den Betrag nur mit Münzen zu bezahlen.

1 Ein vierstelliger Code besteht aus diesen vier Bildsymbolen ✎ ✂ 📖 ★.
a) Jedes Symbol tritt nur einmal auf. Notiere alle möglichen Codes.
b) Jedes Symbol kann mehrfach vorkommen. Wie viele verschiedene Codes sind möglich?

2 Karl stellt sich einen Quader vor. Er beschriftet die Ecken gegen den Uhrzeigersinn. Er beginnt unten an der vorderen linken Ecke mit A und endet in der hinteren linken Ecke oben mit H. Mit welchem Buchstaben beschriftet Karl die hintere rechte Ecke oben?

3 Ein Kästchen entspricht 1 dm². Ermittle den Flächeninhalt der farbigen Figur.

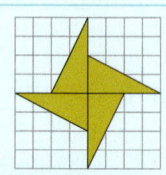

→ Seite 192

Zufallsexperimente

4 Nele wirft eine Münze und notiert
W Z Z Z W Z W W Z Z W Z W W Z
a) Gib die absoluten Häufigkeiten für Wappen (W) und Zahl (Z) an.
b) Notiere den Modalwert.

4 Norman wirft zwei Münzen und notiert die Anzahl Wappen.
2, 1, 2, 0, 1, 2, 1, 1, 1, 1, 2, 0, 1, 1, 0, 0
a) Notiere den Modalwert.
b) Gib Minimum und Maximum an.

5

Klassenarbeit Mathematik					
1	2	3	4	5	6
2	6	8	7	1	0

a) Gib den Modalwert an.
b) Ermittle das arithmetische Mittel.

5

Taschengeld					
1 €	2 €	5 €	10 €	15 €	20 €
IIII	HHT HHT	HHT	HHT IIII	IIII	II

a) Gib die absoluten Häufigkeiten an.
b) Ermittle das arithmetische Mittel.

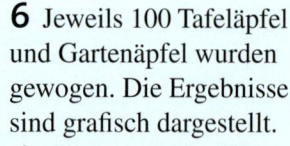

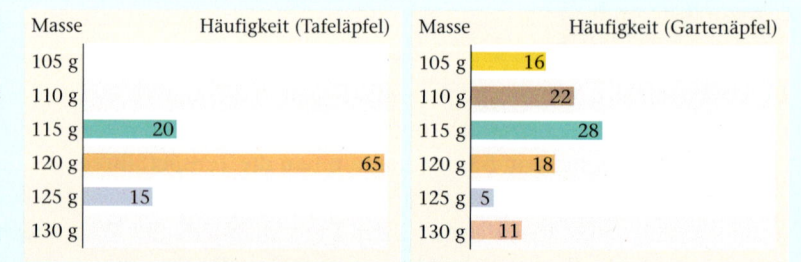

6 Jeweils 100 Tafeläpfel und Gartenäpfel wurden gewogen. Die Ergebnisse sind grafisch dargestellt.
a) Gib jeweils den Modalwert an.
b) Gib jeweils Minimum und Maximun an.
c) Ermittle die durchschnittliche Masse eines Tafelapfels und eines Gartenapfels.

Masse	Häufigkeit (Tafeläpfel)
105 g	
110 g	
115 g	20
120 g	65
125 g	15
130 g	

Masse	Häufigkeit (Gartenäpfel)
105 g	16
110 g	22
115 g	28
120 g	18
125 g	5
130 g	11

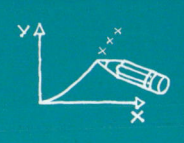

Vermischte Übungen

1 Turniere werden häufig nach dem System „Jeder gegen jeden" gespielt. Durch die Anzahl der Mannschaften ist auch die Anzahl der Spiele festgelegt.
a) Wie viele Spiele sind bei drei Mannschaften notwendig?
b) Für wie viele Spiele ist Zeit einzuplanen, wenn 4 (5, 6 oder 7) Mannschaften am Turnier teilnehmen?
c) Auch die Bundesliga im Fußball wird nach diesem System gespielt? Wie viele Spiele werden je Halbserie insgesamt ausgetragen?

2 Die Objekte bestehen jeweils aus gleich großen kleinen Würfeln. Die Fortsetzung ergibt sich nach einem bestimmten Schema.

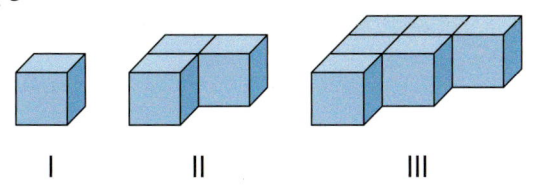

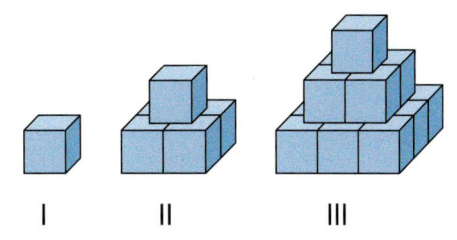

I   II   III

a) Aus wie vielen Würfeln besteht jedes Objekt?
b) Aus wie vielen Würfeln besteht das nächste Objekt?
c) Aus wie vielen Würfeln besteht das achte Objekt?
d) Beschreibe die Fortsetzung.

2 Die Objekte bestehen jeweils aus gleich großen kleinen Würfeln. Die Fortsetzung ergibt sich nach einem bestimmten Schema.

I   II   III

a) Aus wie vielen Würfeln besteht jedes Objekt?
b) Aus wie vielen Würfeln besteht das nächste Objekt?
c) Aus wie vielen Würfeln besteht das achte Objekt?
d) Beschreibe die Fortsetzung.

3 Bäume sollen angepflanzt werden. Im Plan stehen 760 Bäume pro Hektar.
a) Wie viele Bäume werden für 3,9 ha benötigt?
b) Im Forstrevier wurden 3 200 Bäume gekauft. Wie groß ist die zu bepflanzende Fläche?
c) Die rechteckige Waldfläche ist 250 m mal 1 300 m groß. Wie viele Bäume werden benötigt?

3 Eine Talsperre hat ein Fassungsvermögen von 14,3 Millionen Kubikmeter Wasser. Im Durchschnitt werden täglich 14 000 m³ entnommen.
a) Wie viele Tage könnte Wasser entnommen werden, wenn kein Wasser zufließt.
b) Ein Zehntel des entnommen Wasser fließt täglich wieder zu. Nach wie vielen Tagen, wäre die Talsperre leer?

4 Welche geometrischen Körper haben folgende Eigenschaft?
a) Er hat nur zwei Begrenzungsflächen.
b) Er hat sieben Ecken und zwölf Kanten.
c) Er hat genau zwei zueinander kongruente Begrenzungsflächen.
d) Er hat mindestens drei zueinander kongruente Begrenzungsflächen.
e) Er hat drei Begrenzungsflächen aber keine Ecken.
f) 👥 Überlegt euch selbst, wie ihr mithilfe von Eigenschaften Körper oder andere mathematische Objekte beschreiben könnt. Erratet gegenseitig das beschriebene Objekt.

Mathematik im Alltag Vermischte Übungen

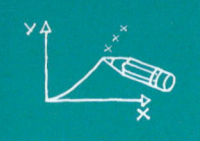

5 Die Goethe-Oberschule nimmt an einem Fußball-Turnier mit 4 Mannschaften teil. Jede Mannschaft spielt genau einmal gegen jede andere Mannschaft. Für einen Sieg erhält eine Mannschaft 3 Punkte, für ein Unentschieden 1 Punkt und für eine Niederlage 0 Punkte. Die Ergebnisse der Runden I und II sind:

I	Goethe-Schule gegen Lessingschule	2 : 0
	4. Mittelschule gegen 1. Mittelschule	2 : 2
II	Lessingschule gegen 4. Mittelschule	0 : 4
	Goethe-Schule gegen 1. Mittelschule	1 : 1

a) Wie viele Spiele müssen im Turnier insgesamt absolviert werden?
b) Wie viele Punkte haben die einzelnen Mannschaften nach der II. Runde?
c) Notiere die Spielansetzungen der III. Runde.
d) Welche Mannschaften können das Turnier noch gewinnen? Wie müssten die Spiele der III. Runde ausgehen?

6 Manja möchte die Möbel in ihrem Zimmer umstellen. Wie sie es sich vorstellt, kannst du der Abbildung entnehmen.

ERINNERE DICH
Maßstab 1 : 100 bedeutet:
1 cm im Bild entspricht 100 cm im Original.

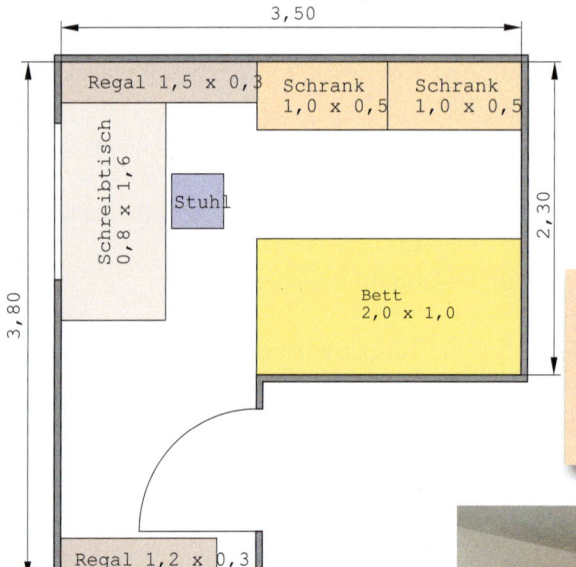

Wohnwand
mit pflegeleichter Kunststoffoberfläche in Buche-Nachbildung mit rot oder silber lieferbar.
Wohnwand gesamt B/H/T 262/191/32

In zwei Farben und Größen lieferbar
Breite auch 229 cm

NACHGEDACHT
In Werbeprospekten und Katalogen findest du Angebote zu Möbeln und anderen Einrichtungsgegenständen. Welche Informationen findest du über die Möbelstücke in den Prospekten und Katalogen? Worauf sollte man achten, wenn man Möbel auswählen möchte?

a) Worüber sollte Manja bei ihrem Vorschlag noch einmal nachdenken?
b) Wie viele Quadratmeter hat das Zimmer etwa?
c) Fertige einen maßstabsgerechten Grundriss des Zimmers an.
d) Zeichne maßstabsgerecht in den Grundriss ein, wie du die Möbel neu anordnen würdest.
e) Manjas Eltern überlegen, ob sie die in einem Katalog angebotene Wohnwand für ihr Zimmer kaufen. An welcher Stelle des Zimmers könnte die Wohnwand stehen? Begründe deinen Vorschlag.

200

Zusammenfassung

Probleme mathematisch lösen

→ Seite 182

Beim **systematischen Probieren** werden die Lösungen in **alphabetischer Reihenfolge** oder der **Größe nach geordnet** aufgeschrieben.

Alle dreistelligen Zahlen mit den Ziffern 2, 4, und 6.

2 4 6	4 2 6	6 2 4
2 6 4	4 6 2	6 4 2

Eine Aufgabe kann man durch **Zerlegen in Teilprobleme** lösen. Dann kann man die Teilaufgaben **auf Bekanntes zurückführen**.

Die Formel für den Flächeninhalt des Trapezes ist nicht bekannt, jedoch die für Rechteck und rechtwinkliges Dreieck.

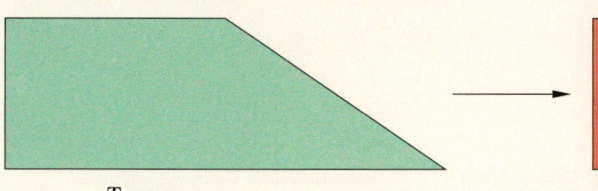

Trapez → Rechteck   Dreieck

$A_{Trapez} = A_{Rechteck} + A_{Dreieck}$
$A_{Trapez} = 375\ m^2 + 187{,}5\ m^2$
$A_{Trapez} = 562{,}5\ m^2$

$A_{Rechteck} = 25\ m \cdot 15\ m$
$A_{Rechteck} = 375\ m^2$
$A_{Dreieck} = \frac{1}{2} \cdot 25\ m \cdot 15\ m$
$A_{Dreieck} = 187{,}5\ m^2$

Zufallsexperimente

→ Seite 192

Einen Vorgang, der mehrere mögliche Ergebnisse hat und dessen Ergebnis vor Ablauf nicht vorhersagbar ist, nennt man **Zufallsversuch** oder **Zufallsexperiment**.

Die Beobachtungsergebnisse erfasst man in einer **Urliste** oder mithilfe einer **Strichliste**.

Urliste
v s b r g o v b v g v r s v b r

Strichliste

● (blau)	● (grün)	● (schwarz)	● (rot)	● (orange)	● (violett)
IIII	II	II	III	I	IIII

Am häufigsten wird die Farbe violett gewürfelt. Der **Modalwert** ist violett.

Den kleinsten erfassten Wert nennt man **Minimum** (Formelzeichen x_{min}).

Urliste: 12 14 25 11 13 14 21 10
Minimum: $x_{min} = 10$

Den größten erfassten Wert nennt man **Maximum** (Formelzeichen x_{max}).

Maximum: $x_{max} = 25$

Das **arithmetische Mittel** gibt einen Durchschnittswert an. Es ist die Summe aller Werte durch die Anzahl der Werte.

$\bar{x} = \frac{12 + 14 + 25 + 11 + 13 + 14 + 21 + 10}{8}$
$\bar{x} = \frac{120}{8}$
$\bar{x} = 15$

Mathematik im Alltag

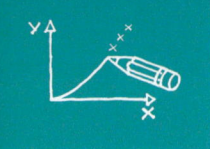

Teste dich!

5 Punkte

1 Ein Rechteck hat einen Flächeninhalt von 24 m².
a) Gib eine Möglichkeit für Länge und Breite des Rechtecks an.
b) Gib mindestens 4 weitere Möglichkeiten für Länge und Breite des Rechtecks an.

4 Punkte

2 Katrin, Petra und Jürgen möchten „Mensch ärgere dich nicht" spielen.
a) Sie spielen auf einem Spielplan mit vier Farben (gelb, rot, grün und blau). Wie viele verschiedene Möglichkeiten gibt es, die Farben der Spielfiguren zuzuordnen?
b) Sie spielen auf einem Spielplan mit sechs Farben. Wie viele verschiedene Möglichkeiten gibt es, die Farben der Spielfiguren zuzuordnen?

3 Punkte

3 Im Lager sind Schrauben einer Sorte in Kisten zu je 1 kg, 2 kg, 5 kg und 15 kg verpackt.
a) Ein Kunde möchte 8 kg Schrauben kaufen. Stelle die Menge mit möglichst wenigen Verpackungen zusammen.
b) Die Firma K bestellt 50 kg Schrauben. Notiere mehrere Möglichkeiten der Zusammenstellung.

6 Punkte

4 Ein Teil einer Parkanlage wird neugestaltet.
a) Berechne, für wie viel Quadratmeter Beetpflanzen (orange Fläche) zu kaufen sind.
b) Berechne für wie viel Quadratmeter Rasensamen (grüne Fläche) zu kaufen sind.

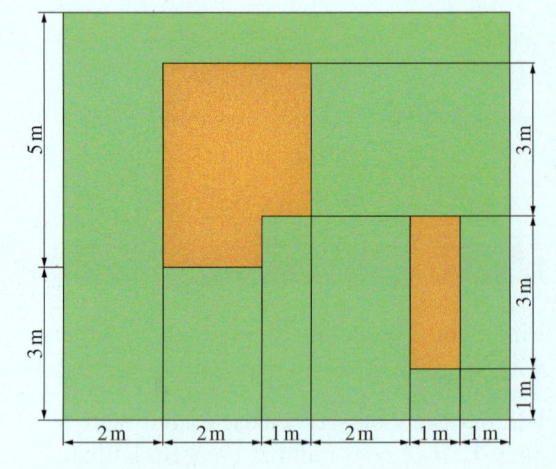

4 Punkte

5 Die folgende Strichliste entstand während einer Verkehrszählung.

Linksabbieger	Geradeausfahrer	Rechtsabbieger	Fußgänger
IIII IIII IIII III	IIII IIII IIII IIII IIII IIII IIII IIII IIII III	IIII IIII IIII IIII IIII	IIII IIII IIII IIII IIII

a) Bestimme die absoluten Häufigkeiten der Ergebnisse.
b) Bestimme den Anteil der Geradeausfahrer an den beobachteten Verkehrsteilnehmern.
c) Gib den Modalwert an.
d) Veranschauliche die Ergebnisse der Verkehrszählung in einem Säulendiagramm.

4 Punkte

6 Ben befragt seine Mitschüler nach ihrer Körpergröße. Diese Urliste entsteht.
158 cm; 148 cm; 149 cm; 155 cm; 145 cm; 153 cm; 153 cm; 163 cm
a) Gib das Minimum der Stichprobe an.
b) Gib das Maximum der Stichprobe an.
c) Ermittle den Modalwert der Stichprobe.
d) Berechne das arithmetische Mittel der Stichprobe.

Gold: 24–26 Punkte, Silber: 20–23 Punkte, Bronze: 16–19 Punkte   Lösungen ab Seite 204

Anhang

Gebrochene Zahlen

Noch fit?

Seite 8

1 Der Nenner entspricht der Anzahl aller Teile, der Zähler der Anzahl der farbigen Teile.
   a) $\frac{1}{2}$ b) $\frac{3}{8}$ c) $\frac{1}{4}$ d) $\frac{2}{8}$ e) $\frac{2}{8}$

2 a) $\frac{3}{4} + \frac{1}{4} = 1$ b) $\frac{4}{7} + \frac{3}{7} = 1$
   c) $\frac{2}{9} + \frac{7}{9} = 1$ d) $\frac{10}{11} + \frac{1}{11} = 1$

2 a) $4\frac{3}{4} + \frac{1}{4} = 5$ b) $1\frac{4}{9} + 3\frac{5}{9} = 5$
   c) $3\frac{2}{7} + 1\frac{5}{7} = 5$ d) $\frac{5}{6} + 4\frac{1}{6} = 5$

3 a) $1\frac{1}{2}$ m = **150** cm   b) $3\frac{3}{4}$ m = **375** cm
   c) $3\frac{1}{5}$ kg = **3200** g   d) $5\frac{1}{10}$ kg = **5100** g

3 a) $1\frac{1}{2}$ h = **90** min   b) $5\frac{2}{5}$ km = **5400** m
   c) $12\frac{3}{4}$ g = **12 750** mg   d) $10\frac{1}{4}$ l = **10 250** ml

4 a) 20   b) 24   c) 42
   d) 6   e) 10   f) 1

4 a) 30   b) 80   c) 60
   d) 3   e) 20   f) 1

5 a) Ⓐ = 6, Ⓑ = 19, Ⓒ = 35, Ⓓ = 43, Ⓔ = 56, Ⓕ = 61

5 a) Ⓐ = 8 000, Ⓑ = 14 500, Ⓒ = 22 500, Ⓓ = 26 500,
   Ⓔ = 33 000, Ⓕ = 35 500

b) 1050, 1200, 1450, 1500, 1850 (Zahlenstrahl 1000–2000)

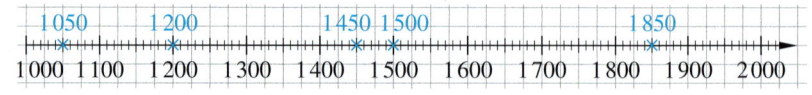

b) 5, 8, 19, 22, 34, 39 (Zahlenstrahl 0–40)

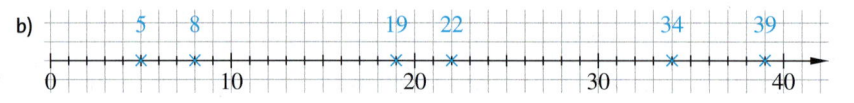

6 a) 45   b) 175   c) 72
   d) 4   e) 6   f) 50

6 a) 500   b) 360   c) 168
   d) 5   e) 4   f) 3

7 a) Es sind schon 40 Minuten gespielt worden und noch 20 Minuten zu spielen.
   b) Der Kampf dauert maximal 36 Minuten. Es wurden 2 Runden geboxt.
   c) Der Gewichtheber hebt 123 kg.
   d) Die Radfahrer haben schon 49 km geschafft, es sind noch 147 km zu fahren.
   e) individuell

Klar so weit?

Seite 32/33

1

H	Z	E	z	h	t	Dezimalbruch
		5	2	8		5,28
1	1	7	8	0	9	**117,809**
		0	4	7		**0,47**
2	7	0	5			270,5
	8	1	9	2	7	81,927
1	0	0	0	0	1	100,001

1

H	Z	E	z	h	t	Dezimalbruch	Bruch
	2	6	0	8		26,08	$26\frac{8}{100}$
1	0	0	9	5		100,95	$100\frac{95}{100}$
8	4	0	9	0	1	840,901	$840\frac{901}{1000}$
		0	2	4		0,24	$\frac{24}{100}$
		0	0	3	5	0,035	$\frac{35}{1000}$

2 a) 7,3; 7,6; 7,9; 8,3
   b) 7,2; 7,4; 7,8; 8,0; 8,2

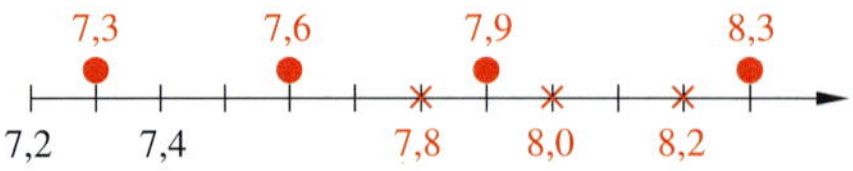

2 a) 9,74; 9,77; 9,80; 9,82
   b) 9,71; 9,73; 9,75; 9,79; 9,81

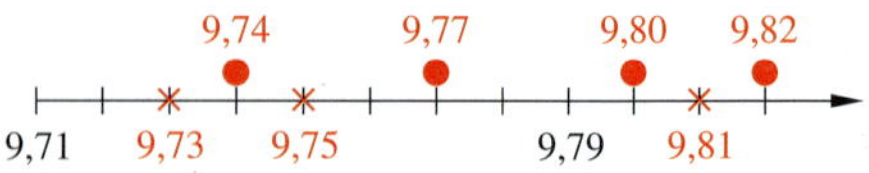

3 a) 0,5 > 0,1   b) 0,2 < 0,25;   c) 0,6 = 0,6

3 a) 0,8 < 0,9   b) 2,5 > 0,25   c) 0,13 = 0,13

4 a) $\frac{1 \cdot 2}{3 \cdot 2} = \frac{2}{6}$
   b) $\frac{1 \cdot 3}{4 \cdot 3} = \frac{3}{12}$
   c) $\frac{1 \cdot 4}{2 \cdot 4} = \frac{4}{8}$
   d) $\frac{1 \cdot 3}{2 \cdot 3} = \frac{3}{6}$

4 a) $\frac{6}{24}, \frac{3}{12}, \frac{2}{8}, \frac{1}{4}$ (grün) $\frac{18}{24}, \frac{9}{12}, \frac{6}{8}, \frac{3}{4}$ (rot)
   b) $\frac{12}{16}, \frac{3}{4}, \frac{6}{8}$ (grün) $\frac{4}{16}, \frac{2}{8}, \frac{1}{4}$ (rot)
   c) $\frac{4}{12}, \frac{2}{6}, \frac{1}{3}$ (grün) $\frac{8}{12}, \frac{4}{6}, \frac{2}{3}$ (rot)
   d) $\frac{6}{18}, \frac{3}{9}, \frac{1}{3}$ (grün) $\frac{12}{18}, \frac{6}{9}, \frac{2}{3}$ (rot)

Lösungen   Gebrochene Zahlen

Seite 32/33

5 a) $\frac{1}{2}=\frac{15}{30}$; $\frac{4}{5}=\frac{24}{30}$; $\frac{2}{3}=\frac{20}{30}$; $\frac{5}{6}=\frac{25}{30}$; $\frac{14}{15}=\frac{28}{30}$

b) $\frac{1}{4}=\frac{6}{24}$; $\frac{1}{6}=\frac{4}{24}$; $\frac{2}{3}=\frac{16}{24}$; $\frac{3}{8}=\frac{9}{24}$; $\frac{5}{6}=\frac{20}{24}$; $\frac{7}{12}=\frac{14}{24}$

c) $\frac{1}{2}=\frac{18}{36}$; $\frac{1}{3}=\frac{12}{36}$; $\frac{1}{4}=\frac{9}{36}$; $\frac{1}{6}=\frac{6}{36}$; $\frac{1}{12}=\frac{3}{36}$

d) $\frac{3}{4}=\frac{54}{72}$; $\frac{2}{3}=\frac{48}{72}$; $\frac{5}{6}=\frac{60}{72}$; $\frac{3}{8}=\frac{27}{72}$; $\frac{4}{9}=\frac{32}{72}$; $\frac{11}{18}=\frac{44}{72}$

6 a) $\frac{1}{3}$ b) $\frac{2}{3}$ c) $\frac{2}{3}$

d) $\frac{9}{8}$ e) $\frac{1}{6}$ f) nicht möglich

7 a) $\frac{14}{21}>\frac{12}{21}$ b) $\frac{45}{36}>\frac{44}{36}$ c) $\frac{15}{25}>\frac{7}{25}$

d) $\frac{21}{24}<\frac{22}{24}$ e) $\frac{15}{42}<\frac{20}{42}$ f) $\frac{32}{60}>\frac{27}{60}$

8 a) $\frac{4}{12}=\frac{3}{9}$ b) $\frac{2}{5}=\frac{18}{45}$ c) $\frac{7}{12}<\frac{5}{6}$

d) $\frac{12}{14}<\frac{40}{35}$ e) $\frac{27}{18}=\frac{6}{4}$ f) $\frac{44}{48}>\frac{30}{36}$

9 a) $\frac{5}{10}$; 0,5 b) $\frac{4}{10}$; 0,4 c) $\frac{24}{100}$; 0,24

10 a) $\frac{2}{10}=\frac{1}{5}$ b) $\frac{4}{10}=\frac{2}{5}$ c) $\frac{15}{100}=\frac{3}{20}$

d) $\frac{4}{100}=\frac{1}{25}$ e) $\frac{19}{100}$ f) $\frac{154}{100}=1\frac{27}{50}$

11 a) $0,\overline{6}$ b) $0,\overline{4}$ c) 0,125 d) $0,\overline{45}$

12 a) 5,**87** > 5,**78** b) 2,9**3** > 2,9**1**
c) 0,6**4** > 0,6**34** d) 0,6**9** > 0,6**09**
Es wurde jeweils stellenweise verglichen.

13 a) z. B. 1,2; 1,8; 1,9
b) z. B. 3,81; 3,82; 3,89
c) z. B. 1,521; 1,524; 1,528
d) z. B. 3,891; 3,802; 3,893

14
Zahl	Rundungsstelle	gerundete Zahl
5,58	Zehntel	**5,6**
6,789	**Hundertstel**	6,79
3,6 bis 4,4	Zehntel	3,4

5 a) $\frac{3}{11}=\frac{9}{33}$ b) $\frac{4}{7}=\frac{24}{42}$

c) $\frac{5}{8}=\frac{20}{32}$ d) $\frac{4}{13}=\frac{16}{52}$

e) $\frac{3}{7}=\frac{45}{105}$ f) $\frac{3}{4}=\frac{99}{132}$

g) $\frac{1}{3}=\frac{8}{24}$ h) $\frac{2}{5}=\frac{50}{125}$

6 a) $\frac{1}{20}$ b) $\frac{2}{27}$ c) $\frac{1}{3}$

d) $\frac{2}{15}$ e) nicht möglich f) $\frac{1}{5}$

7 a) $\frac{3}{11}<\frac{3}{5}$ b) $\frac{85}{5}=17$ c) $\frac{57}{35}>\frac{11}{7}$

d) $\frac{5}{12}<\frac{13}{18}$ e) $\frac{12}{14}>\frac{30}{70}$ f) $\frac{7}{20}<\frac{3}{8}$

8 a) $\frac{3}{10}<\frac{7}{10}<\frac{4}{5}$ b) $\frac{2}{3}<\frac{5}{6}<\frac{7}{6}$

c) $\frac{1}{12}<\frac{1}{6}<\frac{1}{3}<\frac{7}{12}<\frac{3}{4}<\frac{5}{6}<\frac{11}{12}<\frac{7}{6}<\frac{4}{3}<\frac{3}{2}<\frac{5}{3}$

9 a) 3,75 b) 5,75 c) 0,45

$5\frac{3}{4}$ ist die größte der drei Zahlen.

10 a) $\frac{1}{4}$ b) $\frac{13}{20}$ c) $\frac{33}{100}$

d) $\frac{251}{500}$ e) $\frac{251}{200}$ f) $\frac{3}{2}=1\frac{1}{2}$

11 a) $0,\overline{3}$ b) $0,\overline{846153}$ c) $0,02\overline{27}$ d) $0,\overline{259}$

12 a) 2,341 < 2,347 < 2,417 < 2,437 < 2,440, stellenweise verglichen
b) 0,056 < 0,24 < 0,365 < 0,47 < 0,5, stellenweise verglichen

13 a) z. B. 3,611; 3 612; 3,6129
b) z. B. 7,91; 7,912; 7,918
c) z. B. 5,0012; 5,0014; 5,0016
d) z. B. 4,121; 4,122; 4,126

14 a) 2 g; 1,9 g; 1,87 g; 1,866 g
b) 6 g; 6,0 g; 6,01 g; 6,005 g;
c) 1 km; 1,0 km; 0,99 km; 0,992 km
d) 0 t; 0,1 t; 0,07 t; 0,066 t

Teste dich!

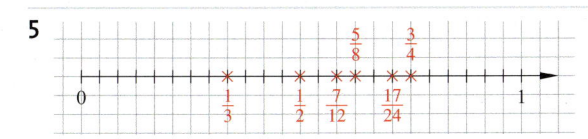

Seite 38

1 a) $\frac{1}{8}(=0,125)<0,25<0,5<0,75<\frac{4}{5}(=0,8)$

b) $0,3<0,\overline{30}<0,33<0,3304<0,333<0,\overline{3}$

2 a) $\frac{15}{18}$; $\frac{35}{42}$; $\frac{60}{72}$ b) $\frac{9}{33}$; $\frac{21}{77}$; $\frac{36}{132}$ c) $4\frac{21}{30}$; $4\frac{49}{70}$; $4\frac{84}{120}$

3 a) $\frac{2}{3}$ b) $\frac{3}{4}$ c) $\frac{1}{4}$ d) $3\frac{2}{3}$ e) $\frac{2}{7}$ f) $12\frac{7}{12}$

4 a) $\frac{1}{5}=\frac{2}{10}$ b) $\frac{5}{15}=\frac{1}{3}$ c) $\frac{18}{24}=\frac{3}{4}$ d) $\frac{2}{5}=\frac{12}{30}$ e) $\frac{2}{3}=\frac{16}{24}$ f) $\frac{3}{4}=\frac{21}{28}$

g) $\frac{49}{63}=\frac{7}{9}$ h) $\frac{132}{180}=\frac{11}{15}$ i) $\frac{2}{9}=\frac{18}{81}$ j) $\frac{7}{8}=\frac{49}{56}$ k) $\frac{17}{5}=3\frac{2}{5}$ l) $\frac{14}{8}=1\frac{3}{4}$

5 Zahlenstrahl mit 0, $\frac{1}{3}$, $\frac{1}{2}$, $\frac{7}{12}$, $\frac{5}{8}$, $\frac{17}{24}$, $\frac{3}{4}$, 1

205

Lösungen   Mit gebrochenen Zahlen rechnen

Seite 38

6 a) Die größte Zahl ist 4.

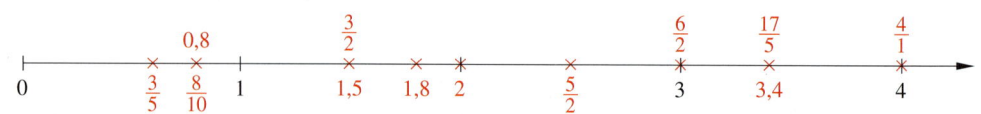

Zahlenstrahl: 0 — $\frac{3}{5}$ — $\frac{8}{10}$ = 0,8 — 1 — $\frac{3}{2}$ = 1,5 — 1,8 — 2 — $\frac{5}{2}$ — 3 — $\frac{6}{2}$ — 3,4 — $\frac{17}{5}$ — 4 — $\frac{4}{1}$

b) $\frac{8}{10}$ und 0,8; 1,5 und $\frac{3}{2}$; $\frac{6}{2}$ und 3; 3,4 und $\frac{17}{5}$; $\frac{4}{1}$ und 4

7 a) $\frac{9}{8} > \frac{8}{8} > \frac{7}{8} > \frac{6}{8} > \frac{5}{8} > \frac{4}{8} > \frac{3}{8} > \frac{2}{8} > \frac{1}{8}$ **b)** $\frac{47}{48} > \frac{23}{24} > \frac{11}{12} > \frac{7}{8} > \frac{5}{6} > \frac{3}{4} > \frac{2}{3} > \frac{1}{2}$

8 a) Madrid: 3,2 Mio.;   Hamburg: 1,8 Mio.;   Rom: 2,6 Mio.
b) Istanbul: 13,8 Mio.;   London: 7,9 Mio.;   Delhi: 11,0 Mio.
c) Hongkong: 7,0 Mio.;   Peking: 15,8 Mio.;   Essen: 0,6 Mio.

9 a) 5,1 t   **b)** 9,9 t   **c)** 17 Säcke
d) 2 Fahrten reichen aus, z. B.
1. Fahrt: 3 m³ Sand (1 700 kg) + 1,95 t Kalksandsteine + 29 Zementsäcke (1 450 kg) + Leergewicht (2 400 kg) = 7,5 t
2. Fahrt: 3 Eisenträger (4 250 kg) + 11 Zementsäcke (550 kg) + Leergewicht (2 400 kg) = 7,2 t

Mit gebrochenen Zahlen rechnen

Seite 40

Noch fit?

1

Tausender			Einer		
HT	ZT	T	H	Z	E
				5	6
		4	9	8	3
1	1	0	9	7	6
	7	0	0	0	4

1

Millionen			Tausender			Einer		
HM	ZM	EM	HT	ZT	T	H	Z	E
							6	4
						7	0	9
					1	8	0	4
				3	3	7	8	9
			6	9	8	8	7	3
			1	1	0	0	0	5
		6	2	1	3	6	8	7
4	0	6	8	8	3	7	2	9

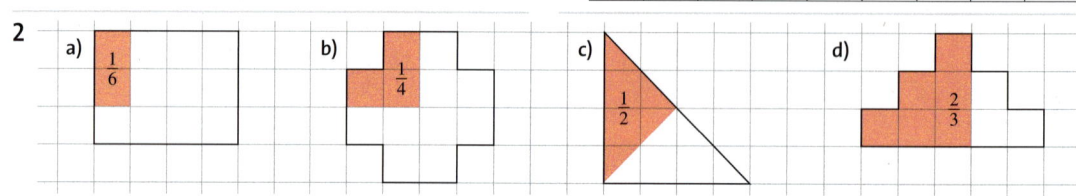

2 a) $\frac{1}{6}$ **b)** $\frac{1}{4}$ **c)** $\frac{1}{2}$ **d)** $\frac{2}{3}$

Es gibt jeweils mehrere Möglichkeiten. Diese sind die günstigsten.

3 a) $\frac{1}{4}$ m = **25** cm   **b)** $\frac{3}{5}$ kg = **600** g   **c)** $\frac{3}{4}$ h = **45** min   **3 a)** $\frac{3}{4}$ m = **75** cm   **b)** $\frac{7}{8}$ kg = **875** g   **c)** $\frac{5}{12}$ h = **25** min

4 a) $\frac{8}{40} : \frac{4}{4} = \frac{2}{10}$ **b)** $\frac{49}{70} : \frac{7}{7} = \frac{7}{10}$ **4 a)** $\frac{14}{200} : \frac{2}{2} = \frac{7}{100}$ **b)** $\frac{51}{300} : \frac{3}{3} = \frac{17}{100}$
c) $\frac{18}{60} : \frac{6}{6} = \frac{3}{10}$ **d)** $\frac{30}{50} : \frac{5}{5} = \frac{6}{10}$ **c)** $\frac{125}{500} : \frac{5}{5} = \frac{25}{100}$ **d)** $\frac{210}{375} : \frac{375}{375} \cdot \frac{100}{100} = \frac{56}{100}$

5 a) $\frac{1}{2} \cdot \frac{5}{5} = \frac{5}{10}$; $\frac{1}{5} \cdot \frac{2}{2} = \frac{2}{10}$; $\frac{3}{5} \cdot \frac{2}{2} = \frac{6}{10}$ **5 a)** $\frac{4}{10}$; mit 2   **b)** $\frac{5}{10}$; mit 5   **c)** $\frac{75}{100}$; mit 25
b) $\frac{1}{10} \cdot \frac{10}{10} = \frac{10}{100}$; $\frac{1}{20} \cdot \frac{5}{5} = \frac{5}{100}$; $\frac{1}{25} \cdot \frac{4}{4} = \frac{4}{100}$ **d)** $\frac{24}{100}$; mit 4   **e)** $\frac{2}{10}$; mit $\frac{1}{2}$ **f)** $\frac{8}{100}$; mit $\frac{1}{2}$

6 a) $\frac{3}{10} < \frac{4}{10}$ **b)** $\frac{10}{12} > \frac{10}{15}$ **c)** $\frac{5}{10} = \frac{1}{2}$ **6 a)** $\frac{4}{10} > \frac{39}{100}$ **b)** $\frac{4}{25} = \frac{16}{100}$ **c)** $\frac{1\,000}{10\,000} > \frac{1\,000}{20\,000}$

7 a) 4 2<u>9</u>0; 4 <u>3</u>00; 4 000
b) 25 <u>5</u>00; 25 <u>5</u>00; 25 000
c) 300 <u>5</u>00; 300 <u>5</u>00; 301 000
d) 4 5<u>1</u>0; 4 <u>5</u>00; 5 000

7 a) 2 5<u>7</u>0 000; 2 <u>6</u>00 000; <u>3</u> 000 000
b) 23 <u>4</u>00 000; 23 <u>4</u>00 000; 23 000 000
c) 9 <u>9</u>00 000; 9 <u>9</u>00 000; 10 000 000

206

Klar so weit?   Seite 60/61

1 a) $\frac{3}{5}$ b) $\frac{6}{8} = \frac{3}{4}$ c) $\frac{8}{12} = \frac{2}{3}$
   d) $\frac{7}{7} = 1$ e) $\frac{3}{9} = \frac{1}{3}$ f) $\frac{2}{11}$

1 a) $\frac{2}{5} + \frac{4}{5} \neq \frac{3}{8} + \frac{5}{8}$ b) $\frac{7}{3} - \frac{5}{3} = \frac{11}{6} - \frac{7}{6}$
   c) $\frac{9}{30} + \frac{6}{30} = \frac{11}{28} + \frac{3}{28}$ d) $\frac{5}{4} + \frac{1}{4} \neq \frac{5}{6} - \frac{1}{6}$

2 a) $\frac{5}{6}$ b) $\frac{9}{10}$ c) $1\frac{2}{21}$
   d) $1\frac{13}{28}$ e) $\frac{1}{20}$ f) $\frac{1}{6}$

2 a) $2\frac{41}{56}$ b) $\frac{31}{35}$ c) $1\frac{5}{16}$
   d) $\frac{59}{65}$ e) $1\frac{13}{50}$ f) $1\frac{7}{36}$

3 a) $1\frac{2}{3}$ b) 2

3 a) $1\frac{1}{3}$ b) $\frac{7}{10}$

4 a) $1\frac{3}{7}$ b) $\frac{9}{10}$ c) 14
   d) 10   e) 18   f) $13\frac{1}{3}$

4 a) 1   b) $1\frac{1}{2}$ c) $\frac{22}{25}$
   d) $2\frac{1}{7}$ e) $2\frac{3}{4}$ f) $4\frac{7}{17}$

5 a) $\frac{1 \cdot 1}{5 \cdot 3} = \frac{1}{15}$ b) $\frac{2 \cdot 1}{1 \cdot 5} = \frac{2}{5}$
   c) $\frac{11 \cdot 1}{4 \cdot 13} = \frac{11}{52}$ d) $\frac{1 \cdot 2}{1 \cdot 4} = \frac{1}{2}$
   e) $\frac{4 \cdot 1}{17 \cdot 3} = \frac{4}{51}$ f) $\frac{1 \cdot 1}{2 \cdot 2} = \frac{1}{4}$

5 a) $\frac{5}{2} \cdot \frac{13}{4} = 8\frac{1}{8}$ b) $\frac{17}{5} \cdot \frac{25}{6} = 14\frac{1}{6}$
   c) $\frac{29}{7} \cdot \frac{41}{8} = 21\frac{13}{56}$ d) $\frac{17}{3} \cdot \frac{11}{4} = 15\frac{7}{12}$
   e) $\frac{23}{3} \cdot \frac{21}{5} = 32\frac{1}{5}$ f) $\frac{17}{2} \cdot \frac{28}{3} = 79\frac{1}{3}$

6 a) $\frac{3}{35}$ b) $4\frac{1}{2}$ c) $\frac{1}{12}$
   d) 30   e) $\frac{2}{25}$ f) $\frac{8}{3} : 2 = \frac{4}{3} = 1\frac{1}{3}$

6 a) $\frac{1}{2} : \frac{5}{4} = \frac{2}{5}$ b) $\frac{2}{3} : \frac{11}{6} = \frac{4}{11}$ c) $\frac{3}{5} : \frac{9}{4} = \frac{4}{15}$
   d) $\frac{5}{7} : \frac{15}{2} = \frac{2}{21}$ e) $\frac{5}{8} : \frac{15}{4} = \frac{1}{6}$ f) $\frac{2}{9} : \frac{4}{3} = \frac{1}{6}$

7 a) 2; P: $2 \cdot \frac{3}{8} = \frac{3}{4}$ b) $\frac{18}{35}$; P: $\frac{18}{35} \cdot \frac{5}{9} = \frac{2}{7}$
   c) $\frac{15}{7} = 2\frac{1}{7}$; P: $\frac{15}{7} \cdot \frac{3}{10} = \frac{9}{14}$
   d) 7; P: $7 \cdot \frac{1}{8} = \frac{7}{8}$ e) $1\frac{1}{2}$; P: $\frac{3}{2} \cdot \frac{2}{5} = \frac{3}{5}$
   f) $1\frac{1}{21}$; P: $\frac{22}{21} \cdot \frac{6}{11} = \frac{4}{7}$

7 a) $\frac{5}{6} \cdot \frac{3}{4} = 1\frac{1}{9}$; P: $1\frac{1}{9} \cdot \frac{3}{4} = \frac{5}{6}$
   b) $\frac{5}{8} : \frac{3}{6} = \frac{5}{6}$; P: $\frac{5}{8} \cdot \frac{5}{6} = \frac{3}{4}$
   c) $\frac{7}{12} : \frac{14}{15} = \frac{5}{8}$; P: $\frac{7}{12} \cdot \frac{5}{8} = \frac{14}{15}$
   d) $1\frac{1}{6} : \frac{7}{18} = 3$; P: $3 \cdot \frac{7}{18} = 1\frac{1}{6}$

8 a) 6,76   b) 10,545   c) 6,08
   d) 6,58   e) 1,307   f) 3,848
   g) 823,23

8 a) 924,677   b) 10,8101   c) 20,557
   d) 8,509   e) 2,2704   f) 47,292
   g) 9,6289

9 a) 5,4   b) 47,8   c) 41,7   d) 67,2
   e) 134,4   f) 148,7   g) 5,1   h) 29,2

9 a) 5,2   b) 226,6   c) 5,3   d) 62,38
   e) $0{,}647 + \mathbf{1}{,}258 + 3{,}\mathbf{4}00 + 7{,}01\mathbf{2} = 12{,}317$

10 a) $\frac{6}{12}$ wird gekürzt auf $\frac{3}{6}$ und auf $\frac{1}{2}$.
   b) $\frac{7}{4}$ wird als gemischte Zahl $1\frac{3}{4}$ geschrieben.

10 a) $\frac{1}{3}$ wird erweitert auf $\frac{2}{6}$ und auf $\frac{4}{12}$.
   b) $\frac{6}{3}$ werden als natürliche Zahl 2 geschrieben.

11 a) $\frac{1}{3}$ b) $\frac{1}{5}$ c) nicht möglich   d) $\frac{3}{11}$
   e) $\frac{3}{10}$ f) nicht möglich   g) $\frac{3}{11}$ h) $\frac{1}{4}$

11 a) $\frac{1}{12}$ b) $\frac{5}{6}$ c) $\frac{2}{5}$ d) $\frac{5}{2} = 2\frac{1}{2}$
   e) $\frac{11}{3} = 3\frac{2}{3}$ f) $1\frac{3}{10}$ g) $\frac{11}{30}$ h) $\frac{13}{4} = 3\frac{1}{4}$

12 a) 0,3   b) 0,7   c) 0,37   d) 0,831
   e) 3,875   f) 0,75   g) 2,5   h) 1,6

12 a) $0{,}0\overline{8}$ b) $0{,}\overline{5}$ c) 0,125   d) $0{,}1\overline{2}$
   e) $2{,}41\overline{6}$ f) $1{,}\overline{81}$ g) $12{,}\overline{6}$ h) $5{,}08\overline{3}$

13 a) 4l;   b) 8l
   c) 12l   d) 3m
   e) 6m   f) 5m
   individuelle Rechengeschichte z. B. zu a)
   Der Inhalt einer 2-l-Flasche wird auf Gläser mit je 0,5l Fassungsvermögen verteilt, dabei können insgesamt vier Gläser gefüllt werden.

13 a) 101,35; P: $101{,}35 \cdot 8 = 810{,}8$
   b) 104,65; P: $104{,}65 \cdot 6 = 627{,}9$
   c) 78,94; P: $78{,}94 \cdot 15 = 1184{,}1$
   d) 12,125; P: $12{,}125 \cdot 18 = 218{,}25$
   e) 55,55; P: $55{,}55 \cdot 12 = 666{,}6$
   f) 16,425; P: $16{,}425 \cdot 28 = 459{,}9$
   g) 0,9006; P: $0{,}9006 \cdot 0{,}5 = 0{,}4503$
   h) 20,006; P: $20{,}006 \cdot 2{,}1 = 42{,}0126$

14 a) 22,59; P: $22{,}59 \cdot 4 = 90{,}36$
   b) 0,269; P: $0{,}269 \cdot 9 = 2{,}421$
   c) 1,5; P: $1{,}5 \cdot 5 = 7{,}50$
   d) 0,052; P: $0{,}052 \cdot 7 = 0{,}364$
   e) 0,0055; P: $0{,}0055 \cdot 8 = 0{,}044$
   f) 1,002; P: $1{,}002 \cdot 9 = 9{,}018$
   g) 549,6; P: $549{,}6 \cdot 0{,}4 = 219{,}84$
   h) 1,006; P: $1{,}006 \cdot 0{,}17 = 0{,}17102$

14 Ü: $30 : 5 = 6$
Die andere Seite ist 6,25 m lang.

Lösungen Zuordnungen im Alltag

Seite 70 — Teste dich!

1 a) Pyramide: $\frac{2}{3}$; $\frac{1}{6}$; $\frac{1}{5}$; $\frac{1}{2}$ → $\frac{5}{6}$; $\frac{11}{30}$; $\frac{7}{10}$ → $\frac{6}{5}$; $\frac{16}{15}$ → $\frac{34}{15}$

b) Pyramide: $1\frac{1}{2}$; $2\frac{1}{4}$; $2\frac{3}{4}$; $3\frac{1}{8}$ → $3\frac{3}{4}$; 5; $5\frac{7}{8}$ → $8\frac{3}{4}$; $10\frac{7}{8}$ → $19\frac{5}{8}$

2 a) $2\frac{7}{8}$ b) $\frac{2}{5}$ c) $\frac{2}{5}$ d) $9\frac{13}{18}$

3 a) $\frac{1}{6}$ b) $\frac{4}{45}$ c) $\frac{1}{4}$
   d) $\frac{1}{6}$ e) $\frac{27}{40}$ f) $\frac{11}{5} \cdot \frac{25}{9} = 6\frac{1}{9}$

4 a) $7\frac{1}{2}$; P: $\frac{15}{2} \cdot \frac{2}{3} = 5$ b) $\frac{9}{10}$; P: $\frac{9}{10} \cdot \frac{2}{3} = \frac{3}{5}$ c) $\frac{1}{4}$; P: $\frac{1}{4} \cdot 2 = \frac{1}{2}$
   d) $\frac{9}{10}$; P: $\frac{9}{10} \cdot \frac{5}{6} = \frac{3}{4}$ e) $1\frac{1}{2}$; P: $\frac{3}{2} \cdot \frac{4}{27} = \frac{2}{9}$ f) $\frac{1}{2}$; P: $\frac{1}{2} \cdot 3 = \frac{3}{2} = 1\frac{1}{2}$

5 $\frac{1}{5} + \frac{3}{4} + 40\% = 20\% + 75\% + 40\% = 135\%$, dann hätte die Klasse mehr als 100% Schüler.

6 a) 359,9 km   b) 14,7 km

7 a) 3 140   b) 67,36   c) 3,375   d) 11,21

8 a) 1,57   b) 0,8   c) 32,4   d) 6,12

9 a) 585 kg : 12,5 kg = 46,8   Er erhält 46 Säcke und es bleiben 10 kg Kartoffeln übrig.
   b) 10 kg : 1,125 kg = 8   Er füllt acht kleine Säcke.

Zuordnungen im Alltag

Seite 72 — Noch fit?

1 a) 10; 12; 14; 16; 18; 20   b) 35; 42; 49; 56; 63; 70
   c) 19; 23; 27; 31; 35; 39   d) 81; 75; 69; 63; 57; 51

1 a) 8; 16; **24**; 32; 40; **48**; 56; **64**; **72**; **80**; **88**; **96**; **104**
   b) 81; 74; 67; 60; **53**; 46; **39**; **32**; 25; 18; **11**; **4**

2 a) 96, 144, 240, 288, 360
   b) 1, 2, 3, 4, 6, 8, 12, 24
   c) 1, 3
   d) individuell

2 a) 5,1; 8,5; 11,9; 20,4; 54,4
   b) 1, 2, 3, 4, 5, 6, 10, 15, 12, 20, 30, 60
   c) 1, 2, 3, 4, 6, 12
   d) individuell

3 a) individuell, z. B.: 0 Bücher haben eine Höhe von 0 cm. 1 Buch hat eine Höhe von 1,2 cm. Entsprechend sind 10 Bücher 12 cm hoch und 20 Bücher 24 cm hoch.
   b) individuell, z. B.: nach der Geburt schläft ein Baby 18 h pro Tag. Wenn es einen Monat alt ist, schläft es nur noch 17 h. Im Alter von 3 Monaten schläft es 15 h und im Alter von 6 Monaten 12 Stunden.

3 1 Kiste kostet 0,80 €. 2 Kisten kosten 1,60 €. 3 Kisten kosten 2,40 €. 4 Kisten kosten 3,20 €. 5 Kisten kosten 4,00 €. 6 Kisten kosten 4,80 €.

4 a) $A(4|9)$; $B(9|3)$
   b) (Koordinatensystem mit Figur, Kreisen M_1 und M_2)

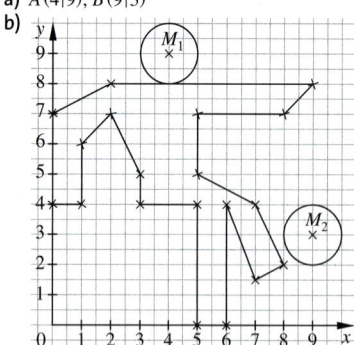

Lösungen Zuordnungen im Alltag

Seite 94

Klar so weit?

1 a) Die Temperatur in °C wird dem Tag zugeordnet.
  b) eindeutig

1 a) Der Preis in € wird dem Reiseziel zugeordnet.
  b) eineindeutig

2

Zuordnung	eindeutig	eineindeutig	mehrdeutig
Schüler → Schule	x		
Platzkarte → Platz im ICE		x	
Arzt → Patient			x
Zahl → 5-fache der Zahl		x	

3 a) Die Körpertemperatur (°C) wird den Tagen zugeordnet.
  b) + c)

Tag	Körpertemperatur (in °C)
0	36,5
1	36,5
2	36,5
3	40,8
4	39,8
5	39,3
6	37,8

  d) An den Tagen 3, 4, 5 und 6 hat der Patient eine höhere Körpertemperatur als 36,8 °C.

3 a) Je schmaler die Vase ist, desto schneller steigt das Wasser an, d. h. dass vom Anfang bis zur Mitte das Wasser immer schneller ansteigt, danach aber wieder langsamer ansteigt.
  b) Graph ② passt zu der abgebildeten Vase: zuerst nimmt die Füllhöhe schneller zu, dann wieder weniger schnell.

4 Ja, da die Wertepaare quotientengleich sind.

4 Ja, da die Wertepaare quotientengleich sind.

5 a) 1,25 €;   5 €
  b) 4 kg   7 kg
  c)

Gewicht in kg	0	1	2	2,5	4	5	6	7	8	9
Preis in €	0	0,5	1	1,25	2	2,5	3	3,5	4	4,5

5 a) z. B.: Die Zuordnung ist proportional, weil der Graph eine Ursprungsgerade ist.
  b) Das Flugzeug legt in 6 Stunden 4800 km zurück.
  Das Flugzeug legt in 3,5 Stunden 2800 km zurück.
  c) 2000 km dauern 2,5 Stunden. 7200 km dauern 9 Stunden.

6

Mitglieder	4	7	9	15
Gewinn pro Mitglied (€)	4536	2592	2016	1209,60

7 Es sind 25 Bände erforderlich.

7 Ein Flugzeug benötigt 51 Stunden und 44 Minuten.

8 Für eine Rose bezahlt man 0,40 €. 5 Rosen kosten 2 €.

8 In einer Stunde legt es 65 km zurück. In 4 Stunden sind es 260 km.

9 Für 100 min

9 26 000 t täglich

Teste dich!

Seite 100

1 a) eindeutig   **b)** mehrdeutig   **c)** eineindeutig

2 a) 1 kg Kaffee kostet 9,20 €, 4 kg Kaffee kosten 36,80 €.
  b) 6 Arbeiter teeren eine Straße in 5 Stunden, 12 Arbeiter benötigen dafür 2,5 Stunden.

3 a) Die Zeit in h wird der Fläche in m² zugeordnet.
  b)

Zeit (h)	1	2	3	4	5
Fläche (m²)	500	1000	1500	2000	2500

  c) 16 Stunden

4 a)

x	1	2	3	4	5
y	1,40	2,80	4,20	5,60	7,00

b)

x	1	2	3	5	7
y	$2\frac{1}{4}$	$4\frac{1}{4}$	$6\frac{3}{4}$	$11\frac{1}{4}$	$15\frac{3}{4}$

5 Nur die erste grafische Darstellung ist proportional, da der Graph durch den Koordinatenursprung verläuft und gleichmäßig ansteigt.

6 a) Familie Andert: 7,5 l auf 100 km, Familie Berger: 8,75 l auf 100 km
  b) Familie Andert: 80 km pro Stunde, Familie Berger: 100 km pro Stunde

7 a) 15 Euro   **b)** 8 Tage   **c)** die Summe des zur Verfügung stehenden Geldes

209

Winkel und Dreiecke darstellen

Seite 102

Noch fit?

1 a) 90° **b)** spitz **c)** stumpf
  d) 180° **e)** gestreckt

1 spitzer Winkel größer als 0°, aber kleiner als 90° 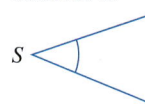
rechter Winkel genau 90°, Schenkel sind senkrecht zueinander 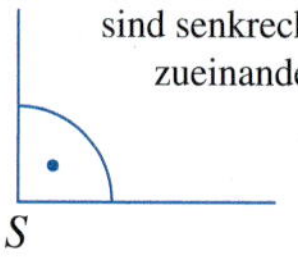
stumpfer Winkel größer als 90°, aber kleiner als 180°

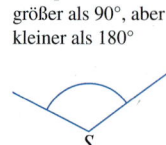

gestreckter Winkel genau 180° 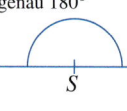
überstumpfer Winkel größer als 180°, aber kleiner als 360° 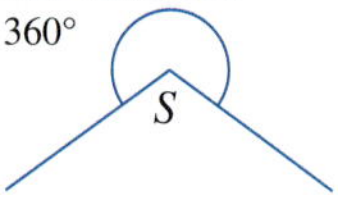
Vollwinkel genau 360°

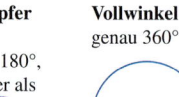

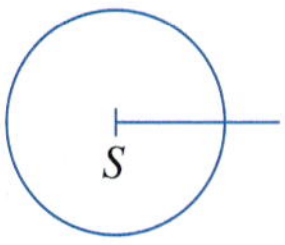

2 $\alpha = 36°$, $\beta = 135°$, $\gamma = 164°$
spitzer Winkel, stumpfer Winkel, stumpfer Winkel

2 a) individuell
  b) $\alpha = 36°$ (spitz); $\beta = 135°$ (stumpf); $\gamma = 164°$ (stumpf); $\delta = 90°$ (rechter Winkel); $\varepsilon = 17°$ (spitz)

3 individuell
  a) $\alpha < 90°$
  b) $\beta = 90°$
  c) $90° < \gamma < 180°$
  d) $\delta > 180°$

3 a) spitzer Winkel 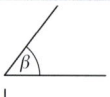
  b) rechter Winkel
  c) stumpfer Winkel
  d) überstumpfer Winkel

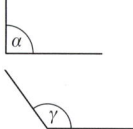

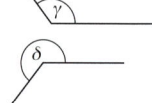

4 a) alle Winkel sind spitze Winkel
  b) γ ist ein stumpfer Winkel, die anderen sind spitze Winkel

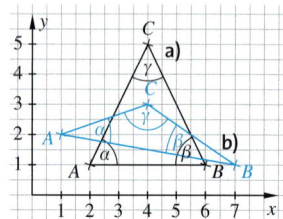

4 a) α und β sind spitze Winkel, γ ist ein stumpfer Winkel
  b) individuell 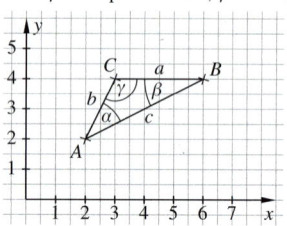

5 a) $\alpha = 110°$ **b)** $\alpha = 108°$
  c) $\alpha = 147°$

5 a) $\alpha = 27°$ **b)** $\beta = 28°$
  c) $\gamma_1 = 150°$; $\gamma_2 = 180°$ **d)** $\delta = 170°$

Seite 122/123

Klar so weit?

1 a) γ **b)** α, γ
  c) Für $\alpha = 47°$ ist $\beta = 133°$, $\gamma = 47°$ und $\delta = 133°$.
  Für $\alpha = 55°$ ist $\beta = 125°$, $\gamma = 55°$ und $\delta = 125°$.

1 a) α_1 und α_2 sind Wechselwinkel.
  b) α_1 und α_2 sind Stufenwinkel und daher gleich groß.
  α_3 und α_2 sind ebenfalls Stufenwinkel und auch gleich groß.
  Daher sind auch α_1 und α_3 gleich groß

2 a) Zuerst wurde die Deichkrone verlängert. Dann wurden die Winkel zwischen Deich und verlängerter Deichkrone gemessen.
  b) $\gamma = 147°$; $\delta = 128°$ (γ, δ sind Nebenwinkel zu 33° bzw. 52°)
  $\alpha = 52°$; $\beta = 33°$ (α, β sind Wechselwinkel zu 52° bzw. 33°)

3 $\alpha_1 = 23° = \alpha_5 = \alpha_2$
  $\alpha_3 = 67° = \alpha_6$
  $\alpha_4 = 90° = \alpha_7$

3 $\alpha_1 = 18° = \alpha_3 = \alpha_6 = \alpha_2 = \alpha_5$
  $\alpha_4 = 144° = \alpha_7$

Lösungen Winkel und Dreiecke darstellen

4 a) $\gamma = 40°$ b) $\beta = 60°$
   c) $\beta = 30°$ d) $\beta = 15°$

4 a) $\gamma = 98°$ b) $\alpha = 75°$
   c) $\beta = 60°$; $\gamma_1 = 30°$ d) $\beta = 45°$; $\gamma_1 = 45° = \gamma_2$

Seite 122/123

5

	①	②	③	④
spitzwinklig			✓	✓
rechtwinklig		✓		
stumpfwinklig	✓			
gleichschenklig			✓	✓
gleichseitig				✓
unregelmäßig	✓	✓		

6 a) Abbildung verkleinert

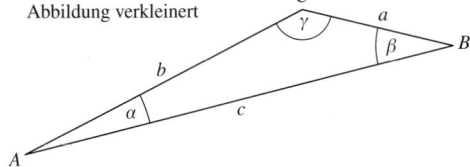

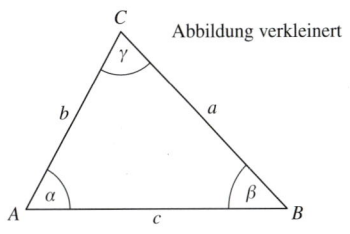

   b) Abbildung verkleinert

6 a) Abbildung verkleinert

   b) Abbildung verkleinert

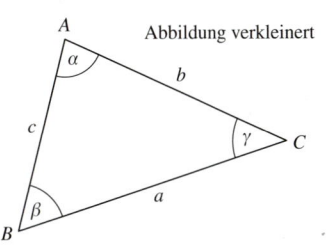

7 a)

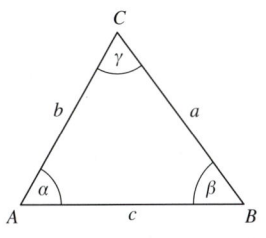

Konstruktionsbeschreibung individuell, z. B.:
Zeichne $\overline{AB} = c = 4{,}4$ cm.
Zeichne in A den Winkel $\alpha = 60°$ an.
Verlängere diesen Schenkel auf $b = 3{,}8$ cm.
Benenne den Punkt mit C und verbinde A mit C.

   b)

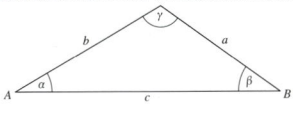

Konstruktionsbeschreibung individuell, z. B.:
Zeichne $\overline{AB} = c = 6{,}4$ cm.
Zeichne in B den Winkel $\beta = 35°$ an.
Verlängere diesen Schenkel auf $a = 3{,}5$ cm.
Benenne den Punkt mit C und verbinde C mit A.

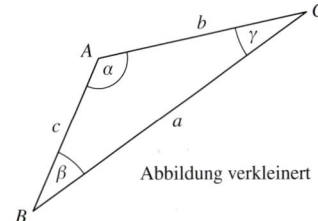

7 a)

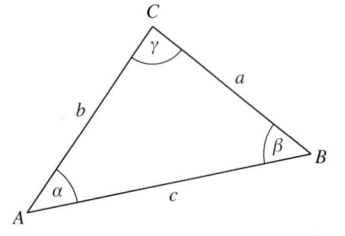

Konstruktionsbeschreibung individuell, z. B.:
Zeichne $\overline{BC} = 33$ mm $= 3{,}3$ cm.
Zeichne in C den Winkel $\gamma = 87°$ an.
Verlängere diesen Schenkel auf $b = 3{,}6$ cm.
Benenne den Punkt mit A und verbinde A mit B.

   b)

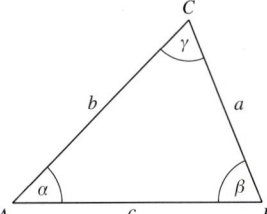

Konstruktionsbeschreibung individuell, z. B.:
Zeichne $\overline{AB} = c = 5{,}4$ cm.
Zeichne in A den Winkel $\alpha = 45°$ an.
Verlängere diesen Schenkel auf $b = 5{,}4$ cm.
Benenne den Punkt mit C und verbinde C mit B.

8 a) nicht eindeutig konstruierbar, da die Seitenlängen unterschiedlich sein können
   b) eindeutig konstruierbar
   c) nicht konstruierbar; Die Innenwinkelsumme im Dreieck beträgt immer 180°. Mit den gegebenen Winkel kann daher kein Dreieck konstruiert werden.

Lösungen Winkel und Dreiecke darstellen

9 Konstruktionsbeschreibung für a), b) und c)
Zeichne $\overline{AB} = c$.
Zeichne mit dem Zirkel um A einen Kreis mit dem Radius von b und um B einen Kreis mit dem Radius von a.
Der Schnittpunkt der Kreise ist C.
Verbinde C mit A und mit B.

a)

b)

c)

9 Konstruktionsbeschreibung für a), b) und c)
Zeichne $\overline{AB} = c$.
Zeichne mit dem Zirkel um A einen Kreis mit dem Radius von b und um B einen Kreis mit dem Radius von a.
Der Schnittpunkt der Kreise ist C.
Verbinde C mit A und mit B.

a)

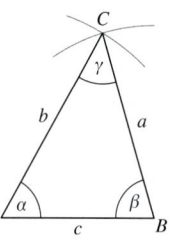

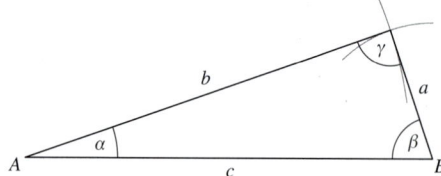

b)

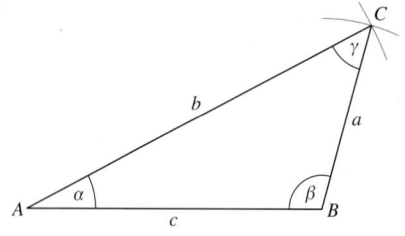

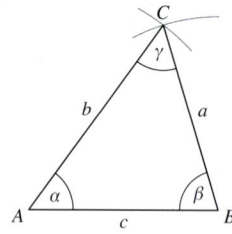

c)

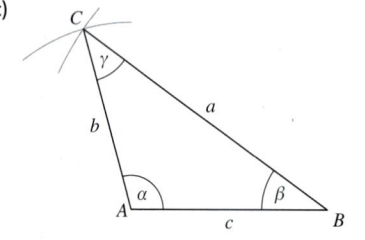

10 a)

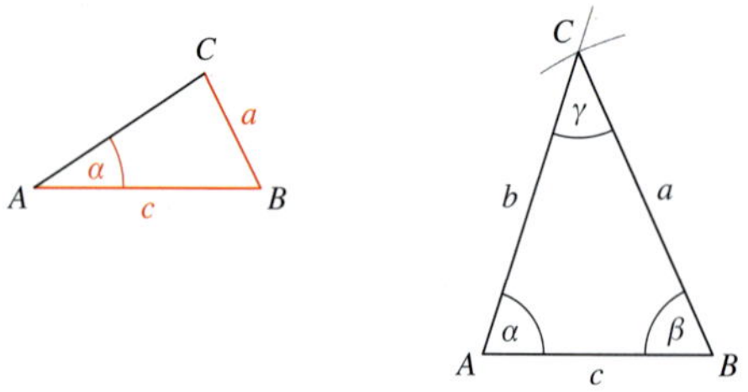

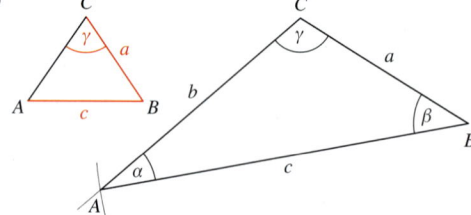

b)

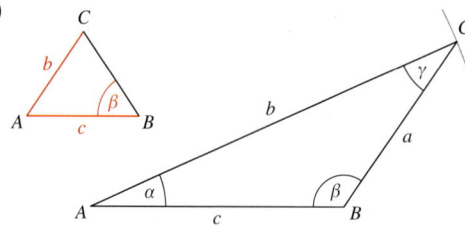

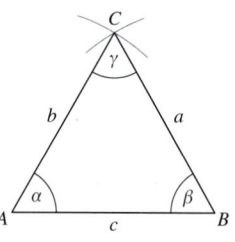

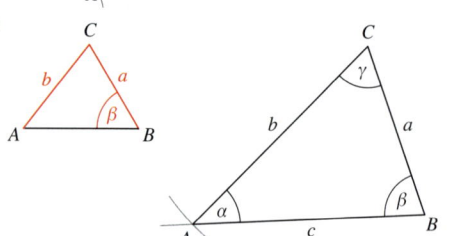

10 a)

b)

11 a) konstruierbar

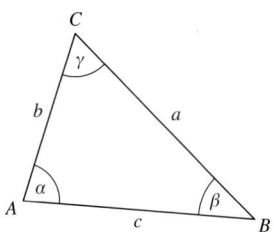

  b) nicht konstruierbar ($a + c < b$)
  c) nicht konstruierbar (der gegebene Winkel liegt nicht der längsten Seite im Dreieck gegenüber)
  d) konstruierbar

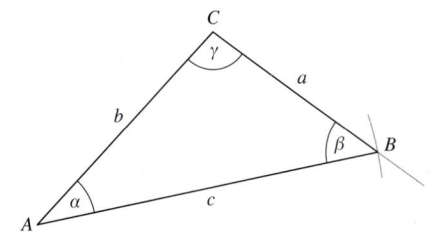

11 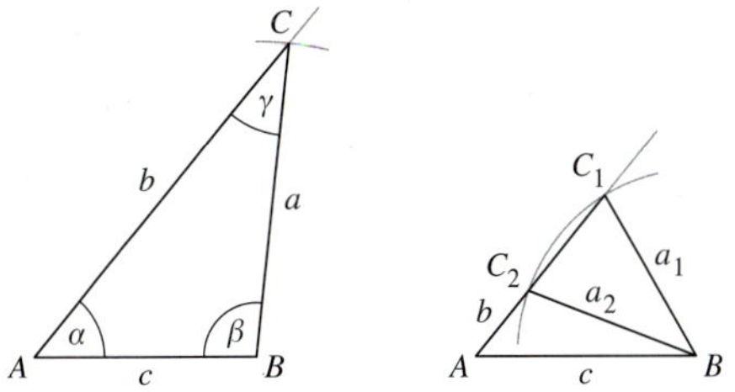 a) individuell
  b) Für $a < 3\,\text{cm}$ ist das Dreieck nicht konstruierbar.

Teste dich!

1 a)

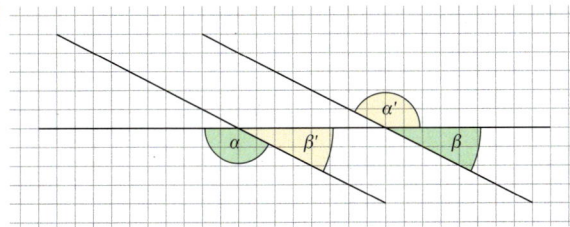

  b) individuell, z. B.: α und der Stufenwinkel von β ergeben zusammen den gestreckten Winkel (180°). Da der Stufenwinkel genauso groß ist, wie der Winkel selbst, ist $\alpha + \beta = 180°$.
  c) $4x$ (β selbst und der zugehörige Scheitel-, Stufen-, bzw. Wechselwinkel)

2 a) $\alpha = 145°$ (Wechselwinkel)   **b)** $\beta = 60°$ (Wechselwinkel)
  c) $\gamma = 111°$ (Stufenwinkel)   **d)** $\delta = 45°$ (Stufenwinkel)

3 a) $\gamma = 100°$ **b)** $\alpha = 65{,}5°$ **c)** $\beta = 40°$

4 a) wahr (jeder Winkel beträgt 60°)   **b)** falsch   **c)** falsch   **d)** wahr

5
  a) Kongruenzsatz SWS
  b) Kongruenzsatz WSW
  c) Kongruenzsatz SSS
  d) Kongruenzsatz SsW

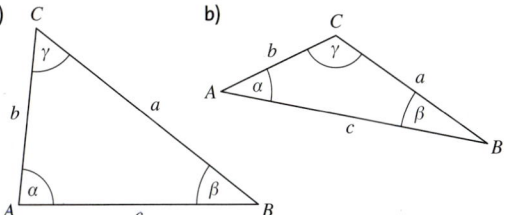

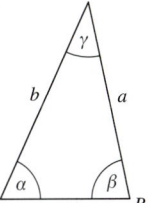

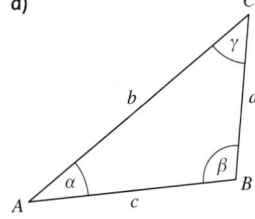

6 a) Der gegebene Winkel liegt nicht der längsten Seite im Dreieck gegenüber.
  b) Es muss mindestens eine Seitenlänge gegeben sein, um ein Dreieck eindeutig konstruieren zu können.
  c) $b + c < a$

Dreiecke und Vierecke berechnen

Noch fit?

1 a) $\alpha = 24°$ b) $\alpha = 86°$ c) $\beta = 45°$ d) $\gamma_1 = 155°$; $\gamma_2 = 180°$

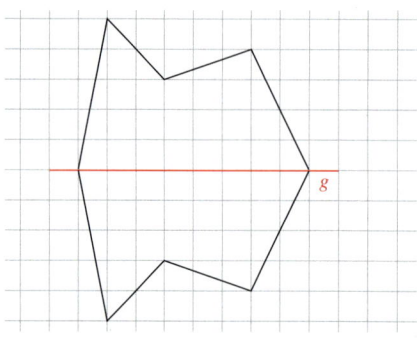

3 a) Quadrat: Es entstehen jeweils 2 gleichschenklige, rechtwinklige Dreiecke.
b) Trapez: Es entstehen jeweils 2 stumwinklige, unregelmäßige Dreiecke.
c) Es entstehen jeweils 2 rechtwinklige, unregelmäßige Dreiecke.
d) Es entstehen entweder 2 gleichschenklige (eines rechtwinklig, eines spitzwinklig) oder 2 stumpfwinklige, unregelmäßige Dreiecke.

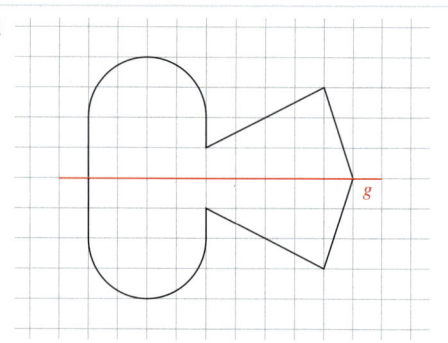

3 a) falsch b) richtig
c) falsch d) falsch
e) falsch

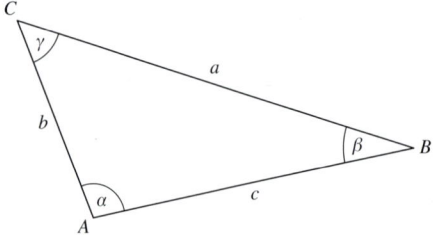

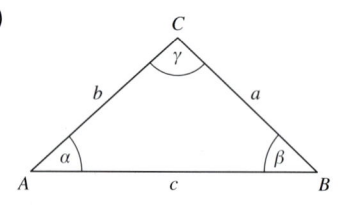

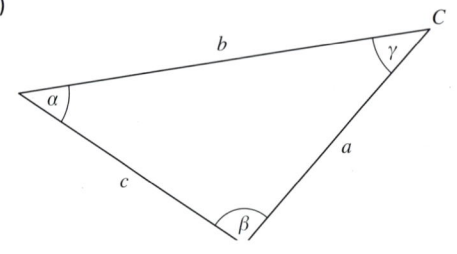

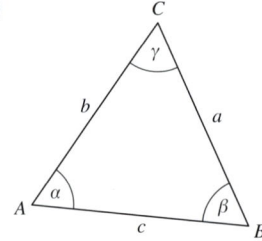

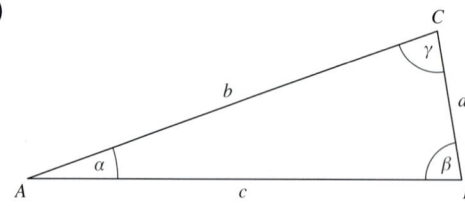

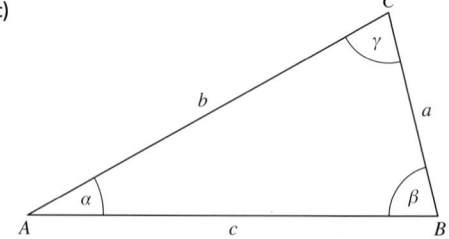

5 a) In einem Rechteck sind alle Winkel **rechte Winkel.**
b) Zwei Geraden sind parallel zueinander, wenn **sie überall den gleichen Abstand haben.**
c) Zwei Geraden sind senkrecht zueinander, wenn **sie sich in einem Winkel von 90° schneiden.**
d) Die Verbindung gegenüberliegender Eckpunkte im Rechteck nennt man **Diagonalen.**

Klar so weit?

Seite 147/148

1 Drachenvierecke: e); c); f)
Quadrat: e)
Rechtecke: a); e)
Trapez: a); e); f); d)

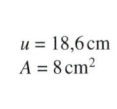

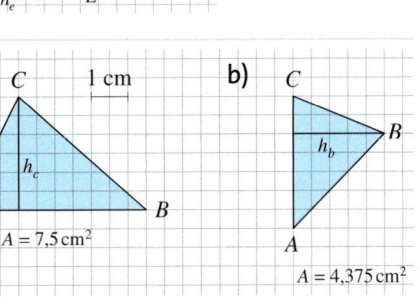

1 a) Quadrat, Raute, Rechteck, Trapez
b) Trapez, Rechteck, Drachenviereck, Quadrat
c) Drachenviereck, Raute, Parallelogramm, Trapez
d) Parallelogramm, Trapez

2 a) individuell, z.B.:

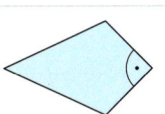

b) individuell, z.B.:

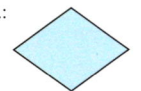

c) individuell, z.B.:

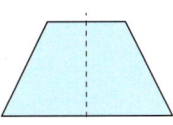

d) individuell, z.B.:

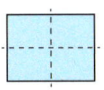

e) individuell, z.B.:

2 a) unmöglich, jedes Quadrat ist immer auch ein Rechteck

b) individuell, z.B.:

c), d) individuell, z.B.:

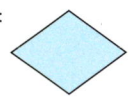

e) individuell, z.B.:

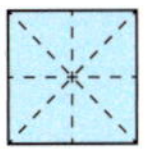

3 a) wahr (Einzige Bedingung für eine Raute sind 4 gleich lange Seiten, die ein Quadrat immer hat.)
b) wahr (Ein Parallelogramm hat 2 Paar parallele Seiten. Eine Raute ebenfalls.)
c) wahr (Manche Rechtecke haben 4 gleich lange Seiten und sind damit Quadrate.)

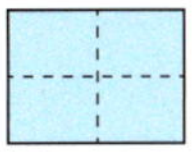

3 a) wahr (Rauten, dessen Winkel nicht alle rechtwinklig sind, sind keine Quadrate.)
b) wahr (Ein Trapez hat 2 Seiten, die parallel sind. Jedes Parallelogramm erfüllt diese Bedingung.)
c) wahr (Drachenvierecke mit 2 parallelen Seiten sind Trapeze, z. B. Rauten.)

4
a) $u = 18{,}2$ cm
$A = 15$ cm^2

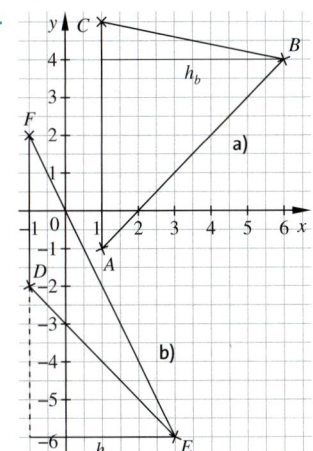

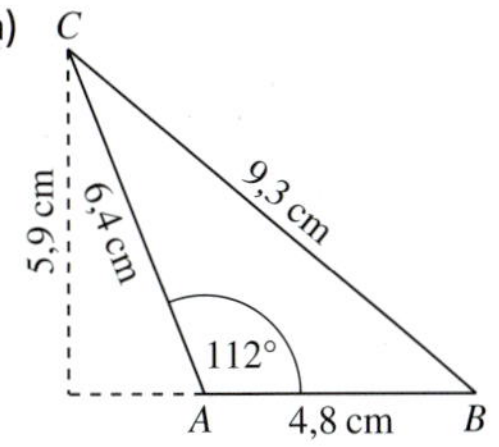

b) $u = 18{,}6$ cm
$A = 8$ cm^2

4 a) $u = 20{,}5$ cm
$A = 14{,}2$ cm^2

b) $u = 17{,}7$ cm
$A = 12{,}71$ cm^2

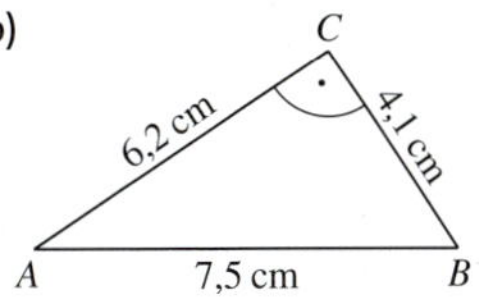

Abbildungen maßstäblich verkleinert

5 a) $A = 7{,}5$ cm^2
b) $A = 4{,}375$ cm^2

5 rote Fläche: $A = 63$ cm^2
blaue Fläche: $A = 45$ cm^2

215

Lösungen Dreiecke und Vierecke berechnen

Seite 147/148

6 a) $A = 5\,cm^2$ b) $A = 10\,cm^2$
 c) $A = 8\,cm^2$ d) $A = 4\,cm^2$

7 a) $30{,}24\,cm^2$ b) $20{,}46\,cm^2$
 c) $9{,}75\,cm^2$ d) $0{,}6\,cm^2$

8 a) $14\,cm^2$
 b) $16\,cm^2$

9 a) $A = 8{,}82\,cm^2$
 b) $f = 12\,m$
 c) $e = 2{,}72\,dm$

6 a) $A = 8\,cm^2$ b) $A = 6\,cm^2$
 c) $A = 9\,cm^2$

7 a) $25{,}83\,cm^2$ b) $17{,}08\,cm^2$
 c) $19{,}98\,cm^2$ d) $15{,}75\,cm^2$

8 a) $A_{blau} = 6\,cm^2$; $A_{gelb} = 17{,}5\,cm^2 - 6\,cm^2 = 11{,}5\,cm^2$
 b) $A_{blau} = 10\,cm^2$; $A_{gelb} = 25\,cm^2 - 10\,cm^2 = 15\,cm^2$

9

	a	b	u	e	f	A
a)	3,8 cm	1,9 cm	**11,4 cm**	5 cm	3 cm	**7,5 cm²**
b)	4 m	**5,5 m**	19 m	8 m	**5 m**	20 m²
c)	**2,2 cm**	28 mm	10 cm	**4 cm**	32,5 mm	6,5 cm²

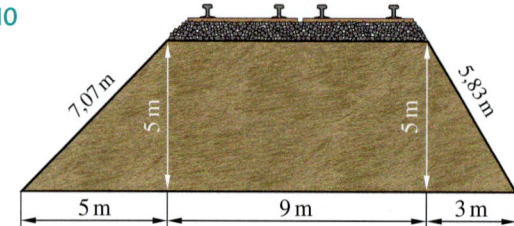

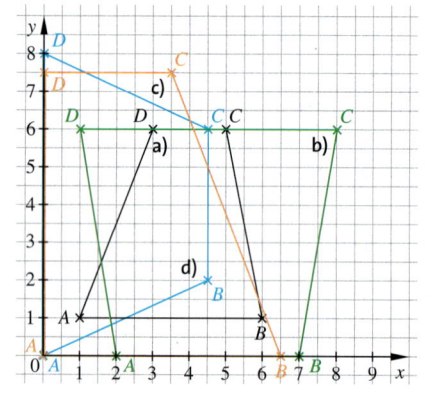

10
$u = 38{,}9\,m$
$A = 65\,m^2$

10 a) $A = 17{,}5\,cm^2$ b) $A = 36\,cm^2$
 c) $A = 37{,}5\,cm^2$ d) $A = 27\,cm^2$

Seite 154

Teste dich!

1 a) Quadrat, Rechteck b) Trapez c) Parallelogramm, Raute, Rechteck, Quadrat
 d) Rhombus, Quadrat e) Quadrat f) Quadrat, Drachenviereck, Raute

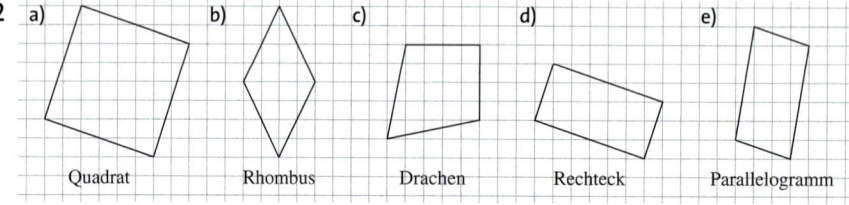

2 a) Quadrat b) Rhombus c) Drachen d) Rechteck e) Parallelogramm

3 a) $u = 7{,}4\,cm$ b) $u = 8{,}6\,cm$ c) $u = 9{,}6\,cm$ d) $u = 9\,cm$
  $A = 2{,}465\,cm^2$ $A = 2{,}775\,cm^2$ $A = 3{,}84\,cm^2$ $A = 3{,}9\,cm^2$

4 a) ① $A = 7{,}35\,m^2$ ② $A = 5{,}13\,m^2$
 b) ① Das Glas kostet 703,17 €. ② Das Glas kostet 490,79 €.

5 a) Fläche Dreieck: 1113 m²; Höhe der Entschädigung: 170 289 €
 b) Fläche verbliebenes Grundstück: 2247 m²; Jahrespacht: 191 €

Körper darstellen und berechnen

Noch fit?

Seite 156

1 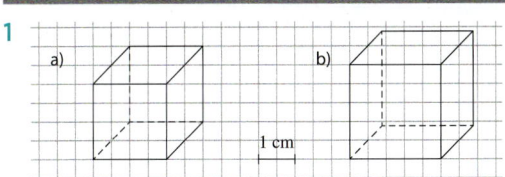
a) b)
1 cm

1
a) b)

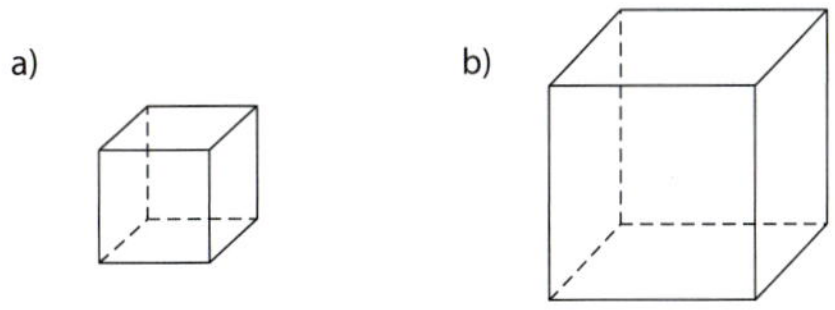

2 Die Netze sind verkleinert dargestellt. Es gibt elf mögliche Netze.

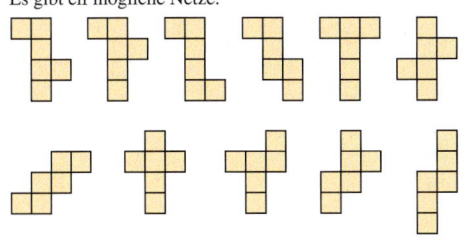

2 Zeichnung verkleinert, z. B.

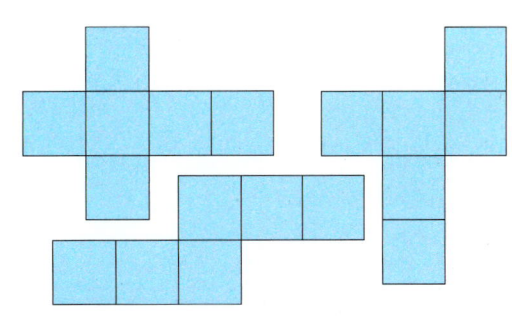

3 Maßstab 1 : 2

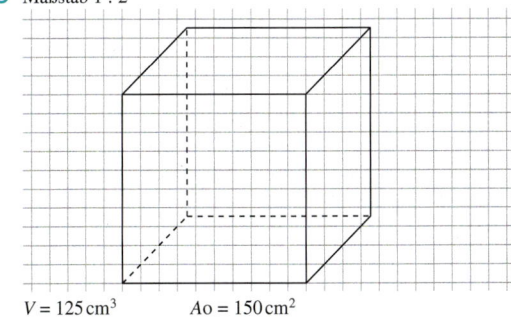

$V = 125\,cm^3$ $Ao = 150\,cm^2$

3 Maßstab 1 : 2

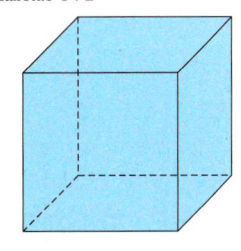

$V = 74{,}088\,cm^3$ $Ao = 105{,}84\,cm^2$

4 a) 40 mm   b) 2,5 km   c) 400 mm²
d) 30 000 dm²   e) 4 000 mm³   f) 9 000 000 dm³

4 a) 0,43 dm   b) 6,7 cm   c) 0,51 dm²
d) 0,038 2 m²   e) 3 810 cm³   f) 56 000 mm³

5 ① $u = 11\,cm$; $A = 6\,cm^2$
② $u = 9{,}8\,cm$; $A = 5\,cm^2$
③ $u = 6{,}2\,cm$; $A = 2{,}25\,cm^2$
④ $u = 14\,cm$; $A = 8{,}25\,cm^2$
⑤ $u = 11{,}7\,cm$; $A = 3{,}75\,cm^2$
⑥ $u = 8\,cm$; $A = 3\,cm^2$

6 a) Parallele Gegenseiten (gleich lang); gegenüberliegende Winkel sind gleich groß.
b) Nein; da Dividend und Divisor nicht mit demselben Faktor multipliziert wurden.
Richtig ist 0,24 : 0,6 = 2,4 : 6 = 0,4.
c) Da das Dreieck rechtwinklig ist, berechnet man zuerst den Flächeninhalt des Rechtecks und teilt dann durch 2.
d) 1 a = 10 m · 10 m = 100 m² = 0,000 1 km²
1 ha = 100 a = 10 000 m² = 0,01 km²

Klar so weit?

Seite 172/173

1 a) Dreiecksprisma   b) Würfel   c) Quader
d) Pyramide   e) Kegel   f) Zylinder   g) Kugel

1 Pyramide, Dreiecksprisma, Sechseckprisma, Quader, Halbkugel, Kegel

Lösungen Körper darstellen und berechnen

Seite 172/173

2 a) Schuhkarton: Quader Apfelsine: Kugel Eistüte: Kegel
Ziegelstein: Quader CD: Zylinder Telefonbuch: Qauder
Würfelzucker: Würfel Münze: Kreis Seifenblase: Kugel
Schultüte: Kegel
b) individuell, z. B.
Würfel: Spielwürfel
Quader: Getränkekarton
Pyramide: Hausdach
Kegel: Pylon
Kugel: Ball
Zylinder: Hutschachtel

2

Körper	Ecken	Kanten	Flächen
Quader	8	12	6
Dreiecksprisma	6	9	5
Kugel	0	0	1

a) Der Quader hat besonders viele Flächen, Ecken und Kanten.
b) Zylinder

3 Die Schrägbilder stammen alle von dem gleichen Quader, da ihre Seitenlängen übereinstimmen.

4 3,5 cm 1,5 cm 7 cm
Das Netz ist in halber Größe dargestellt.

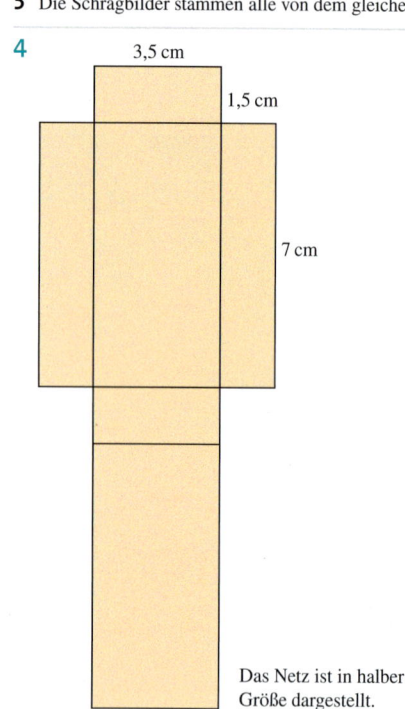

4 z. B.

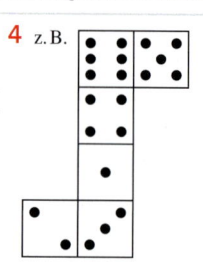

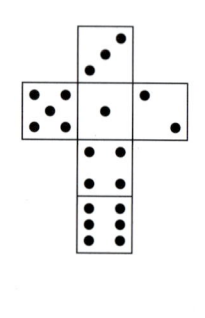

5 a) Die Netze sind verkleinert dargestellt. Es gibt elf mögliche Würfelnetze.

b) Die Seitenflächen können nicht beliebig aneinandergezeichnet werden, da sonst beim Zusammenfalten eventuell kein Würfel entsteht.

5 a) z. B.

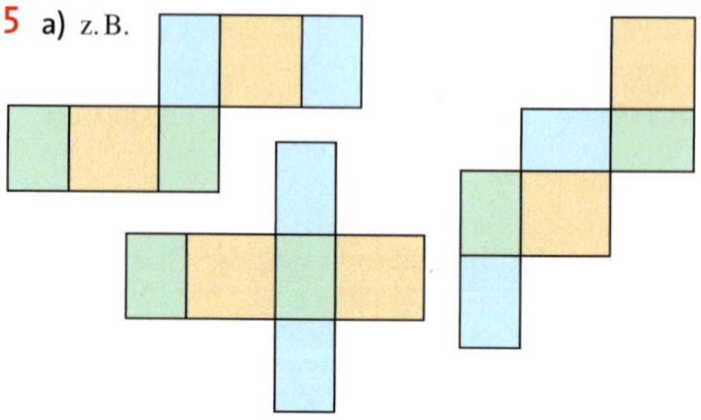

b) Beim Zeichnen muss darauf geachtet werden, dass alle Seiten, die beim Zusammenfalten aneinanderstoßen, dieselbe Länge haben und sich keine Flächen überdecken.

6 $A_O = 27\,cm^2$

7 a) 34 Flächeneinheiten **b)** 24 Flächeneinheiten
c) 28 Flächeneinheiten **d)** 28 Flächeneinheiten
b) < **c)** = **d)** < **a)**

8 a) $V = 512\,cm^3$ **b)** $V = 512\,cm^3$

6 $A_O = 550\,cm^2$

7 a) $A_O = 64\,dm^2$
b) $A_O = 64\,dm^2$
c) $A_O = 88\,dm^2$

8 a) 25 mm **b)** 4080 cm³ **c)** 600 m **d)** 15 dm

9 $V = 131\,040\,\text{mm}^3$

9 Es gibt drei Möglichkeiten:
$a = 1\,\text{cm}$; $b = 1\,\text{cm}$; $c = 240\,\text{cm}$
$a = 2\,\text{cm}$; $b = 2\,\text{cm}$; $c = 60\,\text{cm}$
$a = 4\,\text{cm}$; $b = 4\,\text{cm}$; $c = 15\,\text{cm}$

10 $V = 48\,\text{cm}^3$

10 $V = 135\,\text{cm}^3$

Teste dich!

1 a) Gegenüberliegende Flächen sind jeweils gleich. Würfel und Quader haben jeweils 8 Ecken, 6 Flächen und 12 Kanten.
b) Alle Kanten sind gleich lang. Alle Flächen sind gleich groß.

2 a) $A = 1100\,\text{cm}^2$
b) Es wurden $0{,}044\,\text{m}^3$ Beton verarbeitet.
individuelle Lösungswege
c) Das Betonelement wiegt 52,8 kg.

3 $A_o = 2 \cdot 14\,\text{cm}^2 + 54\,\text{cm}^2 = 82\,\text{cm}^2$

4 a) z. B. Maßstab 1 : 4   **b)** z. B. Maßstab 1 : 10

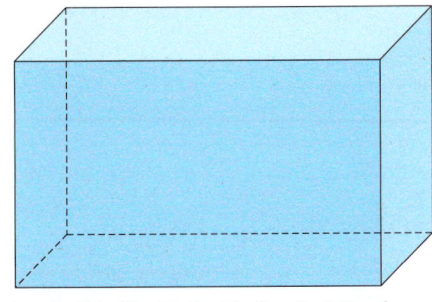

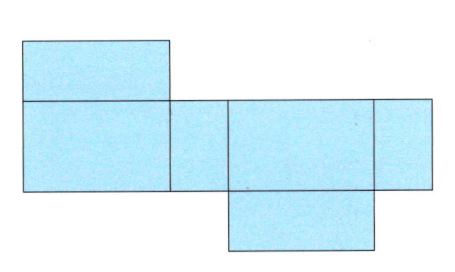

c) $A_o = 2 \cdot (20 \cdot 12 + 12 \cdot 8 + 20 \cdot 8)\,\text{cm}^2 = 992\,\text{cm}^2$
d) $V = 20\,\text{cm} \cdot 12\,\text{cm} \cdot 8\,\text{cm} = 1920\,\text{cm}^3$

5 a) $V = 60\,\text{cm}^3$; $A_o = 94\,\text{cm}^2$ **b)** $V = 13\,125\,\text{cm}^3$; $A_o = 3550\,\text{cm}^2$

6 $V = 81\,\text{cm}^3$

7 $V = 9{,}69\,\text{m}^3 \approx 9{,}7\,\text{m}^3$ Es werden ca. $9{,}7\,\text{m}^3$ Beton benötigt.

8 Lady: $270\,\text{cm}^3$ ca. 5× größer;   Feeling: $595\,\text{cm}^3$ fast 6× größer

Mathematik im Alltag

Noch fit?

1 a) Dreieck, Quadrat, Rhombus
b) allgemeines Viereck, Drachenviereck, Trapez, Fünfeck, Achteck
c) Dreieck, Quadrat, Fünfeck, Sechseck, Achteck, Neuneck, Sechzehneck

2 a) 43
b) 64
c) 36

2 a) 6
b) 18

3 1. Ken, 2. Finn, 3. Leon
1. Ken, 2. Leon, 3. Finn
1. Leon, 2. Ken, 3. Finn
1. Finn, 2. Ken, 3. Leon
1. Leon, 2. Finn, 3. Ken
1. Finn, 2. Leon, 3. Ken

3 1. Ken, 2. Finn, 3. Marc
1. Ken, 2. Marc, 3. Finn
1. Marc, 2. Ken, 3. Finn
1. Finn, 2. Ken, 3. Marc
1. Marc, 2. Finn, 3. Ken
1. Finn, 2. Marc, 3. Ken…
insgesamt 60 Möglichkeiten

Lösungen Mathematik im Alltag

Seite 180

4
```
  456          1248        192 · 8        4287 : 3 = 1429
+ 291        −  963         1536
  747           285
```

5 a) 5   b) 9   c) 14   **5** a) 13   b) 43   c) 15

6 a) Länge   b) Masse   c) Fläche   **6** a) Masse   b) Masse   c) Zeit
d) Masse   e) Volumen   f) Zeit   d) Fläche   e) Volumen   f) Länge

Seite 198

Klar so weit?

1 a) ✱♥◊; ✱◊♥; ♥✱◊; ♥◊✱; ◊✱♥; ◊♥✱
b) 27

1 a) ✎✖📖★; ✎✖★📖; ✎📖✖★; ✎📖★✖; ✎★📖✖; ✎★✖📖;
✖✎📖★; ✖✎★📖; ✖📖✎★; ✖📖★✎; ✖★✎📖; ✖★📖✎;
📖✎✖★; 📖✎★✖; 📖✖✎★; 📖✖★✎; 📖★✎✖; 📖★✖✎;
★✎✖📖; ★✎📖✖; ★✖✎📖; ★✖📖✎; ★📖✎✖; ★📖✖✎
b) 256

2 Quadrat oder Rechteck

2 mit G

3 elf 2-€-Münzen + eine 1-€-Münze + eine 20-ct-Münze + eine 10-ct-Münze + zwei 2-ct-Münzen
Es gibt noch weitere Lösungen.

3 16 dm²

4 a) Wappen (W): 7; Zahl (Z): 8
b) Zahl

4 a) 1
b) x_{min} = 0-mal Wappen; x_{max} = 2-mal Wappen

5 a) Zensur 3
b) $\bar{x} = 2{,}96$

5 a) 1 €: 4; 2 €: 10; 5 €: 5; 10 €: 9; 15 €: 4; 20 €: 2
b) $\bar{x} = 6{,}74$ €

6 a) Tafeläpfel: 120 g; Gartenäpfel: 115 g
b) Tafeläpfel: x_{min} = 115 g; x_{max} = 125 g; Gartenäpfel: x_{min} = 105 g; x_{max} = 130 g
c) Tafeläpfel: 119,75 g; Gartenäpfel: 115,35 g

Seite 202

Teste dich!

1 a) 1 m und 24 m; 2 m und 12 m; 3 m und 8 m; 4 m und 6 m
Es gibt noch weitere Lösungen.
b) 2 m und 12 m; 3 m und 8 m; 4 m und 6 m; 2,4 m und 10 m
Es gibt noch weitere Lösungen.

2 a) Anzahl der Möglichkeiten: 4 · 3 · 2 = 24 Möglichkeiten
b) Anzahl der Möglichkeiten: 6 · 5 · 4 = 120 Möglichkeiten

3 a) 1 · 5 kg + 1 · 2 kg + 1 · 1 kg = 8 kg
b) zum Beispiel: 2 · 15 kg + 2 · 5 kg + 2 · 2 kg + 6 · 1 kg = 50 kg
3 · 15 kg + 1 · 2 kg + 3 · 1 kg = 50 kg
Es gibt noch weitere Lösungen.

4 a) Beetpflanzen (orange Fläche): 14 m²
b) Rasensamen (grüne Fläche): 58 m²

5 a) Linksabbieger: 18; Geradeausfahrer: 48; Rechtsabbieger: 30; Fußgänger: 24
b) Geradeausfahrer: $\frac{48}{120} = \frac{2}{5}$
c) Geradeausfahrer: 48
d)

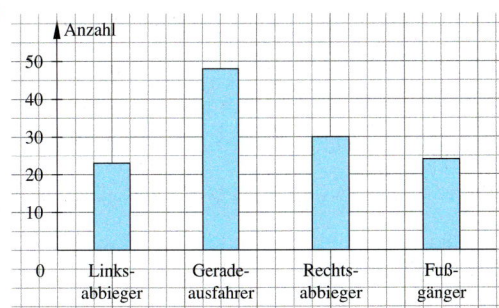

6 a) 145 cm **b)** 163 cm **c)** 153 cm **d)** 153 cm

Mathelexikon und Stichwortverzeichnis

A **abrunden** siehe *runden*

absolute Häufigkeit siehe *Häufigkeit*

Abstand kürzeste Verbindungsstrecke eines Punkts oder einer *Parallelen* zu einer *Geraden*

Achsenspiegelung Beispiel:

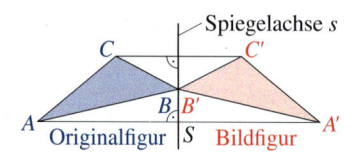

Achsensymmetrie, achsensymmetrisch Eine Figur mit mindestens einer *Symmetrieachse* nennt man achsensymmetrisch.

Addition
Summand + Summand = Wert der Summe

Anteil Beim Vergleichen von Anteilen nutzt man Brüche mit gleichem Nenner.

Ar (a) $1\,a = 10 \cdot 10\,m^2 = 100\,m^2$

arithmetisches Mittel [192, 201] Beispiel: arithmetisches Mittel von 3; 5; 7 und 9:
$(3 + 5 + 7 + 9) : 4 = 6$
(Summe der Zahlen) : Anzahl der Zahlen
= arithmetisches Mittel

Assoziativgesetz (Verbindungsgesetz)
– Addition: $(a + b) + c = a + (b + c)$
– Multiplikation: $(a \cdot b) \cdot c = a \cdot (b \cdot c)$

aufrunden siehe *runden*

ausklammern siehe *Distributivgesetz*

B **Balkendiagramm** Im Balkendiagramm werden absolute Häufigkeiten dargestellt. Beispiel:

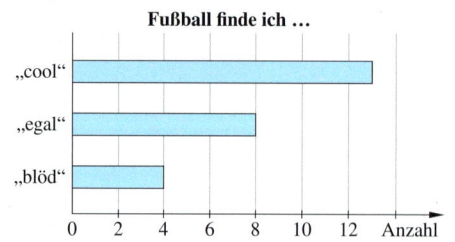

Begrenzungsfläche siehe *Körpernetz*

Bildfigur siehe *Achsenspiegelung*, *Drehung*, *Punktspiegelung* und *Verschiebung*

Bildpunkt siehe *Achsenspiegelung*

Bruch, gemeiner [14, 37] $\frac{Zähler}{Nenner}$, Teile von Ganzen

– Addition **[42]** $\frac{1}{2} + \frac{1}{4} = \frac{2}{4} + \frac{1}{4} = \frac{3}{4}$

– Division **[47]** $\frac{1}{2} : \frac{3}{5} = \frac{1}{2} \cdot \frac{5}{3} = \frac{5}{6}$

– Multiplikation **[46]** $\frac{2}{3} \cdot \frac{5}{7} = \frac{2 \cdot 5}{3 \cdot 7} = \frac{10}{21}$

– Subtraktion **[42]** $\frac{5}{6} - \frac{2}{3} = \frac{5}{6} - \frac{4}{6} = \frac{1}{6}$

siehe auch: *erweitern, gleichnamig, kürzen*

C **Cent (ct)** $100\,ct = 1\,€$

Chance Ereignis mit möglicher positiver Auswirkung

D **Daten** Ergebnisse von Umfragen, Experimenten, Beobachtungen, …

Deckfläche siehe *Körper*

Dezimalbruch siehe *Dezimalzahl*
– endlich **[30]**
– periodisch **[24, 37]**
– unendlich **[30]**

Dezimalzahl [10, 37] Zahl in Dezimalschreibweise (Zahlen mit einem Komma) Beispiel: $\frac{7}{10} = 0{,}7$
– Addition **[52]** $3{,}42 + 2{,}73 = 6{,}15$
– Division **[56]** $3{,}6 \cdot 2{,}72 = 9{,}792$
– Multiplikation **[56]** $1{,}85 : 2{,}5 = 0{,}74$
– Subtraktion **[52]** $7{,}80 - 1{,}92 = 5{,}88$
– Runden **[28, 37]**
– periodisch **[24, 37]**
– unendlich **[30]**
– endlich **[30]**

Dezimeter (dm) $1\,dm = 10\,cm$

Diagramm grafische Darstellung von *Daten*; siehe auch *Balkendiagramm, Liniendiagramm, Säulendiagramm*

Differenz siehe *Subtraktion*

Distributivgesetz (Verteilungsgesetz)
$a \cdot (b + c) = a \cdot b + a \cdot c$
$a \cdot (b - c) = a \cdot b - a \cdot c$
$(a + b) : c = a : c + b : c$
$(a - b) : c = a : c - b : c$

Dividend siehe *Division*

Division
Dividend : Divisor = Wert des Quotienten

Divisor siehe *Division*

Drachenviereck [134, 153] Viereck mit je zwei benachbarten gleich langen Seiten, deren Diagonalen senkrecht aufeinander stehen

drehsymmetrisch siehe *Symmetrie*

Drehwinkel siehe *Symmetrie*

Dreieck [108, 129] ebene Figur, die durch Verbinden dreier Punkte entsteht, die nicht auf einer Geraden liegen

Dreiecksarten [108, 129]

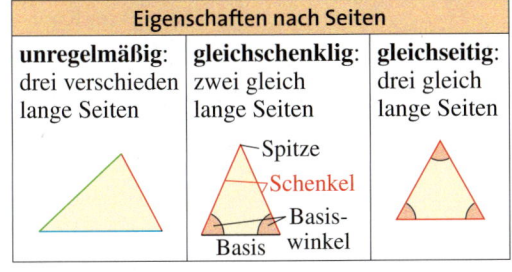

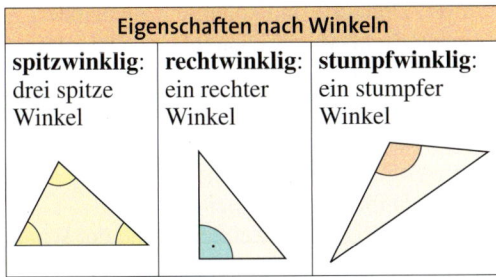

Eigenschaften nach Seiten		
unregelmäßig: drei verschieden lange Seiten	**gleichschenklig:** zwei gleich lange Seiten	**gleichseitig:** drei gleich lange Seiten

Eigenschaften nach Winkeln		
spitzwinklig: drei spitze Winkel	**rechtwinklig:** ein rechter Winkel	**stumpfwinklig:** ein stumpfer Winkel

Dreiecksberechnungen [138, 153]
- Flächeninhalt [138, 153]
- Umfang [138, 153]

Dreieckskonstruktionen [114, 129]
- nach Kongruenzsatz SWS [114, 129]
- nach Kongruenzsatz WSW [114, 129]
- nach Kongruenzsatz SSS [115, 129]
- nach Kongruenzsatz SsW [115, 129]

Dreiecke mit dem Computer konstruieren [120]

Dreiecksungleichung [109] Die Summe zweier Dreiecksseiten ist immer größer als die dritte Dreieckseite.

Dreisatz [82, 86, 99] Übersicht, mit dessen Hilfe aus drei bekannten Größen eine unbekannte Größe berechnet werden kann.

Drehzentrum siehe *Symmetrie*, siehe *Zuordnung*

Durchmesser siehe *Kreis*

Durchschnitt siehe *arithmetisches Mittel*

E Ecke siehe *Körper*

Eckpunkt [108] Bei Vielecken (z. B. Dreieck, Viereck) werden die Eckpunkte entgegen dem Uhrzeigersinn mit Großbuchstaben bezeichnet.

Einheit Um *Größen* wie *Länge*, *Fläche*, *Masse*, *Zeit*, *Geld* usw. anzugeben, benutzt man Einheiten wie cm, cm², kg, min, €.

Einheitsfläche, Einheitsquadrat Quadrate, mit z. B. 1 cm oder 1 dm Seitenlänge

erweitern [14, 37] Beispiel: erweitern mit 4:
$\frac{2}{5} = \frac{2 \cdot 4}{5 \cdot 4} = \frac{8}{20}$

Euro (€) 100 ct = 1 €

F Faktor siehe *Multiplikation*

Figurendiagramm Beispiel:

Flächeninhalt (A) *Maßeinheiten* des Flächeninhalts sind z. B. km², ha, a, m²

Flächeninhalt berechnen [138, 142, 143, 153]
- Drachenviereck [142, 153]
- Dreieck [138, 153]
- Parallelogramm [142, 153]
- Trapez [143, 153]

G Geld siehe *Euro* und *Cent*

gemischte Zahl [34] Beispiel: $1\frac{1}{2}$, $3\frac{1}{4}$

Geodreieck Werkzeug zum Messen und Zeichnen von *Winkeln*, *Parallelen* und *Senkrechten*

Gerade gerade Linie ohne Anfangspunkt und ohne Endpunkt

gerade Zahl alle *ganzen Zahlen*, die durch 2 teilbar sind; Beispiel: 4, 6, 10, 12

gestreckter Winkel ein *Winkel* von 180°; siehe *Winkel*

Gewicht (Masse) *Maßeinheiten* des Gewichts (der *Masse*) sind z. B. t, kg, g, mg

ggT [17] siehe *größter gemeinsamer Teiler*

gleichnamig [20, 37] *Brüche* mit gleichem Nenner nennt man gleichnamig; Beispiel: $\frac{3}{5}$ und $\frac{4}{5}$

Grad (°) Die Größe eines *Winkels* wird in Grad gemessen.

Gramm (g) 1000 g = 1 kg

Größe besteht aus *Maßzahl* und *Maßeinheit*. Beispiel: 6 € (*Geld*), 30 min (*Zeit*), 3,26 kg (*Masse*), weitere Größen: *Länge*, *Fläche*, *Volumen*

größer als (>) Beispiel: 13 > 11 bedeutet: 13 ist größer als 11

größter gemeinsamer Teiler [17] die größte Zahl, die in den Teilermengen zweier Zahlen vorkommt; Beispiel: T_8 = {1; 2; 4; 8}; T_{12} = {1; 2; 3; 4; 6; 12}; ggT (8; 12) = 4

Grundfläche siehe *Körper*

H **Halbgerade** gerade Linie mit einem Anfangspunkt, aber ohne Endpunkt

Häufigkeit Anzahl, wie oft eine Art von Ergebnissen bei einer *Daten*erhebung aufgetreten ist
– relative Häufigkeit = $\frac{\text{absolute Häufigkeit}}{\text{Gesamtzahl}}$
– absolute Häufigkeit gibt an, wie oft ein bestimmtes Ergebnis vorkommt

Hauptnenner [20, 37] Der Hauptnenner ist der kleinste gemeinsame Nenner zweier *Brüche*.

Hektar (ha) 1 ha = 100 · 100 m^2 = 10 000 m^2

Hohlmaß Um Volumenmaße von Flüssigkeiten anzugeben, verwendet man die Hohlmaße Liter (l) und Milliliter (ml).
Beispiel: 1 l = 1000 ml; 1 l = 1 dm^3

Hyperbel [86, 99] heißt die Kurve, auf der alle Punkte einer indirekt proportionalen Zuordnung im Koordinatensystem liegen

I **Innenwinkelsumme vom Dreieck [109, 129]**
Die Summe der drei Innenwinkel im Dreieck beträgt 180°.

J **Jahr (a)** 1 a = 365 d (Tage)

K **Kante** siehe *Körper*

Kehrbruch [45, 68] Beispiel: der Kehrbruch von $\frac{2}{5}$ ist $\frac{5}{2}$

Kehrwert siehe *Kehrbruch*

Kenngrößen *Minimum*, *Maximum*, *Median*, *Quartile* und *Spannweite* sind Kenngrößen von *Daten*.

kgV, kleinstes gemeinsames Vielfaches [18] die kleinste Zahl, die in beiden *Vielfachen*mengen zweier Zahlen vorkommt; Beispiel:
$V_8 = \{8; 16; 24; 32; ...\}$; $V_{12} = \{12; 24; 36; ...\}$;
kgV (8; 12) = 24

Kilogramm (kg) 1 kg = 1000 g

Kilometer (km) 1 km = 1000 m

Klammer siehe *Vorrangregeln*

kleiner als (<) Beispiel: 9 < 11 bedeutet:
9 ist kleiner als 11

Kommutativgesetz (Vertauschungsgesetz)
– Addition: $a + b = b + a$
– Multiplikation: $a \cdot b = b \cdot a$

Koordinate gibt die Lage eines Punktes an

Koordinatensystem [78, 99] Zwei zueinander senkrecht stehende *Zahlenstrahlen*, die sich im Nullpunkt (0|0) schneiden.

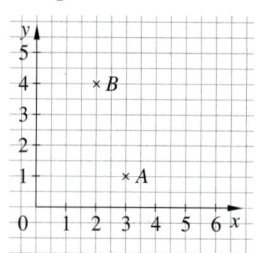

Die Lage eines Punktes im Koordinatensystem wird durch seine Koordinaten angegeben:
Beispiel: $A(3|1)$; $B(2|4)$

kongruent (deckungsgleich) [114, 129]
Zwei Dreiecke sind kongruent zueinander, wenn sie in den drei Seitenlängen und der Größe ihrer drei Winkel übereinstimmen.

Kongruenzsatz [114, 129] Dreiecke sind eindeutig konstruierbar, wenn folgende Bestimmungsstücke gegeben sind:
– **SSS [115, 129]**: drei Seiten
– **SsW [115, 129]**: zwei Seiten und der Winkel, der der längeren Seite gegenüberliegt
– **SWS [114, 129]**: zwei Seiten und der eingeschlossene Winkel
– **WSW [114, 129]**: eine Seite und die beiden anliegenden Winkel

Körper [144, 167] Beispiel:

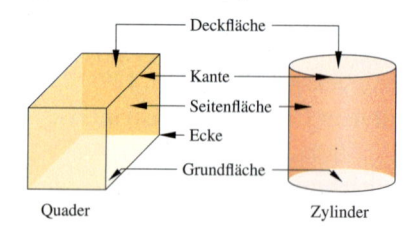

Dort, wo zwei Flächen zusammenstoßen, entstehen Kanten. Treffen mindestens drei Kanten aufeinander, entstehen Ecken.

Körpernetz [158] eine zusammenhängende Abwicklung aller Begrenzungsflächen eines *Körpers*; Beispiel:

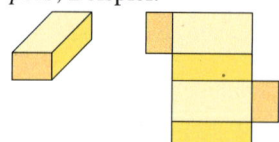

Kreis [190]

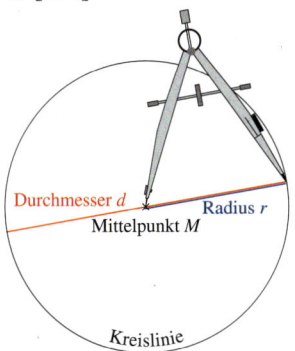

Durchmesser d — *Radius r*
Mittelpunkt M
Kreislinie

Kreisdiagramm zeigt *relative Häufigkeiten* an (Vollkreis ≙ 100 %); Beispiel:

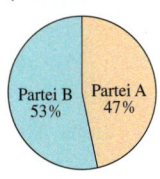

Partei B 53 % Partei A 47 %

kürzen [14, 37] Beispiel: kürzen durch 4:
$\frac{8}{20} = \frac{8:4}{20:4} = \frac{2}{5}$

L **Länge** *Maßeinheiten* der Länge sind z. B.:
1 km = 1 000 m
1 m = 10 dm = 100 cm = 1 000 mm
1 dm = 10 cm = 100 mm
1 cm = 10 mm

Liniendiagramm Beispiel:

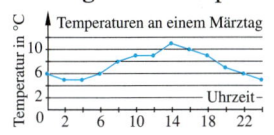

Temperaturen an einem Märztag

Liter (l) 1 l = 1 000 ml (*Milliliter*)

M **Masse (Gewicht)** wissenschaftliche Bezeichnung für die *Größe*, in der man in *Gramm* und *Kilogramm* misst
1 t = 1 000 kg
1 kg = 1 000 g
1 g = 1 000 mg

Maßeinheit siehe *Einheit*

Maßstab Beispiel: Der Maßstab 1 : 10 bedeutet: 1 cm im Bild sind 10 cm in Wirklichkeit.

Maßzahl siehe *Größe*

Maximum [192, 201] größter Wert einer Datenreihe

Median auch: Zentralwert; Der Wert, der genau in der Mitte aller der Größe nach geordneten Werte einer Datenreihe liegt. Beispiel: 8; 15; 17; 35; 72; Median: 17

Menge [10, 37]

Mengendiagramm [10, 37]

Meter (m) 1 m = 100 cm

Milligramm (mg) 1 000 mg = 1 g

Milliliter (ml) 1 000 ml = 1 l (*Liter*)

Millimeter (mm) 10 mm = 1 cm

Minimum [194, 203] kleinster Wert einer Datenreihe

Minuend siehe *Subtraktion*

Minute (min) 60 min = 1 h (*Stunde*)

Mittelpunkt siehe *Kreis*

Mittelwert siehe *arithmetisches Mittel* und *Median*

Modalwert [192, 201] ist das Ergebnis, dass am häufigsten beobachtet wird

Multiplikation
Faktor · Faktor = Wert des Produkts

N ℕ siehe *natürliche Zahlen*

natürliche Zahlen, ℕ = {0; 1; 2; …}

Nenner siehe *Bruch*

Netz siehe *Körpernetz*

Nullpunkt siehe *Koordinatenursprung*

O **Oberfläche [177]** Alle Begrenzungsflächen eines *Körpers* ergeben zusammen die Oberfläche des Körpers.

Oberflächeninhalt (A_O) [164, 177] Der Oberflächeninhalt (A_O) eines Körpers ist die Summe der Flächeninhalte seiner Begrenzungsflächen.
– Quader: $A_O = 2 \cdot a \cdot b + 2 \cdot a \cdot c + 2 \cdot b \cdot c$
– Würfel: $A_O = 6 \cdot a \cdot a = 6a^2$

Ordnen von Brüchen [20, 37] Um Brüche ordnen zu können, werden sie gleichnamig gemacht. Beispiel: $\frac{1}{2} < \frac{3}{5}$, da $\frac{1}{2} = \frac{5}{10} < \frac{3}{5} = \frac{6}{10}$

P % siehe *Prozent*

Parallelogramm [134, 153] ist ein Viereck, bei dem je zwei Seiten parallel und gleich lang sind

Periode, periodischer Dezimalbruch [30] Bei vielen *Brüchen* führt die *Division* dazu, dass sich im Ergebnis Ziffern unendlich oft wiederholen. Diese Brüche nennt man periodische Dezimalbrüche. Die Ziffer (oder die Ziffergruppe), die sich wiederholt, wird durch einen Strich darüber gekennzeichnet und Periode genannt. Beispiel: $\frac{1}{3} = 0{,}333… = 0{,}\overline{3}$

Pfeildiagramm [78] ist eine Darstellungsart für eine Zuordnung. Beispiel: Notenverteilung einer Klassenarbeit

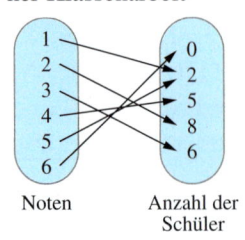

Planskizze einfache, von Hand erstellte Übersichtszeichnung

Primzahl eine *natürliche Zahl*, die nur durch 1 und sich selbst teilbar ist; Beispiel: 2; 3; 5; 7; 11; 13

Prisma [158, 177] heißt ein Körper, dessen Grund- und Deckfläche aus zwei kongruenten Vielecken besteht, die parallel zueinander sind.

Probe Bei den Grundrechenarten rechnet man zur Probe die *Umkehraufgabe*. Bei *Gleichungen* setzt man zur Probe die *Lösung* ein.

Produkt siehe *Multiplikation*

produktgleich [86, 99] Alle Wertepaare einer indirekt proportionalen Zuordnung bilden das gleiche *Produkt*. Beispiel:

x	1	2	3
y	12	6	4

$1 \cdot 12 = 2 \cdot 6 = 3 \cdot 4 = 12$

Proportionalitätsfaktor [82, 99]

Prozent (%) Das %-Zeichen bedeutet „von Hundert". Beispiel: $1\% = \frac{1}{100}$

Prozentschreibweise *Brüche* mit dem *Nenner* 100 kann man in der *Prozent*schreibweise angeben. Beispiel: $\frac{75}{100} = 75\%$

Punktspiegelung Beispiel:

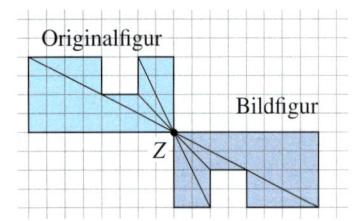

Punktsymmetrie siehe *Symmetrie*

Q Quader [158, 164, 168, 177] Ein Quader wird durch sechs rechteckige Flächen begrenzt.
- Oberflächeninhalt
  $A_O = 2 \cdot a \cdot b + 2 \cdot a \cdot c + 2 \cdot b \cdot c$
- Volumen $V = a \cdot b \cdot c$

Quadrat ist ein Viereck mit vier gleich langen Seiten, siehe *Viereck*
- Flächeninhalt: $A = a \cdot a = a^2$
- Umfang: $u = a + a + a + a = 4a$

Quersumme die Summe aller Ziffern einer Zahl; Beispiel: Die Quersumme von 735 ist $7 + 3 + 5 = 15$

Quotient aus *a* und *b* $a : b$ bzw. $\frac{a}{b}$

quotientengleich [82, 99] Alle Wertepaare einer direkt proportionalen Zuordnung bilden einen gleichwertigen *Bruch*. Beispiel:

x	3	4	5
y	24	32	40

$\frac{3}{24} = \frac{4}{32} = \frac{5}{40} = \frac{1}{8}$

R Radius siehe *Kreis*

Rauminhalt siehe *Volumen*

Rechnen mit Dezimalzahlen [52, 56, 68, 69]

Rechnen mit gemeinen Brüchen [42, 46, 68]

Rechteck siehe *Viereck*
- Flächeninhalt: $A = a \cdot b$
- Umfang: $u = a + b + a + b = 2(a + b)$

rechter Winkel ein *Winkel* von 90°; siehe *Winkel*

relative Häufigkeit siehe *Häufigkeit*

Rhombus [134, 153] ist ein Viereck mit vier gleich langen Seiten, die paarweise parallel zueinander sind.

Risiko Ereignis mit möglicher negativer Auswirkung

Runden Ist die Stelle rechts von der *Rundungsstelle* 0, 1, 2, 3 oder 4, wird abgerundet. Ist die Stelle rechts von der *Rundungsstelle* 5, 6, 7, 8 oder 9, wird aufgerundet.

Rundungsstelle die Stelle, auf die gerundet werden soll

Rundungsziffer steht rechts von der *Rundungsstelle*

S Säulendiagramm Beispiel:

schätzen Beim Schätzen versucht man durch Überlegungen dem genauen Ergebnis möglichst nahe zu kommen.

Scheitelpunkt siehe *Winkel*

Schenkel siehe *Winkel*

Schrägbild [162, 177] vermittelt einen räumlichen Eindruck eines Körpers; nach hinten verlaufende Kanten werden in halber Länge im Winkel von 45° angetragen; verdeckte Kanten werden gestrichelt; Beispiel:

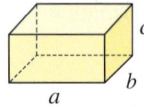

Seite *Strecke*, die eine *Fläche* begrenzt
Seiten-Winkel-Relation [109]
Seitenfläche siehe *Körper*
Sekunde (s) 60 s = 1 min (*Minute*)
Skala Maßeinteilung an Messinstrumenten, z. B. am Geodreieck oder am Thermometer
Skizze Zeichnung von Hand, die einen groben Überblick verschafft
Spiegelachse siehe *Achsenspiegelung*
Spiele, mathematische [184]
spitzer Winkel [50, 67] ein *Winkel*, der größer als 0° aber kleiner als 90° ist; siehe *Winkel*
Strecke gerade Linie mit einem Anfangspunkt und einem Endpunkt
Strichliste *Häufigkeiten* einer *Daten*erhebung werden mit Strichen angegeben.
stumpfer Winkel ein *Winkel*, der größer als 90° aber kleiner als 180° ist; siehe *Winkel*
Stunde (h) 1 h = 60 min (Minuten)
Subtrahend siehe *Subtraktion*
Subtraktion
  Minuend – Subtrahend = Wert der Differenz
Summand siehe *Addition*
Summe siehe *Addition*
Symmetrie Beispiel:
  Achsensymmetrie:

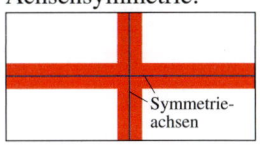

  Drehsymmetrie:

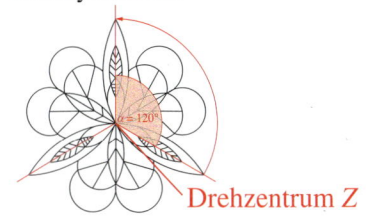

  Punktsymmetrie:

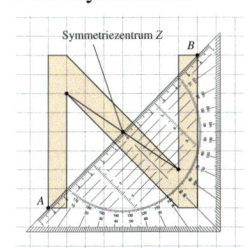

Symmetriezentrum siehe *Symmetrie*
systematisches Probieren [182, 201]

T **Tabellenkalkulation** Software zur Eingabe und Verarbeitung von Daten
Tag (d) 1 d = 24 h (*Stunden*)
teilbar siehe *Teiler*
Teilbarkeitsregeln durch…
 – **2**: die letzte *Ziffer* ist gerade
 – **3**: die *Quersumme* ist durch 3 teilbar
 – **4**: die letzten beiden *Ziffern* stellen eine durch 4 teilbare Zahl dar
 – **5**: die letzte *Ziffer* ist eine 0 oder eine 5
 – **8**: die letzten drei *Ziffern* stellen eine durch 8 teilbare Zahl dar
 – **9**: die *Quersumme* ist durch 9 teilbar
 – **10**: die letzte Ziffer ist eine 0
Teiler Eine Zahl ist ein Teiler einer anderen Zahl, wenn beim Dividieren kein Rest bleibt. Beispiel: 6 ist ein Teiler von 18, d. h. 18 ist durch 6 teilbar (6|18); 6 ist kein Teiler von 20 (6∤20)
teilerfremd Zahlen, die keinen gemeinsamen *Teiler* außer der 1 haben
Teilermenge alle *Teiler* einer Zahl; Beispiel: Teilermenge von 12: $T_{12} = \{1; 2; 3; 4; 6; 12\}$
Tonne (t) 1 t = 1000 kg
Trapez [134, 153] siehe *Viereck*

U **Überschlag** Rechnen mit gerundeten Werten
überstumpfer Winkel ein *Winkel*, der größer als 180° aber kleiner als 360° ist; siehe *Winkel*
Umkehraufgabe Beispiel: eine Umkehraufgabe von 5 + 6 = 11 ist 11 – 5 = 6
Umkehrung Die *Subtraktion* ist die Umkehrung der *Addition*, die *Division* ist die Umkehrung der *Multiplikation*.
Umrechnungszahl Beispiel: Wandelt man *Volumenmaße* in die benachbarte *Volumeneinheit* um, so ist die Umrechnungszahl 1000.
ungerade Zahl alle *Zahlen*, die nicht durch 2 teilbar sind; Beispiel: 1, 3, 7
ungleichnamig *Brüche* mit unterschiedlichem *Nenner* sind ungleichnamig; Beispiel: $\frac{3}{8}$ und $\frac{4}{5}$

V **Verbindungsgesetz** siehe *Assoziativgesetz*
Vertauschungsgesetz siehe *Kommutativgesetz*
Verteilungsgesetz siehe *Distributivgesetz*
Verschiebung Beispiel:

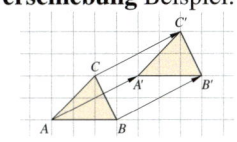

Verschiebungspfeil gibt Länge und Richtung einer *Verschiebung* an

Vielfaches Ist eine Zahl einmal, zweimal, dreimal, ... so groß wie eine andere Zahl, so ist sie ein Vielfaches dieser Zahl.

Viereck Beispiel:

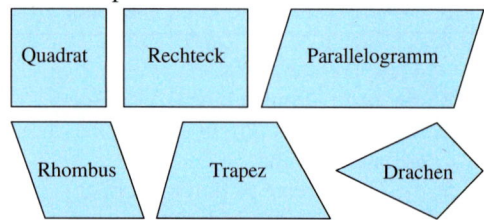

Quadrat · Rechteck · Parallelogramm · Rhombus · Trapez · Drachen

vollständig gekürzt Einen *Bruch*, der nicht mehr weiter ge*kürzt* werden kann, nennt man vollständig gekürzt.

Vollwinkel ein *Winkel* von 360°; siehe *Winkel*

Volumen Rauminhalt eines Körpers; Volumeneinheiten sind z. B. m^3, cm^3, l, ml

Vorgänger Beispiel: Der Vorgänger von 9 ist 8.

Vorrangregeln 1. Klammern werden zuerst berechnet; Beispiel: $4 - (1 + 2) = 4 - 3 = 1$
2. Punktrechnung geht vor Strichrechnung; Beispiel: $7 - 3 \cdot 2 = 7 - 6 = 1$

W **Wahrscheinlichkeit** (*P*) ist ein Maß für das Eintreten von Ereignissen bei Zufallsversuchen

Wertepaar [78, 99] zwei einander zugeordnete Werte. Beispiel: (2|3,5)

Wertetabelle [78, 99] *Wertepaare* können in einer Tabelle angegeben werden

Winkel [104, 108]
Bezeichnungen am Winkel:

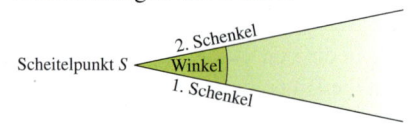

Scheitelpunkt S, Winkel, 1. Schenkel, 2. Schenkel

spitzer Winkel: rechter Winkel:

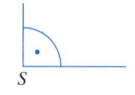

stumpfer Winkel: gestreckter Winkel:

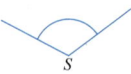

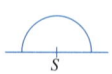

überstumpfer Winkel: Vollwinkel:

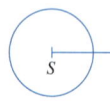

Winkelbeziehungen [104, 129]

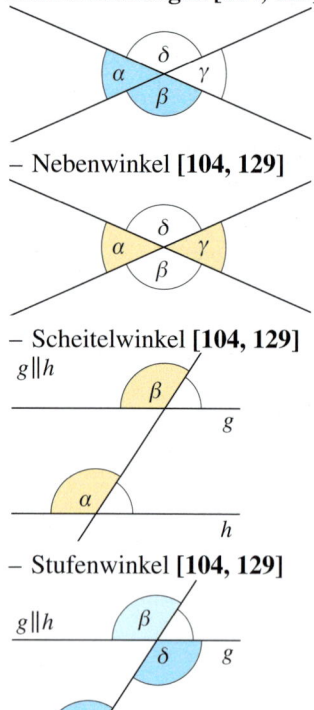

– **Nebenwinkel** [104, 129]

– **Scheitelwinkel** [104, 129]
$g \| h$

– **Stufenwinkel** [104, 129]
$g \| h$

– **Wechselwinkel** [104, 129]

Wortvorschrift [78, 99] Ein Text beschreibt, welche Werte einander zugeordnet werden sollen; Beispiel: „Jeder Zahl wird ihr Dreifaches zugeordnet." ergibt z.B. (1|3), (2|6)

Würfel Ein Würfel wird durch sechs quadratische Flächen begrenzt.
– *Oberflächeninhalt* $O = 6 \cdot a \cdot a = 6a^2$
– *Volumen* $V = a^3$

Z **Zahl, gebrochene** [10, 37] Gemeine Brüche und Dezimalzahlen nennt man auch gebrochene Zahlen.

Zahlenstrahl Beispiel:
0 1 2 3 4 5 6 7 8 9 10 11 12

Zähler siehe *Bruch*

Zehnerbruch [24, 37] Brüche mit dem Nenner 10, 100, ...

Zeit *Maßeinheiten* der Zeit sind z. B. a (*Jahre*), d (*Tage*), h (*Stunden*), min (*Minuten*), s (*Sekunden*)

Zeitpunkt ein genau festgelegter Termin, z. B. 12:50 Uhr oder der 12. Januar

Zeitspanne die Dauer zwischen zwei Zeitpunkten, z. B. 15 Minuten, 2 Jahre oder von 8:00 Uhr bis 8:45 Uhr

Zentimeter (cm) 1 cm = 10 mm

Zentralwert siehe *Median*

Ziffer Alle Zahlen bestehen aus den Ziffern 1, 2, 3, 4, 5, 6, 7, 8, 9, 0.

Zirkel Werkzeug zum Zeichnen von *Kreisen*

Zufallsexperiment [194, 203] Vorgang mit einem zufälligen Ergebnis; Beispiel: Münzwurf, Würfelwurf

Zufallsversuch siehe *Zufallsexperiment*

Zuordnung [74, 99] Zuordnungen weisen Werten aus einem vorgegebenen Bereich einen oder mehrere Werte aus einem anderen Bereich zu (*Wertepaar*). Zuordnungen können als *Wortvorschrift*, *Wertetabelle,* im *Koordinatensystem* oder im *Diagramm* dargestellt werden.
– direkt proportional **[82, 99]**
– eindeutig **[74, 99]**
– indirekt proportional **[86, 99]**

Bildverzeichnis

Illustrationen:
Cornelsen/Roland Beier (Symbole in den oberen Ecken, 11/Rdsp., 13/4, 23/u., 41/o. r., 45/2, 49/8 l., 52/Personen, 55/u. r., 57/6 r., 59/18, 62/5, 77, 85/1, 88/6 r., 96/5, 113/2, 113/2, 114/o. r., 135/2 l., 144/4, 158/Mädchen, 159/u. r., 163/3, 164/Rdsp. & o. r., 175/8 r. & 10, 176/o. l., 178/8, 183/1, 194/o. r.)
Cornelsen/Christian Görke (181/1, 181/4, 183/4 & 5, 198/6, 206/2, 225/o. & Mi., 226/r. 2. v. u.)
Cornelsen/Inga Knoff (49/8 r., 49/10, 66/Mi.)
Cornelsen/Mitarbeiter (76/6 l., 133/4)
© **Peter Diehl - Infochart GbR** (64/Flugzeug & Tabellen)

Technische Zeichnungen:
Cornelsen/Christian Böhning (Symbole Partnerarbeit & Gruppenarbeit; 8, 9, 10/5. v. u., 11/7, 13/1 & 3, 14, 15, 17, 19, 20, 21, 22, 24/Preisschilder, 25, 26, 28/Mi. l., 29, 32, 35, 37, 38, 40, 41/2 & 3, 42/1a & 2a, 43, 44, 45/1 & 4, 46, 47/u. r., 48, 50, 52/Beleg, 54, 55, 56, 57/2 & 5, 58, 59/15, 62/2, 65, 66/o. l. & u. r., 67, 69, 72/Rdsp., 5/4 l., 76/1 o. l., 76/6 r., 78, 79/1 r., 80/5, 81/u. l., 82/Mi. l., 83/2, 86, 87, 90, 94, 95, 96/4 r., 99, 100/3 & 5, 102, 103/2 & 3, 104, 105, 106, 107, 108, 110, 111, 113/4, 114, 115/Mi. & u., 116, 117, 118, 119, 120, 121, 122/1 l. & 2 & 3 & 4, 123, 124, 125, 126, 127, 129/Mi. & u., 130, 132, 133/1 & 3, 134, 135/2 r. & Rdsp. u., 136, 137, 138, 139, 140, 141/1 & 2 & 3, 142, 143, 144, 145, 146/10 & 12 & 13 r., 147, 148, 149/1, 149/2, 150, 151, 152/15, 153/Mi. & o., 154/2 & 3 & 4, 156, 157, 158, 159, 160, 161/o. r., 162, 164, 165/1 & 5 & 6, 166, 167, 168, 169, 170, 171, 172/1 & 3, 173, 174/1 l. & 2 & 5, 175/8 l., 177, 178/2 & 3 & 6, 181/3, 200, 204, 205, 208, 210, 211, 212, 213, 214, 215, 216, 217/2 l. & 3 l., 218, 222, 223, 224, 225/u., 226/u. r. & l. 1. v. u., 227, 228/o. & u. l. & u. r.)
Cornelsen/Stefan Giertzsch (10/1., 2., 3. & 4. v. u., 12/o. & Mi., 13/2, 27/2, 28/o. r., 30, 41/u. r., 47/o. l. & Mi., 51/Mi., 72/3, 73/1 & 2, 75/4 r., 80/6, 83/Brötchen-Schild, 91/Flasche & Etiketten, 92/Preisschilder, 98/11, 109, 100/1, 112, 113/1, 128, 129/o. Mi., 146/5, 149/4, 153/u., 154/5, 161/l., 165/3, 172/4, 174/1 r., 180, 184/u., 186/u. r. & o. l., 187/u. r., 188/5, 189/o., 190, 196, 197/5, 198/3, 199/2, 201, 202, 206/6, 217/2 r. & 3 r. & 1, 219, 221, 226/o. l., 228/o. l.)
Cornelsen/Reemers Publishing Services (72/4, 73/4, 75/1, 79/1 l.)
Cornelsen/Ulrich Sengebusch, Geseke (122/1 r., 129/o. r.)

Screenshots:
Cornelsen/Inhouse/© Microsoft® Office. Nutzung mit Genehmigung von Microsoft (89)

Abbildungen:
Titel Shutterstock.com/UllrichG; 3/u. r. stock.adobe.com/James Thew; 3/o. r. stock.adobe.com/Egon Boemsch; 3/o. l. Shutterstock.com/max dallocco; 3/u. l. stock.adobe.com/New photos; 4/o. r. stock.adobe.com/am; 4/u. l. mauritius images/Novarc/Axel Schmies; 4/o. l. Shutterstock.com/romi49; 4/u. r. Shutterstock.com/UllrichG; 7 Shutterstock.com/max dallocco; 12/u. r. Shutterstock.com/Vasyl Shulga; 12/u. l. Shutterstock.com/Dmitriy Gutkovskiy; 14/Rdsp. Shutterstock.com/Merydolla; 18 stock.adobe.com/bofotolux; 19/o. stock.adobe.com/stadelpeter; 23/o. r. mauritius images/STOCK4B-RF; 23/Mi. l. stock.adobe.com/womue; 23/Mi. r. stock.adobe.com/euthymia; 24/Speck stock.adobe.com/samopauser; 24/Fleischwurst stock.adobe.com/ExQuisine; 24/Kartoffeln stock.adobe.com/gitusik; 27/u. Cornelsen/Peter Hartmann; 29 Shutterstock.com/Four Oaks; 36 Shutterstock.com/kallitu; 39 stock.adobe.com/New photos; 42 Shutterstock.com/kallitu; 43 stock.adobe.com/Salixcaprea; 45/3 Shutterstock.com/Dmitry Kalinovsky; 46/o. l. Cornelsen/Volker Döring; 50 Shutterstock.com/BELL KA PANG; 56/u. Shutterstock.com/images72; 56/o. Shutterstock.com/ownway; 63/7 mauritius images/alamy stock photo/Elizabeth Melvin; 70 Cornelsen/Volker Döring; 71 stock.adobe.com/Egon Boemsch; 74 stock.adobe.com/deagreez; 81/o. l. stock.adobe.com/astral113; 81/o. r. stock.adobe.com/L.Klauser; 81/Mi. r. Cornelsen /Volker Döring; 81/u. r. stock.adobe.com/sp_ts; 82 stock.adobe.com/iofoto; 83/Brötchen stock.adobe.com/majaan; 84/Ball beach stock.adobe.com/D.R.3D; 84/Ball blau/gelb stock.adobe.com/terex; 84/9 Cornelsen/Jens Schacht; 86 stock.adobe.com/contrastwerkstatt; 87 dpa Picture-Alliance/CHROMORANGE/Dieter Möbus; 88/Mi. l. stock.adobe.com/Whyona; 88/u. l. stock.adobe.com/dbersier; 90/Wolf Picture-Alliance/WILDLIFE; 90/Libelle stock.adobe.com/Martin Spurny; 90/Gepard stock.adobe.com/Villiers; 91/Cornflakes Shutterstock.com/SUPIDA KHEMAWAN; 91/2 Shutterstock.com/Vyaseleva Elena; 92/Semmel stock.adobe.com/Bjoern Wylezich/Björn Wylezich; 92/o. l. Imago Stock & People GmbH/CHROMORANGE; 92/Doppelsemmel stock.adobe.com/majaan; 95/u. r. stock.adobe.com/Martin_P; 96/4 l. stock.adobe.com/BVpix; 97/7 stock.adobe.com/K.- P. Adler; 97/8 Picture-Alliance/dpa/ PHOTOPQR/MAXPPP/LA D; 98/12 stock.adobe.com/d.c. photography; 98/13 akg-images/WHA/World History Archive; 101 stock.adobe.com/James Thew; 103/1 stock.adobe.com/obelicks; 104/r.

Bildverzeichnis

stock.adobe.com/Dirk70; 104/2. v. r. Shutterstock.com/zhangyuqiu; 105/3 Mi. Shutterstock.com/JethroT; 107/2. v. l. stock.adobe.com/KB3; 107/l. ClipDealer GmbH/ArTo; 107/2. v. r. stock.adobe.com/Kara; 107/r. stock.adobe.com/Kara; 111 Shutterstock.com/giedre vaitekune; 115/o. stock.adobe.com/www.artalis.de; 117/u. r. Shutterstock.com/Hurst Photo; 126/Rdsp. stock.adobe.com/Henryk Sadura; 131 Shutterstock.com/romi49; 133/Mi. l. Shutterstock/OM SHIVA; 134/Mi. l. stock.adobe.com/cidepix; 134/Rdsp. u. Shutterstock.com/DeStefano; 135/1 r. interfoto e.k./National Trust Photo Library/James Dobson; 135/1 l. stock.adobe.com/Chlorophylle; 138 Panther Media GmbH/ELINA; 141/4 Cornelsen/Jens Schacht, Düsseldorf; 141/Rdsp. Cornelsen/Jens Schacht; 143 Cornelsen/Jens Schacht; 146 stock.adobe.com/Ralf Gosch; 150/8 l. Shutterstock.com/Canetti; 151 Shutterstock.com/Yurii Andreichyn; 152/14 u. r. stock.adobe.com/Vidady; 152/Rdsp. stock.adobe.com/Sebastiano Fancellu; 152/14 o. r. stock.adobe.com/bercikns; 152/o. Mi. Cornelsen/Volker Döring; 152/o. l. Cornelsen/Volker Döring; 152/o. r. Shutterstock.com/adisak soifa; 155 mauritius images/Novarc/Axel Schmies; 158 Cornelsen/ Stephan Röhl; 159/2 l. o. stock.adobe.com/Otto Durst; 159/2 l. u. stock.adobe.com/Tomislav Forgo; 162 Cornelsen/Stephan Röhl; 163/4 Shutterstock.com/Chalermpon Poungpeth; 163/1 Cornelsen/Volker Döring; 163/2 Shutterstock.com/criben; 166 stock.adobe.com/EvrenKalinbacak; 167 Shutterstock.com/Avinash patel; 169/Fernsehkarton Shutterstock.com/Susse_n; 169/Papier Shutterstock.com/dny3d; 169/Streichhölzer Shutterstock.com/elnavegante; 169/Schuhe+Karton Shutterstock.com/Alena Mozhjer; 169/Zuckerkarton Shutterstock.com/GrigoryL; 169/Waschpulver Shutterstock.com/Vectorpocket; 169/Butter Shutterstock.com/PhotoVectorStudio; 169/Würfelzucker Shutterstock.com/Volodymyr Dvorskyi; 169/Arzneipackung Shutterstock.com/Maria Averburg; 172 stock.adobe.com/Petair; 175 Shutterstock.com/Alfonso de Tomas; 176 Shutterstock.com/ET1972; 179 stock.adobe.com/am; 182 Shutterstock.com/Africa Studio; 184/Mi. Imago Stock & People GmbH/Jürgen Eis; 184/o. Shutterstock.com/Paolo Gallo; 185 Imago Stock & People GmbH/Schöning; 186 Shutterstock.com/VanoVasaio; 187/r. 3. v. o. stock.adobe.com/KB3; 187/u. l. stock.adobe.com/shorty25; 187/o. l. stock.adobe.com/Oliver Boehmer - bluedesign®; 187/r. 2. v. o. stock.adobe.com/AvusCalidum; 187/o. r. stock.adobe.com/Felix; 187/u. Mi. interfoto e.k./Sammlung Rauch; 188/o. 2. v. r. stock.adobe.com/rh2010; 188/o. l. Shutterstock.com/KarSol; 188/o. 2. v. l. stock.adobe.com/kirchbach.st.; 188/Rdsp. u. Shutterstock.com/Maksimilian; 188/Rdsp. 2. v. u. stock.adobe.com/lehic; 188/o. r. stock.adobe.com/honza28683; 189/o. Shutterstock.com/Lucky Photographer; 189/Mi. stock.adobe.com/annacovic; 189/u. stock.adobe.com/Angela Staenicke; 191/u. Shutterstock.com/Undorik; 191/o. Shutterstock.com/Ronald Rampsch; 192/o. dpa Picture-Alliance/dpa-Zentralbild; 192/u. Shutterstock.com/Gelpi; 194 stock.adobe.com/Dmitriy Syechin; 195/Mi. 3 Shutterstock.com/Claudia Harms-Warlies; 195/Mi. 1 Imago Stock & People GmbH/imago images/Jochen Tack; 195/Mi. 4 Shutterstock.com/Kampan; 195/Mi. 2 Shutterstock.com/Sytilin Pavel; 195/o. r. mauritius images/Ingo Schulz; 195/Mi. 5 Science Photo Library/© BRITISH CROWN COPYRIGHT, THE MET OFFICE; 197/2. v. l. Shutterstock.com/Aleksey Sagitov; 197/l. Shutterstock.com/alybaba; 197/r. Shutterstock.com/Atlantist Studio; 197/2. v. r. Shutterstock.com/Heide Hellebrand; 199 Shutterstock.com/DeStefano; 200/o. Shutterstock.com/matimix; 200/u. Shutterstock.com/Artazum; 201 Imago Stock & People GmbH/Steinach; 203 Shutterstock.com/UllrichG